U0142442

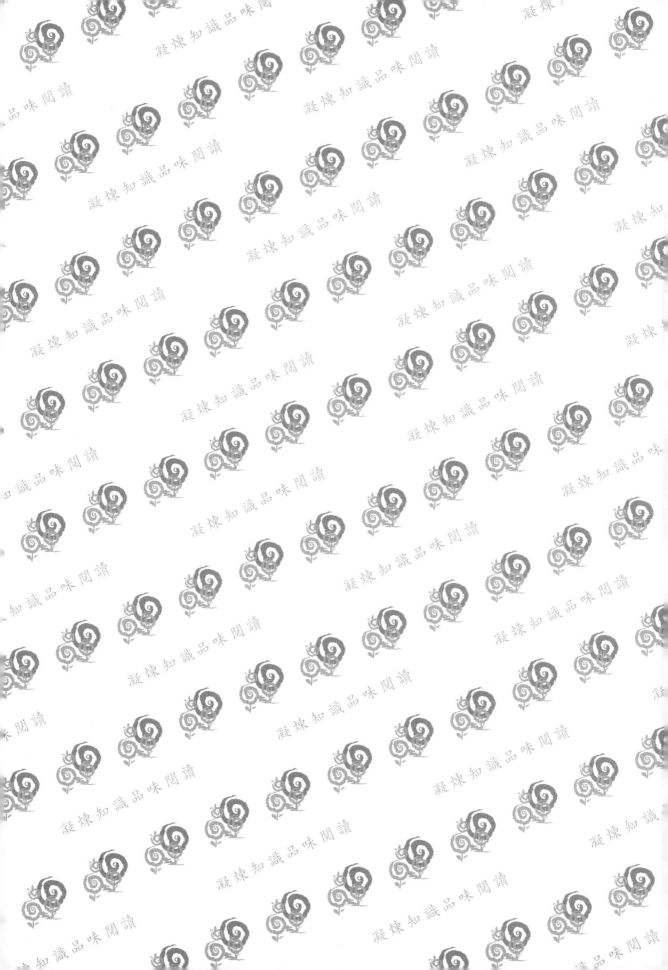

離岸水下基礎製造及防蝕工程

梁智富——著

Fabrication and Corrosion Protection of Offshore Structures

五南圖書出版公司 印行

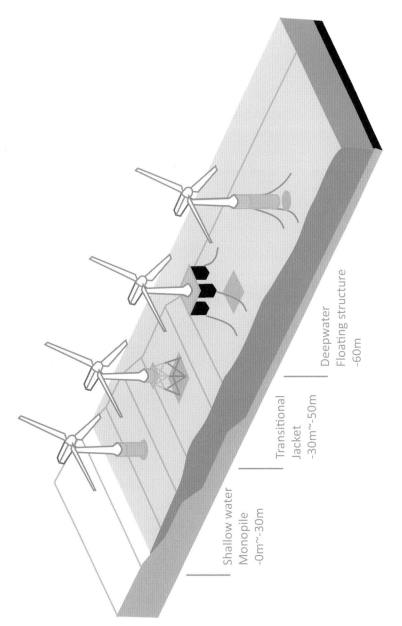

Shallow water
Monopile
-0m~-30m

Transitional
Jacket
-30m~-50m

Deepwater
Floating structure
-60m

圖 1-5　各水深採用之離岸風電水下結構

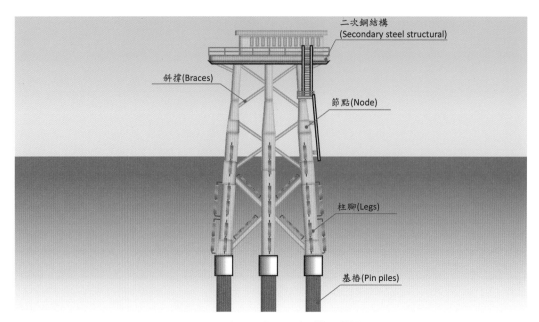

圖 1-11　管架式離岸結構的構件

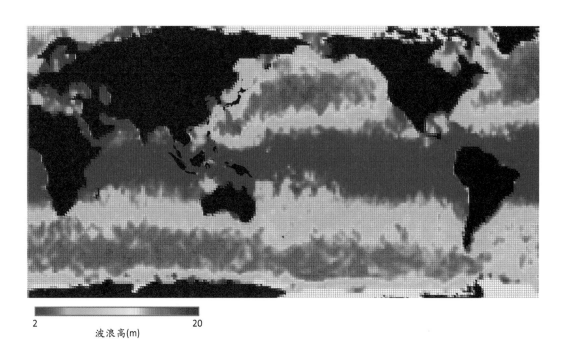

2　　　　　　　　　　　　　　20
波浪高(m)

圖 2-8　全球海洋波浪高分布示意圖

表 5-32　ISO 8501-1 銹等級分類

等級	描述	圖示
A	鋼表面大部分被附著的氧化皮覆蓋，但幾乎沒有銹跡	
B	已經開始生銹並且氧化皮開始剝落	
C	氧化皮已經生銹的鋼表面可以刮，但在正常視覺下有輕微的點蝕	
D	鋼表面上的氧化皮已經生銹並且在正常視覺下可以看到一般點蝕	

表 7-4 ISO 8501-1 清潔度等級分類

等級	描述	圖示
Sa 1	輕度噴砂清理	
Sa 2	徹底的噴砂清理	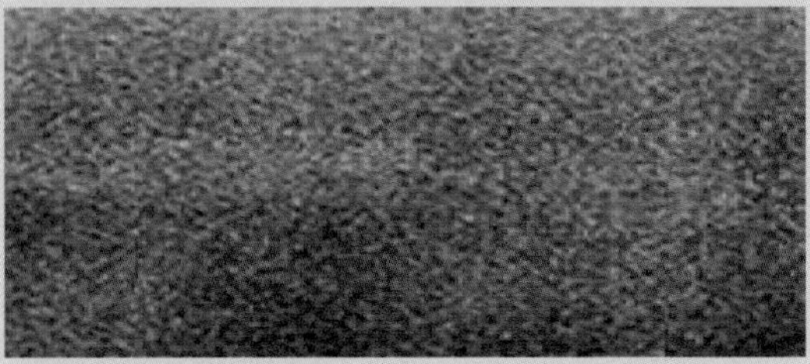
Sa 2.5	非常徹底的噴砂清理	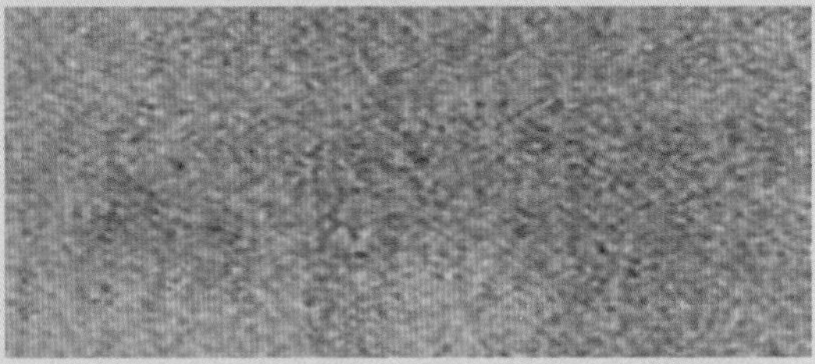
Sa 3	白色清理等級	

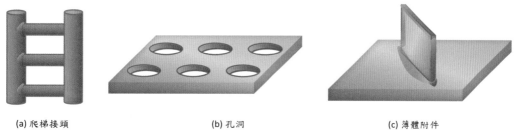

(a) 爬梯接頭　　　　　　(b) 孔洞　　　　　　(c) 薄體附件

(d) 邊緣　　　　　　(e) 構件鋒利的邊緣　　 手刷上漆，噴漆時優先施作

圖 7-17　常見預塗處理位置

圖 7-37　塗層粉化

推薦序一

全球 2002 年已有約 27 GW（相當於 10 個核四廠）的風力發電機組在運轉。根據全球風能協會 (GWEC) 於 2022 年 4 月初發布的「2022 年全球風能報告」報告指出，2021 年全球陸域及離岸風電新增裝置容量爲 93.6 GW，且使全球風力發電累計裝置容量達到 837 GW，可見 20 年間年複合成長率爲 18.7%。值得關注的是離岸風電在 2021 年則創下歷史紀錄，新增裝置容量達到 21.1 GW，相較於 2020 成長超過 3 倍。

我國自 2016 年開始將綠能科技列爲「5+2」產業創新計畫之一，並積極推動太陽光電及風力發電，訂定 2025 年再生能源發電占比達 20% 的政策目標，計畫設置 20 GW 太陽光電發電（屋頂型 8 GW、地面型 12 GW），及 6.9 GW 的風力發電（陸域 1.2 GW、離岸 5.7 GW），依據台灣氣象氣象資料，在西海岸及南部墾丁地區，於海平面 50 公尺高度層，均可達到每秒 6 至 7 公尺以上的年平均風速，確實極具風力發電潛能。

我國風力發電技術目前仍需仰賴國外廠商，特別是離岸風電涉及的海事工程技術與經驗，這本書是作者將近年在臺灣在西部外海協同國外廠商布建我國離岸風電的實務技術整理並出版，目前臺灣在西部外海所布建的離岸風機皆爲固定型，水深在 50 公尺以內，由書中可知：隨著先進海事工程技術發展，水下結構可深至 1850 公尺；同時對結構的構件介紹、構件等級，甚至可能發生結構失效均在書中開始的第一章即有完整說明。讀者對水下工程有初步概念後，接著需有對結構設計具評估能力，包含認識離岸結構所承受的各種重力及環境負載，特別是臺灣處於地震帶，結構受地震影響亦需考量，所以第二章詳述相關影響參數並根據設置地點海洋氣象資訊及海床數據，結合水工模型進行數值模擬與分析程序。設置離岸結構，包含材料、製作、銲接施工、組立、表面處理與塗裝、品管及安全均須依國際標準規範，各項工程均需取得認證方可進行，第三章則是國際規範分類及項目介紹。由於離岸的金屬結構體易受海洋環境腐蝕，對腐蝕成因及形式可參照第四章，借對腐蝕環境因子有所了解，方能進一步作防蝕設計。第五章的重點爲結構金屬材料所需考量的強度、韌性、疲勞破壞及可銲接特性作介紹，對使用的鋼種等級及成分亦有圖表整理。離岸結構金屬件組立以銲接作業爲主，攸關整體基礎工程後續維護與保養，第六章則針對銲接工法介紹，配合 ASME 及 ISO 對銲接姿勢構圖，可作爲相關單位對銲接技術人才培訓實作項目，此外，如何減少接合處受銲接溫度影響所產生熱應力及裂紋發生，亦有現場實際經驗

闡述！第七章爲離岸結構的防蝕與塗裝保護，不僅強調標準塗裝作業及設施，亦對塗裝失效和缺陷可觀測到現象做分類，塗裝和陰極保護爲常用之金屬防蝕工程手段，該章節也特別提出離岸結構陰極保護設計參數及計算。該書最後部分以建造離岸結構的作業程序及必要驗證作爲離岸水下基礎製造技術的結尾，第八章所指出的計畫流程、結構分解、組立建構及專案品質等，皆需依據相關程序書進行，並彙出報告，爲能有成功的執行方案，在第九章則詳述專案管理，並對應離岸水下基礎製造各項建立文件，有效率地執行與追蹤。

　　個人樂見這本書的出版，不僅是對作者長期投入離岸水下基礎製造的執著與熱忱感動，也所幸作者能無私分享國外廠商技術並出書傳承專業技術。相信藉由該書問市，正可加速我國極具未來發展潛力且有大商機的離岸風電技術落地。

艾和昌

國立高雄科技大學模具工程系教授
台灣太陽能及新能源學會理事長

推薦序二

　　梁智富先生修業於國立高雄科技大學機械與自動化工程研究所，並取得碩士學位，畢業後，亦先後在鋼鐵公司服務擔任生產部門主管，又於近年來最具焦點產業之一的離岸風電水下基礎公司擔任生產部門之副理及經理等職務，實為具有專業學識及現場生產實務經驗的優秀工程師。

　　離岸風電之水下鋼構基礎，係國內近年來鋼鐵產業新的挑戰，其銲接技術、組裝技術、塗裝技術均為國內鋼鐵產業以前未曾有過的生產經驗，國內廠商初接本項業務時，均在摸索中成長，各項技術在犯錯及學習中漸趨成熟。

　　智富先生以其多年參與水下大型鋼構生產的經驗，針對水下基礎的製作成本、成本控制進行分析，並對臺灣供應鏈與國外產業的互動、連結、協調等，提供寶貴的經驗，對於整個生產的標準作業流程建立亦有了完整的想法，並將之著書立冊，具有甚大的意義及貢獻！

　　智富工程師，依年齡計本人癡長幾歲，認識多年發現其年輕有為，積極任事，以天下為己任，確屬優秀之工程人才。猶記本人當年推動國道建設時，曾推動「工程經驗文獻化」這樣的理念，智富兄著書論說，以其經驗寫成《離岸水下基礎製造及防蝕工程》一書，恰合本人之理念，故欣然為之作序，並祝福此書能擲地有聲，廣為工程人員參考。

鄭文隆 謹識

台灣國際造船股份有限公司董事長

2023.05.01

推薦序三

　　西元 1750 年工業革命之前，地球的碳循環大致處於平衡狀態。在過去近 1 萬年的人類文明中，大氣層二氧化碳的濃度一直穩定的保持在 280 ppm 左右。隨著人們開始燃燒化石燃料及對能源的需求愈來愈高，產生大量的碳已嚴重破壞了大氣的碳平衡，至 2022 年全球大氣層二氧化碳的濃度已超過 400 ppm。450 ppm 是聯合國政府間氣候變化專門委員會制定的警戒線，一旦二氧化碳濃度超過這個臨界點，會對地球生態氣象等造成不可預測且不可逆轉的嚴重後果。

　　碳濃度上升對全球環境氣候的影響已開始顯現，國際間對減少碳排的看法已趨於一致並形成共識，決定採取實際行動來改善，全球綠能科技產業正因此而興起且方興未艾。臺灣政府早在 2015 年即開始規劃能源政策，標榜到 2025 年綠能佔比要達 20%。離岸風力發電正是其中一項主要措施。中鋼集團配合政府推動綠能能源政策，積極投入離岸風力發電的開發，並且聚焦在水下基礎的製造。為配合此項新業務的開發，中鋼公司成立了興達海洋基礎公司（簡稱為興達海基），專注於離岸風電水下基礎之製造生產。中鋼結構公司與中鋼機械公司則配合承製水下基礎零組件，再交由興達海基做水下基礎的噴塗與大組。

　　這是臺灣首次踏入離岸風電水下基礎的領域，相對於之前國內廠商所擁有的公共工程或其他鋼結構工程經驗，離岸風電水下基礎在各方面的要求都要明顯高出許多。水下基礎為了要能在惡劣的海洋環境中長時期的豎立不搖且讓風機正常發電，必須要有嚴謹的設計規劃與一連串的配套措施。例如完整的施工計畫書、銲接工作程序 (WPS)、銲工資格盤點及守規性、銲材管理、銲接姿勢的規定與要求、銲接記錄可追溯性、銲接溫度包含工作前預熱、工作中持溫與工作後緩冷、銲接文件、銲接品質稽核矯正系統、NTD 非破壞檢驗系統、零組件變形與允許公差要求等等。這些對國內廠商而言有很多都是頭次聽到，剛開始有的廠商不信邪嫌麻煩仍我行我素，等到品質檢驗出問題，產品做得出來卻交不出去領不到錢，花了大量時間及成本在不斷的銲道鏟修研磨及重件來回搬運上。有的完成品甚至被宣判為不合格直接報廢，也同時面臨被減單及高額罰款的壓力，所有努力心血很可能瞬間化為烏有。當時所有參與的國內廠商都有一種深陷泥沼進退兩難的痛苦感覺。那段過程若非親身經歷實在很難體會，真是不堪回首來時路。

　　然而臺灣團隊在痛苦磨練中成長，持續改正觀念並精進技術，努力吸取前一風場

寶貴的經驗，並將之轉化成為成功的養分，正所謂從哪裡跌倒就從哪裡爬起。我們勵精圖治，掌握到工作的關鍵要素，在第二風場中就愈做愈順，品質與期程已漸漸趕上國外專業團隊的水準。以臺灣進入風電領域不過短短數年，就有這般超水準表現，這真是不簡單的成就。智富兄經歷過最艱困的時期，全力投入水下基礎的各項業務與技術，要和業主代表、不同單位的檢驗公司及多家供應鏈不斷地溝通解決問題。智富兄憑藉著一股不服輸的個性，做中學，也錯中學，雖說遍體鱗傷但也有滿滿的回憶與驕傲及更多的感觸。因不忍心走過，痛苦過，成長過，但卻就此放過，故窮一己之力終於完成此本巨著。本書中對水下基礎的方方面面都有詳細說明，從開章的離岸結構介紹逐漸展開到設計、規範、海洋環境腐蝕、材料、銲接、防蝕、建造離岸結構及管理與規劃，內容豐富詳實。尤其是關鍵的銲接章節有相當完整的敘述與介紹，由於智富兄親身經歷過，這是一本兼具理論與實務性的專業著作，非常適合做為離岸水下基礎入門書籍。

在還沒了解到離岸風電水下基礎時，看水下基礎就是一堆鋼結構而已，沒有什麼特別。接觸到離岸風電水下基礎後，才發現水下基礎不是一堆鋼結構，而是有更多的要求與更高的標準幾乎是藝術品等級。等到掌握了水下基礎的關鍵，適應了其對技術與品質要求後，我們再看水下基礎本質上還是一堆鋼結構，不需要做到精品等級，而是要視功能需求做出適當可確保其長時間可用性及可靠性的結構件。

個人所在中鋼機械公司配合興達海基篳路藍縷一同走過這段艱辛路。於公，智富兄時在水下基礎工程案，我們即時常接觸討論。於私，智富兄在鋼鐵公司任職期間恰巧是我單位內一位傑出工程師，智富兄當時憑著一股熱誠毅然脫離習慣領域，投入全新風電水下基礎開發並接受嚴格挑戰。歸建鋼鐵公司後又再度發揮驚人的決心與毅力完成這本介紹水下基礎的專業書籍。智富兄請我寫推薦序，我在驚訝之餘自忖學經歷都不夠格，但看到智富兄的努力與投入，感動之餘我樂於為之序並深感榮耀。很高興看到此書即將付梓，本著作可做拋磚引玉作用，為國內離岸風電水下基礎起了一個好的開始，大家都來分享，利用知識經濟的槓桿原理將知識經驗無限制地放大再放大。臺灣的離岸風電正在起步，雖說數年來已累積相當寶貴難得經驗，但勿忘國際間大家也都在不停地進步，我們沒有自滿的條件，仍應持續精進，在品質，速度及成本上再努力，共同為臺灣水下基礎加油再加油。

張家騏

中鋼機械公司董事長

推薦序四

敬啟者：

　　這本《離岸水下基礎製造及防蝕工程》一書，是作者梁智富先生艱辛親歷臺灣第一個「離岸風電水下基礎百分百國產化」生產製造過程，期間歷經千辛萬苦、從無到有，以辛酸淚水、焚膏繼晷、逐步築底累積的寶貴經驗和智慧結晶，為我們業界人士和社會同好提供了一個視野全面、深入淺出的水下基礎製造精實介紹。梁兄在臺灣新興行業「離岸風電水下基礎產業」中屬拓荒領導者、是先驅第一代，他曾於民國107年奉派遠赴歐洲參加水下基礎產製專業訓練，不但基本學理雄厚扎實，且擁有豐富的現場實戰經驗，對履約期間所遭遇過的各種問題和挑戰，在本書中皆有深刻詳實的歸納與解說。

　　本書內容共分九大章，闡述相關離岸風電水下基礎的演進、設計理念、製造、檢驗及訓練與專案管理等，其產製相關核心技術，諸如組立、量測、電銲、噴塗、檢驗、工廠布置等，可謂鉅細靡遺、傾囊相授，對想了解或欲投身於相關離岸風電水下基礎產業的人來說，這本書絕對可以幫你釋疑解惑，是難能可貴、不可多得的佳作，讀者們有幸入此寶山、肯定滿載而歸。

　　「莫愁前路無知己，天下誰人不識君。」梁兄是我職場的親愛工作夥伴，我非常欣賞梁兄為人謙和善良、視同仁如兄弟姊妹，他領導的團隊充滿溫暖與正能量、深受同仁們衷心愛戴；他對公務的無私奉獻、認真負責、對真相的熱情追求與堅持態度，是最值得大家信賴與樂於共事的好夥伴。文以載道，本書圖文並茂，且「言得其要、理足可傳」，堪以「立言」於離岸風電及重工界，人生難逢「三不朽」，誠與有榮焉！

　　知識因分享而偉大，在此引用《與神對話》一書中令我永矢弗諼的一段話：「一位真正的大師，並非擁有最多學生的人，而是能創造出最多大師的人。一位真正的老師，並非是最有知識的人，而是能令最多人都擁有知識的人。一位真正的神，並非擁有最多信徒的那一尊，而是能為最多人服務，並使所有人都成為神的那一尊。」

呂武雄 敬筆

興達海基總經理

推薦序五

風能綠電可永續，鋼鐵智富共台蝕

　　榮幸接受作者梁智富先生邀約，爲本著作序言；驚歎對於離岸水下基礎及防蝕之完整著述及統整，特以此序引言推薦。

　　作者梁智富先生歷任鋼鐵公司、離岸水下基礎公司生產部主管，筆者在沃旭案及中能案塗裝防蝕工程施工期與智富相互合作，深知作者爲人認眞勤奮，對臺灣風電工程極度信心與努力，推動臺灣離岸水下基礎結構供應鏈及國產化製造專案，共同制定離岸水下基礎專案全面的製造及工程技術方案，建立離岸水下基礎製造品質標準和流程，對行業之貢獻，厥功甚偉。

　　本書由離岸結構介紹、設計、規範及 ISO、EN、DNV、NORSOK 等國際標準，進而研討海洋環境的腐蝕，及結構金屬材料之分類、特性，銹蝕等級之彙整，並結合離岸結構的銲接技術、防蝕保護、塗裝工藝、專案管理方式，引經據典、鉅細靡遺，完整呈現風能綠電離岸工程之全貌，可爲業界參考之典範之作。

　　筆者擔任台船防蝕科技總經理，引導公司作爲臺灣防蝕產業領航者，並成爲台灣國際造船公司各項國內外重大工程專業防蝕承攬公司，專注專業、精益求精，期盼爲產業提供更穩固之磐石；對於本書所提出之國際標準及銲接、建造等專業證照，深感品質控管即爲工程成功之關鍵因素，值得讀者參照。

　　本書針對專案管理之著論，依循 PDCA 管理循環、QCM 品質控管、HSE 環安衛系統及 PMI 專案經理協會管理準則，涵蓋工作分解結構，風險管理、供應鏈管理等專業模式，均可成爲「離岸水下基礎製造及防蝕工程」之專案管理範本。

　　臺灣經濟隨產業投資持續成長，面臨能源需求議題，經濟的未來式，仰賴國家能源轉型政策，以綠色能源對傳統能源的替換取代，及考量 ESG 節能減碳目標，充分運用臺灣地理優勢的綠能離岸結構，以政府開發離岸風場策略，在海洋高腐蝕的環境因素下，成爲能源產業之支柱，期待在嚴格國際標準，專業證照及優良專案管理模式下，引導臺灣能源產業飛躍成長，促進臺灣經濟榮景，完成產業的國家社會責任。

陳秋妏

台船防蝕科技總經理

推薦序六

　　臺灣能源短缺，且需求逐年攀升，有98%能源接從國外引進；包含核燃料、石油、燃煤及天然氣等。沒有自己可供應之資源，對國家經濟、生存有相當危機，牽一髮而動全身，能源轉型是一條必行之路。政府為了國家經濟的永續經營，因此擴大開拓可自給自足之能源，進而推展綠能，並將此離岸風電水下基礎作為重大經濟建設之一。

　　為改善全球氣候逐漸惡化之趨勢，國際間相繼提出對環境友善的綠色能源方案。離岸風電產業是全世界未來的主流趨勢，臺灣得天獨厚，全世界有20處極佳之風場，臺灣就占了16處，且前10名也座落在臺灣。臺灣政府積極的能源轉型，是具體國際力的展現，經濟隨風起飛，再創經濟奇蹟。

　　風機須在海上運轉至少25年，臺灣所處之地理環境，又須面對地震及颱風等威脅，因此在品質、製程須能防蝕、規範要求。離岸風電水下基礎製造技術要求不同於一般陸域鋼結構，其包含範圍極廣，從環境、設計、規範、防蝕保護、材料、產製困難度、技術皆是極大挑戰。產製困難技術層面涵蓋：廠商資格認證、生產流程規劃、材料品質、銲工技術、銲材試驗、銲接程序、銲接設備、預熱／層溫控制設備、組合精度、監造／品質管理系統、非破壞檢驗及工安HSE要求等，非一般鋼構技術所及。原以為水下基礎技術之困難度能隸屬大型鋼結構，但深入後，發現並非易事，製造困難若能突破，將是臺灣另一高階工業技術升級。

　　目前臺灣對水下基礎也屬起步階段，歐洲發展水下基礎歷經30年經驗，但臺灣結合眾矢之力，僅2年時間，第一座水下基礎100%自製，可說臺灣之光，但歷經不知多少錯誤、學習、經驗累積，才有今日成果。

　　臺灣對風電產業高加值技術工程，目前並未達成熟階段，能不能披荊斬棘，留住世界級的綠金寶藏，是一大難題。

　　學術界、工程界等較缺乏一本有效學習及實務經驗之書籍，智富兄，排除萬難，彙整此書《離岸水下基礎結構製造及防蝕工程》，也將自己經驗傳承，為水下基礎製作了提供一本精闢學習手冊。

許福利

中鋼結構處長

序　言

　　近年來，臺灣海峽上陸續可以看到近千支的海上風電群，然在這些海平面以下看不到的地方，卻有著臺灣打造的「鐵的骨架及鋼的堅持」的海洋水下結構，堅固地矗立於洶湧的海潮中確保海面上之風機為臺灣提供穩定之綠能發電。為配合能源轉型以及響應離岸水下結構國產化的產業提升，臺灣的開拓先驅們籌建了一群製造團隊。

　　工業的技術水準，是代表一個國家機械製造和科學技術的指標之一，政府近年力推國艦國造、國機國造及離岸水下基礎國產化等，讓臺灣的重工業有了嶄新的進展。離岸水下基礎製作有別於傳統鋼結構工程，由於離岸水下基礎處於在極端惡劣的海洋環境中，因此製造時必須考量銲接的熱應力、疲勞壽命、耐蝕性及高精度的組裝公差等。目前臺灣的離岸結構多用於臺灣海峽內風力發電的水下基礎，然而，由於臺灣海峽氣候及海流的嚴峻，因此風電開發商在設計臺灣的水下基礎結構上更加嚴謹，造成零組件上銲接或製造施工不易。

　　離岸水下基礎國產化的推動與執行並非一蹴可幾，因此臺灣的製造商於初期對於水下基礎製造展開一連串密集的技術及品質交流。由於離岸工程在銲接上的品質要求嚴格，並且在銲接技術難度高，所以在製造推動過程中，銲接的技術能力是臺灣廠商首先面臨的考驗。這些銲接技術人員，首先必須通過銲接資格認證，取得授權認可核發之證書後才可以正式執行銲接作業。另外，為提前找出製造上之瓶頸並提高生產效率，國內製造業者藉由模擬試製 (Mockup)，從品質管控規劃到實際製造監造，對生產製程能力、品質管制、人力和設備之盤點對於製作過程中之瓶頸，以人、機、料、法及環進行問題解析及對策探討。

　　離岸結構的營運最少超過二十年，其結構長期受到海洋環境所帶來的腐蝕，因此其防蝕保護格外重要。海洋工程的塗裝作業程序及施工作業條件相當嚴謹，依海事工程規範檢驗及監造人員必須擁有國際認證核可之證照，現場作業人員亦先須通過塗裝程序測試始得作業。目前國內可符合離岸構件塗裝的廠房及專業人員甚少，臺灣廠商為符合塗裝施工環境，對廠房及設備進行整改，以確保未來塗裝之品質。另外，為提高臺灣塗裝技術專業人力，國內廠商積極培訓所屬人員，建置出優質專業的塗裝團隊

　　由於海洋環境的複雜性，因此海洋工程的生產製造不同於陸上的鋼結構工程，本書透過海事工程規範運用於離岸結構，從原物料、生產製造到管理規劃，內容中提供了規範要求、製造和檢驗的說明，詳細描述了現代結構工程原理在離岸結構中的應用。

　　離岸水下基礎鋼結構對臺灣而言是全新的產業，一般業者從傳統產業要升級切入高技術密集、高附加價值產業，初期將遇到許多困難。另外，由於離岸水下基礎製造的人才具有高度的專業知識及技能，須長時間的培育及養成，非短期內可速成，因此在不同工程行業中亦是熱門炙手的人才。為厚實水下基礎技術基盤，教育及訓練是一切的根本，唯有不斷提升能力與專業，才能因應各項挑戰。知識即力量，內隱知識需要轉化成顯性知識，讓臺灣相關工程產業透過技術交流不斷修正知識並持續精進。本書提供在離岸結構工程領域上的廣泛介紹，讓讀者可以深入淺出地對整體離岸水下基礎結構有更全面性的了解，對於工程系所學生、海洋工程製造商、海事工程從業人員等將能從本書中受益。

　　臺灣離岸水下基礎製造廠商，按筆劃順序排列：
　　　　　中國鋼鐵股份有限公司
　　　　　中國鋼鐵結構股份有限公司
　　　　　中鋼鋁業股份有限公司
　　　　　中鋼機械股份有限公司
　　　　　世紀離岸風電設備股份有限公司
　　　　　台欣工業股份有限公司
　　　　　台朔重工股份有限公司
　　　　　台船防蝕科技股份有限公司
　　　　　台灣國際造船股份有限公司
　　　　　安能風電股份有限公司
　　　　　亨昌鐵材股份有限公司
　　　　　良聯工業股份有限公司
　　　　　岦昌企業股份有限公司
　　　　　昌懋工程股份有限公司
　　　　　東鋒鋼鐵有限公司
　　　　　金豐機器工業股份有限公司
　　　　　俊鼎機械廠股份有限公司
　　　　　建璋機械工程有限公司
　　　　　柏驥工業有限公司

竝辰企業有限公司

偉勝企業有限公司

祥穩塗裝股份有限公司

剩春工程股份有限公司

匯茂實業股份有限公司

新光鋼鐵股份有限公司

源禾企業有限公司

萬機鋼鐵工業股份有限公司

榮聖機械工程股份有限公司

維勝鋼鐵股份有限公司

臺鍍科技股份有限公司

遠東機械工業股份有限公司

銘榮元實業股份有限公司

廣泰金屬工業股份有限公司

慧鋼企業股份有限公司

興達海洋基礎股份有限公司

錦慶工程有限公司

目錄

Chapter 5.　結構金屬材料　　　　　　　　　　　　　　89

Chapter 6. 離岸結構的銲接   **141**

Chapter 7.　離岸結構防蝕保護　231

Chapter 9.　管理及規劃　375

表目錄

圖目錄

Chapter 1.　離岸結構介紹

1.1. 離岸結構簡介 (Introduction to offshore structures)

隨著陸上能源和空間不斷地被開發，人們對能源和空間的渴望日益強烈，因此離岸結構便由此而生，該種結構具有特殊的經濟和技術特質。從經濟面上來看，由於受到能源的影響，能源供應商為了滿足市場的需求，確保有充足的能源可以供應，因此必須不斷地開發探勘資源。全世界各國持續積極的拓展資源，在石油、天然氣和風場的開發上，則從陸上不斷地往海洋進行發展，因此啟動了許多離岸結構工程。離岸結構物包括海上平臺和海上風力渦輪機，而從技術層面上看，離岸結構是藉由海洋工程技術將一般鋼結構和海事結構設計與建造的混合體。

海洋結構 (Marine structures) 一般泛指遠離海岸線並位於海上的結構物或船舶。離岸結構 (Offshore structures) 則為放置在距海岸線較近距離水域中的結構。目前石油和天然氣的能源已逐漸探勘離海岸線非常遠的海洋中，而風場則大都規劃於近岸，然而近年來，風場亦逐步往更遠的海洋中開發。

在地球表面陸地的面積是十分有限的，海洋面積占總面積的 70.92%，包括島嶼在內的陸地面積僅占地球表面積的 29.08%，如圖 1-1。很顯然的是海洋面積遠大於陸地的面積，許多研究人員認為，處於在陸地上的資源目前大部分都已經被發現了，而隨著人們對資源的需求增加，未來的資源將可能存在並被發現於深海地區、北極區域和世界其他難以到達的地區。因此則要進入海洋及更深的水域以尋找額外的能源資源供應，這時候就要以離岸結構來執行工程業務。

海洋的平均深度為 4,000 m，最大超過 10,000 m，比世界最高峰珠穆朗瑪峰從海平面計算起的距離高度 8,850 m 還要多，圖 1-2 繪出目前相關載具和生物到達已知海洋深度的對照圖。離岸結構從近海地區的海岸延伸到深海，目前已經在 1,500 m 水深進行了施工作業，在 10,000 m 以下進行了海底探勘作業。

因此，在正式於海洋中拓展額外的能源資源方案之前，則先要完成確認該區域的勘探工作。首先，地球物理學專家評估該地點區域的環境及地質構造，以確定它是否具有潛在的能源來進行開發，再藉由商業企劃案之評估確定在經濟上可行之後，後續才進行更進一步的勘探活動，來為所選定的能源開發案和未來準備生產的計畫進行成本、進度和財務等的評估。之後，比較各種方案以確定用最有利的方案來執行。

離岸能源開發時要規劃及評估的事務非常多，一般而言基本考慮的事項如下列：

圖 1-1　世界海洋陸地分布圖

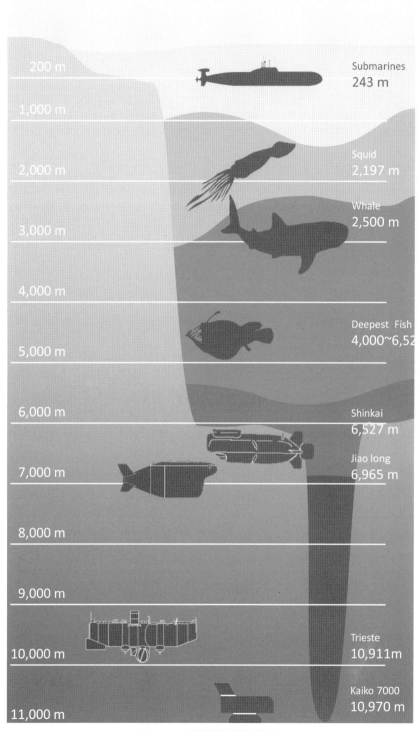

圖 1-2　已知海洋深度圖

－能源的特徵，如油、氣、水、電或其他能源等

－能源供應的穩定性

－海洋環境狀態

－該區域能源發展狀況

－須具經濟可行性

－具技術可行性

－具工程可行性

－法規及政治因素

－合作夥伴

－時程表

在國際的工程專案上，離岸結構與一般鋼結構工程的專案數量相比，離岸結構的專案數量遠低於一般鋼結構工程的數量，也因此目前全球也只有少數的工程公司專注投入於海洋工程的製造，這包括固定式離岸結構、浮動式離岸結構或其他類型的水下基礎設計及製造。但隨著對資源的需求增加，許多從事能源資源業務的跨國公司與來自世界各地的專業離岸工程製造商共同為拓展資源而投入水下基礎製造，因此對於合格離岸結構製造人員的需求也正迅速的增加。

本書分為以下幾個部分，涵蓋了基本的結構設計原則、金屬強度、疲勞和斷裂、銲接、防蝕、製造以及管理和規劃，提供了現有離岸結構所需的知識，讓讀者能了解離岸結構如何進行製造及相關的工程科學原理。

第 1 章　離岸結構介紹

根據水深要求、外部幾何形狀和安裝概念介紹了典型離岸結構的類型。

第 2 章　離岸結構設計概述

概述了施加在離岸結構的基本載荷及設計基礎原理。

第 3 章　離岸結構常用規範

給出離岸結構製造常使用參考之規範。

第 4 章　海洋環境的腐蝕

介紹海洋腐蝕環境和金屬腐蝕的原理。

第 5 章　結構金屬材料

海洋環境用鋼材特性及要求。

第 6 章　離岸結構的銲接

介紹離岸結構常用銲接製程、銲接母材與耗材、銲接參數應用環境用鋼、鋼材特性及要求。

第 7 章　離岸結構防蝕保護

離岸結構防蝕保護之方法、執行及防蝕原理。

第 8 章　建造離岸結構

簡述建造典型離岸結構的施工說明並透過品質管理來滿足製造上之可交付產品或服務的方法。

第 9 章　管理及規劃

概述離岸結構專案管理、供應鏈管理、工廠組織及規劃。

1.2. 離岸結構發展的歷史 (History of offshore structures)

隨著工業及民眾對於能源的需求以爆炸性的速度增長，尋找發現新的資源便成為能源開發商最為要緊的重要業務，而於 20 世紀中葉，於近岸和海洋中等深水處探勘出石油，也因此加速了製造離岸結構的發展及數量。這些大多數的離岸結構都安裝在遠離海岸線很遠的地方，通常於地平線上是看不見這些結構，甚至於在海洋中的這些結構和其他離岸建設彼此亦都相距非常遠的距離。

離岸結構的誕生普遍被認定是在 1947 年，由 Kerr-McGee 石油公司在墨西哥灣路易斯安那所建造於水深 4.6 m 的第一口近岸油井。到 1975 年，水深擴大到 144 m，之後在接下來的三年內，隨著殼牌石油公司 Cognac 平臺的安裝，其安裝水深急劇增加了兩倍達到 312 m，從 1978 年到 1988 年期間 Cognac 平臺一直保持了固定結構於深水的世界紀錄。之後，1991 年殼牌石油公司安裝的 Bullwinkle 平臺，參考圖 1-3，其水深達到 412 m，此時再次打破固定式離岸結構的水深紀錄。

由於能源供應的拓展以及世界經濟和能源消耗的增加，在過去的十年中，海上探勘已經從深度 500 m 向超過 1,500 m 更深處來取得能源，並且目前已經有幾個石油和天然氣海底設施被安裝在水深超過 2,000 m 的海底場地，圖 1-4 為近期離岸結構的重要發展圖。為了開發這些位於海上的資源，在海域中相對較淺的深度其深度小於 500 m 的大部分採用底部固定式結構；浮動式結構應用包括但不限於深水其深度 500 m 到 1,500 m 和超深水區域其深度大於 1500 m 處。

自從在墨西哥灣安裝了第一個離岸作業平臺以來，海洋工程已經看到了許多創新的結構，無論是固定的還是浮動的，都被放置在越來越深的水域以及更具挑戰性和惡劣的環境中。如今，全球離岸平臺的數量已超過 12,000 座，離岸風場風機數量亦達到 5,500 座以上，而圖 1-5 為目前離岸風電採用之各式水下結構，受益於不斷研究先進的海洋工程技術，這些結構它們可以達到 1,850 m 的水深。

圖 1-3　Bullwinkle 鋼構拖送至海上（資料來源：WIKIPEDIA）

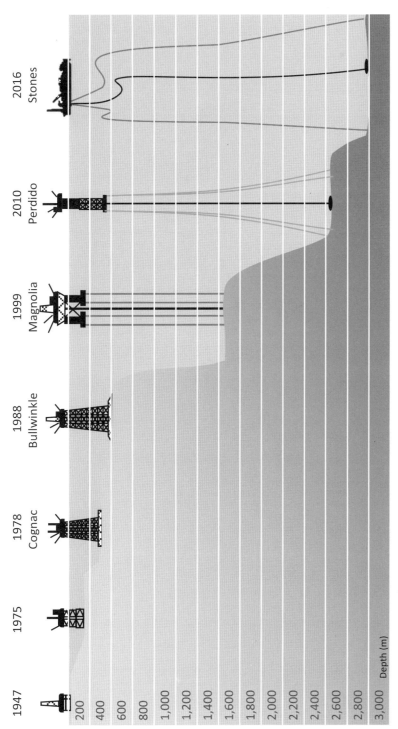

圖 1-4　離岸平臺結構發展圖

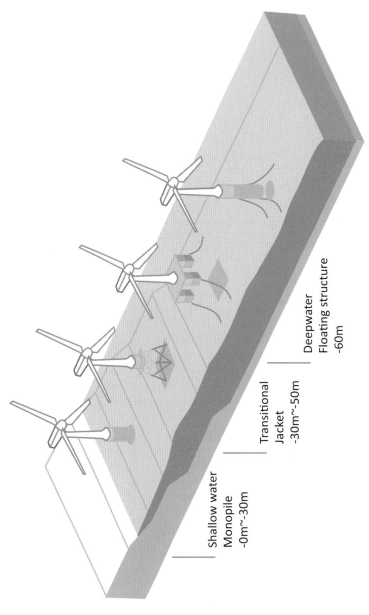

圖1-5　各水深採用之離岸風電水下結構

1.3. 典型的離岸結構類型 (Types of offshore structures)

　　世界各地安裝離岸結構的目的是相似的，即是用於探勘天然資源及開發能源，因此在海洋上安裝的位置有在非常淺的水域或是到深海處中。離岸結構安裝於海洋上後由於維修及保養不易，因此離岸結構及其所有構成的零組件在產品生命週期內，必須要滿足當初設計時所賦予要求的功能。

　　處於海洋上的這些結構不同於陸地上的，對於海洋上的離岸結構其設計需考慮設施的總重量、水深、環境負荷條件而定。海洋上的離岸結構，除了要遭受腐蝕和結垢外，還要承受較大的重力載荷和海洋環境中不斷循環施加的力量。從上述可知，離岸結構設計上須符合靜態和動態平衡狀態，這也意味著結構上或其任何零組件在環境所施加的載荷下不會過度移動或變形，並且這與其整體結構尺寸相比，其所被允許的位移或公差通常是非常小。

　　固定式離岸結構安裝時其結構底部之插樁 (Stabbing pin) 或套筒會穿過打入在海床上的基樁 (Pin pile)，插樁或套筒與基樁之間採用灌漿連接，而為了提高介面的抗剪能力，一般還會在鋼管表面添加剪力樁 (Shear key)，剪力樁主要是用於在提升兩個鋼管構件之間的灌漿附著力。剪力樁要銲接到兩個管壁上，使它們與灌漿接觸，而內管和外管的剪力樁必須相互偏移以形成灌漿支柱。剪力樁又可分為水平剪力樁和垂直剪力樁，水平剪力樁用來抵抗軸向的載荷；垂直剪力樁則用來抵抗扭矩的載荷。

　　透過此結構可使上部的載荷傳至基樁。圖 1-6 顯示典型離岸結構於海洋上可會受到相關的載荷，透過該圖可以知道固定式離岸結構於設計時要達成結構穩定條件狀態的可能因素。該結構要考量其垂直承載強度，還必須具備對海洋環境的橫向力或結構及其基礎的海底滑動。

　　由於海洋底下的地質條件和水深存在較大變化，因此每個離岸結構安裝位置的最佳化設計將有助於減少所需的鋼材用量。

　　下面將描述了四種不同類型的平臺，以向讀者概述結構的複雜性以及結構工程師在考慮對海上環境進行結構的分析和設計時所需的概念理解。所述結構包括：

－單樁式 (Monopiles)

－管架式 (Jacket)

－浮動式 (Floating structures)

－重力式 (Gravity base)

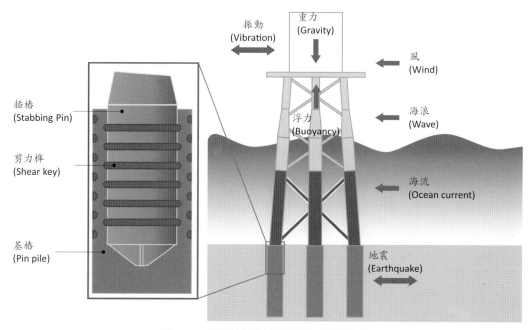

圖 1-6　離岸結構於海洋上受到的力

1.3.1 單樁式 (Monopiles)

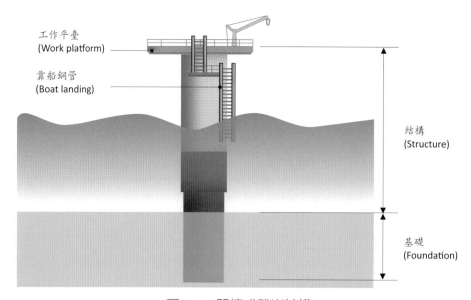

圖 1-7　單樁式離岸結構

單樁式結構為一大口徑鋼管樁是一種簡單的結構，由於簡單的設計非常適合大規模製造，常用於近岸的風力發電塔架基礎。該結構目前依不同設計，可由每個直徑在 6 至 12 m，長度 3 至 4 m 之間的鋼管組成為長度達 60～80 m 的單樁。根據地下的類型，鋼管被打入海床約 10 至 20 m，該型式水下基礎常應用於水深小於 20 公尺的水域。其優點是簡單、快速，節省安裝與製造費用，缺點是結構勁度較差。

1.3.2 管架式 (Jacket)

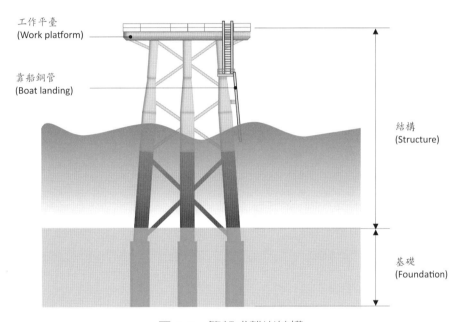

工作平臺
(Work platform)

靠船鋼管
(Boat landing)

結構
(Structure)

基礎
(Foundation)

圖 1-8　管架式離岸結構

　　管架式結構，它是一個由管狀構件柱腳管和斜撐管所構成之三維桁架結構體，結構上方連接作業平臺，水下結構底端則藉由插樁與所打入海床的基樁連接。該結構體製造技術複雜，雖然成本較高，但卻能使用較少的鋼材來承受較高的載荷，一般適用於深度小於 500 m 的中等水深，對於較深的水域結構，可適當增加柱腳的間距。這種結構通常有 3 到 8 支柱腳以提高其結構的穩定性，來用以承受海洋環境下的載荷和傾覆力矩。

1.3.3 浮動式結構 (Floating structures)

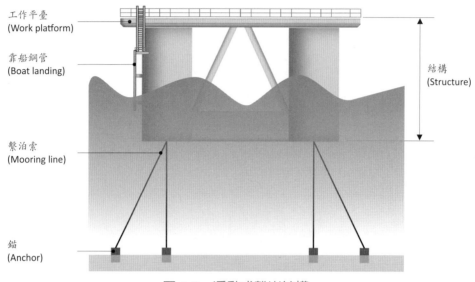

工作平臺
(Work platform)

靠船鋼管
(Boat landing)

繫泊索
(Mooring line)

錨
(Anchor)

結構
(Structure)

圖 1-9　浮動式離岸結構

　　浮動式結構其底部有一個半潛式裝置可以讓它漂浮在海面上，它通常透過另一艘船拖到某個位置並使用繫泊索固定在適當的地點。此種型式之結構可用水深超過 500 m 之區域亦可使用於淺水區域。由於該結構漂浮於海面上，因此不易受海平面變化或海床影響。

1.3.4 重力式 (Gravity base)

　　重力式是一巨大的混凝土結構體，透過重力使它們保持在原位。它們以直立的姿勢運送到規劃的海上作業場所，並帶有用於壓載（控制浮力和重量）的重力基礎單元，此結構不需要額外的樁或錨來進行固定。

　　在具有強烈海底地質條件的地區非常常見，如砂質海床、岩石質海床或基樁安裝可行性不高的海域。此結構基本上都是以圓形的混凝土外殼，藉由透過其重量來抵抗風、波浪、海流等海洋環境中的動態作用力，以使結構穩定。

　　重力式結構容易遭受沖刷和下沉，因此設計時應進行沖刷研究和沉積物遷移分析。

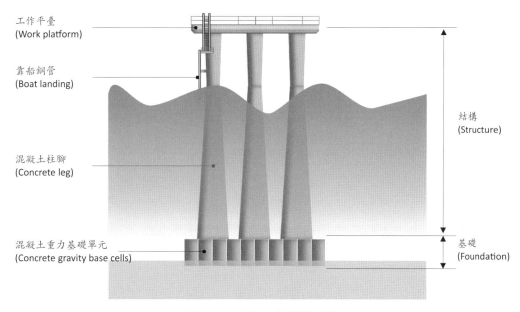

工作平臺
(Work platform)

靠船鋼管
(Boat landing)

混凝土柱腳
(Concrete leg)

混凝土重力基礎單元
(Concrete gravity base cells)

結構
(Structure)

基礎
(Foundation)

圖 1-10　重力式離岸結構

1.4. 離岸結構的構件 (Components of offshore structure)

　　安裝在海洋上的離岸結構，為因應其嚴峻之環境，因此它們被設計成一種特殊複雜的結構體。目前大多數的離岸結構都是帶甲板的管架式，一般採用鋼材建造，而其通常主要由以下幾個部分所組成：

－基樁 (Pin piles)

－柱腳 (Legs)

－斜撐 (Braces)

－節點 (Node)

－二次結構 (Secondary structure)

A. 基樁 (Pin piles)

　　基樁是直徑達 2 m 以上、長度依設計可達 100 m 以上的開口鋼管狀件。基樁能將載荷正確地轉移到下方的土壤結構中，一般被打入海床大約 40～80 m，在某些情況下打入海床深處 120 m，並提供與上方結構的連接。

　　基樁須承受載荷、傾覆力矩和剪切力，這些力會導致靠近海床的基樁發生明顯的彎曲。基樁的數量、布置、直徑和穿透力取決於當地的環境負荷和土壤條件。

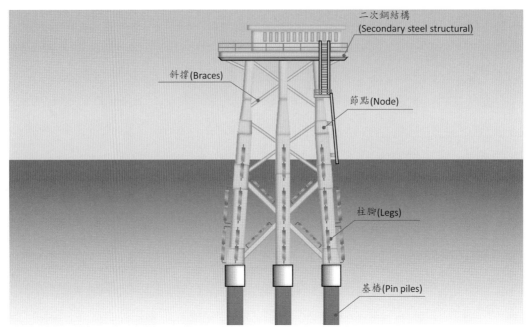

圖 1-11　管架式離岸結構的構件

B. 柱腳 (Legs)

柱腳是中空的鋼管狀件，具有各種尺寸，它是離岸結構中用於提供必要支撐的垂直結構構件。它們能承受壓縮載荷在橫截面附近承受彎矩力，亦能將載荷從梁或斜撐等轉移到地基。

C. 斜撐 (Braces)

斜撐是離岸結構中必不可少的部分，斜撐系統用於分配載荷，它分配柱腳之間的垂直彎曲效應，並確保所有柱腳共同承受海洋環境中的風、海流、浮力、波浪或碰撞載荷等橫向效應。

D. 節點 (Node)

節點在結構系統中有著至關重要的作用，它透過將多根鋼管匯集在複雜的交叉點，而各式效應在這交叉點上進行傳遞，因此在節點上承受了高載荷。

E. 二次結構 (Secondary structure)

二次結構是指離岸結構中除柱腳、斜撐、梁等主要受力構件外的次要構件或功能構件。二次結構一般包括如靠船鋼管、犧牲陽極、爬梯、甲板、平臺和電纜管等。

1.4.1 構件等級分類 (Structural member classification)

　　表 1-1 為離岸結構中一般常用構件分類，構件根據其使用關鍵等級分為以下幾類：

A. 主構件 (Primary structural)
　　對主要結構的整體完整性和安全性至關重要的構件和組件。

B. 次構件 (Secondary structural)
　　對結構局部完整性至關重要的構件和組件，這些構件的失效不會影響主要結構的整體完整性和安全性。

C. 特殊構件 (Special structural)
　　特殊構件是主要構件的一部分，它位於或靠近臨界載荷傳遞區域和應力集中位置。

D. 輔助件 (Ancillary)
　　不屬於上述類別的次要構件和附件則稱之為輔助件。

表 1-1　構件等級類別分類

類別	構件名稱
主構件	一柱腳 (Legs) 一斜撐 (Braces) 一插樁 (Stabbing) 一套筒 (Sleeve) 一基樁 (Pin piles) 一梁 (Girders)
次構件	一登船設施 (Boat landing) 一外部爬梯 (External ladder)
次構件	一平臺 (Platforms) 一次要斜撐 (Minor braces) 一縱梁 (Stringers) 一肋板 (Floor plates) 一內部爬梯 (Internal ladder)

類別	構件名稱
	一 附體件 (Attachment)
	一 犧牲陽極 (Anode)
	一 導引件 (Guides)
特殊構件	一 節點 (Nodes)
	一 轉階段 (Transition piece)
	一 眼板 (Pad eyes)
	一 走道 (Walkways)
	一 扶手 (Handrails)
輔助件	一 支撐 (Supports)
	一 緩衝件 (Bumpers)
	一 端蓋 (End caps)
	一 隔柵板支撐座 (Grating supports)

1.5. 離岸結構事故 (Accident of offshore structure)

　　離岸結構的安全性相當重要，因為若發生失效，將可能會造成重大之人員或財產的損失。亞歷山大‧基爾蘭德 (Alexander L. Kielland) 是挪威的一座鑽井平臺，1980 年 3 月時在 Ekofisk 油田作業時發生傾覆，並且造成了 123 人死亡。但這不是一起由極端風暴所造成的事故，該事故始於連接於穩定柱 (Leg D) 上其中一個斜撐 (D-6) 因疲勞而失效，從而導致連接在這條穩定柱上的所有斜撐連續失效。

　　該災難發生在 1980 年 3 月 27 日的傍晚，當時在暴風雨中的風速高達 40 節，海浪高達 12 米高。18:30 前幾分鐘，平臺上的人員突然聽到尖銳的聲響，然後結構發生顫抖，在幾秒鐘內，平臺傾斜了 35 到 40 度。此時該平臺在暴風雨中突然失去了五支穩定柱中的其中一支，並且於深黑海洋上的離岸平臺其照明燈全滅，作業人員驚慌的衝到外面。而用於穩定平臺的錨索六根中，僅剩下的一根錨索尚未斷裂。18 時 53 分，剩餘的錨索斷裂，平臺傾覆。

　　挪威公共委員會針對此事故的調查報告，其失效順序按以下發生，參閱圖 1-12：

(1) 在聲納器法蘭座和斜撐 D-6 之間的塡角銲道處發生疲勞裂紋。

(2) 疲勞裂紋在聲納器法蘭座的銲道圓周上逐漸擴展，然後裂紋逐步移動到斜撐

的圓周銲道上，斜撐的圓周銲道因過載而失效斷裂。

(3) 連接穩定柱 D 的另外五個管狀斜撐也因塑性塌陷而斷裂，造成穩定柱 D 與平臺分離。

(4) 穩定柱 D 與平臺分離後，平臺因此變得不平衡，最終傾覆。

失效原因說明如下：

－聲納器法蘭座連接到斜撐 D-6 的 6 毫米填角銲道輪廓不良導致疲勞強度降低。

－法蘭座上有大量的層狀撕裂，並且銲道有冷裂紋。由於冷裂紋和法蘭座的弱化進而導致應力集中。

－海洋的循環應力產生交互作用，使效應加大。

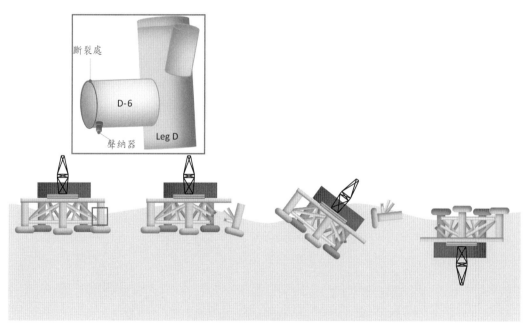

圖 1-12　亞歷山大‧基爾蘭德傾覆事故示意圖

　　從此事故中可知離岸結構是由許多零組件所構成的，因此在每一個製造細節和程序都必須依規範落實執行。如果所製造的離岸結構沒有按預期在其生命週期內執行，將會對人類、財產和環境造成重大損害。

Chapter 2. 離岸結構設計概述

2.1. 離岸結構設計概述 (Introduction to offshore structural design)

離岸結構在製造及營運期間，任何影響結構重要的設計變更都須要按照設計標準指南進行結構完整性 (Structural integrity analysis) 的重新評估。

離岸結構的分析、設計和建造可以說是海洋工程專業中，所面臨最艱鉅的任務之一。除了陸上結構所遇到的一般條件和情況之外，離岸結構還具有額外的複雜性，即放置在海洋環境中，水動力相互作用之效應成為其設計中的主要考慮因素。一般來說，波浪和洋流可以在海洋中以不同的形式一起出現。波浪和洋流的存在及其相互作用，在大多數海洋動力學過程中發揮著重要的影響，對工程師來說是非常重要的。

作用在整體結構上的載荷包括靜態載荷和動態載荷，在設計時須預先規劃可能會在結構上所施加的最大局部載荷和全域載荷的各種條件和模式，而環境載荷的條件通常是以全球海域狀況的標準來設定。考慮到未來可能發生的機率，因此環境載荷的設定原則會一般以過去歷史紀錄期間中的最大值做為設定值。

對於結構設計和分析，工程師需要具備海洋波浪、環境、運動和設計載荷的基本概念。而載荷的組合計算是離岸結構設計的第一步，一旦確定了功能要求和負載，就可以根據分類規則和設計規範中的公式和圖表來確定初始尺寸。這些複雜的結構通常是根據相關的國際海洋和海洋工程標準設計的，海洋工程上常使用之標準及規範可參閱本書第 3 章。

離岸結構的設計涉及相當多的計算及很專業的製造技術，目前有許多相關的書籍單獨介紹離岸結構的設計，在本書中則介紹它基本的設計原理，讓讀者可以入門了解離岸結構所處的海洋環境會面臨哪些載荷，以及如何對這些載荷進行模擬分析。

2.2. 海上結構的設計載荷 (Design loads for offshore structure)

離岸結構在運行中承受許多外部載荷，這些載荷包含有重力載荷、環境載荷和事故載荷，而海洋工程上的結構設計得足以抵抗這些外部載荷。重力載荷是由永久性或

臨時性的設施結構自重所引起的。環境載荷是由風、波浪、水流，這些載荷也會引起結構運動。事故載荷則如地震、冰載荷和其他外力引起的載荷。

載荷是對結構造成變形、位移和加速度的力，不同類型的載荷加載在結構或構件上時，其產生的作用特質會根據結構上的設計或位置等而有所不同。

離岸結構在設計階段時須進行結構完整性分析，準確的辨識出結構在運行時的載荷，藉以評估離岸結構受外部載荷的響應。載荷分析在海上結構設計中是關鍵的工作，在設計上結構通常要求必須能夠承受最大的載荷，以證明設計出符合標準要求的結構。下面列出了作用在離岸結構上的各種載荷類型。

重力載荷 (Gravity loads)：
－結構載荷
－活動載荷
－設施載荷

環境載荷 (Environmental loads)：
－波浪載荷
－風載荷
－海流載荷
－浮力載荷
－冰載荷
－泥漿載荷

2.3. 重力載荷 (Gravity loads)

2.3.1 結構載荷 (Structural loads)

結構載荷為靜載荷 (Dead load) 也稱為靜態載荷 (Static load)，是由結構或其他固定元件的重量產生的，此載荷隨著時間的推移保持相對的恆定，並且不會導致結構系統的動態行為者，它包括有：
－所有主要鋼結構構件（柱腳、斜撐等）
－次要結構（登船設施、次要斜撐等）
－特殊構件（轉階段、節點等）

2.3.2 活動載荷 (Live loads)

活動載荷也稱外加載荷，此種載荷為可移動之載荷，並且可能會因為隨著時間而起變化。它們包含可移動的材料、設備和力的重量，典型離岸結構上的活動載荷可能包括：

- －走道
- －扶手
- －平臺
- －起重機操作過程中形成的力量
- －消耗品
- －作業生活區

2.3.3 設施載荷 (Facility loads)

此載荷為可移動或臨時連接到結構上的設備或設施，這些設備或設施主要是提供在離岸結構內作業的功能運作。這些設備或設施它們並不是結構上組件，它們沒有任何的強度可以來提供離岸結構的完整性。

此類物品的重量應根據結構計算的設計平面圖安裝在適當的位置。設施載荷項目包括如下：

- －機械設備
- －電氣設備
- －電纜橋架
- －儀錶
- －連接各設備的管道

2.4. 環境載荷 (Environmental loads)

2.4.1 風載荷 (Wind loads)

風是空氣的運動，當風吹向結構物時，會偏轉或將風的動能轉化為壓力勢能，而作用在立面上的合力稱為風載荷。風以隨機和湍流的方式運動，因此風速通常不穩定。風速的突變稱為陣風或紊流 (Turbulent flow)，是高層結構動態設計中需要考慮的

重要因素。

　　離岸結構的設計必須安全有效地吸收風力並將其傳遞到基礎 (Foundation)，以避免結構倒塌。風載荷通常取決於風速和結構物的形狀和表面，這就是它們難以準確預測的原因。

　　由於海洋氣候非常的劇烈，因此離岸結構在設計上通常要能夠承受非常強烈的風速。海平面上的建築物將風力通過結構傳遞到結構的核心，然後再傳遞到基礎來解決風載荷。

　　圖 2-1 顯示了在某個時間點的風速剖面曲線圖，圖 2-1(a) 為平均風速剖面，圖 2-1(b) 為實際風速剖面線，在圖中顯示許多風的特徵。首先，從平均風速來看，在高海拔地區比在地球表面附近更強。這是由於移動的空氣與地形摩擦所造成的，而隨著海拔的升高，這種影響變得則不那麼明顯。其次，很明顯的可以看到實際風速的剖面線是非常不規則，也因此會難預測風速的變化。

　　影響風速大小的因素有很多，如溫度、壓力、地球自轉、季節、地形特徵等。這些因素導致一年中不同時間和不同地點的風速變化很大。為了在設計中考慮風的影響，通常使用大量觀測數據的平均風速。

　　離岸結構上所受的風力為不穩定的風速線，因此當涉及到結構的動態設計時，必須考慮陣風載荷，而不是使用穩定的平均風流，因為它們通常會超過平均速度並且由於其快速變化而對結構造成更大的影響。

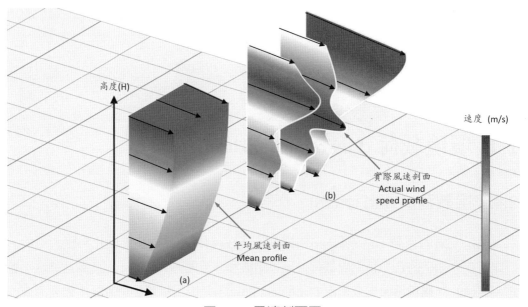

圖 2-1　風速剖面圖

2.4.2 海流載荷 (Current loads)

　　強大的海流是由溫度、風、鹽度、水深和地球自轉共同產生的。圖 2-2 簡易的說明海流如何運作，太陽驅動了風和溫差進而推動了海流，表層海流由風驅動，深海流則是由海水密度和溫度梯度來驅動，其中海水密度的差異是來自由溫度和鹽度所控制的。這些海流與波浪的作用一起對結構產生動態載荷。

　　決定海流方向和速度的主要因素可分爲如下：

　　－風

　　－水密度差

　　－海底地形

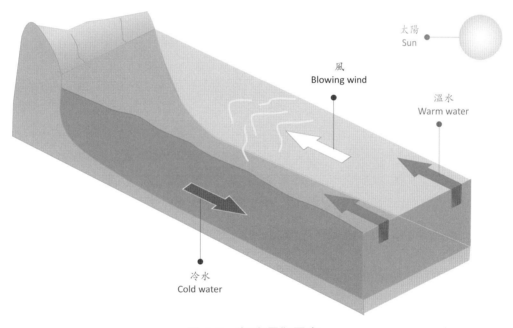

圖 2-2　海流運作示意

　　海流在南北半球的流動方向是不一樣的，它們在北半球形成典型的順時針螺旋，在南半球形成逆時針旋轉。會導致此現象是因爲艾克曼螺線 (Ekman spiral) 速度分布導致水流與驅動風成一定角度流動。

　　艾克曼螺線的成因主要是表層的洋流主要由風吹海面所造成，當風吹拂海面時，水與風之間的摩擦力導致表層海水流動，海水在流動的同時，一方面因爲科氏力的影響會向右偏約 45 度（南半球向左偏），另一方面摩擦力也會帶動下一層的海水運動，

然後一層帶動一層，流速隨深度逐漸減小，流向亦隨深度增加而呈順時針（南半球逆時針）旋轉，一直到摩擦力影響不了的深度，使各層海水的流向形成螺旋狀的分布，即為艾克曼螺旋。圖 2-3 顯示了世界上五大海洋環流的旋轉方向。

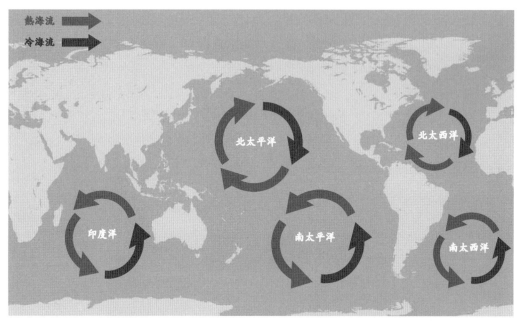

圖 2-3　五大海洋環流

2.4.3 浮力載荷 (Buoyancy loads)

　　離岸結構部分的浮力載荷是特意設計規劃出來的，以便整個結構在其營運過程中具有足夠的浮力。這些構件大多通過銲接來進行密封以避免進水，用以實現浮力，典型的例子如浮動式結構、管架式結構或用於控制浮力的壓載單元。圖 2-4 中可以顯示對於沉浸於海洋中的離岸結構，除了浮臺會承受浮力外，斜撐因由於構件完全密封亦會於水中產生浮力作用。

2.4.4 波浪載荷 (Wave loads)

　　波浪最主要的成因是由風吹海面，空氣分子在海面上接觸到水分子後，將部分動能轉移至水分子，由於海床的摩擦力，使得水分子的運動軌跡呈現圓形。

　　波浪是由波高、週期和水深組成的參數，其傳播速度與波長、水深有關。波速與

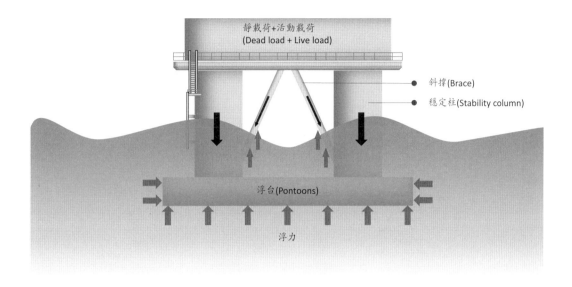

斜撐(Brace)

穩定柱(Stability column)

圖 2-4 浮動式離岸結構受浮力示意圖

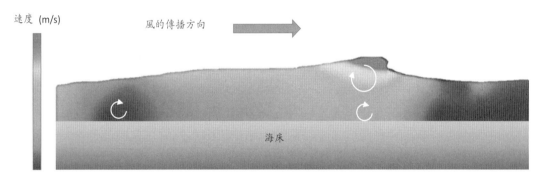

圖 2-5 波浪的速度

波長成正比，風速越快，吹得越久，傳到海面的能量越多，波浪所帶的能量也提高，所以波峰愈高代表了能量高，形成的波速亦快，所以波長較長的湧浪比一般風浪傳播速度要快。圖 2-5 模擬海洋波浪形成及速度的分布。

海洋上波浪的載荷一直是海上結構設計關注的問題。離岸結構在該作用下受到不斷波動的水動力載荷，對結構物施加脈衝或波狀的衝擊，對整個結構系統的安全運行產生影響。從連續性的環境載荷角度來看，波浪的載荷會對結構造成翹曲 (Prying) 和擠壓 (Squeezing) 作用的影響。結構受波浪載荷作用的兩個階段如下說明。

(1) 翹曲階段

在圖 2-6 中示意，當海浪的波峰移動到結構的中心位置，此時波浪下降的重力加速度，其波浪力會對結構產生拉開作用。

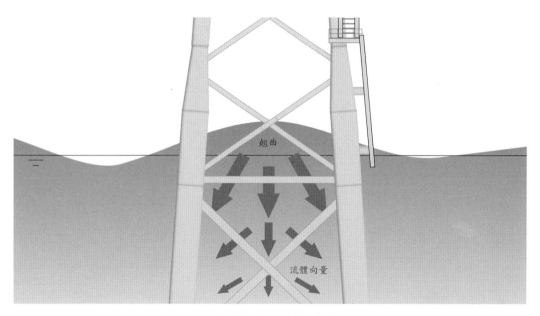

圖 2-6　離岸結構受波浪翹曲載荷

(2) 擠壓階段

在圖 2-7 中示意，當海浪的波谷移動到結構的中心位置，此時波浪會從側面推入，對結構造成擠壓。

波浪載荷是以波浪的高度和規則週期來做為結構設計。在評估上是以這海域 100 年期間中可能出現的最大波浪高度作為波浪載荷，並且在這最大波浪高度上不會使結構沒有發生動態行為。圖 2-8 為全球海洋波浪高分布模擬示意圖，在圖中暗紅色的部分，表示在其海域之中波浪高度可能高達 16〜19m。

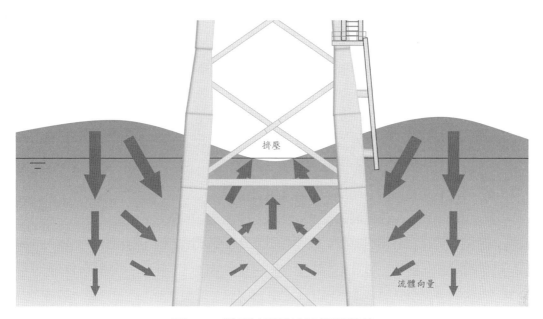

圖 2-7　離岸結構受波浪擠壓載荷

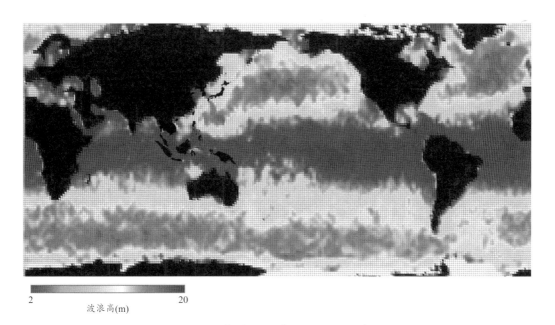

圖 2-8　全球海洋波浪高分布示意圖

2.4.5 冰和雪載荷 (Ice and snows loads)

如果離岸結構規劃將會安置在寒冷和或極低溫環境地區如北極圈，則在設計上必須考慮會在結構上產生的結冰、雪和冰層的載荷。

大量的冰和雪會給結構增加相當大的負荷，在降雪量大且頻繁的地理區域於設計時應預先設定可能出現的雪載荷，如果在結構設計中不考慮，可能會導致結構失效。

離岸結構物的形狀是影響雪載荷大小的一個重要因素，因爲冰和雪的積聚所引起的結構重量變化是和作用在結構上的有效面積相關。

極低溫環境地區，由於海流及潮汐作用，冰層或浮冰會從某一個位置移動到另一個位置。這些漂流在海洋的冰層或浮冰有時也會撞擊離岸結構，結構會受到很大的衝擊力而對結構產生破壞。另外，低溫也會影響到鋼鐵材料的性質，使結構材料的性質改變，相關影響如可參閱第 5 章節。

圖 2-9　離岸結構受環境載荷變形及載荷傳遞

2.4.6 地震載荷 (Seismic loads)

地震載荷是由於地殼運動而激發結構物產生慣性力，慣性力隨物體質量而變化。當地震發生時，地面突然開始移動，由於結構組件具有勁度 (Stiffness) 和撓性 (Flexibility)，可以抵抗撓曲 (Deflections)，因此上部結構不會立即響應，而是會滯後。較高質量 (Mass) 的結構所受到的地震載荷也較高。當地震載荷超過結構所能承受的抵抗力矩時，結構就會斷裂或損壞。地震載荷的大小取決於結構系統本身重量或質量、結構的動力特性以及地震的強度和持續時間。

地震載荷取決於以下因素：

－地震危害特徵

－結構參數

－重力載荷

由於地震是三維衝擊，對結構的響應非常複雜，並且以高度複雜的方式變形。圖 2-10 說明簡單表示地震期間時由於快速的地表位移所引起的動力效應，造成結構的變形。

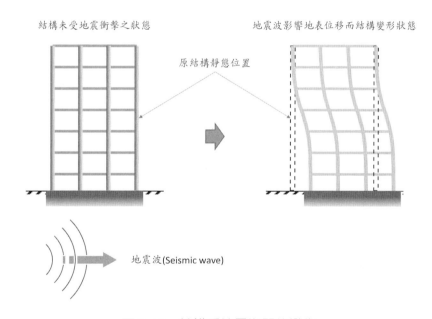

圖 2-10 結構受地震期間的變化

2.5. 載荷組合 (Load combinations)

當不只一種類型的載荷作用在結構上時，就會產生載荷組合。設計上通常為每種載荷類型指定各種載荷組合以及載荷係數，以確保結構能夠在不同的最大預期載荷情

況下依然保有安全性。

一般用於離岸結構完整性檢查的載荷組合可分為以下兩類。

(1) 正常運行狀態

結構在一般正常運行時的最大重力載荷，另須具有回朔 5 年期間的週期波浪、海流和風的載荷。

(2) 極端風暴狀態

回朔 50 年期間該海域曾記錄的極端風暴、海流和風的載荷，以用於檢查結構於極端風暴期間能夠承受載荷。

於初步設計時，結構上是以靜態載荷來進行分析，將前一節中的環境載荷同時作用在結構上。為了找到它們交互作用下的總效果，因此將它們組合在一起，使合成於結構上具有 50 年期間的載荷狀態。設計標準中規定了不同條件下這些載荷的組合，如表 2-1 所示。

表 2-1　環境載荷組合

環境載荷組合	Wind	Wave	Current	Ice	海平面高
1	50 years	5 years	5 years		50 years
2	5 years	50 years	5 years		50 years
3	5 years	5 years	50 years		50 years
4	5 years		5 years	5 years	平均值
5	50 years		5 years	5 years	平均值

2.6. 抗衝擊結構框架 (Impact resistant structures frames)

離岸結構主要透過構件框架的彎曲來抵抗衝擊作用，衝擊的能量經由框架的循環式彎曲 (Cyclic bending) 的動態行為而將能量耗散，因此在結構框架內靠近節點 (Node) 處會有大量的能量耗散區，圖 2-11 為結構受到衝擊力作用後框架內節點、梁和柱的受力變形模擬。圖中顯示當結構受到衝擊力時，節點處所受到的能量效應最大，而為了能夠耗散對結構的衝擊能量，因此耗散區的節點必須不能失效且數量要足夠多。

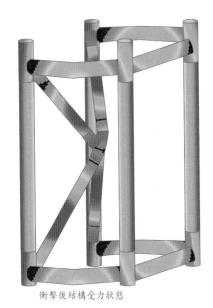

衝擊力

塑性應變

衝擊前結構受力狀態

衝擊後結構受力狀態

圖 2-11　衝擊能量經由循環式彎曲的動態行為而耗散

　　離岸結構在設計抗衝擊過程中，透過框架的形狀來分散傳播力量。典型的離岸結構類型如單樁式、管架式、浮動式或重力式，其中以管架式結構對於風、波浪和海流的沖擊載荷影響較低。在管架式結構中，水平的力主要由承受軸向拉伸或壓縮載荷的構件來抵抗。斜撐為主要的延性構件，因為受力於斜撐中的能量會由於斜撐面的屈曲 (Bucking) 而使能量迅速的耗散。

　　常見的管架式結構框架的支撐模式通常有單對角線面、V 支撐面、K 支撐面或 X 支撐面等這幾種類型來組成，詳圖 2-12。

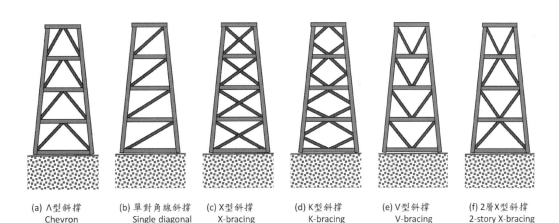

(a) ∧型斜撐　　　　(b) 單對角線斜撐　　(c) X型斜撐　　　(d) K型斜撐　　　(e) V型斜撐　　　(f) 2層X型斜撐
Chevron　　　　　Single diagonal　　X-bracing　　　　K-bracing　　　　V-bracing　　　　2-story X-bracing

圖 2-12　不同類型的鋼結構支撐系統

離岸結構框架的設計，其主要要求是受衝擊下不倒塌，在特殊的狀態如強烈地震破壞下對結構損壞有限。為了滿足這些要求，設計的基於一般原則，通常包括：
- 簡潔的結構框架
- 連續性和均勻分布的結構強度
- 能量耗散能力
- 避免高細長比
- 抗扭性

2.7. 全域載荷 (Global load)

要確定作用在結構上的全域載荷是非常重要且複雜，不同類型施加作用在結構元素上的力或加速度，會在結構中引起應力、變形和位移。過載將可能導致結構問題甚至造成結構失效，因此在結構設計過程中應考慮和控制這一點。

對於固定於海床上的離岸結構，除了本身的重力載荷之外，環境載荷亦通過海洋狀況作用在結構上，如風、波浪和海流的衝擊，因此結構必須不能發生傾倒或受到剪力而破壞。這些不同的載荷可以依屬於同一類型或相同方向的載荷組合成為同一組別 (Groups)，以便於將它們組合成結構分析的載荷條件。

離岸結構的全域載荷分析採用下述兩個基本原則來進行計算：
- 最大基底剪力法 (Maximum base shear)
- 最大傾覆力矩法 (Maximum overturning moment)

波浪及強陣風對結構的衝擊載荷，透過上述這兩種基本計算原則下來檢查結構是很重要的。最大傾覆力矩可以計算出水下基樁所受的載荷；同樣的，分析出最大基底剪力則能計算靠近海床的柱腳 (Leg)、插樁 (Stabbing)、套筒 (Sleeve) 等構件所必須要的設計值，使結構擁有基礎抗剪能力。

2.7.1 最大基底剪力 (Maximum base shear)

由於波浪衝擊在結構上，每個構件上所受的波浪力是不同的，對於結構的全域分析，必須確定結構上的最大基底剪力。地震亦會對結構造成剪力，地震期間由於地面運動會在結構底部產生最大剪力。

橫向載荷並非單獨作用於結構物上，而是沿著結構物的高度分層施加，而結構物本體沿其高度又具有不同的質量，因此橫向荷載在各層的反作用力是不同的，而這種

總反作用力是基底剪力，即橫向載荷的總和＝基底剪力。

　　結構受到衝擊力而左右搖擺的趨勢會在其上部產生更大的加速度，這種來回的運動造成彎矩，對構件產生剪力，該載荷超過結構所能承受的橫向力將會導致結構物倒塌。

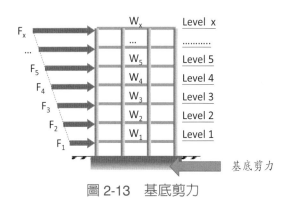

圖 2-13　基底剪力

2.7.2 最大傾覆力矩 (Maximum overturning moment)

　　傾覆力矩是使一個物體由一靜平衡狀態，在施以側向翻轉的力，並以縱向平衡中心為軸而產生的力矩，該力矩與地面或底座接觸點周圍產生的作用力而產生的抵抗扭矩。

　　如果該傾覆力矩大於由結構產生的扭矩力時，該物體在翻轉後，將無法再自動回到原平衡狀態，此時結構將會發生傾覆。

　　最大傾覆力矩是指在瞬間傾倒物體的力量。為了避免結構發生傾覆，因此必須找出結構於傾覆瞬間的力及結構可容許的最大位移。圖 2-14 示意地描述傾覆力矩的過程，過程如下。

　　(1) 基本上結構是一個非線性彈性系統，在尚未施以側向力之前，它類似固定於基礎上。

　　(2) 在施以側向力之後，因為產生力距，此時結構發生位移，而底座接觸點會增加反作用力。

　　(3) 當持續施以側向力，重心的中性軸逐漸移動。

　　(4) 直到重心的中性軸移動到靠近趾部處。此時，傾覆力矩將開始下降。

　　(5) 如果結構在扭矩承載力變為零之前進行卸載，結構將恢復到原來的位置。

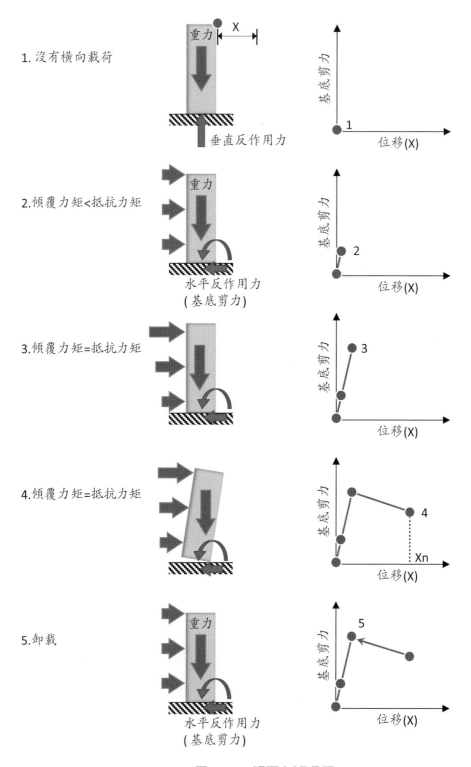

圖 2-14 傾覆力矩過程

　　圖 2-15 簡略的示意固定式離岸結構受到載荷後所產生的彎矩及剪力。圖中離岸結構當受到風、波浪和海流的載荷時結構會產生傾斜，而當載荷釋放後結構於彈性變形內則會再度恢復原狀。要使結構穩固於海床上並考慮不會因受到載荷而發生傾覆，透過相關數據輸入，因此能設計計算水下基樁穿透土壤深度及模擬。另外，由於結構受到彎曲力矩，因而產生剪應力。剪應力容易造成結構破壞，爲此會透過剪力樁抵抗其載荷，防止結構剪切破壞。

　　針對不同的波浪高度來分析結構，結構上的傾覆力矩和剪切力會隨著波高的增加而提升。

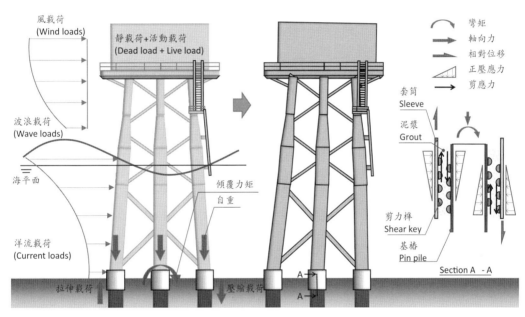

圖 2-15　離岸結構受環境載荷變形及載荷傳遞

2.8. 設計參數和假設 (Design parameters and assumptions)

　　離岸結構規劃的第一步驟，就是設定基礎參數。它提供了必要的資訊、參數和假設。這些資料參數必須在結構設計過程的初期階段給予基本考慮，以便在結構的最終尺寸中引入適當的設計餘量。

　　離岸結構的設計是一個多學科領域，包括機械設計、材料特性選擇、失效分析、加工、斷裂和損傷力學等，透過全域性的分析載荷對結構和零組件的影響。離岸結構

的設計基礎參數和假設如下：

　　鋼結構 (Structural Steel)

　　－鋼種

　　－降伏強度

　　－彈性模數

　　－蒲松比

　　－熱膨脹係數

　　環境數據 (Environmental Data)

　　－水深

　　－潮位（平均海平面／最高天文潮／最低天文潮）

　　－暴潮（正暴潮／負暴潮）

　　－海水溫度（平均值／最小值／最大值／年幅度值）

　　－氣溫（平均值／極端最小值／極端最大值）

　　－海水密度

　　－大氣密度

　　－水鹽度

　　－風速（平均值／極端風速值／風向）

　　－波浪（浪高／角度／波長／週期／5 年重現期／50 年重現期）

　　－海流（平均海流速度／角度／5 年重現期／50 年重現期）

　　地質參數 (Geologic Parameters)

　　－地層深度

　　－地質種類（沙子／黏土／岩石）

　　－地質強度

　　腐蝕 (Corrosion)

　　－飛濺區及飛濺區以下的鋼結構距離

　　－腐蝕速率

　　－腐蝕容許量

2.9. 模擬 (Simulation)

由於離岸工程專案具有高經濟及商業性，專案時程表內對於設計和製造的要求速

度更快。因此，設計工程人員承受著來自非常大的時程壓力來規劃材料、計算結構，以便向製造商下訂單。

經由設定基礎參數及建立所預期規劃的載荷後，將這些資訊及參數輸入後，透過規範來設計適當尺寸的構件以及經模擬計算得出的結構載荷，結構工程師將可以設計出完整的結構體，並最安全化的確保結構的穩定性。

隨著科技、電腦計算和軟體技術的進步，離岸結構的模擬分析變得更加的容易和快速。目前有許多商業軟體可以對離岸結構進行三維結構分析，常用軟體如下面所列：

(1) SESAM－用於船舶和海上結構從設計、運輸、安裝、操作、修改到生命週期計算和水動力分析的軟體。

(2) SACS－海上結構和船舶建造的軟體，用於分析、設計和模擬複雜的結構或船舶於海上的響應。

(3) Strucad－三維實體鋼結構設計軟體，具有快速的自動製造、繪圖、生產和供應鏈交付的功能。

結構在設計層面的評估，首先透過結構分析軟體進行線性靜力結構分析。之後透過軟體模擬離岸結構運行一般天候和在極端風暴環境條件下，分析及檢查結構中零組件的應力和應變狀態等。極端風暴環境條件的主要設定是波高、流速、風速和波浪週期。

結構中的每個零組件、接頭及基礎於不同載荷條件的檢查如以下：

(1) 平靜的海況，此種的狀態是用於分析結構自重、設備重量、管道重量和設施內容等，於一般載荷時對結構整體穩定性和強度的影響。

(2) 平靜海況時最大載荷的運行條件。這是為了分析結構自重、設備重量、管道重量和設施內容等，於最大重力載荷時的穩健性。

(3) 極端風暴，所受的最大載荷。這是為了評估結構、零組件和基礎在極端海浪和海流條件下可能出現的失效情況。

(4) 極端最小環境載荷。這種狀態是針對極端海狀下，例如海平面驟降，海流載荷及波浪載荷下降，分析結構零組件和基礎由於極端條件下所可能導致的失效模式。

在進行結構分析和設計之前，需要進行準備以下的工作。圖 2-16 為離岸結構基本分析流程圖。

－收集海洋氣象資訊和海床數據

－設計決定營運時的載荷

－選擇適用的結構幾何

－載荷模擬

－基礎模擬

－結構幾何模擬

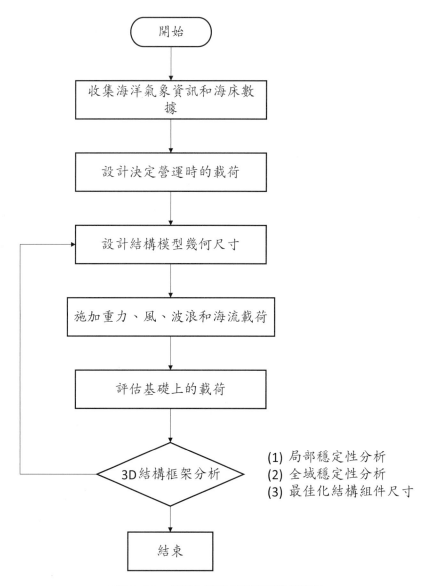

圖 2-16　固定式離岸結構設計程序

Chapter 3.　離岸結構規範

3.1. 標準與規範 (Standard and rules)

　　鑑於離岸結構須面對比陸域鋼結構更嚴苛之海洋環境，另外由於在海洋上其保養及維護不易，爲確保海洋上鋼結構長年使用之可靠性及穩定，因此攸關鋼結構工程品質之製造及檢驗皆被要求依規範落實執行。離岸結構規內容包含鋼結構使用材料、工廠製造、現場管理規定外，亦包含品保、品管、檢驗及作業人員安全之相關規定。

　　規範內容常分類爲材料、製作、銲接施工、組立、表面處理與塗裝、品質管制及安全相關。上述相關分類，則透過各標準規範來訂定之，現今全球計有許多海事工程規範可以參考，目前大多採用之規範有 DNV、ISO、NORSOK、EN 及 NACE 所訂定之標準。離岸結構製造過程中會交互引用多種規範及標準，用以確保結構安全功能要求的性能等級及完整性。

　　針對離岸工程，政府會要求公證的機構評估各個方面的結構完整性，並爲此頒發證書，如國際船級社協會 (International Association of Classification Societies, IACS) 規範、美國驗船協會 (American Bureau of Shipping, ABS) 規範、挪威船級社 (Det Norske Veritas, DNV) 規範及德國勞氏船級社 (Germanischer Lloyd, GL) 等，而其中又以 DNV 所制定的海事工程規範，涵蓋範圍最廣且最完整，在歐洲亦被廣泛使用，目前大多離岸產業之各項工程均需取得其的認證才可進行執行。

3.1.1 標準 (Standard)

　　Standard 定義爲度量衡，其英文解釋爲 Official specification，即是官方規定的各種規格或參數，亦爲公認的、可被接受的一般標準、水準、度量衡標準、衡量品質程度、規則及原則等的標準。

　　標準有不同的適用範圍，所以有國際標準 (International standard)、洲標準（如歐洲標準 European standard)、國家標準 (National standard)、某個組織的標準（如歐盟的標準 EU standard) 或者行業標準 (Industry standard) 等。標準由國際上或各國標準制定機構制定。

3.1.2 規範 (Rules/Guidelines)

在工程業界制定的規範或指南中，Rules 和 Guidelines 通常有時被視爲相等同的概念，一般會把 Rules 作爲稱作細則，把 Guidelines 稱作爲通則，共同界定各種條件及產品檢驗等，但是 Rules 和 Guidelines 並不完全等同。

Rules 具有強制性，而且會對其內容的各個方面做出詳細的質和量上的規定，負責執行業務的作業人員不可以對其進行調整或修改。

Guidelines 是指南，不具有強制性。負責執行業務的作業人員可以根據執行端現狀與發包人 (Employer) 或業主 (Owner) 討論要求調整變更。

工程上在制定規則或規範時以相關標準 (Standard) 爲基礎，船級社制定規範或指引時亦以標準爲依據，而其制定出的規範、指引用 Rules 或 Guidelines 來表示，其關係如圖 3-1 所示。

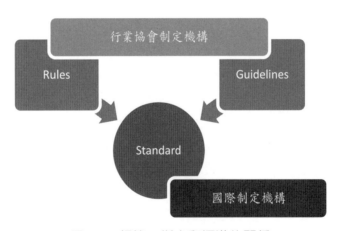

圖 3-1　規範、指南和標準的關係

3.2. 國際標準 (ISO)

國際標準化組織 (International Organization for Standardization) 簡稱 ISO，是一個全球性的非政府組織，是國際標準化領域中一個十分重要的組織。ISO 成立之主要目的爲制訂世界通用的國際標準，以促進標準國際化，用以減少技術性障礙。截至目前 ISO 已制訂公布超過 17,000 項之國際標準。爲符合科技發展、新方法與新物質以及新品質與安全等之需求，ISO 要求國際標準應至少每五年定期檢討。

ISO 標準內容包含：通用、基礎和科學標準；安全衛生和環境標準；工程技術標準；電子、資訊技術和電信標準；貨物運輸和物流標準；農業和食品技術標準；材料技術標準；建築標準；特殊技術標準。

推行國際標準的作用主要具體展現在以下三個方面：

(1) 有助於消弭國際貿易中的技術壁壘，促進貿易自由化。

(2) 促進科學技術發展，提升產品品質和效益。

(3) 增進國際經濟技術交流與合作。

3.3. 歐盟標準 (EN)

歐盟標準 (European Norm, EN) 由歐洲標準化委員會 (Comité Européen de Normalisation, CEN)、歐洲電氣標準化委員會 (European Committee for Electrotechnical Standardization, CENELEC) 及歐洲電信標準學會 (European Telecommunications Standards Institute, ETSI) 所認證的歐洲統一標準。

EN 成立目的旨在為增進歐洲國家的競爭力，歐洲諸國透過成立歐盟 (European Union, EU)，對內打破歐洲國家之間的貿易障礙，對外制定一統的貿易政策，構築歐洲的統一市場。制定歐盟標準為歐盟用來統一歐洲市場，促進區域貿易，提高歐洲競爭力的一個重要政策措施。

3.4. DNV

挪威船級社創建於 1864 年，目前是全球最大船級社。DNV 於 2013 年至 2021 年 3 月仍稱為 DNV GL 主要由 Det Norske Veritas 和 Germanischer Lloyd 合併而稱，2021 年後則通稱 DNV。

DNV 訂定其船舶技術規範並負責對挪威船舶進行技術檢查和評估，確認船舶和其他航海設備滿足規範要求，另外在設備和船舶運營期內持續進行檢查以確保船舶和設施持續符合規範要求。DNV 同樣對於離岸石油平臺，離岸結構設施進行檢驗。DNV 持續不斷研究並制定海洋上相關領域之檢驗標準，目前共制定三大領域的不同規範，如下：

(1) Maritime *海事*

在國際水域的船舶和其他海上結構必須遵守安全性、可靠性和環境要求。DNV

-Maritime 為海事相關作業制定提供有關安全、確保性能及製造等方面的分類、驗證、管理和技術標準。

(2)Oil and Gas 石油及燃氣

DNV-Oil and Gas 對全球的油田及燃氣開發持續提供驗證規範，透過基於風險的驗證方法，可保證清楚確保石油及燃氣系統的高風險於早期階段、設計、製造和安裝的整個過程中，都能得到充分的關注。

(3)Energy 能源系統

為全球能源行業提供規範及認證，包括風力渦輪機類型認證、設計、能源產量評估、場地評估、許可、太陽能發電廠和渦輪機設計、風能發電、電力生產、傳輸和分配等。

DNV 規範文件代碼縮寫如下表 3-1，其各相關展開之詳細規範可參閱本書附錄。

表 3-1　DNV 代碼

代碼	英文描述
RU-GEN	Rules for classification: General
RU-SHIP	Rules for classification: Ships
RU-HSLC	Rules for classification: High speed and light craft
RU-INV	Rules for classification: Inland navigation vessels
RU-YACHT	Rules for classification: Yachts
RU-UWT	Rules for classification: Underwater technology
RU-NAV	Rules for classification: Naval vessels
RU-NAVAL	Rules for classification: Naval vessels
RU-FD	Rules for classification: Floating docks
RU-OU	Rules for classification: Offshore units
OS	Offshore standards
CG	Class guidelines
CP	Class programs
SI	Statutory interpretations
SE	Service specifications
ST	Standards
RP	Recommended practices

3.5. NORSOK

　　由於北海油田的發掘，北歐國家挪威不斷投入離岸油田的開發，NORSOK 標準係挪威石油工業於 1993 年製定，主要制定是用石油工業的詳細標準規範與指南，從規範中通過技術發展來制定標準從而協調並降低減少石油公司的私有規範數量。NORSOK 從規範及經驗中建立相關技術細節、符合法規要求、制定功能規範為國際標準化提供依據，以確保營運的安全性和成本效益。

　　NORSOK 規範文件代碼縮寫如下表 3-2，各相關展開之詳細規範可參閱本書附錄。

表 3-2　NORSOK 代碼

代碼	英文描述
C	Architect
D	Drilling
E	Electrical
H	HVAC
I	Instrumentation
I	Metering
I	System Control Diagram
L	Piping and layout
M	Material
N	Offshore Structural
P	Process
R	Lifting equipment
R	Mechanical
S	Safety
T	Telecommunication
U	Subsea
U	Underwater operation
Y	Pipelines

代碼	英文描述
Z	MC and preservation
Z	Reliability engineering and technology
Z	Risk analyze
Z	Technical Information
Z	Temporary Equipment

3.6. 離岸鋼結構製造參考之規範 (Offshore industry standards)

本節介紹離岸結構製造時需採用的各式規範。設計、採購、製造及管理者必須依據規範要求，從最基礎的基材元素成分、作業人員資格認證、銲接程序、防蝕保護、製造公差及品質管理系統等，每一項都要符合標準才能製造出適用於海洋環境的結構。

3.6.1 結構金屬材料規範 (Structural metallic materials)

離岸結構用的材料是鋼材、複合材料和混凝土。金屬為離岸結構最主要之材料，長年使用在嚴峻的環境中，經受海洋的腐蝕和侵蝕作用，在各種溫度條件下接受海浪的動態循環和衝擊。因此，離岸鋼結構對於材料品質及其管制增加了特殊的標準和要求，以確保在極端的狀態下這些鋼結構都能正常的使用。

離岸鋼結構引用之金屬材料規範如下，鋼廠或金屬材料供應商所提供之材料必須要滿足規範內之條件，方能保證使用性能要求。

Document Code	Title
DNV-OS-B101	Metallic materials 金屬材料
EN 10025-1	Hot rolled products of structural steels -- Part 1. General technical delivery conditions. 熱軋結構用鋼—第 1 部分 一般交貨的技術條件

EN 10025-2   Hot rolled products of structural steels -- Part 2.

Technical delivery conditions for non-alloy structural steels.

熱軋結構用鋼—第 2 部分

非合金結構鋼交貨技術條件

EN 10025-3   Hot rolled products of structural steels --Part 3.

Technical delivery conditions for normalized/normalized rolled weldable fine grain structural steels.

熱軋結構用鋼—第 3 部分

正常化／正常化軋製可銲細晶粒結構用鋼的交貨技術條件

EN 10025-4   Hot rolled products of structural steels -- Part 4.

Technical delivery conditions for thermomechanical rolled weldable fine grain structural steels.

熱軋結構用鋼—第 4 部分

熱機軋延可銲接細晶粒結構鋼的交貨技術條件

EN 10025-5   Hot rolled products of structural steels -- Part 5.

Technical delivery conditions for structural steels with improved atmospheric corrosion resistance.

熱軋結構用鋼—第 5 部分

改良耐大氣腐蝕性能的結構鋼的交貨技術條件

EN 10025-6   Hot rolled products of structural steels -- Part 6

Technical delivery conditions for flat products of high yield strength structural steels in the quenched.

熱軋結構用鋼—第 6 部分

淬火高降伏強度結構鋼的交貨技術條件

EN 10210-1   Hot finished structural hollow sections of non-alloy and fine grain steels.

熱加工成型的非合金和細晶粒中空結構用鋼

EN 10088-1   Stainless steels -- Part 1

List of stainless steels.

不銹鋼—第 1 部分

不銹鋼清單

EN 10088-2
Stainless steels -- Part 2

Technical delivery conditions for sheet/plate and strip of corrosion re-sisting steels for general purposes.

不銹鋼—第 2 部分

一般用途耐腐蝕鋼薄板／板材鋼帶的交貨技術條件

EN 10160
Ultrasonic testing of steel, flat product of thickness equal or greater than 6 mm

超音波測驗用於厚度等於或大於 6 毫米的鋼材或扁鋼檢測

ISO 8501-1
Preparation of steel substrates before application of paints and related products, Visual assessment of surface cleanliness -- Part 1

Rust grades and preparation grades of uncoated steel substrates and of steel substrates after overall removal of previous coatings.

鋼基材於塗裝油漆前或和塗裝相關產品前的前置準備，表面清潔度的目測評估—第 1 部分

未塗裝鋼材與全面去除已有塗裝鋼材的銹蝕等級

EN 10164
Steel products with improved deformations properties perpendicular to the surface of the product -- Technical delivery conditions.

具有改善垂直於鋼表面變形性質的鋼材—交貨技術條件

EN 1090-1
Execution of steel structures and aluminium structures -- Part 1

Requirements for conformity assessment of structural components

鋼結構和鋁結構的執行—第 1 部分

結構組件的合格評定要求

NORSOK M-122
Cast structural steel

鑄造結構用鋼

EN 1999-1-1
Design of aluminium structures

鋁結構設計

EN 10029
Hot-rolled steel plates 3 mm thick or above -- Tolerances on dimensions and shape.

3 毫米厚或以上的熱軋鋼板—尺寸和形狀的公差

EN 10163
Delivery requirements for surface condition of hot-rolled steel plates, wide flats and sections

熱軋鋼板，寬扁鋼和型鋼表面狀態的交貨要求

EN 10034	Structural steel I and H sections -- Tolerances on shape and dimensions
	I 型和 H 型結構鋼—形狀和尺寸公差
EN 10051	Continuously hot-rolled strip and plate/sheet cut from wide strip of non-alloy and alloy steels -- Tolerances on dimensions and shape
	連續熱軋帶鋼板和板材從 / 非合金和合金鋼寬帶切割—尺寸和形狀公差

3.6.2 銲接和相關製程規範 (Welding and related processes)

爲了確保鋼結構銲接製造完成後的特性會符合當初設計時的假設，因此在銲接規劃和製造過程中，均應遵循銲接相關規範的管制和測試，將可以使鋼構符合設計要求並並少銲接品質異常之風險。

執行銲接作業時可能會在不一樣的作業場所，另每個執行的工作範圍也有所不同，所以其每一作業程序將存有差異。

爲使所有相關的銲接作業活動都能依現場、現物及現實作出符合相同品質要求的產品，因此銲接活動亦涵蓋管理系統。

這些規範依銲接品質管理、銲接程序規範、銲接作業員的資格、一般製造品質標準、銲道的非破壞檢驗及離岸鋼結構設計分類如下：

A. 銲接品質管理

Document Code	Title
ISO 9001	Quality management systems
	品質管理系統
ISO 3834-2	Quality requirements for fusion welding of metallic materials -- Part 2 Comprehensive quality requirements
	金屬材料熔融銲接的品質要求—第 2 部分
	綜合品質要求
ISO 3834-3	Quality requirements for fusion welding of metallic materials, Standard quality requirements — Part 3
	Standard quality requirements
	金屬材料熔融銲接的品質要求—第 3 部分
	標準品質要求

EN 1090-2	Execution of steel structures and aluminium structures -- Part 2
	Technical requirements for steel structures
	鋼結構和鋁結構的施工技術要求—第 2 部分
	鋼結構技術要求
EN 1090-3	Execution of steel structures and aluminium structures -- Part 3
	Technical requirements for aluminium structures
	鋼結構和鋁結構的施工技術要求—第 3 部分
	鋁結構技術要求
ISO 14731	Welding coordination -- Tasks and responsibilities
	銲接管理—任務及責任

B. 銲接程序規範

Document Code	Title
DNV-OS-C401	Fabrication and testing of offshore structures
	離岸結構的製造和測試
ISO 15609-1	Welding procedure specification
	銲接程序規範
ISO 15614-1	Specification and qualification of welding procedures for metallic materials.Welding procedure test -- Part 1
	Arc and gas welding of steels and arc welding of nickel and nickel alloys.
	金屬材料銲接程序規範和評鑑。銲接程序試驗—第 1 部分
	鋼材的電弧銲和氣銲以及鎳和鎳合金的電弧銲
ISO 15614-2	Specification and qualification of welding procedures for metallic materials.Welding procedure test -- Part 2
	Arc welding of aluminium and its alloys.
	金屬材料銲接程序規範和評鑑。銲接程序試驗—第 2 部分
	鋁及其合金的電弧銲
ISO 15613	Specification and qualification of welding procedures for metallic materials.

Qualification based on pre-production welding test

金屬材料銲接程序規範和評鑑

生產前銲接測試的資格

ISO 10474   Steel and steel products -- inspection documents

鋼材及鋼成品—檢驗文件

C. 銲接作業員的資格

Document Code	Title
ISO 9606-1	Qualification test of welders -- Fusion welding -- Part 1 Steels 銲接作業員的認可試驗—熔銲—第 1 部分：鋼
ISO 9606-2	Qualification test of welders -- Fusion welding -- Part 2 Aluminium and aluminium alloys 銲接作業員的認可試驗—熔銲 —第 2 部分：鋁和鋁合金
ISO 14732	Approval testing of welding operators 銲接操作員的認可測試

D. 一般製造品質標準

Document Code	Title
ISO 13916	Welding -- Measurement of preheating temperature 銲接—預熱溫度、道間溫度和預熱維持溫度的量測
ISO 9013	Thermal cutting 熱切割
ISO 19902	Fixed steel offshore structures 固定式海上鋼結構
ISO 8502-3	Preparation of steel substrates before application of paints 塗漆前鋼基材的準備工作

E. 銲道的非破壞檢驗

Document Code	Title
ISO 9712	Qualification and certification of NDT personnel 非破壞檢測人員的資格認證

ISO 5817	Welding -- Quality levels for imperfections
	銲接─鋼、鎳、鈦及其合金熔融銲接缺陷品質等級
ISO 17637	Non-destructive testing of welds -- Visual testing of fusion -- welded joints
	銲道的非破壞檢測─熔融銲接的外觀檢驗銲─銲接接頭
ISO 17638	Non-destructive testing of welds -- Magnetic particle testing
	銲道的非破壞檢測─磁粉檢測
ISO 23278	Non-destructive testing of welds -- Magnetic particle testing - Acceptance levels
	銲道的非破壞檢測─磁粉檢測 - 驗收等級
ISO 3452-1	Non-destructive testing -- Penetrant testing
	銲道的非破壞檢測─滲透檢測
ISO 23277	Non-destructive testing of welds -- Penetrant testing -- Acceptance levels
	銲道的非破壞檢測─滲透檢測─驗收等級
ISO 17636-1	Non-destructive testing of welds -- Radiographic testing
	銲道的非破壞檢測─放射線檢測
ISO 10675-1	Non-destructive testing of welds -- Acceptance levels for radiographic testing
	銲道的非破壞檢測─放射線檢測的驗收等級
ISO 17640	Non-destructive testing of welds -- Ultrasonic testing- Techniques, testing levels, and assessment
	銲道的非破壞檢測─超音波檢測─技術、檢測水準和判定
ISO 11666	Non-destructive testing of welds -- Ultrasonic testing -- Acceptance levels
	銲道的非破壞檢測─超音波檢測─驗收等級

F. 離岸鋼結構設計

Document Code	Title
DNV-RP-C203	Fatigue design of offshore steel structures
	離岸鋼結構疲勞設計

DNV-ST-0126	Support structures for wind turbines
	風力發電機支撐結構
ISO 2553	Welding and allied processes-Symbolic representation on drawings --
	Welded joints
	銲接及相關過程 - 圖面上的符號表示一銲接接頭

3.6.3 製造公差規範 (Fabrication tolerance)

　　離岸鋼結構的尺寸及重量相當的大，且由許多零組件所組成的，以致在製造上變得更加困難。由於零組件及結構在空間尺寸難以測量會造成組立尺寸難以對位，製造過程中銲接所產生的熱應變這會導致於結構上顯著的臨時尺寸變形。不當的製造程序可能會發展成嚴重的問題，因此管制製造的細節尺寸變得非常的重要，製造相關須參考的技術公差規範如下。

Document Code	Title
DNV-OS-C401	Fabrication and testing of offshore structures
	離岸結構的製造和測試
EN 1090-1	Execution of steel structures and aluminium structures -- Part 1:
	Requirements for conformity assessment of structural components
	鋼結構和鋁結構的執行一第 1 部分
	結構組件的合格評定要求
EN 1090-2	Execution of steel structures and aluminium structures -- Part 2
	Technical requirements for steel structures
	鋼結構和鋁結構的施工技術要求一第 2 部分
	鋼結構技術要求
EN 1990	Basis of structural design
	結構設計基礎
ISO 19902	Fixed steel offshore structures
	固定式海上鋼結構
EN 10029	Hot-rolled steel plates 3 mm thick or above -- Tolerances on dimen-
	sions and shape.
	3 毫米厚或以上的熱軋鋼板—尺寸和形狀的公差

ISO 13920	Welding -- General tolerances for welded constructions -- Dimensions for lengths and angles -- Shape and position 銲接 - 銲接結構的一般公差—長度和角度的尺寸—形狀和位置
ISO 8015	Geometrical product specifications(GPS) -- Fundamentals -- Concepts, principles and rules 幾何產品規格 (GPS) —基礎 - 概念、原則和規則
ISO 1101	Geometrical product specifications(GPS) -- Geometrical tolerancing -- Tolerances of form, orientation, location and run-out 幾何產品規格 (GPS) —幾何公差—形狀、方向、位置和跳動的公差
ISO 5459	Geometrical product specifications(GPS) -- Geometrical tolerancing -- Datums and datum systems 幾何產品規格 (GPS) —幾何公差—基準和基準系統

3.6.4 塗層保護規範 (Coating protection)

由於海洋環境嚴峻且具有強腐蝕性，嚴重威脅著離岸鋼結構設施的安全運行。

塗層保護的能力受 3 方面因素的影響：

(1) 表面處理

(2) 塗裝施工

(3) 塗料品質

因此，塗層的作業程序及作業條件要求必須嚴格的執行與記錄，用以保護這些鋼結構設施的可以承受海水環境的腐蝕行為。塗層保護的作業程序及條件，須參考規範包含 NORSOK、SSPC、NACE 及 ISO 等。

Document Code	Title
NORSOK M-501	Surface preparation and protective coating 表面處理和保護塗層
EN 1090-2	Execution of steel structures and aluminium structures -- Part 2 Technical requirements for steel structures 鋼結構和鋁結構的施工技術要求—第 2 部分 鋼結構技術要求

ISO 1461   Hot dip galvanized coatings on fabricated iron and steel articles -- Specifications and test methods
鋼鐵製品上的熱浸鍍鋅塗層—規範和試驗方法

ISO 2808   Paints and varnishes -- Determination of film thickness
色漆和亮光漆—漆膜厚度的測定

ISO 4624   Paints and varnishes -- Pull-off test for adhesion
色漆和亮光漆—附著力拉斷試驗

ISO 4628-1   Paints and varnishes -- Evaluation of degradation of coatings -- Designation of quantity and size of defects, and of intensity of uniform changes in appearance -- Part 1
General introduction and evaluation system.
油漆和亮光漆—塗層降解的評估—缺陷數量和大小以及外觀均勻變化強度的指定—第 1 部分
介紹及評估系統

ISO 4628-2   Paints and varnishes -- Evaluation of degradation of coatings -- Designation of quantity and size of defects, and of intensity of uniform changes in appearance -- Part 2
Assessment of degree of blistering
油漆和亮光漆—塗層降解的評估—缺陷數量和大小以及外觀均勻變化強度的指定—第 2 部分
起泡等級評估

ISO 4628-3   Paints and varnishes -- Evaluation of degradation of coatings -- Designation of quantity and size of defects, and of intensity of uniform changes in appearance -- Part 3
Assessment of degree of rusting
油漆和亮光漆—塗層降解的評估—缺陷數量和大小以及外觀均勻變化強度的指定—第 3 部分
銹蝕程度評估

ISO 4628-4   Paints and varnishes -- Evaluation of degradation of coatings -- Designation of quantity and size of defects, and of intensity of uniform changes in appearance -- Part 4

Assessment of degree of cracking

油漆和亮光漆—塗層降解的評估—缺陷數量和大小以及外觀均勻變化強度的指定—第 4 部分

塗層開裂程度的評估

ISO 4628-5　Paints and varnishes -- Evaluation of degradation of coatings -- Designation of quantity and size of defects, and of intensity of uniform changes in appearance -- Part 5

Assessment of degree of flaking

油漆和亮光漆—塗層降解的評估—缺陷數量和大小以及外觀均勻變化強度的指定—第 5 部分

剝落程度的評估

ISO 4628-6　Paints and varnishes -- Evaluation of degradation of coatings -- Designation of quantity and size of defects, and of intensity of uniform changes in appearance -- Part 6

Assessment of degree of chalking by the tape method

油漆和亮光漆—塗層降解的評估—缺陷數量和大小以及外觀均勻變化強度的指定—第 6 部分

通過膠帶方法評估粉化程度

ISO 8501-1　Preparation of steel substrates before application of paints and related products, Visual assessment of surface cleanliness -- Part 1

Rust grades and preparation grades of uncoated steel substrates and of steel substrates after overall removal of previous coatings.

塗覆塗料前鋼材表面預處理—表面清潔度的目測評估—第 1 部分

未塗層鋼襯底和徹底清除原有塗層後鋼襯底

ISO 8501-2　Preparation of steel substrates before application of paints and related products -- Visual assessment of surface cleanliness -- Part 2

Preparation grades of previously coated steel substrates after localized removal of previous coatings

塗覆塗料前鋼材表面預處理—表面清潔度的目測評估—第 2 部分

局部去除原有塗層後鋼材的除銹等級

ISO 8501-3   Preparation of steel substrates before application of paints and related products -- Visual assessment of surface cleanliness -- Part 3

Preparation grades of welds, edges and other surfaces with surface irregularities

塗覆塗料前鋼材表面預處理－表面清潔度的目測評估－第 3 部分

銲道、邊緣及其他表面缺陷區域的處理等級

ISO 8501-4   Preparation of steel substrates before application of paints and related products -- Visual assessment of surface cleanliness -- Part 4

Initial surface conditions, preparation grades and flash rust grades in connection with high-pressure water jetting

塗覆塗料前鋼材表面預處理－表面清潔度的目測評估－第 4 部分

與高壓水沖法有關的初始表面條件、製備

ISO 8502-3   Preparation of steel substrates before application of paints and related products -- Tests for the assessment of surface cleanliness -- Part 3

Assessment of dust on steel surfaces prepared for coating(tape method)

塗覆塗料前鋼材表面處理－用於評估表面清潔度的測試－第 3 部分

為塗漆料而清理處理的鋼表面上粉塵的評估（膠帶法）

ISO 8502-6   Preparation of steel substrates before application of paints and related products -- Tests for the assessment of surface cleanliness -- Part 6

Dissolution of water-soluble impurities for analysis(Bresle method)

塗覆塗料前鋼材表面處理－用於評估表面清潔度的測試－第 3 部分

分析水溶性雜質的萃取

ISO 8503-1   Preparation of steel substrates before application of paints and related products -- Surface roughness characteristics of blast-cleaned steel substrates -- Part 1

Specification And Definitions For ISO Surface Profile Comparators for the Assessment of Abrasive Blast-Cleaned Surfaces

塗覆塗料前鋼材表面處理—噴射清理鋼材的表面粗糙度特性—第 1 部分

用於評定噴射清理後鋼材表面粗糙度的 ISO 表面粗糙度比較樣塊的技術要求和定義

ISO 8503-2　　Preparation of steel substrates before application of paints and related products -- Surface roughness characteristics of blast-cleaned steel substrates -- Part 2

Method for the grading of surface profile of abrasive blast-cleaned steel (Comparator proce)

塗覆塗料前鋼材表面處理—噴射清理鋼材的表面粗糙度特性—第 2 部分

磨料噴射清理表面粗糙度等級方法（比較樣塊法）

ISO 8503-4　　Preparation of steel substrates before application of paints and related products -- Surface roughness characteristics of blast-cleaned steel substrates -- Part 4

Method for the calibration of ISO surface profile comparators and for the determination of surface profile(Stylus instrument procedure)

塗覆塗料前鋼材表面處理—噴射清理鋼材的表面粗糙度特性—第 4 部分

ISO 表面輪廓比較儀的校準方法和表面輪廓的測定方法（觸針式儀器）

ISO 8503-5　　Preparation of steel substrates before application of paints and related products -- Surface roughness characteristics of blast-cleaned steel substrates -- Part 5

Replica tape method for the determination of the surface profile

塗覆塗料前鋼材表面處理—噴射清理鋼材的表面粗糙度特性—第 5 部分

表面粗糙度的測定方法（複製帶法）

ISO 2063　　　Thermal spraying -- Zinc, aluminium and their alloys

熱噴塗技術—鋅、鋁及其合金

ISO 12944-1   Corrosion protection of steel structures by protective paint systems --
Part 1
General introduction
透過保護漆系統對鋼結構進行防蝕保護—第 1 部分
總則

ISO 12944-2   Corrosion protection of steel structures by protective paint systems --
Part 2
Classification of environments
透過保護漆系統對鋼結構進行防蝕保護—第 2 部分
腐蝕環境分類

ISO 12944-3   Corrosion protection of steel structures by protective paint systems --
Part 3
Design considerations
透過保護漆系統對鋼結構進行防蝕保護—第 3 部分
設計注意事項

ISO 12944-4   Corrosion protection of steel structures by protective paint systems --
Part 4
Types of surface and surface preparation
透過保護漆系統對鋼結構進行防蝕保護—第 4 部分
表面類別和表面處理

ISO 12944-5   Corrosion protection of steel structures by protective paint systems --
Part 5
Protective paint systems
透過保護漆系統對鋼結構進行防蝕保護—第 5 部分
保護塗料系統

ISO 12944-6   Corrosion protection of steel structures by protective paint systems --
Part 6
Laboratory performance test methods and associated assessment criteria
透過保護漆系統對鋼結構進行防蝕保護—第 6 部分
實驗室性能測試方法

ISO 12944-7	Corrosion protection of steel structures by protective paint systems -- Part 7 Execution and supervision of paint work 透過保護漆系統對鋼結構進行防蝕保護—第 7 部分
ISO 12944-8	Corrosion protection of steel structures by protective paint systems -- Part 8 Development of specifications for new work and maintenance 透過保護漆系統對鋼結構進行防蝕保護—第 8 部分 新建和維修規格書制訂
ISO 19840	Corrosion protection of steel structures by protective paint systems -- Measurement of, and acceptance criteria for, the thickness of dry films on rough surfaces 粗糙面上乾膜厚度的測量和驗收準則
ISO 20340	Performance requirements for protective paint systems for offshore and related structures 海上平臺及相關結構用保護塗料系統的性能要求
SSPC-SP 1	Surface preparation specifiction No.1 Solvent Cleaning 表面預處理規範 No.1 溶劑清洗
ISO 6270-1	Determination of resistance to moisture -- Part 1 Continuous Condensation 耐溼性的測定—第 1 部分連續冷凝作用
ISO 7253	Determination of Resistance to Neutral Salt Spray(Fog) 耐中性鹽霧性能的測定
NACE SP0108	Corrosion Control of Offshore Structures by Protective Coatings 海上結構的防護塗料腐蝕控制

3.6.5 陽極的製造 (Manufacture of galvanic anodes)

Document Code	Title
DNV RP-B401	Cathodic Protection Design 陰極保護設計

EN 10025-2	Hot rolled products of structural steels -- Part 2.
	Technical delivery conditions for non-alloy structural steels.
	熱軋結構用鋼—第 2 部分
	非合金結構鋼交貨技術條件
EN 10204	Metallic products - types of inspection documents
	金屬產品檢驗檔案的類型
EN 10210-1	Hot finished structural hollow sections of non-alloy and fine grain steels.
	熱加工成型的非合金和細晶粒中空結構用鋼
ISO 8501-1	Preparation of steel substrates before application of paints and related products, Visual assessment of surface cleanliness -- Part 1
	Rust grades and preparation grades of uncoated steel substrates and of steel substrates after overall removal of previous coatings.
	塗覆塗料前鋼材表面預處理—表面清潔度的目測評估—第 1 部分
	未塗層鋼襯底和徹底清除原有塗層後鋼襯底
ISO 8503-2	Preparation of steel substrates before application of paints and related products -- Surface roughness characteristics of blast-cleaned steel substrates -- Part 2
	Method for the grading of surface profile of abrasive blast-cleaned steel (Comparator proce)
	塗覆塗料前鋼材表面處理—噴射清理鋼材的表面粗糙度特性—第 2 部分
	磨料噴射清理表面粗糙度等級方法（比較樣塊法）
ASTM D1141	Standard practice for preparation of substitute ocean water
	準備人造海水的標準做法
NACE SP0387	Metallurgical and Inspection Requirements for Cast Galvanic Anodes for Offshore Applications
	海洋用鑄件陽極的冶金和檢查要求

Chapter 4.　海洋環境的腐蝕

4.1. 海洋環境腐蝕概述 (Marine corrosion)

　　離岸結構因長期暴露在海洋環境中，多年來專家學者們對於海洋中鋼結構的腐蝕問題進行了許多深入之研究，儘管發表了諸多關於海洋中材料腐蝕行為的特性報告，但是由於海水中溶解物質的濃度隨地點和時間的不同而有很大差異，以致有些發表出的研究報告還是會發生與實際不一致的情形。

　　表 4-1 為典型海水的化學組成分，而世界各地區海水的化學成分皆不盡相同，從一個海域到另一個海域有些變化會很大。

表 4-1　海水中化學組成表

組成	ppm
氫	110.00
氧	883.00
氯	18.98
鈉	10.56
鎂	1.26
鈣	0.40
鉀	0.38
鍶	0.01
溴化物	0.07
硫酸鹽	2.65
碳酸氫鹽	0.14
硼酸鹽	0.03
溶解固體總量	34.48

　　相較於安裝於陸上的結構設施，位於海洋上之結構所處的環境更為複雜。海洋上有高溼度、高鹽霧、浪花飛濺形成的乾溼交替頻繁、長時間日照、水下區海水浸泡等不同狀態，腐蝕環境相當苛刻，這給海上設施的腐蝕防護帶來了嚴峻挑戰。海洋環境

中高濃度的氯離子是各種金屬於此環境中遭受著嚴重腐蝕的主要原因。由於氯離子較多，會使得 Fe 等各種金屬難以鈍化 (Passivation)。鈍化是使金屬表面轉化為不易氧化的狀態，而延緩金屬的腐蝕速度的行為。此鈍化行為，來自於金屬在氧化性環境中於表面形成高緊密附著性且非常薄的氧化膜，其可當作保護層以阻礙繼續腐蝕。

海洋腐蝕取決於許多相互依賴的參數影響，並結合了化學、生物和機械因素。了解這些因素中的每一個的影響是優化海洋環境中使用的金屬結構和設備設計的關鍵，也是優化防腐方法和材料性能的關鍵。

海洋環境腐蝕有如下之特性：

(1) 由於海水是一種天然的電解質溶液其電阻阻滯小、導電度很大，所以當電位不同的異種金屬在電解質即產生電位差，形成電流迴路，造成腐蝕電池 (Corrosion cell)，導致電極電位較負的金屬發生溶解腐蝕，即為電偶腐蝕 (Galvanic corrosion)。電解質所形成電流回路，電位差越大，則電路產生的電壓越大。

(2) 海洋中氯離子含量很高，氯離子的濃度越高，水溶液的導電性就越強，電解質的電阻就越低。氯離子具有離子半徑小且穿透能力強的特性。氯離子首先在金屬表層吸附，然後通過鈍化保護膜穿透到膜中，在鈍化保護膜內層形成氯化亞鐵，進而使鈍化膜局部腐蝕。

(3) 一般離岸鋼結構材料在海水中的腐蝕都屬於去極化腐蝕 (Oxygen depolarization corrosion)，是金屬在空氣中最普遍發生的一種腐蝕方式。發生機理是由於金屬表面有水分，後透過電化學反應發生作用，使得金屬被空氣中的氧氣腐蝕，產生生銹，由於此過程中需要消耗氧氣，故又稱耗氧腐蝕 (Oxygen consumlng corrosion) 或吸氧腐蝕。因此，一切有利於提供氧的條件，如海浪、海浪飛濺或流速的增加，都會提升氧的去極化反應，促進鋼的腐蝕。

4.1.1 離岸結構於海洋腐蝕環境的分區 (Corrosion zones of marine)

離岸結構於海洋上其整個生命週期中會遭受到許多惡化影響；其惡化的程度取決於海水的特性及其季節性變化、潮汐、波高範圍以及使用的材料類型。通常離岸結構按海洋腐蝕環境的特點，可沿垂直方向將劃分為 5 個不同的腐蝕區域，即海洋大氣區、海洋浪花飛濺區、海浪潮差區、海水全浸區及海泥區。從海洋大氣區到海泥區的環境因素變化很大，包括有溼度、鹽度、陰陽離子組成、溶氧量、海水溫度、海水衝擊、海水流速、海水 pH 值、乾溼交替狀態及海洋生物因素等，因此其腐蝕作用也存

在不同之差異。

A. 海洋大氣區 (Atmospheric zone)

大氣區位處飛濺區之上，結構物整體皆高於海面，波浪打不到，潮水也無法淹沒的地方與海水無直接接觸。

海洋大氣中由於其相對溼度大，因此容易在離岸結構的表面上形成水膜，另外在海洋大氣區影響腐蝕的重要因素是存在金屬表面上的含鹽粒子量，而海洋大氣中鹽粒子之濃度較高，當這些存在鋼鐵表面的鹽粒子與水膜一起形成導電性良好的電解質，於是便成為是電化學腐蝕的有利條件，使得海洋平臺鋼結構的腐蝕程度速度加快。

B. 海洋浪花飛濺區 (Splash zone)

海洋飛濺區泛指在海水平均高潮位元以上部分，在飛濺區的離岸結構表面長時間被鹽霧、海水潤溼，而且位於飛濺區的乾溼交替循環頻率非常高，造成結構物表面鹽粒子的大量聚積以及氧的去極化腐蝕作用促進了鋼鐵的腐蝕。

海洋飛濺區的腐蝕，除了海鹽含量、溼度、溫度等大氣環境中的腐蝕影響因素外，與此同時還要受到海浪衝擊破壞結構設施之保護膜，使腐蝕加速，為五區域中腐蝕最嚴重的區域。

C. 海浪潮差區 (Tide zone)

從高潮位到低潮位的區域稱為海浪潮差區，在此區結構物表面週期性浸泡海水並與飽和空氣相接觸。海浪潮差區受到海域潮汐推動與水中結構物的拍擊攪動，另外在潮差區的設施還會受到這些漂流物的撞擊，進而破壞其設施上之原先保護膜。在海浪潮差區，離岸結構經受海水腐蝕外還要承受海浪、海上暴風等外力衝擊載荷因素。

金屬結構在海浪潮差區受到環境的腐蝕和不斷循環載荷所共同的交互影響作用所引起的損壞，往往比單獨作用下所引起的損壞相加還要更嚴重得多。因此，在這腐蝕環境下材料和構件的腐蝕疲勞是影響其結構安全的重要因素之一。

D. 海水全浸區 (Submerged zone)

海水全浸區的金屬腐蝕其介質主要是海水，該區的腐蝕程度不如飛濺／潮差區嚴重，開始時腐蝕速度較快但後趨平穩。海水全浸區隨著海水深度的增加，金屬的腐蝕會受到其溶氧量、含鹽濃度、水溫、酸鹼值、水壓及海洋生物皆會有顯著差異。由於金屬在海水中的腐蝕反應受到氧的還原反應所控制，因此腐蝕速度隨深度越深其溶氧量遞減而有所減緩。

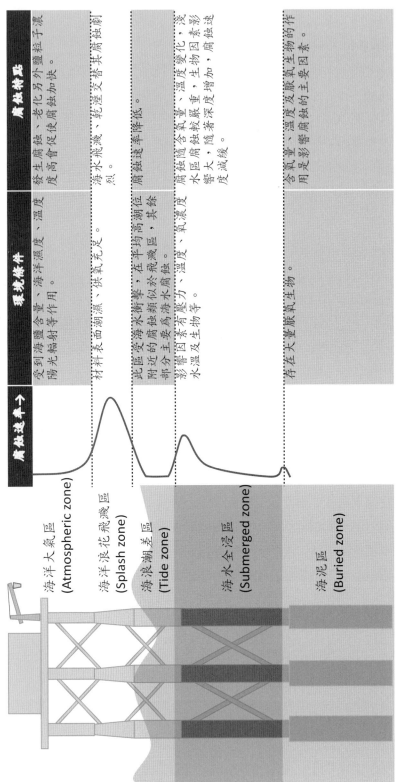

腐蝕速率→	環境條件	腐蝕特性
海洋大氣區 (Atmospheric zone)	受到鹽含量、海洋濕度、溫度、陽光輻射等作用。	發生腐蝕，老化另外鹽粒子濃度高促使會腐蝕加快。
海洋浪花飛濺區 (Splash zone)	材料表面潮濕、供氧充足。	海水飛濺、乾溼交替其腐蝕劇烈。
海浪潮差區 (Tide zone)	此區受海水衝擊，在平均高潮位附近的腐蝕類似於飛濺區腐蝕，其餘部分主要為海水腐蝕。影響因素有壓力、溫度、氧濃度、水溫及生物等。	腐蝕速率降低。
海水全浸區 (Submerged zone)		腐蝕區隨含氧量、溫度變化，淺水區腐蝕較嚴重，生物因素影響大，隨著深度增加，腐蝕速度減緩。
海泥區 (Buried zone)	存在大量厭氧生物。	含氧量、溫度及厭氧生物的作用是影響腐蝕的主要因素。

圖 4-1　離岸結構於海洋中的腐蝕區域

E. 海泥區 (Buried zone)

在這一區域內，由於海水中溶氧量變小，甚至出現無氧狀態，因此其腐蝕的主要形態是海底熔填物或微生物在材料表面所生成生物膜改變材料表面腐蝕。

4.1.2 海洋環境影響腐蝕的因素 (Factors influencing corrosion of marine)

金屬材料於海洋環境中腐蝕，是由於在該環境下有許多因素所共同作用導致的結果。在不同的海洋環境條件下，影響腐蝕的因素也不盡相同。以下將介紹影響腐蝕的海洋環境因素。

A. 溼度 (Humidity)

海洋大氣環境中的溼度高且具有高濃度之鹽粒子，金屬材料表面持續地暴露於海洋上的空氣中，其腐蝕會受到大氣溼度的影響。當金屬材料表面覆蓋著一層水膜，水膜及氧所提供的電解質環境，將產生電化學腐蝕。一般來說，海洋環境溼度越大，腐蝕越嚴重。

B. 溫度 (Temperature)

海水表層的溫度大約是在 -2℃ 到 33℃ 之間，其水溫幅度變化大，表層海水溫度會隨季節而週期性變化。不同海域和不同季節的溫度不同其海水垂直溫度變化也有所不同，腐蝕速率也不同，而當海水到了一定深度後，溫度變化不明顯，如圖 4-2，不再是影響腐蝕的主要因素。在低緯度的區域海水溫度隨著深度增加而迅速地降低；中

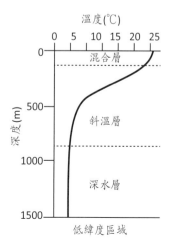
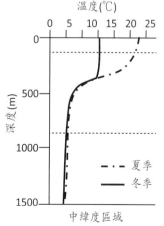
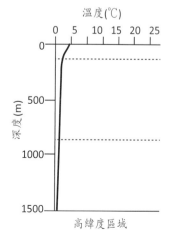

圖 4-2　海水溫度垂直分層

緯度的區域季節變化分明，混合層水溫則有明顯的夏、冬季的變化；高緯度的區域由於氣溫終年偏低，海溫的層狀結構則不顯著。

於一般海水溶氧量下，溫度將會影響腐蝕速度，這是因為大部分的化學反應速率隨溫度上升而加快，對於表層鈍化的金屬，隨著溫度的升高，鈍化膜的穩定會下降。

C. 溶氧量 (Dissolved oxygen)

在海水中，溶氧量對於處於海洋環境的金屬材料其腐蝕有顯著之影響，流動的海水可以持續的供氧以做為電化學腐蝕反應所用。金屬在腐蝕的氧化反應過程中，陰極處氧氣與氫氣反應生成氫氣根離子，金屬則於陽極發生溶解，因此腐蝕速率與溶氧濃度成正比。而當氧的含量分布不均勻時，則貧氧區會形成陽極，充氧區會形成陰極，進而形成氧濃度差電池，使陽極出現嚴重腐蝕。

D. 鹽度 (Salinity)

海洋環境中含有高濃度之海鹽，其組成分如圖 4-3，而影響腐蝕的核心成分是氯離子。氯離子會破壞金屬之鈍化膜，所以金屬在海水中會遭到嚴重腐蝕；另外，鹽濃度的增加會提高海水導電性，促進了陽極反應，促其腐蝕。

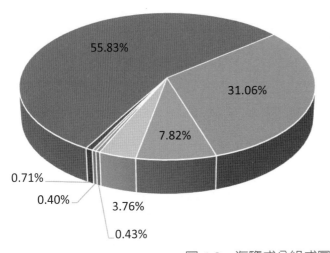

圖 4-3　海鹽成分組成圖

E. 衝擊 (Impact)

金屬材料表面在海洋上受到波浪拍擊、浪花飛濺形成的水泡在金屬材料表面上破裂這些不斷循環的衝擊，將使表面的保護塗層剝落，使金屬材料受到破壞；另外，這些低頻往復的應力和衝擊對於材料是外加的附載，將會使材料內部產生應力，進而發

生應力腐蝕。

F. 流速 (Flow velocity)

海水流速對金屬表面會造成沖蝕作用，進而破壞金屬表面之保護膜，造成腐蝕。另外海水流速的提升，將增加氧氣擴散至金屬表面上之速率及數量，因此表面氧含量充足，促使電化學腐蝕反應。

G. 乾溼交替 (Drying-wetting cycles)

在海洋環境中，離岸結構經常處於乾溼交替的變化過程。由於海浪潑濺於結構物表面上形成覆蓋的水膜，做為電解質溶液形成電化學反應。而結構物暴露於太陽照射和海風中使水膜之後蒸發，促使海水中攜帶的海鹽熔墳附著於鋼材表面上，讓材料表面的鹽濃度提高，腐蝕速率因此增加。

H. 生物因素 (Biology)

海洋中富含許多各類微生物及動植物，這些海洋生物的附著會引起在材料和微生物膜介面處的 pH 值、溶解氧等因素與海洋本體環境完全不同，從而改變電化學反應，進而影響腐蝕；部分海洋生物生長亦會破壞金屬表層之塗層保護，加上海浪之衝擊與海流作用，使得保護塗層剝落產生，造成腐蝕。

海洋是一個極為複雜的環境，除了上述所提的幾種海洋環境影響腐蝕的因素外，此外，環境的汙染、海水的酸鹼值、海風和塵埃等因素亦會影響金屬材料結構於海洋環境下的腐蝕作用。要探究離岸結構於海洋環境下的腐蝕狀態，必須對不同海域內的海洋環境中的各個因素並結合金屬材料之特性來進行分析，以得出該環境條件的腐蝕機理。

4.2. 金屬的腐蝕 (Corrosion of metal)

4.2.1 金屬的腐蝕 (Corrosion of metal)

大部分的材料會與其所處的環境發生某些作用，此作用通常會損壞原先材料的性質。腐蝕 (Corrosion) 是指因工程材料與其周圍的物質發生化學反應而導致解體的現象。通常腐蝕用來表示金屬物質與氧化物如氧氣等物質發生電化學的相互作用，圖 4-4 顯示金屬於大氣環境中的基本要素。電化學作用通常開始於金屬表面，它會導致金屬性質發生變化，並可能導致金屬、環境或它們被原規劃構成的技術系統的出現功能損害。這些技術系統的完全故障將可能造成巨大的經濟損失甚至對人員造成重

危害。

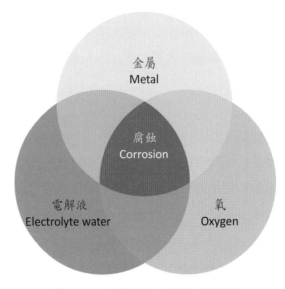

圖 4-4　金屬於大氣腐蝕的要素

　　離岸結構使用的材料為多為金屬，金屬氧化過程會在表面生成覆蓋性良好的緻密的鈍化膜。大多數的鈍化膜是由金屬氧化物組成，如鐵鈍化膜為三氧化二鐵 (Fe_2O_3)、不銹鋼為三氧化二鉻 (Cr_2O_3) 而鋁鈍化膜為三氧化二鋁 (Al_2O_3)。鈍化膜緻密的氧化物表層可以降低水和氧穿透，避免使內部繼續發生腐蝕。

　　然而一般碳鋼在氧化過程中產生的氧化皮是屬於多孔性、鬆散且附著力弱，因此在這樣的結構下，環境中的水氣及影響腐蝕的因素容易進入金屬基材表面進而促使腐蝕過程不斷地發生。

4.2.2 電化學反應 (Electrochemical reaction)

　　原子是構成金屬物質的最小單位，金屬材料最常發生的腐蝕方式為耗氧腐蝕（去極化腐蝕），其腐蝕過程為電化學反應。在這反應過程中金屬原子內的電子由一物質轉移到另一個物質。

　　所以當中性金屬原子 (M) 失去或損失電子而形成正離子，其反應過程稱之為氧化反應 (Oxidizing reaction)，發生氧化的位置則稱為陽極 (Anode)，式 (4-1)；

$$M \rightarrow M^{m} + me^{-} \tag{4-1}$$

　　而在同時有一金屬得到電子則稱爲還原反應 (Reduction reaction)，發生還原反應之位置稱之爲陰極 (Cathode)。金屬離子接受電子後完全還原成一中性金屬狀態其反應如式 (4-2)；

$$M^m + me^- \to M \tag{4-2}$$

而對於高於一價狀態的金屬離子接受一電子後，還原則可依下式。

$$M^{n+} + e^- \to M^{(n-1)+} \tag{4-3}$$

式中

M：金屬原子。

M^{m+}：帶正電 m 價之金屬離子。

e^-：電子。

m：m 個價電子。

n：n 個價電子。

一個完整的化學反應中，氧化反應與還原反應一般是同時存在的。

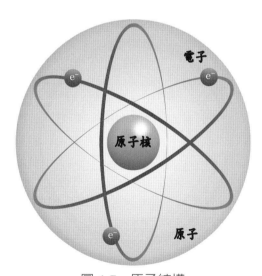

圖 4-5　原子結構

　　當金屬於海洋環境中，金屬材料晶粒本身或晶粒、晶界間的構成要素不相同及應力等分布不均時，受海洋淫度、鹽度、陰陽離子組成、溶氧量、海水溫度、海水衝擊、海水流速、海水 pH 值、乾溼交替狀態及海洋生物速等因素影響，導致金屬表面出現許多高活性陽極區及低活性陰極區。金屬化學活性的高低差異將導致電流產生，

在相對高活性之陽極區會產生腐蝕情況。腐蝕過程中經陽極與陰極反應使電子或離子於電解質中流動轉移，形成一封閉的導電迴路，兩電極間之電壓差決定其腐蝕電流，其電壓差將隨所產生之電流量及電池運轉時間而變，而漸趨於穩定值

鐵金屬於發生腐蝕之電化學反應程序如下，其腐蝕過程機制示意圖，如圖 4-6 所示。腐蝕過程中，這些局部陽極與陰極區可隨意並持續更換位置，使金屬表面因腐蝕產生粗糙度。

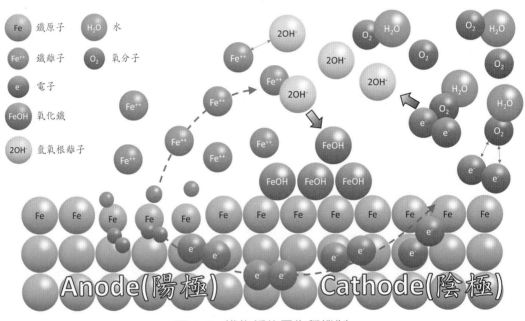

圖 4-6　鐵生銹的電化學機制

(1) 陽極處：鐵原子失去電子形成二價鐵離子溶解在水中

$$Fe \rightarrow Fe^{2+} + 2e^-$$ (4-4)

(2) 陰極處：還原反應處，在有氧氣供應之情況下，吸收游離之電子作用形成氫氧根離子 (OH)：

$$O_2 + H_2O + 4e^- \rightarrow 4(OH^-)$$ (4-5)

(3) 二價離子和鐵離子與水會產生酸鹼反應，形成氫氧化鐵及氫氧化亞鐵。

$$Fe^{2+} + 2H_2O \rightarrow Fe(OH)_2 + 2H^+$$ (4-6)

及

$$Fe^{3+} + 3H_2O \rightarrow Fe(OH)_3 + 3H^+ \qquad (4\text{-}7)$$

(4) 最後氫氧化鐵及氫氧化亞鐵會和其脫水物形成以下的平衡。

$$Fe(OH)_2 \rightarrow FeO + 3H_2O \qquad (4\text{-}8)$$

$$Fe(OH)_3 \rightarrow Fe(OH) + H_2O \qquad (4\text{-}9)$$

$$2Fe(OH) \rightarrow Fe_2O_3 + H_2O \qquad (4\text{-}10)$$

4.2.3 標準電極電位元及伽凡尼系列 (Galvanic series)

各種金屬材料氧化成離子的程度都不盡相同，因此若將兩金屬分別置入於電解液中並將其進行連接，使其組成電化學電池，在電化學電池中，兩金屬各自具有一定的電極電位 (Electrode potential)，它們之間的差值就是電池電位 (Cell potential)。此電位大小可以看成代表電化學氧化還原反應的推動力。

電位高的是正極 (Positive pole) 起還原反應爲陰極，電位低的是負極 (Negative pole) 起氧化反應爲陽極，透過電位的高低就可以確定電流自發進行的方向。

圖 4-7 藉由一電化學電池概述說明電池電位，分別置入 M 金屬及 N 金屬並填充還原劑 (Reductant) 與氧化劑 (Oxidant) 之溶液，還原劑是在氧化還原反應中失去電子之物質，氧化劑則在反應時會從其他的物質攫取電子。兩溶液之間安裝多孔板 (Porous disk)。該多孔板可讓離子流動而不會讓二邊的溶液混在一起。兩金屬間相互連接並於使用伏特計用於測量電池電壓或電極產生的能量，伏特計的讀數稱爲電化學電池的電壓也可以稱爲半電池之間的電位差。

在這電化學電池中 M 金屬與 N 金屬分別與其氧化還原劑發生電化學反應，而由於 M 金屬的電極電位比 N 金屬的低，因此電子將往右側方向移動。在此氧化還原反應分爲 2 個半反應，一個是氧化反應，另一個是還原反應，稱爲半電池反應 (half-cell reaction)。由 4.2.2 節所述失去電子爲陽極，得到電子爲陰極。陽極之 M 金屬於電解液中其 M 中性原子釋出電子及 M 離子，因此 M 金屬重量減少；陰極處接受來自解離的電子並與氧化劑中之 N 離子反應，形成 N 中性原子附著在 N 金屬上，因此 N 金屬重量增加。

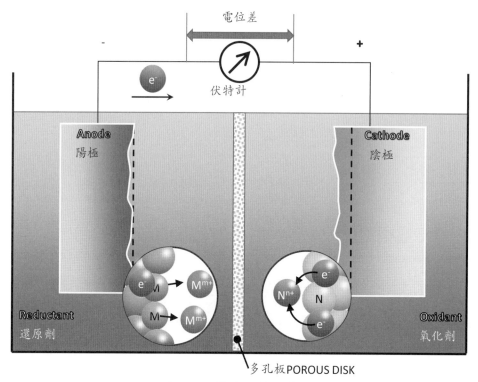

圖 4-7 電池電位概述圖

雖然電池電位可以直接被測定，但電極電位的大小會由於溶液中參與電極反應的物質之濃度或活性決定，壓力和溫度亦會影響電極電位之大小。為此則使用一標準參考點或參考電池，透過次參考點可與其他半電池作相互比較。

標準電極電位 (Standard electrode potential) 就是以 25℃ 標準氫原子作為參考電極，即氫的標準電極電位值定為 0，與氫標準電極比較，電位較高的為正，電位較低者為負，如表 4-2 所示。表中所給出的標準電極電位以以下條件測得：

－溫度在 298.15K 下，即 25℃。

－在水溶液的有效濃度為 1mol/L。

－氣體反應物的分壓為一個標準大氣壓即是 1 atm。

－以標準氫電極為參比電極，所有離子的數據都在水溶液中測得。

陽極區與陰級區能夠在金屬表面各部位形成並可隨意更換位置，但如果表面上有不同之金屬接觸則此時腐蝕速率會增加，這是因為活性大 (Activity) 的金屬趨向陽極，如金屬鉀浸入水中反應劇烈；而較不具活性或貴 (Noble) 金屬則成為陰極。

表 4-2　標準電極電位

電極反應	標準電極電位 (V)	
$Li \rightarrow Li^+ + e^-$	-3.040	
$K \rightarrow K^+ + e^-$	-2.924	
$Na \rightarrow Na^+ + e^-$	-2.714	
$Mg \rightarrow Mg^{2+} + 2e^-$	-2.363	
$Al \rightarrow Al^{3+} + 3e^-$	-1.662	
$Zn \rightarrow Zn^{2+} + 2e^-$	-0.763	活性 (Active) 大增加
$Cr \rightarrow Cr^{3+} + 3e^-$	-0.744	(陽極)
$Fe \rightarrow Fe^{2+} + 2e^-$	-0.440	
$Cd \rightarrow Cd^{2+} + 2e^-$	-0.403	
$Co \rightarrow Co^{2+} + 2e^-$	-0.277	
$Ni \rightarrow Ni^{2+} + 2e^-$	-0.250	
$Sn \rightarrow Sn^{2+} + 2e^-$	-0.136	
$Pb \rightarrow Pb^{2+} + 2e^-$	-0.126	
$H_2 \rightarrow 2H^+ + 2e^-$	0	
$Cu \rightarrow Cu^{2+} + 2e^-$	+0.340	
$4OH^- \rightarrow O_2 + 2H_2O + 4e^-$	+0.401	惰性 (Noble) 增加
$Fe^{2+} \rightarrow Fe^{3+} + e^-$	+0.771	(陰極)
$Ag \rightarrow Ag^{2+} + e^-$	+0.800	
$Pt \rightarrow Pt^{2+} + 2e^-$	+1.188	
$2H_2O \rightarrow O_2 + 4H^+ + 4e^-$	+1.229	
$Au \rightarrow Au^{3+} + 3e^-$	+1.42	

（在海洋 25°C 時以氫電極為基準之標準電極電位）

　　表 4-2 中金屬按其標準電極電位之大小次序排列稱為電化學序列，是金屬在理想條件下所產生的反應，它能指出各金屬離子化之傾向。電化學序列僅表示對金屬腐蝕傾向之概念，與實際處於腐蝕環境之金屬電位不同。

　　伽凡尼系列 (Galvanic series) 則依按大部分的金屬於環境中的自然電位 (Spontaneous potential) 的順序列出，對於應用於海洋環境中的商用工程合金其伽凡尼系列如圖 4-8。該列表從最不活躍的陰極金屬開始，然後向上到較活躍的陽極金屬。在序列中

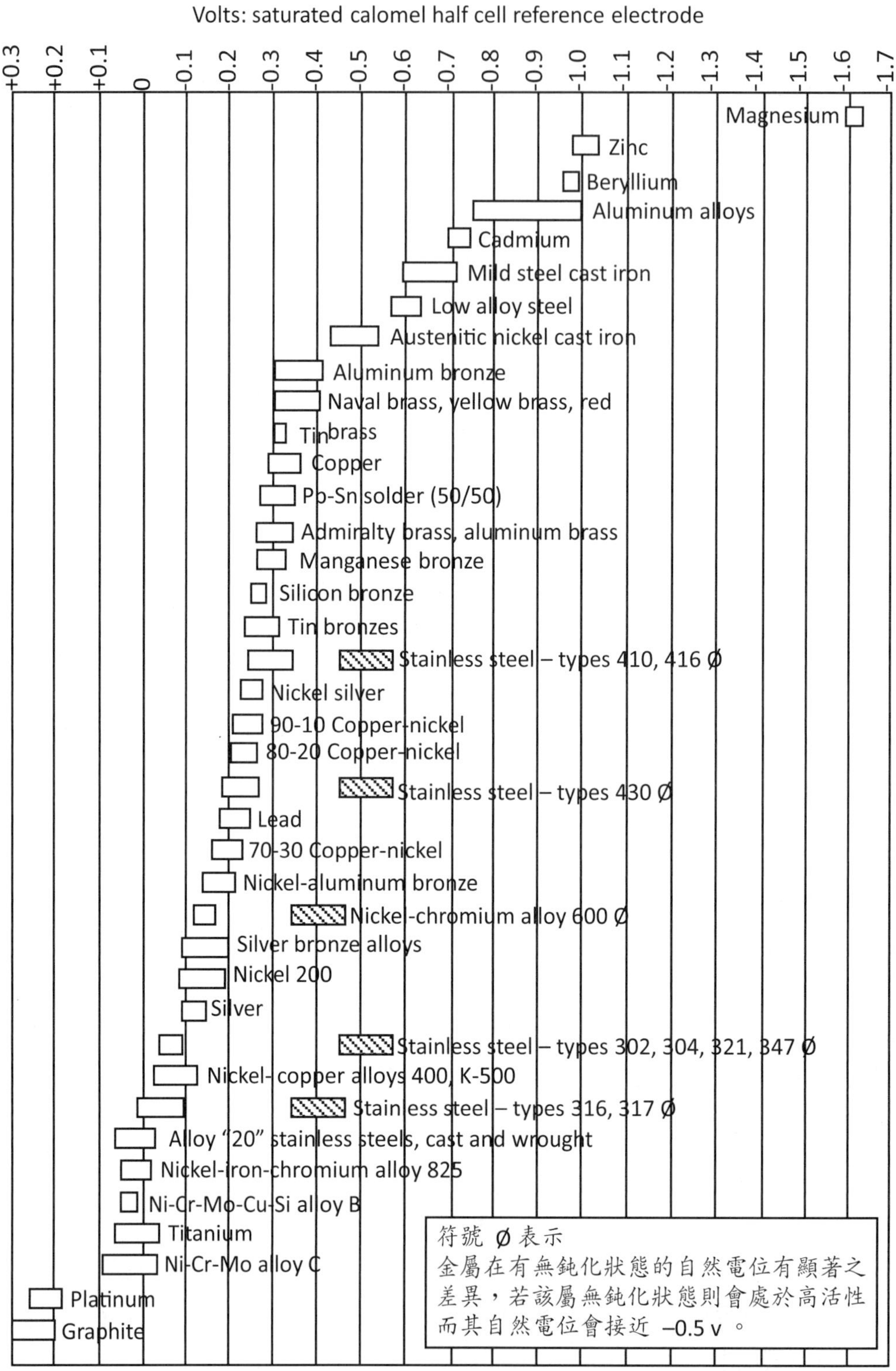

Volts: saturated calomel half cell reference electrode

+0.3 +0.2 +0.1 0 -0.1 -0.2 -0.3 -0.4 -0.5 -0.6 -0.7 -0.8 -0.9 -1.0 -1.1 -1.2 -1.3 -1.4 -1.5 -1.6 -1.7

Magnesium

Zinc

Beryllium

Aluminum alloys

Cadmium

Mild steel cast iron

Low alloy steel

Austenitic nickel cast iron

Aluminum bronze

Naval brass, yellow brass, red

Tin brass

Copper

Pb-Sn solder (50/50)

Admiralty brass, aluminum brass

Manganese bronze

Silicon bronze

Tin bronzes

Stainless steel – types 410, 416 Ø

Nickel silver

90-10 Copper-nickel

80-20 Copper-nickel

Stainless steel – types 430 Ø

Lead

70-30 Copper-nickel

Nickel-aluminum bronze

Nickel-chromium alloy 600 Ø

Silver bronze alloys

Nickel 200

Silver

Stainless steel – types 302, 304, 321, 347 Ø

Nickel-copper alloys 400, K-500

Stainless steel – types 316, 317 Ø

Alloy "20" stainless steels, cast and wrought

Nickel-iron-chromium alloy 825

Ni-Cr-Mo-Cu-Si alloy B

Titanium

Ni-Cr-Mo alloy C

Platinum

Graphite

符號 Ø 表示
金屬在有無鈍化狀態的自然電位有顯著之
差異，若該屬無鈍化狀態則會處於高活性
而其自然電位會接近 −0.5 v。

圖 4-8 海洋工程中常用伽凡尼系列合金

活性越大的金屬代表陽極，將優先在環境中腐蝕。因此，當連接具有不同電位的兩種金屬時，具有最低電位或活性越大的金屬將充當陽極並優先腐蝕。值得注意的是在表中不銹鋼有無鈍化其自然電位有很大的差異，即表示若無鈍化膜其腐蝕將加劇，如不銹鋼表面鈍化膜破壞後常出現的孔蝕。

大部分的金屬和合金在不同的環境中會腐蝕，也就是說金屬中性原子會被氧化，但是有兩個貴重金屬是例外地分別是金與鉑，金與鉑即便放入於強硝酸中也不會腐蝕。

4.2.4 濃差電池作用 (Concentration cell)

在金屬上的兩個區域空間，由於受到電解質溶液中離子濃度的不同或溶解氣體的不同而發生電化學反應，當兩個區域空間濃度不同時，兩點之間將存在電勢。高濃度的金屬離子將是陰極，並不會被腐蝕，低金屬離子濃度區是陽極和會被腐蝕，因此形成濃差電池 (Concentration cell)。其發生原因多發生於某區域內液體流動困難或停滯使之局部缺乏溶氧，造成兩個區域的氧氣消耗不一致。

在一般情況下，空氣中的氧氣是溶於水，在海洋環境中腐蝕開始的時候，金屬發生普通的電化學腐蝕。金屬等元素作為陽極失去電子，氧得到電子，發生氧還原。正常情況下隨著反應的持續，金屬表面上會很快生成一層氧化保護膜，從而降低腐蝕速率。但在若某區域空間內因氧無法供應產生缺乏溶氧環境，隨著氧還原反應進行，該區域內部的氧逐漸被消耗盡造成氧濃度低，為陽極；而另一區域氧濃度高，為陰極。

隨著貧氧區域內被腐蝕的金屬陽離子不斷積累，從而吸引了氯離子遷移到貧氧區域中，以維持電荷平衡，這樣造成了氯離子濃度在貧氧區域中的富集。氯離子對很多依靠鈍化膜的金屬具有特殊的影響，氯離子能夠局部破壞鈍化膜，使其變得不完整，造成裸露的金屬基體部分（陽極）與旁邊殘存的鈍化膜（陰極）形成只可放電一次的原電池 (Primary cell)，氧化膜也不易形成，沒有保護作用，這樣就使得貧氧區域內的金屬不斷消耗加快腐蝕。上述之腐蝕過程機制如圖 4-9 所示。

4.2.5 腐蝕速率 (Corrosion rates)

腐蝕速率 (Corrosion rates) 通常表示的是單位時間的腐蝕程度平均值。使用這些平均值，可以計算組件的預期年限，從而通過增加設計安全係數來提高其預期年限。金屬在特定環境中劣化的速度，它可以定義為每年在厚度上的腐蝕損失量。腐蝕速率或速度取決於環境條件以及金屬的類型和條件，而在估算金屬的腐蝕速率時，所需收

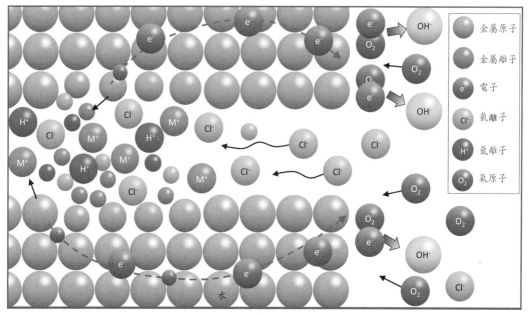

圖 4-9 濃差電池作用機制

集的數據包括：

−重量損失（觀察期間內金屬重量的減少）。

−金屬的密度。

−最初的總表面積。

−觀察期的時間。

全面腐蝕是指金屬均勻地腐蝕並導致材料變薄。為了更好地了解和控制腐蝕的速率，因此在工程上為腐蝕速率提供了可計算測量的單位，其測量方法的表示如下。

(1) 腐蝕深度標記法

單位時間內的腐蝕深度來表示腐蝕速度。每年侵蝕的深度公制採用單位是毫米 (mm)/ 年 (y, year)；英制採用單位是密耳 (mil)/ 年 (y, year)，即毫英吋 / 年，亦稱 mpy(mils penetration per year, 1mil=1/1000 吋 =0.025 mm)。

(2) 腐蝕電流密度測定法

採用腐蝕電流密度表示腐蝕速度是電化學測試方法。常用的單位是微安培 / 釐米平方 ($\mu A/cm^2$, $1\mu A/cm^2$=0.0117 mm/y)，因此單位面積內通過的電流密度大其腐蝕速率增加。

表 4-3 為美國國家腐蝕工程師協會 (NACE, National Association of Corrosion Engineers) 針對不同的腐蝕速率進行分類，速率範圍分為四個級別。表中每年腐蝕率小於

0.0254 mm 則有良好的耐腐蝕性；而每年腐蝕率大於 0.254 mm 在工程上則要須要多關注。

表 4-3 腐蝕速率範圍分類表

等級	Corrosion rate(mm/y)
低 (Low)	< 0.0254
中 (Moderate)	0.0254-0.12446
高 (High)	0.127-0.254
嚴重的 (Severe)	> 0.254

海洋有複雜的環境因素諸如溶氧、流速、溫度等皆會造成不同之腐蝕速率，而海洋環境的腐蝕是各個因素相互作用所造成的，其腐蝕速率是加成無法單一評估。雖然海洋腐蝕環境極為複雜，然而我們可以透過單一因素的影響來了解腐蝕速率的相關性。

於前章節中海洋環境影響腐蝕的因素中，溶氧量的增加會加速氧化腐蝕的速率，圖 4-10 為溶氧量與腐蝕速率的相關圖，可以看到溶氧量與腐蝕速率呈現正相關之關係。圖 4-11 為鋼鐵腐蝕速率與海水溫度之關係圖，當海水溫度愈高時、其飽和溶氧值則愈低，因此，隨溫度上升溶氧量減少，當溫度上升至 80 ℃ 腐蝕速率為最大。在圖 4-12 中海水流速的提升會加速對金屬表面會造成沖蝕作用，且由於流速的增加，會提高金屬表面的氧含量，促進電化學腐蝕反應。一般海水之 pH 值約介於 7.2～8.2 之間，從圖 4-13 可以看到其腐蝕速率維持一定值，當海水 pH 值低於 4 時，金屬表面鈍化膜被溶解，酸直接與金屬作用釋放出氧氣，而當海水 pH 值大於 9.5 偏鹼性時，鋼鐵材料會在表面形成鈍化膜阻擋氧氣往表面裡擴散。

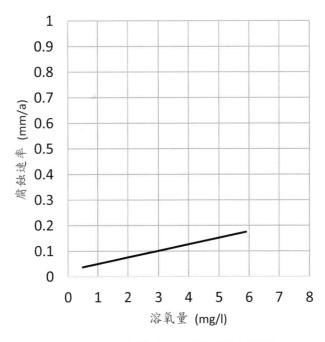

圖 4-10　腐蝕速率與溶氧量之關係

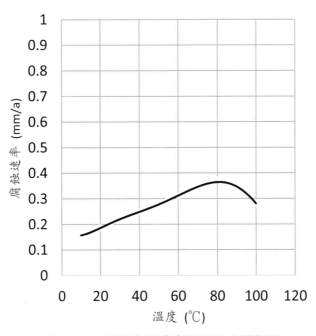

圖 4-11　鋼鐵腐蝕速率與溫度之關係圖

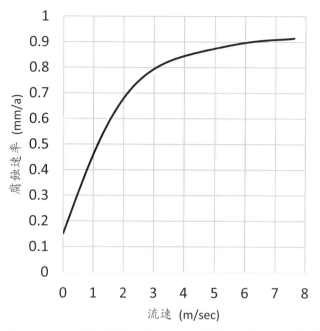

圖 4-12 大氣溫度下，海水流速對鋼材腐蝕之影響性

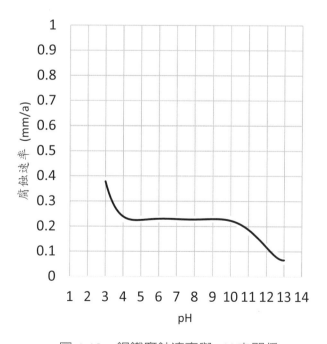

圖 4-13 鋼鐵腐蝕速率與 pH 之關係

4.2.6 氯離子引起的金屬腐蝕 (The chloride-induced corrosion of the metal)

金屬元素，例如 Fe、Al、Cr、Ni、Cu、Ti 等，在暴露於有水分的環境條件下會自發形成鈍化膜，該膜由氧化物／氫氧化物組成。這些鈍化氧化物可作為防止進一步金屬腐蝕的保護屏障。然而，在含有鹵化物物質例如氯離子的環境中，鈍化膜會受到這些物質的攻擊，導致局部腐蝕點。氯離子造成鈍化膜的破壞，目前有許多文獻提出氯離子的破壞機制，本書則採用最廣泛採用的機制作為說明，氯離子如何破壞鈍化膜的機制說明敘述如下：

一般而言，金屬鈍化膜為一層氧化物的薄膜，圖 4-14 以不銹鋼沃斯田鐵為例，說明金屬在無氯離子的狀態下以均勻的方式生成結構穩定之鈍化膜。

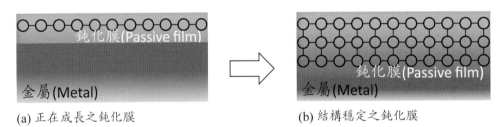

(a) 正在成長之鈍化膜   (b) 結構穩定之鈍化膜

圖 4-14　均勻穩定成長之鈍化膜

圖 4-15(a) 說明當有氯離子環境時，氯離子會攻擊正在生長的鈍化膜。氯離子由於離子尺寸小和較高散透力，因此可以通過奈米晶體的邊介面，並以非均質的數量穿透進入至正在生長的鈍化膜，從而到達邊介面內的某些位置，因此這使鈍化膜上產生了隆起的面；另外，氯離子的聚集，則會造成鈍化膜在鍵結形成中造成干擾，薄膜的形成可能會中斷而造成空洞，致使造成鈍化膜空洞後的塌陷。

圖 4-15(b) 由於遭受氯離子攻擊的鈍化膜結構不均勻，從而導致鈍化膜生長速率有差異，因此產生應力誘導鈍化膜斷裂。

圖 4-15(c) 金屬表面鈍化膜破壞後，金屬裸露，沒有鈍化膜保護之金屬表面開始腐蝕。

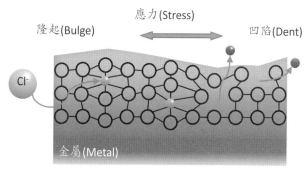

(a) 氯離子破壞局部之鈍化膜

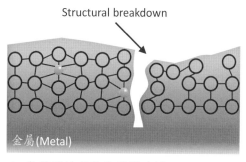

(b) 氯離子造成鈍化結構破壞

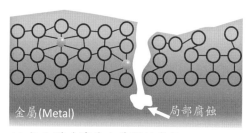

(c) 鈍化膜破壞後金屬開始腐蝕

圖 4-15　氯離子破壞鈍化膜的機制

4.3. 腐蝕的形式 (Forms of corrosion)

4.3.1 間隙腐蝕 (Crevice corrosion)

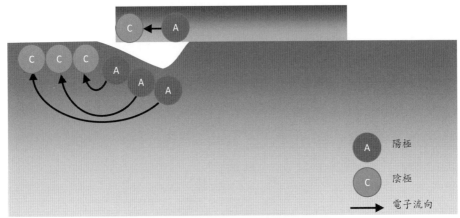

圖 4-16 間隙腐蝕

　　間隙腐蝕的發生主要原因是由於氧濃差所發生的濃差電池 (Concentration cell) 作用。於間隙內部的溶解氧濃度較低，該處是為陽極；而縫隙外部溶解氧濃度較高，該處是為陰極。

　　間隙腐蝕屬於局部性腐蝕類型，在金屬與金屬或非金屬於電解質中形成特別小的縫隙或坑內等，常發生於密封件下面，螺母、鉚釘頭附近或未完全銲透的銲道等液體流動困難或停滯的區域，造成其局部區域內金屬的加速腐蝕。

　　發生了間隙腐蝕的零組件，雖然從整體來看，其均勻腐蝕是很低，但是局部已經被嚴重破壞，已經不能使用。所以各種局部腐蝕的危害性更大。

　　降低間隙腐蝕可採取如下之措施：

　　－使用銲接來取代螺栓或鉚釘接合。

　　－若要使用螺栓接合，使用非吸附性墊片，如 Teflon(PTFE)。

　　－避免間隙內的溶液有停滯情形發生。

4.3.2 沖蝕腐蝕 (Erosion corrosion)

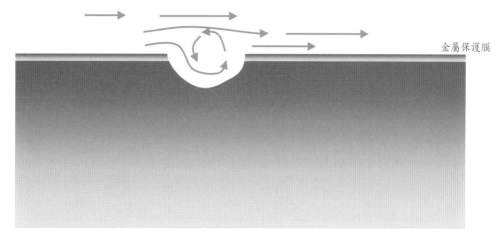

金屬保護膜

圖 4-17 沖蝕

　　沖蝕腐蝕是結合流體衝擊和化學影響的腐蝕。高速流動的氣體、液體或媒介所造成的衝擊力量會磨損侵蝕金屬保護膜，此種腐蝕稱之爲沖蝕現象。

　　流體對腐蝕作用有強烈的影響，當流體的速度增加會加速腐蝕速率，而當流體中有氣泡和懸浮固體存在時沖蝕現象更爲顯著。沖蝕腐蝕常出現在流體路徑彎曲處，如管線彎頭和管徑突然改變的地方，這些使流體改變方向或流動突然變成紊流，而在海洋上受潮汐或的海浪潑濺反覆作用下，易造成金屬表面生成之保護膜會被破壞撥離，進而促使腐蝕作用加速產生

　　減少沖蝕的方法可如下：

　　－採用可消除流體亂流和沖擊效應的設計。

　　－去除流體中粒狀物質和減少氣泡。

　　－降低流速。

4.3.3 伽凡尼腐蝕 (Galvanic corrosion)

　　伽凡尼腐蝕 (Galvanic corrosion) 或稱電位差腐蝕亦稱電池腐蝕，這種腐蝕發生於兩種金屬或是具有不定成分的合金暴露於電解質且導電連接時。活性較大的金屬爲陽極會被溶解腐蝕，而活性較低的金屬則作爲還原的陰極陰極不會受到腐蝕。

　　伽凡尼腐蝕的速率與暴露於電解質中的陽極相對於陰極表面積有關，其腐蝕速率。因此當陽極面積相對於陰極面積很小時，此時陽極每單位面積會有高電流密度，

其腐蝕速率會更快速。

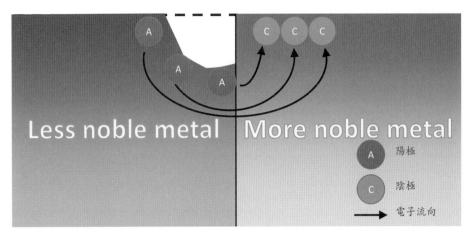

圖 4-18　伽凡尼腐蝕

降低伽凡尼腐蝕效應可採取如下方法：

－若必須偶合不同類的金屬，建議選擇兩種伽凡尼系列非常接近的金屬。

－若要偶合不同類的金屬，則將不同金屬彼此絕緣不導電。

－可增加犧牲陽極之金屬，來作爲陰極保護。

－陽極對陰極的面積比避免差異大之比例。陽極面積儘量大，降低每單位面積之
　電流密度。

4.3.4 晶界腐蝕 (Intergranular corrosion)

　　晶界腐蝕是局部腐蝕的一種，其腐蝕會沿著金屬的晶界邊成型，該腐蝕會使金屬
材料的機械性能失效。這種腐蝕形式常發生於不銹鋼的銲接或不銹鋼熱處理的不良，
其原因爲當不銹鋼熱處理時長時間加熱至敏化溫度 500℃ ～ 800℃的溫度範圍時會造
成奧氏體不銹鋼的晶界腐蝕敏感性，不銹鋼中的鉻和碳反應在晶界以碳化鉻的形成析
出物，導致晶界處的鉻耗盡。因此，晶界的耐腐蝕性比基材低，從而造成到局部腐
蝕。

　　下列方法可保護不銹鋼產生晶間腐蝕：

－在不銹鋼中加入鈮和鈦的合金，可使鉻維持於固溶體中。

－降低不銹鋼的含碳量 < 0.03%。

－避開高溫熱處理時的敏化溫度。

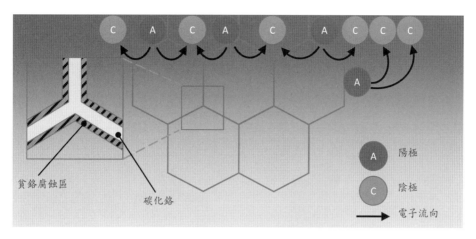

圖 4-19　晶界腐蝕

4.3.5 孔蝕 (Pitting corrosion)

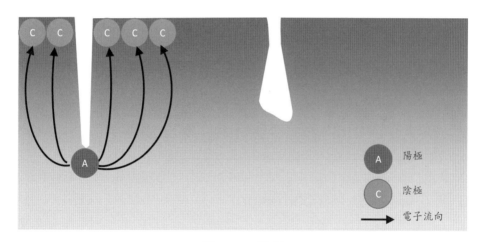

圖 4-20　孔蝕

　　孔蝕是一種金屬表面非常局部區域腐蝕的形式，海水中的氯離子容易誘發海洋設施的金屬表面產生孔蝕坑，而其腐蝕發生形式亦如同間隙腐蝕，其原因由氧濃差所發生的濃差電池作用所致。該腐蝕通常是發生在同種金屬上的局部腐蝕，特別是鈍性金屬，當該金屬表面的鈍化膜局部被破壞從而導致金屬中產生小孔或凹坑，孔腐蝕發生過程如圖 4-21 所示。

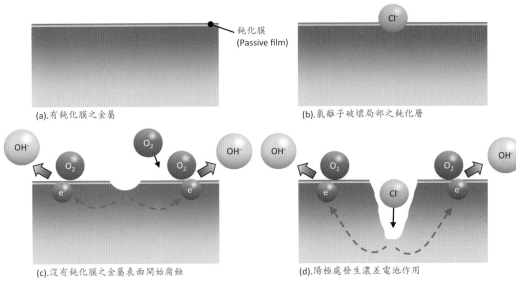

(a).有鈍化膜之金屬

(b).氯離子破壞局部之鈍化層

(c).沒有鈍化膜之金屬表面開始腐蝕

(d).陽極處發生濃差電池作用

圖 4-21　金屬鈍化膜遭受氯離子破壞後之腐蝕過程

　　孔蝕通常腐蝕速率緩慢，重量損失十分微小，它的腐蝕是由水平表面的頂部以近乎垂直的方式向下挖穿，當蝕孔一旦形成往往自動向深處腐蝕，因此使金屬力學性能顯著惡化，導致斷裂、疲勞等失效或洩漏、穿孔等功能損失，因此具有極大的破壞力和隱患性。

　　減少孔蝕的發生可以採用抗穿孔腐蝕之材料。加 Mo 的合金元素會有明顯的增加其抵抗，在不銹鋼材料中 Mo 含量添加的越多，耐孔蝕的性能越好。

4.3.6 應力腐蝕 (Stress corrosion)

　　應力腐蝕亦有稱為應力腐蝕破壞 (Stress corrosion cracking, SCC)，其原因來自於應力與環境結合所造成的金屬破壞。產生應力腐蝕之應力不一定是來自外在的，亦可能由材料製程中所產生之殘留應力。殘留應力可來自於溫度的快速變化和不均勻收縮或兩相合金中不同的膨脹係數亦會產生內應力。

　　應力腐蝕形成後的小裂紋沿著與應力垂直的方向成型發展，在發展過程中，難以檢測到其應力腐蝕破壞，應力腐蝕有非常的潛在危險，因為它可能在低於合金降伏強度的應力水準下就破壞組件組件，造成突然出現的失效。

　　降低或消除應力腐蝕可實施下述之方法：

　　－採用合適的熱處理來去除材料內部殘留應力。

　　－選用抗應力腐蝕材料來取代，如鈦合金等。

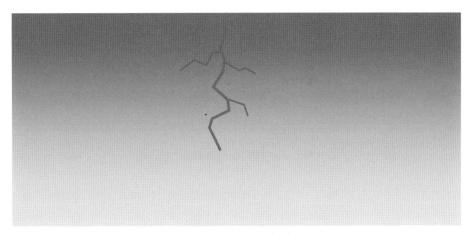

圖 4-22　應力腐蝕

－採用陰極防蝕法，增加一犧牲陽極之金屬。

4.3.7 均勻腐蝕 (Uniform corrosion)

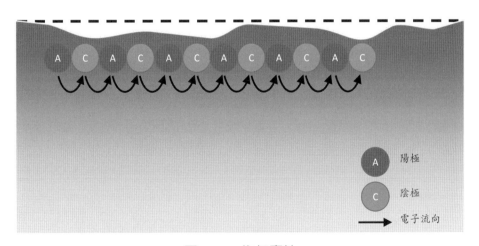

圖 4-23　均勻腐蝕

　　均勻腐蝕是一種電化學腐蝕的形式，均勻腐蝕一般發生在陰極區和陽極區難以區分的地方，所以它在金屬表面上幾乎以相同的腐蝕速率來進行氧化和還原反應。

　　這種形式的腐蝕程度通常可以透過以往的經驗來估計金屬被腐蝕的狀況，藉由使用這些統計數據值，設計者可以估算出這些組件的預期年限，從而透過增加厚度來提高其預期年限。

　　然而在現實上不太可能發生真正的均勻腐蝕，因為在這些組件上總有一些區域，特別是在複雜的金屬零組件上，其腐蝕速率比其他區域快，因此導致金屬表面上腐蝕產物覆蓋不規則。

　　減少發生均勻腐蝕的方法如下：

　　－在金屬表面使用保護層披覆。

　　－採用陰極防蝕法，增加一犧牲陽極之金屬。

Chapter 5. 結構金屬材料

5.1. 海洋環境用鋼結構 (Steel structures for the marine environment)

　　離岸結構的主要材料是金屬材料、複合材料及混凝土。這些材料使用於惡劣的環境中，經受低溫、暴風雨、大浪和海洋的腐蝕及侵蝕作用，在各種溫度條件下受到衝擊和動態循環所施加的力量。因此，離岸結構對於材料品質及其控制加以了特殊的標準和要求。離岸水下基礎結構用金屬材料目前大部分均以 3.6. 節所提規範來進行的監管，這些規範為製造離岸結構和設備用的金屬材料提供了技術要求及生產指南。

　　由於離岸結構用的金屬材料在製造過程中會面臨高溫的銲接，置於海上後金屬材料可能會遇到低溫的海洋環境，高低溫度的不同，對金屬材料的性能有很大的影響。當溫度升高，金屬材料的機械性會發生變化，主要是強度及硬度的降低，塑性和韌性會先升高而後又降低，鋼鐵受高溫影響時亦會發生高溫腐蝕等；溫度降低時，鋼鐵材料的韌性和塑性則不斷地下降，當達到低溫脆性轉變溫度時，材料容易發生低應力脆斷。高低溫會對材料的性能產生影響，從而造成危害，甚至使材料失效。因此用於離岸結構之金屬材料，其技術規範包含在對其化學成分、組織結構、力學性能、物理性能和化學性能等內部性質提出管制要求，以提供適用於海上的材料。常用於海上的金屬材料如下：

- 非合金鋼和低合金鋼
- 非合金和低合金鑄鋼
- 鑄鐵
- 不銹鋼
- 不銹鋼鑄鋼
- 銅和銅合金
- 鋁合金

離岸結構大部分使用之材料為鋼材，一般來說，鋼的強度由其微型結構所控制，微型結構則根據其化學成分組成和生產製程而有所變化。

　　離岸結構處在非常嚴峻的環境條件下，對結構的安全性和可靠性的嚴格要求，以及銲接組裝的必要性，因此必須開發具有特別高延展性、高抗裂紋擴展性、良好製造性能外，還必須具有良好的韌性以避免脆性破壞的厚鋼板。這樣的總體性能要求表現

通常難以全部實現，因為這些屬性之一的性能增加通常會導致其他屬性的性能降低。

由於離岸結構所須厚鋼板的性能已超過了傳統結構鋼的要求，因此目前大都引入 EN 10025 或 DNV-OS-B101 等結構金屬材料技術規範用於生產製造上。這些厚鋼板可以採正常化 (Normalized) 處理或熱機控制製程 (Thermo-mechanically controlled processed, TMCP) 方式產出，厚度可高達 120 毫米。

正常化製程為一種離線熱處理 (Off-line heat treatment)，將室溫的鋼版加熱到約 905°C 相變態溫度停留一段時間後再空冷到室溫，經正常化的鋼材可以得到細晶粒的微組織，具有優良的強度和韌性。熱機控制製程主要由溫度控制軋延及控制冷卻兩部分，而控制冷卻，基本上是利用線上加速冷卻系統加快鋼板完軋後的冷卻速率，以控制鋼材在冷卻過程中的變態溫度及生成組織。熱機軋延的厚鋼板在生產上具有成本效益，並且在銲接後表現出非常好的韌性性能。

選用正確的材料是非常重要的，離岸結構鋼材的基本交貨技術條件如下：
－最小降伏強度
－最小極限強度
－最小斷裂伸長率
－低溫下的衝擊韌性
－厚度方向特性
－可銲性
－疲勞耐力
－化學成分
－耐腐蝕

5.2. 製造相關的鋼材特性 (Steel material properties required for fabrication)

每種類型的鋼材都有影響其性能的獨特屬性，在指定鋼材來進行製造時，了解其材料特性會如何影響各個方面製造上的作用是非常重要。就鋼結構製造而言，在選擇一種鋼材時需要權衡取捨。因此，在選擇理想的鋼材性能之前，必須先對所應用產品的製造、構造或組裝以及使用要有透徹的了解。

在指定鋼結構產品時需要考慮的材料特性是：
－強度

－韌性

－斷裂伸長率

－疲勞

－可銲接性

當金屬材料受到外力時，會產生某些反應。這些材料是否滿足技術規格條件的要求，則要透過實驗測試後才能獲得各種數值。對於製造而言，機械性能由合金內的化學成分決定，而化學成分則受相關材料產品標準內所指定的最小值之限制。

5.2.1 強度 (Strength)

材料的強度通常是結構整體尺寸的組成函數，鋼結構的強度則是取決於鋼材之降伏強度。

結構用鋼的典型應力 - 應變關係如下圖 5-1，圖中表示當應力增加時其應變就會增加。假如應力不超過某一限度，應力 - 應變曲線則比例方式呈現，當卸載載荷時，其應變就會變為零，即表示材料恢復到原來之尺寸，而此變形稱之為彈性變形 (Elastic)。當應力超過降伏強度 (Yield strength) 時，應力 - 應變曲線不再成正比，而過了上降伏點 (Upper yield point) 後，應力會突然驟降在某個區間震盪不再上升但應變

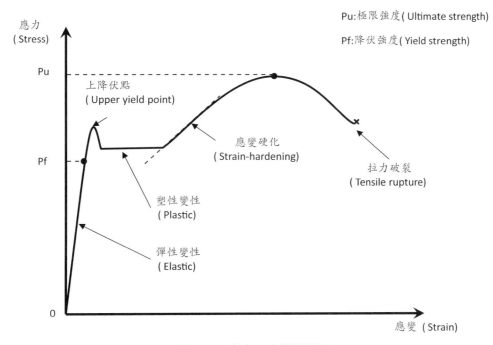

圖 5-1 應力 - 應變關係圖

仍持續增加，此種現象稱之為降伏 (Yielding)。鋼材經過了塑性變形後，其內部組織發生變化，晶粒沿著變形最大的方向被拉長，晶格被扭曲，從而提高了材料的抗變形能力，這種現象稱為應變硬化 (Strain-hardening)，由於應變硬化增加了材料強度，此時應力應變曲線仍會繼續上升，但斜率逐漸變小，後續的應變隨著更進一步的應力提高而增加。當應力持續增加直至材料無法再承受更高負載時之材料強度即為極限強度 (Ultimate strength)。

對於離岸水下基礎鋼結構，通常使用降伏應力 (Yield stresses) 範圍為 275 至 960 MPa 的高強度鋼，強度則是結構尺寸設計的基礎。

一般來說，離岸水下基礎鋼大部分的結構主要由 355 至 460 MPa 等級的高強度鋼製成，而在其關鍵區域則會根據設計需求採用更高等級的鋼種。較輕的鋁合金可用於上部結構中；複合材料也開始用於離岸工程上，大部分主要用於頂部結構，不太常見於主結構體上。

圖 5-2 顯示了常用離岸用鋼材料的應力 - 應變曲線，從圖中顯示隨著鋼材強度的提高，其應變量明顯降低。圖 5-3 為不同等級的鋼種在隨著溫度變化的降伏強度，隨著溫度的提升，鋼材的降伏強度下降，此外，隨著材料溫度的降低，金屬的延展性也隨之降低，同時材料的抗斷裂能力也相應降低，此部分在金屬的延脆轉移溫度章節中介紹。

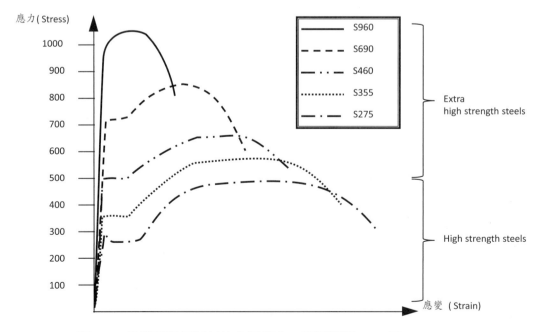

圖 5-2　常用離岸鋼材料的典型應力 - 應變關係 (275 至 960 MPa)

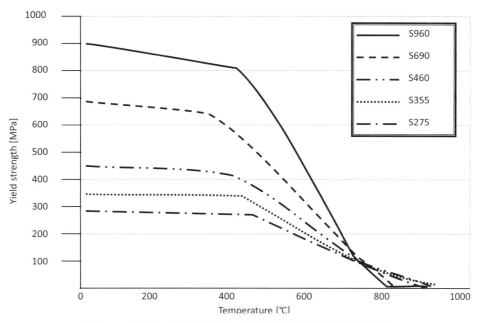

圖 5-3　不同等級的鋼種在隨著溫度變化的降伏強度

5.2.2 韌性 (Toughness)

　　金屬材料除了強度之外，韌性亦是最重要的特性之一。金屬韌性的定義為結構組件在該組件發生斷裂之前可吸收能量的能力。

　　在離岸結構中，斷裂韌性對於整體結構及金屬的銲接組成為重要之關鍵要求，因為由於這些結構運行過程中可能會處於炎熱的環境地區、低溫的氣候、暴風雨及承受各種惡劣的海洋環境，因此它們必須能夠有一定程度上的塑性變形，並且能夠承受裂紋和缺陷，同時維持整體結構完整性 (Structural integrity)。

　　金屬材料的韌性測定是採用夏比衝擊試驗 (Charpy impact test)，藉由在帶有 V 型缺口的標準試片對試片進行沖擊試驗，或者對預開裂的試片進行落錘撕裂試驗來獲得的數值。通過這種方式，可以確定材料在什麼溫度下會變脆，以便指定材料的使用限制。為此，夏比衝擊試驗只能在不同溫度下對相同材料的樣品進行足夠頻繁的測試。

　　一般金屬材料會隨著溫度的提高其衝擊韌性亦會提升，而在低溫下會變脆。另外，許多高分子材料也表現出這種行為，它們在低溫下也開始變脆，而在高溫下相對堅韌。這種行為可以通過將缺口衝擊能量繪製為溫度的函數來圖解說明。

　　圖 5-4 為使用夏比衝擊強度比較不同溫度下的金屬材料斷裂韌性曲線，圖中曲線

顯示隨著溫度的降低，金屬的韌性會突然從韌性轉變為脆性。由於各個測試樣本之間可能因存有微型結構的差異、測試樣本加工上的公差或溫度控制上的允許偏差，因此從上層到下層的衝擊值間會呈現一定的分布範圍。在上層和下層之間存有一個轉移區域 (Transition zone)，而在此區域內的衝擊值有強烈的分散狀態，這表示於此區間時溫度在稍高或稍低的狀態下即會導致材料變脆。

轉移溫度 (Transition temperature) 是由缺口衝擊能量值來定義。通常定義測試樣本的平均缺口衝擊能量為 27 J（焦耳）為該轉移溫度。另外，也可採用 40 J 或 60 J 的衝擊值做為定義轉變溫度。

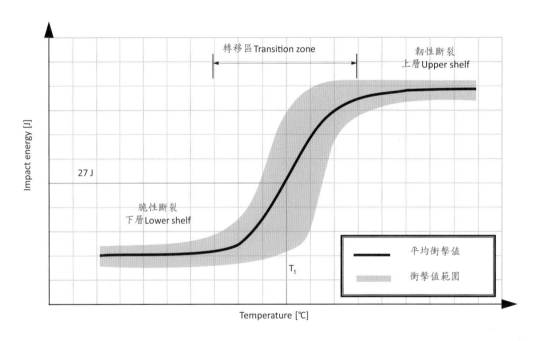

圖 5-4　衝擊吸收能量 - 溫度曲線

斷裂韌性它是溫度、加載速率和鋼的微型結構的函數。因此，當溫度低於每個材料的特定溫度時，此時材料將難以抵抗具災難性裂紋的擴展。材料在溫度轉移區域中，動態的載荷和應力集中區域內的裂紋或缺陷將可能導致裂紋在材料中快速地擴展，而導致結構的失效。

對於用於離岸結構工程用的鋼材，應選擇斷裂韌性轉變溫度低的鋼種，且必須低於預期的運行工作溫度範圍。

5.2.3 斷裂伸長率 (Elongation at break)

斷裂伸長率是一種測量材料在斷裂之前可以拉伸的最終長度與佔其原始長度尺寸的百分比。材料的伸長率的意義，它表示了材料在斷裂前可以承受的應變量。具有高伸長率的材料它可以較容易的成型，而低伸長率則表明該材料較脆，在拉伸載荷下很容易斷裂。

目前，結構用鋼板的抗拉強度等級範圍很廣，從 270 MPa 到超過 1200 MPa 以上。最初，結構用鋼板是肥粒鐵 (Ferrite) 組織的低碳鋼，這種全肥粒鐵的組織的通過固溶強化、析出硬化、硬組織結構強化等措施其強度得到提高，能夠獲得 270 MPa 級的抗拉強度和超過 40% 的優異延伸率。現在用於結構用的鋼材其抗拉強度大多數為 300 MPa 以上，而更高等級的高強度鋼則可以的輕量化整體結構。

一般來說，隨著強度的增加其伸長率則會降低，圖 5-5 為鋼材料的強度和伸長率之間的關係，圖中每個近似橢圓為不同類型的鋼種所提供的性能範圍。橢圓重疊的部分，則可應用於在特定需求下的材料選項。在圖中顯示了當強度的提升，鋼材的伸長率向右下方降低傾斜。在實際的應用中，結構不僅只需要強度，還需要彎曲等不同成型模式下的其他特性，各鋼種之詳細說明如下。

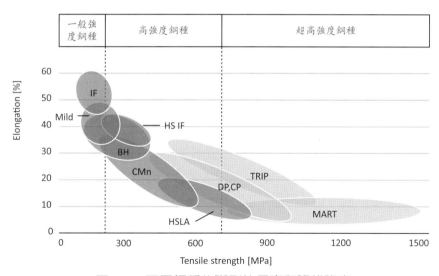

圖 5-5　不同鋼種的斷裂伸長率和降伏強度

A. IF steel

無填隙鋼 (Interstitial-free steel)，碳、氮含量低，在加入一定量的鈦、鈮使鋼中的

碳和氮原子被固定成爲碳化物和氮化物，從而使鋼中沒有間隙原子的存在，故稱爲無間隙原子鋼。IF 鋼板具有低的屈服點和屈強比、高伸長率、高的塑性應變比、高的加工硬化指數等性能。

B. Mild steel

軟鋼是指含碳量 0.15%～0.30%，錳含量不大於 0.75% 的一種低碳鋼。軟鋼通常可銲接性較佳，但是由於存在一定的淬硬傾向，因此當鋼材截面較厚或接頭拘束度較高的情況下，可能需要進行銲前預熱處理。

C. IF HS steel

無填隙高強度鋼 (Interstitial-free high strength steel) 主要使用磷或其他固溶強化元素來提高無填隙鋼的強度。對於大多數的合金而言，在鋼鐵煉製過程中必須將磷元素的含量降低到非常低，因爲磷的增加會提升脆化的風險。然而，在煉鋼後的冶金站，當生產某些等級的鋼種時，少量並受控的磷被添加入熔體中。磷是一種有效的固溶強化元素，只需少量添加即可大幅提高屈服強度和抗拉強度。

D. BH steel

烘烤硬化鋼 (Bake hardening steel) 屬於一般高強度鋼材，是以低碳鋼爲基礎，並添加少量的鋁、鈦、鈮、磷、錳等微合金元素製成殘餘少量固溶碳和氮原子的優質薄板。具有良好成型特性。該鋼種強度提升之方法，是採用應變時效 (Strain age) 機制。鋼材經冷加工處理後，其變形的應變使鋼中增加了大量的差排 (Dislocations)，之後鋼材再經加熱升溫烘烤，此時，間隙中的小原子，例如碳和氮，擴散至晶體內的缺陷，從而增加原子之間的滑動阻力，因此可以表現出強度的提升。

E. C-Mn steel

碳錳鋼 (Carbon-manganese steels) 爲一種中、高強度鋼，通過化學成分的組成和熱軋延所生產的鋼種。其錳含量約在 1.2%～1.8% 之間，通過提高錳含量來增加淬硬深度，來改善強度和韌性。

F. HSLA steel

高強度低合金鋼 (High strength low alloy steel) 的碳含量爲 0.05%～0.09%，錳含量高達 2%，並藉由加入少量合金元素以獲得所需的強度。常見添加的合金元素有鈮、釩、鈦等的組合。該鋼種的優點是採用熱機軋延製程，可使晶粒細化，從而改善機械性能。

G. DP steel

雙向鋼 (Dual-phase steel) 為麻田散鐵散布在肥粒鐵基地內的雙相組織，雙相鋼藉由兩種相的比例組成，因此具有極佳的延伸率和加工硬化率，另外雙向鋼亦有出色的極限抗拉強度。

肥粒鐵 (Ferrite) 或 α-Fe，是鋼鐵的一種顯微組織，通常是 α-Fe 中固溶少量碳的固溶體。肥粒鐵是波來鐵和變韌鐵的構成組織之一。肥粒鐵具有鐵磁性，所以它也是鋼鐵材料磁性的來源。肥粒鐵的性質和純鐵相似，強度與硬度都是鋼鐵組織中最軟的，但是富於延展性。

H. CP steel

多相鋼 (Complex phase steel) 屬於超高強鋼種系列，降伏強度比較高，但其延伸率較低。顯微組織主要為肥粒鐵／變韌鐵，包含少量的麻田散鐵，殘餘沃斯田鐵和波來鐵。由於添加了鈦、釩或鈮，因此其晶粒組織細化。

沃斯田鐵 (Austenite) 或 -Fe，肥粒鐵在 912℃ 至 1394℃ 時會相變成沃斯田鐵，由體心立方的結構變成面心立方。沃斯田鐵其溶碳能力較大，強度低，可塑性強，膨脹靈敏，無磁性，有一定韌性。沃斯田鐵也是形成波來鐵、變韌鐵及麻田散鐵的前顯微結構。

波來鐵 (Pearlite) 是由含碳量約 0.8% 的沃斯田鐵所生成，在極慢速的冷卻中到攝氏 727 度時開始產生相變化，而同時析出肥粒鐵和雪明碳鐵成為波來鐵組織。

I. TRIP steel

轉變誘發塑性鋼 (Transformation induced plasticity steel) 是一種具有優異強度和延展性的合金鋼。微觀結構包含肥粒鐵，其中存在不同數量的殘餘沃斯田鐵 (Austenite)、麻田散鐵 (Martensite) 和變韌鐵 (Bainite)。轉變誘發塑性是指在塑性變形過程中殘餘沃斯田鐵向麻田散鐵轉變。這種特性使 TRIP 鋼具有高成型性，同時保持出色的強度。

J. MART Steel

麻田散鐵鋼 (Martensitic steel) 是由沃斯田鐵轉變成的，是由於溶入過飽和的碳，導致結晶格子畸變大，因此不易滑動，故硬度極高，其脆性也大。麻田散鐵具有最高的強度水準，極限抗拉強度可高達 1700 MPa，其硬度與含碳量有關，含碳量愈多，硬度愈高，但含碳量在 0.6% 以上，硬度就不再有顯著變化。此鋼種的生產，是將冷軋鋼帶送入連續退火線 (Continuous annealing line, CAL)。在 CAL 中，材料經過退火、淬火和回火處理以提高延展性，即使在極高強度下也能提供足夠的成型性。

5.2.4 疲勞 (Fatigue)

疲勞是指在循環載荷作用下導致局部、累積和永久性損傷的過程。當材料受到重複的加載和卸載，此循環載荷的作用會導致材料裂紋的產生，將可能導致結構失效。

結構疲勞的主要參數是材料的性質、組件的幾何形狀和特性、環境條件的影響和載荷。材料的疲勞強度主要取決於受載荷的循環次數、使用載荷的應力範圍和存有高應力集中的區域。此外，在疲勞和腐蝕同時作用的情況下，不良的設計會增加應力的集中，從而增加其疲勞開裂的敏感性。

疲勞裂紋的產生可能於組件在製造、運輸或安裝過程時所引入的缺陷而擴展出來。特別是在銲接的零件，通常會由於應力的集中、殘餘應力以及於銲接過程中材質內的微型結構缺陷，因此非常容易發生疲勞的開裂。在某些情況中，我們無法觀察到裂紋擴展階段的變化。這種情況下，裂紋在微觀尺度上快速增長，最終導致組件突然失效。

疲勞開裂過程大致可分為三個階段：

(1) 裂紋形成 (Crack initiation)

當應力超過某個閥值，最初的微觀裂紋會在金屬晶體結構中局部不連續區域的應力集中處開始發展，應力集中處包括表面刮痕、尖銳角、缺口、銲道的趾部或晶界。引起疲勞損傷的應力值通常遠小於材料的屈服強度。

(2) 裂紋擴展 (Crack propagation)

一旦裂紋開始，持續的循環應力會重複該過程，使微裂紋緩慢增長，從而對結構完整性構成威脅。

(3) 失效 (Failure)

在多數的情況中，是難以觀察到裂紋擴展的變化，一旦裂紋達到一臨界尺寸，裂紋將快速擴展，最終導致組件突然斷裂失效。

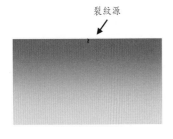

(a) 裂紋形成 Crack initiation   (b) 裂紋擴展 Crack propagation   (c) 失效 Failure

圖 5-6　疲勞開裂過程

　　描述疲勞過程的兩個參數分別爲疲勞強度 (Fatigue strength) 和疲勞壽命 (Fatigue life)，通常以疲勞特性曲線圖 (S-N 曲線〕來說明材料疲勞的狀態，如圖 5-7 所示，疲勞特性曲線圖繪製了在材料上施加應力 (S) 與材料壽命或失效週期數 (N) 之間的關係。圖中顯示當應力值從某個高值降低後，材料的壽命開始緩慢增長，之後則迅速增長。SN 曲線內相關的技術名詞說明如下：

A. 疲勞極限 (Fatigue limite)

　　疲勞極限，有時也稱爲持久極限(Endurance limit)是材料可承受的應力位準(Stress level)，即當週期應力大小低於此特定數值，此時材料將可以承受無限次的週期應力，不會產生疲勞。然而，此限制僅適用於某些鐵基和鈦合金，其他結構金屬，如鋁和銅，則沒有明顯的極限，表示即使在是很小的應力幅值下最終也會失效，如圖 5-8。一般鋼鐵的典型極限值通常是其極限抗拉強度的一半。

B. 疲勞強度 (Fatigue strength)

　　定義爲在經過特定循環次數 (N_f) 後，可產生疲勞破壞的週期應力值。

C. 疲勞壽命 (Fatigue life)

　　疲勞壽命表示材料的疲勞行爲，它是在指定應力位準下可導致失效的循環數。

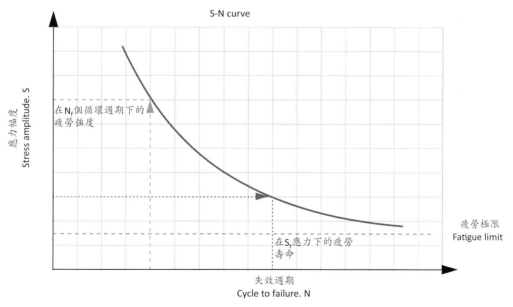

圖 5-7　SN 曲線

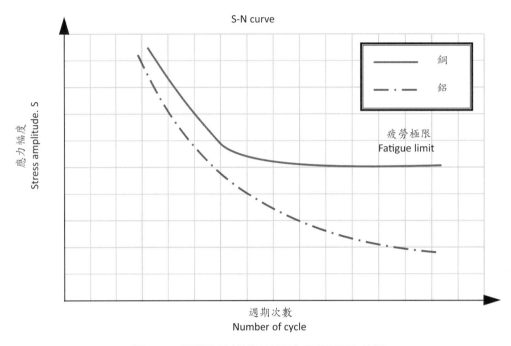

圖 5-8 不同材料施加的應力與週期數曲線

疲勞損傷是由於組件長時間暴露於循環應力下而產生的，一般造成疲勞失效的形式如下：

A. 振動疲勞 (Vibration fatigue)

振動疲勞是材料或組件在運行過程中因振動而引起的一種機械疲勞。振動引起的疲勞損傷通常是由設計不良、缺乏支撐（或阻尼器）、過度支撐或過度剛性造成的。振動的幅度和頻率是導致裂紋形成和裂紋擴展造成疲勞損傷的關鍵因素。

B. 腐蝕疲勞 (Corrosion fatigue)

腐蝕疲勞是經由化學侵蝕和機械疲勞兩者同時作用所引起的。眾所周知，腐蝕性環境會使金屬劣化。隨著腐蝕的發展，損傷區域會成為應力集中點，並導致裂紋的產生。

C. 熱疲勞 (Thermal fatigue)

熱疲勞是材料或組件在受到反覆循環的溫度變化下所引造成的失效，而急遽的加熱和冷卻速度則會增加其敏感性。當材料或組件突然受到熱衝擊 (Thermal shock) 時，其急遽的溫度變化則可能導致立即失效。

疲勞所造成的失效可能發生在承受波動載荷的構件或結構中，而在海洋中的結構

便處於承受風和波浪的反覆循環的載荷作用。疲勞的失效是從材質或組件不連續處所產生的裂紋和擴展而發生的，其失效載荷可能遠低於其原先所能承受之強度。為避免疲勞失效，因此在製造、運輸或安裝的細節上應避免截面突然變化或拉伸應力區域內造成的應力集中。

5.2.5 可銲接性 (Weldability)

金屬被銲接於特定或適當設計的製造條件下，能在使用中達到預期滿意的執行能力，並可以很容易地熔合而不易在成品中產生缺陷的程度稱為可銲性。

可銲接性是鋼材的一種特性，它極大地影響了鋼結構製造中的使用難易程度。鋼材的可銲接性決定了材料的銲接難易程度。鋼材的可銲接性與材料的硬化性能成反比，當金屬材料的硬化性能高，那麼它在銲接過程中趨於硬化，而這會增加脆性並導致由於局部熱應變而產生裂紋。

銲接過程中，銲道和相關的熱影響區的變化，例如接頭厚度、銲道幾何形狀、銲道熱輸入、鋼成分和所需的銲道預熱都會影響最終的微型結構。這些部分可能會產生銲接缺陷，例如氣孔和裂紋，以及其相關熱影響區中的不良微型結構，這會降低接頭的最終機械性能。銲接性差的材料容易因銲道處受熱產生局部應力而產生裂紋。

鋼材脆化的敏感性主要取決於其合金元素，這種敏感性可用碳當量值 (Carbon equivalent values, CEV) 來表示。控制碳當量值可透過技術規範標準，來對所有鋼結構產品設定 CEV 的強制性的限制，相關計算請參閱本書 5.5. 章節。

在一般銲接作業條件下可以根據含碳量和碳當量的數值，透過 Graville 圖將鋼分為三組，如圖 5-9 來進行可銲性評估。由圖中可以知道，隨著碳含量和碳當量濃度的增加，於火焰切割邊緣和銲道的熱影響區 (Heat affected zone, HAZ) 可能會造成熱裂紋，因此銲接則會越來越難執行。圖中區域 I 內的鋼材可以輕易地進行銲接。屬於區域 II 的鋼可以使用低於有限的熱輸入進行銲接，而區域 III 內的鋼材可銲接性差容易因銲道處受熱產生局部應力而開裂，不易執行銲接，因此須透過控制熱輸入、熱處理及預熱來進行，這將增加銲接過程中材料的延展性，使其不易開裂。

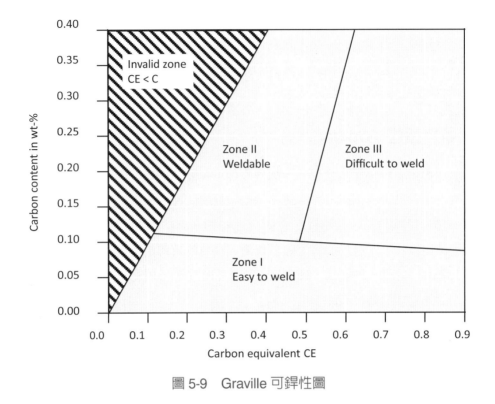

圖 5-9　Graville 可銲性圖

5.3. 鋼種等級及生產方式 (Steel grades and process route)

　　初期海上結構用鋼大都是採用正常化 (Normalised) 製程生產的中等強度鋼，因此開發時著重於軋延過程或正常化處理能有高強度，其降伏強度達 350MPa 的鋼材。雖然正常化製程的鋼種因含碳量高致強度較高，但是因為含高碳的碳鋼在實施銲接時，熱影響區部分的基材於銲接後冷卻速度較快，會產生硬脆的麻田散鐵組織容易發生脆裂。基於上述，採用含碳量較低的鋼，可以避免銲接時發生脆弱的現象。

　　近年來，由於製程技術的提升，離岸工程逐漸採用高強度鋼，而此類高強度鋼材可採用熱機控制製程 (TMCP)、淬火 (Quenching) 和回火 (Tempering) 的生產方式來製造，圖 5-10 顯示了歐規軋鋼產品鋼生產方式及等級的歷史發展。這些結構用鋼的主要優點是它們增加了強度重量比 (Strength to weight ratio)，由於減少了銲接量，因此可以節省材料成本和施工時間，表 5-1 提供離岸結構用鋼的生產方式的說明。

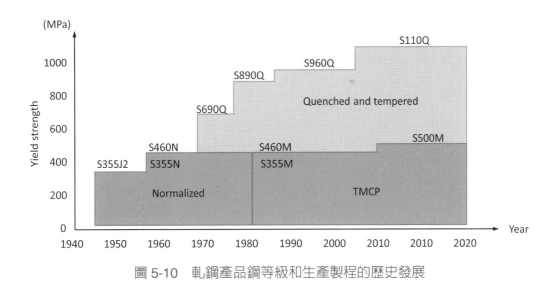

圖 5-10　軋鋼產品鋼等級和生產製程的歷史發展

表 5-1　離岸結構鋼的生產方式

Normalised	適用於降伏強度 <460 MPa，厚度小於 50 mm 的鋼種。
Thermomechanically controlled rolled(TMCR)	該製程於生產高強度鋼種時其厚度受到限制，通常適用於降伏強度 <550 MPa，厚度小於 40 mm 的鋼種。
TMCP(Accelerated cooled)	此製程改進了 TMCR 的性能，但是其厚度仍會受限於強度的需求。
Quenching & Tempering(Q & T)	(a)合金化製程–厚度較沒有受到限制，但成本高昂。 (b) 微合金化製程 – 可以生產離岸結構所需的厚度和強度。

　　大多數一般離岸結構用鋼透過正常化製程或熱機控制製程生產的中、高等強度鋼，但對於要求較高強度等級的鋼種，正常化製程產出的鋼種厚度無法達到所需的強度等級，而熱機控制製程仍有生產厚度的限制。因此，超高強度結構鋼的生產則要採用淬火和回火製程的生產方式。各強度等級所適用的生產製造方式如表 5-2 所示，該表顯示了不同的製程會顯著影響最終的機械性能。

表 5-2 離岸結構用鋼各強度等級的生產方式

強度 Strenght(MPa)	生產製造方式 Process route
350	Normalised TMCP
450	Q & T TMCP
550	Q & T TMCP
650	Q & T
750	Q & T
850	Q & T

目前用於離岸結構製造用鋼材一般採用具有良好低溫韌性及銲接性能歐規 EN 10025 標準的熱軋結構用鋼，本書則以 EN 10025 標準介紹離岸結構用鋼材，亦會對 EN 10025 標準的結構用鋼與 DNV-OS-B101 進行相對應之轉換。EN 10025 標準結構用鋼包括有：

－EN 10025-2 非合金結構鋼

－EN 10025-3 正常化／正常化軋延可銲接細晶結構鋼

－EN 10025-4 熱機軋延可銲接細晶結構鋼

－EN 10025-5 改進型耐大氣腐蝕結構鋼

－EN 10025-6 淬火和回火條件下具高降伏強度結構鋼

由於離岸結構安置位於海洋上，在這些結構用鋼材中一般常使用 S355 等級的鋼種。而為了減少鋼板厚度以降低結構的總重量，目前 S460 等級高強度鋼板亦逐漸被使用。這些鋼板可用熱機控制製程軋延生產出厚度高達 120 毫米的鋼板，另外，對於強度要求高及厚度需求較大的鋼板可用於調質製程 (+Q) 生產。表 5-3 提供 EN 10025 各標準等級用的鋼種，鋼種名稱的符號於下一節進行說明。

表 5-3 EN 10025 鋼種類別分類

標準	等級
EN10025-2	S235, S275, S355 and S450
EN10025-3	S275N, S275NL, S355N, S355NL, S420N, S420NL, S460N, and S460NL

標準	等級
EN10025-4	S275M, S275ML, S355M, S355ML, S420M, S420ML, S460M and S460ML
EN10025-5	S235J0W, S235J2W, S355J0WP, S355J2WP, S355J0W, S355J2W, S355K2W, S355J4W, S355J5W, S420J0W, S420J2W, S420K2W, S420J4W, S420J5W, S460J0W, S460J2W, S460K2W, S460J4W, S460J5W
EN10025-6	S460Q, S460QL, S460QL1, S500Q, S500QL, S500QL1, S550Q, S550QL, S550QL1, S620Q, S620QL, S620QL1, S690Q, S690QL, S690QL1, S890Q, S890QL, S890QL1, S960QL, S960Q

5.3.1 EN 10025 鋼種符號表示 (EN 10025 symbols used in)

表 5-4　EN 10025-2 非合金結構鋼符號說明表

EN10025-2 非合金結構鋼	
S	結構鋼
E	工程鋼
數值	厚度≤ 16 mm ，最小降伏強度，單位為 MPa
JR	在 +20℃時，縱向 Charpy V-notch 衝擊值達 27 J
J0	在 0℃時，縱向 Charpy V-notch 衝擊值達 27 J
J2	在 −20℃，縱向 Charpy V-notch 衝擊值達 27 J
K2	在 −20℃時，縱向 Charpy V-notch 衝擊值達 40 J
+AR	軋延鋼材未經任何特殊軋製或熱處理
+N	正常化處理
C	適用於冷成型
+Z	提高垂直於表面強度的結構鋼

例如：S275JR+AR、S355J2C+N

表 5-5　EN 10025-3 正常化結構鋼符號說明表

EN10025-3 正常化／正常化軋延可銲接細晶結構鋼	
S	結構鋼
數值	厚度≤ 16 mm，最小降伏強度，單位為 MPa
N	溫度不低於 −20°C 時，縱向 Charpy V-notch 衝擊值達規格要求
NL	溫度不低於 −50°C 時，縱向 Charpy V-notch 衝擊值達規格要求
+Z	提高垂直於表面強度的結構鋼

例如：S275N、S275NL

表 5-6　EN 10025-4 熱機軋延結構鋼符號說明表

EN10025-4 熱機軋延可銲接細晶結構鋼	
S	結構鋼
數值	厚度≤ 16 mm，最小降伏強度，單位為 MPa
M	溫度不低於 −20°C 時，縱向 Charpy V-notch 衝擊值達規格要求
ML	溫度不低於 −50°C 時，縱向 Charpy V-notch 衝擊值達規格要求
+Z	提高垂直於表面強度的結構鋼

例如：S355M、S355ML

表 5-7　EN 10025-5 耐大氣腐蝕結構鋼符號說明表

EN10025-5 改進型耐大氣腐蝕結構鋼	
S	結構鋼
數值	厚度≤ 16 mm，最小降伏強度，單位為 MPa
J0	在 0°C 時，縱向 Charpy V-notch 衝擊值達 27 J
J2	在 −20°C，縱向 Charpy V-notch 衝擊值達 27 J
K2	在 −20°C 時，縱向 Charpy V-notch 衝擊值達 40 J
W	提高耐大氣腐蝕性
P	更高的磷含量（僅限 355 級）
+AR	軋延鋼材未經任何特殊軋製或熱處理
+N	正常化處理
+Z	提高垂直於表面強度的結構鋼

例如：S235J0W+AR、S355J2W+N

表 5-8　EN 10025-6 淬火／回火高降伏強度結構鋼符號說明表

EN10025-6 淬火和回火條件下具高降伏強度結構鋼	
S	結構鋼
數值	厚度≤ 16 mm，最小降伏強度，單位為 MPa
Q	溫度不低於 −20°C時，縱向 Charpy V-notch 衝擊值達規格要求
QL	溫度不低於 −40°C時，縱向 Charpy V-notch 衝擊值達規格要求
QL1	溫度不低於 −60°C時，縱向 Charpy V-notch 衝擊值達規格要求
+Z	提高垂直於表面強度的結構鋼

例如：S460Q、S690QL

5.3.2 化學成分和機械性能 (Chemical composition and machanical properties)

　　離岸結構所採用高強度低合金鋼被設計成比一般碳鋼具有更好的機械性能和更耐大氣腐蝕。它們含有高含量的錳及其他合金元素，例如鉻、鎳、鉬、氮、釩、鈮和鈦，這些元素中的每一種都會對鋼的硬度和性質產生不同程度的影響，透過這些不同合金元素的組合可以改變其性能。

　　高強度鋼中的主要元素及其對微型結構和機械性能的潛在影響如表 5-9 所示。除表中之元素，某些鋼種使用少量其他合金元素，這些元素通常與一些主要成分一起作用，以增強材料性能的某些方面。

　　對於要達到滿足高強度結構鋼的機械性能要求，在冶金原理中包含以下措施：

－降低碳含量以提升可銲性和韌性。

－減小晶粒尺寸可以提高鋼材強度與韌性，而這一般透過鈮、釩或鋁來進行微合金化以及透過某種形式的熱機控制製程來實現。

－降低雜質含量（硫、磷）以增加韌性。

－當需要更高的強度水準，可以增加鎳、鉻、鉬和銅的合金化以提供固溶強化 (Solid-solution strengthening)。固溶強化是一種利用加入溶質原子形成固溶體，並且提高整體強度的方法。加入溶質原子會降低差排周圍的內應力，阻擋差排移動而使得變形更不易發生，以達到強化的效果。

表 5-9　高強度鋼中常見的合金元素及其對性能的潛在影響

Element	Effect
碳 (C)	碳是鋼中最重要的化學元素，增加碳含量會產生具有更高強度和更低延展性的材料。因此，結構鋼的碳含量通常在 0.15% 到 0.30% 之間，如果碳含量太高，其延展性將大幅將低，而碳含量小於 0.15%，其強度將會不足。
矽 (Si)	矽是結構鋼的主要脫氧劑之一，矽有很強的固溶強化作用，因此顯著提高鋼的強度和硬度。
錳 (Mn)	錳在結構鋼等級中的含量約為 0.50% 至 1.70%。錳可以抑制晶粒的生長，使晶粒變小，提高鋼的強度、韌性和硬度。它具有與碳相似的效果，鋼鐵製造商結合使用碳和錳這兩種元素來獲得具有所需性能的鋼材。
磷 (P)	磷在結構鋼中通常都是有不良影響作用的，它會降低材料的延展性，對於可銲性的不利影響亦是顯著的。因此，所有鋼種規格都嚴格限制了磷和硫的含量，基本上將它們控制在低於 0.04% 左右。磷具有很強的固溶強化作用，可使鋼的強度、硬度顯著提升，但會使鋼的韌性迅速降低。
硫 (S)	鋼的不純物中，硫的影響最為不良，它會使所有的機械性能變差。主要由於硫於碳鋼中會產生硬脆的硫化鐵 (FeS)，這些不純物，以薄膜形式包覆在晶界上，以致加熱時會溶解以致斷裂，此現象稱為熱脆性。
鈮 (Nb)	鈮會使鋼結構內形成碳化鈮和氮化鈮。這些化合物改善了鋼的晶粒細化、再結晶延遲，從而提高了微合金鋼的韌性、強度、成型性和銲接性。
釩 (V)	這種化學元素的作用類似於 Mn、Mo 和 Cb。它有助於材料形成更精細的結構並提高斷裂韌性。
鈦 (Ti)	鈦是最常添加到鋼中的元素，因為它可增加鋼的強度和耐腐蝕性。
鋁 (Al)	鋁是材料中最重要的脫氧劑之一，也有助於形成細晶粒微型結構 (Fine-grained microstructure)。它通常與矽 (Silicon) 結合使用以獲得半淨靜鋼 (Semi-killed steel) 或全淨靜鋼 (Fully killed steels)。
鉻 (Cr)	它主要用於增加材料的耐腐蝕性，因此經常與鎳和銅結合使用。
鎳 (Ni)	鎳除了可以提高鋼的耐腐蝕性外，鎳還能增強材料於低溫下的斷裂韌性能。
鉬 (Mo)	鉬的作用類似於錳和釩，常與這些元素結合使用。鉬可增加了鋼在高溫度下的強度，並且還提高了耐腐蝕性。

Element	Effect
銅 (Cu)	銅是另一種主要的耐腐蝕元素，加入一定比例的銅，可減緩鋼材在大氣環境中的腐蝕速度。銅還可以改善鋼材在海水中的耐蝕性，另外，含銅的鋼材其耐磨性也有較大幅度的提高。它的含量通常不低於 0.20%。
氮 (N)	氮的有害影響主要是由淬火時效和應變時效所造成的。當含氮較高的鋼材從高溫急速冷卻時，會產生過飽和固溶體，此鋼材在室溫下長期放置或較高溫度下等溫一定時間，此時氮將逐漸以氮化鐵的形式從過飽和固溶體中析出，使鋼的強度硬度升高，但延性與韌性則下降，使鋼變脆；另外，含有氮的低碳鋼在經冷加工後，其性質會隨著著時間而變化，即強度硬度升高，延性及韌性則明顯下降，此種現象稱為應變時效。

　　離岸結構用鋼材的要求非常苛刻，然而，鋼材內不同的化學元素組成及製程將會影響其機械性能，本文以常用強度等級 S355 鋼種來介紹鋼材內化學成分及機械性能，化學成分要求見表 5-10、機械性能要求見表 5-11 和表 5-13，碳當量值見表 5-14，彙整說明如下：

－S355 鋼種根據一般軋延、正常化處理或熱機控制等不同的製程，其化學成分、碳當量值、機械性能等會有不同之要求。

－EN 10025 標準其強度等級為 S355 的鋼種，要求厚度≤ 16 mm 的最小降伏強度值 (Minmun yield strength) 為 355Mpa，且要求所有厚度的降伏強度均不低於 355Mpa，更厚鋼板其降伏強度隨著厚度增加而相應降低。

－基本抗拉強度 (Tensile strength) 最小值為 470Mpa，且隨鋼板厚度增加其抗拉強度最小值也有不同程度的降低。

－衝擊值不依鋼板厚度進行區分，但衝擊溫度越低、衝擊值要求也越小。

－雖然該 S355 等級內的所有鋼種都滿足最小降伏強度的要求，但是採用熱機控制製程的鋼材，擁有較低的碳當量值改進了可銲性並且提升低溫下的衝擊值。

－部分使用軋延製程的鋼種，對鋁含量有特殊要求，最低含量應為 0.02%。

表 5-10　S355 不同鋼種化學成分表 (%)

Standard	Steel name	C max.	Si max.	Mn max.	P max.	S max.	Nb	V	Ti	Alt Min.	Cr max.	Ni max.	Mo max.	Cu max.	N max.
EN 10025-2	S355JR	0.24	0.55	1.6	0.035	0.035	-	-	-	-	-	-	-	0.55	0.012
	S355J0	0.20	0.55	1.6	0.030	0.030	-	-	-	-	-	-	-	0.55	0.012
	S355J2	0.20	0.55	1.6	0.025	0.025	-	-	-	0.020	-	-	-	0.55	-
	S355K2	0.20	0.55	1.6	0.025	0.025	-	-	-	0.020	-	-	-	0.55	-
EN 10025-3	S355N	0.20	0.50	1.65	0.025	0.020	0.050	0.120	0.050	0.020	0.30	0.50	0.10	0.55	0.015
	S355NL	0.18	0.50	1.65	0.025	0.020	0.050	0.120	0.050	0.020	0.30	0.50	0.10	0.55	0.015
EN 10025-4	S355M	0.14	0.50	1.6	0.030	0.025	0.050	0.100	0.050	0.020	0.30	0.50	0.10	0.55	0.015
	S355ML	0.14	0.50	1.6	0.025	0.020	0.050	0.100	0.050	0.020	0.30	0.50	0.10	0.55	0.015

Chapter 5. 結構金屬材料 *111*

表 5-11 S355 不同鋼種的降伏強度性能

Steel name	Minmun yield strength R_e(MPa) with Nominal thickness(mm)								
	≤16	16<t≤40	40<t≤63	63<t≤80	80<t≤100	100<t≤150	150<t≤200	200<t≤250	250<t≤400
S355JR	≥355	≥345	≥335	≥325	≥315	≥295	≥285	≥275	-
S355J0	≥355	≥345	≥335	≥325	≥315	≥295	≥285	≥275	-
S355J2	≥355	≥345	≥335	≥325	≥315	≥295	≥285	≥275	≥265
S355K2	≥355	≥345	≥335	≥325	≥315	≥295	≥285	≥275	≥265
S355N	≥355	≥345	≥335	≥325	≥315	≥295	≥285	≥275	-
S355NL	≥355	≥345	≥335	≥325	≥315	≥295	≥285	≥275	-

Steel name	≤16	16<t≤40	40<t≤63	63<t≤80	80<t≤100	100<t≤120
S355M	≥355	≥345	≥335	≥325	≥325	≥320
S355ML	≥355	≥345	≥335	≥325	≥325	≥320

表 5-12　S355 不同鋼種的抗拉強度性能

Tensile strength R_m(MPa) with Nominal thickness(mm)			
Steel name	≤ 100	100< t ≤ 250	250< t ≤ 400	
S355JR	470～630	450～600	-	
S355J0	470～630	450～600	-	
S355J2	470～630	450～600	450～600	
S355K2	470～630	450～600	450～600	
S355N	470～630	450～600	-	
S355NL	470～630	450～600	-	
Steel name	≤ 40	40< t ≤ 60	63< t ≤ 100	100< t ≤ 120
S355M	470～630	450～610	440～600	430～590
S355ML	470～630	450～610	440～600	430～590

表 5-13　S355 不同鋼種的衝擊強度性能

Minimun values of impact energy(J) at test temperature(°C)		
Steel name	Minimum test temperature	Impact energy
S355JR	20	≥ 27
S355J0	0	≥ 27
S355J2	-20	≥ 27
S355K2	-20	≥ 40
S355N	-20	≥ 40
S355NL	-50	≥ 27
S355M	-20	≥ 40
S355ML	-50	≥ 27

表 5-14　S355 不同鋼種的碳當量值

Maximun CEV based in % for Nominal product thickness(mm)		
Steel name	≤ 30	30< t ≤ 150	150< t ≤ 250
S355JR	0.45	0.47	0.49
S355J0	0.45	0.47	0.49

S355J2	0.45	0.47	0.49
S355K2	0.45	0.47	0.49
Steel name	≤ 63	63< t ≤ 100	100< t ≤ 250
S355N	0.43	0.45	0.45
S355NL	0.43	0.45	0.45
Steel name	≤ 40	40< t ≤ 63	63< t ≤ 120
S355M	0.39	0.40	0.45
S355ML	0.39	0.40	0.45

5.3.3 化學成分的特殊要求 (Special requirement of chemical composition)

A. 硼

硼通常是特意加入於合金鋼中用以影響其性能，雖然在一般鋼材的品質證明書 (Mill test certificate) 上所需要認證的 14 種合金元素中並沒有標示硼的含量，但其添加微量的硼即可以顯著提高鋼材的可硬化性 (Hardenability)。鋼材中當硼含量至 0.0003% (3ppm) 就能產生影響鋼材的性能，如果硼含量過多，硼會從鋼中分離出來並沉澱在晶界上，從而降低韌性並導致脆化。此外，當金屬執行銲接或氧切割作業時的熱影響區，在其冷卻時硼會聚集導致偏析裂紋。因此，歐盟 EN 規定低合金結構鋼的硼含量不得超過 0.0008%(8ppm)。

B. 鋁

鋁是高強度低合金鋼的重要添加物，其主要用於脫氧和晶粒細化以產出細晶粒微型結構。由於鋼液中總會存有需多夾雜物，而鋁是已知最強的脫氧劑之一，它可以與鋼中存在的任何其他氧化物結合，並部分或全部還原。鋁與氮亦有很強的親和力，鋁從溶液中去除氮，所形成氮化鋁 (Aluminum nitride, AlN) 非常穩定，是煉鋼時的去氧定氮劑。以上這些效果促進了鋼材的高韌性，尤其是在低溫下。因此對於某些以軋製狀態交付的鋼種，對鋁含量有特殊要求，對於這些鋼種，要求全鋁 (Alt) 含量最低不小於 0.02%。

C. 矽

矽就鋼材的化學組成而言，是主要的添加元素之一，除了在煉鋼時可以提供脫氧

的功能之外，亦可提供固溶強化的作用。因此結構用鋼材會添加矽 0.1～0.9 wt%，作為強化元素。然而，用於防蝕用的熱浸鍍鋅 (Hot dip galvanizing, HDG)，會因為矽含量而影響鋅層的結構、厚度及外觀（光澤度、均勻度、粗糙度）。鋼材或銲接材料中的矽含量，可能會在熱浸鍍鋅過程中引起反應，而使鋅層會比平時厚三倍，這稱為桑德林 (Sandelin) 效應。桑德林效應會導致鍍鋅層斑點看起來更暗、無光澤和粗糙，桑德林效應是熱浸鍍鋅不可避免的風險。圖 5-11 為桑德林曲線 (Sandelin curve)，在圖中顯示了矽含量對一般鋅塗層的影響。如果鋼材的矽含量為 0.12 ～ 0.25%，其反應會在最初幾分鐘內發生，這個反應過程會隨著時間的推移而減緩，當鋼從鋅浴中出來時，合金會形成一層純鋅膜；然而，當矽含量在 0.03～ 0.12% 或超過 0.25% 的高矽含量下，矽會充當催化轉化器，此時反應速率是持續而不是下降，而這會導致非常厚的鋅塗層。

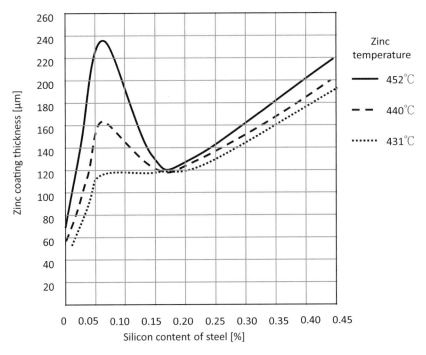

圖 5-11　桑德林曲線 (Sandelin curve)

　　當矽含量提高時其反應性就越強，Fe-Zn 合金層的形成速度就越快，鍍鋅層就會更厚，此種不穩定結構的厚鋅層有時特別脆，因此會造成鍍鋅層表面可能會開裂，進而影響耐腐蝕性。另外，由於反應性的不一致，所以在色澤上同時存在淺灰色和深灰色區域，以致外觀不會光滑。

　　表 5-15 歸整矽元素含量百分比對鍍鋅層影響說明，因此對於離岸結構需進行鍍鋅的鋼材其矽含量要求如下：

　　－無塗裝的一般熱浸鍍鋅鋼構件：鋼中矽含量，必須介於 0.25% 和 0.35% 之間。

　　－熱浸鍍鋅鋼構件加塗裝的複合防蝕系統 (Duplex system)：使用複合防蝕系統的熱浸鍍鋅鋼構件，鋼中的矽含量必須介於 0.18% 和 0.25% 之間。

表 5-15　矽含量對鍍鋅層影響

反應性元素的百分比	鍍鋅層特性	說明
≤ 0.03% Si < 0.02% P	塗層外觀有光澤，質地細膩。	成分符合 Si + 2.5P ≤ 0.09% 的鋼種很可能具有這些特性。一般預計這些性能也適用於冷軋鋼，條件是鋼的成分符合 Si + 2.5P ≤ 0.04%。
0.03% <Si ≤ 0.14%	塗層顏色較深，結構較粗糙。	可能會形成過厚的塗層。
0.14% <Si ≤ 0.25%	外鋅塗層是塗層結構的一部分。	Fe-Zn 合金可以延伸到鍍層的表面，鍍層的厚度隨著矽濃度的增加而增加。其他元素也可能影響鋼的反應性。特別是，磷濃度高於 0.035% 會導致反應性增加。
0.25% <Si	Fe-Zn 合金強烈地決定了塗層的結構並且經常延伸到塗層的表面，降低回彈性。	可能會形成過厚的塗層。

5.3.4 鋼種等級 (Steel grades)

　　海洋工程上採用高強度低合金鋼，這些鋼材具有優異的韌性和可銲性。這些優異的性能來自於複雜的化學元素組成以及廣泛的使用熱機加工製程，進而得到細晶粒微型結構。目前於鋼材料科學上仍持續發展更高強度的鋼種，此發展過程中涉及鋼材化學成分、控制軋延製程、熱處理和加速冷卻的複雜相互作用。海洋工程因應結構上的要求，因此會使用不同之鋼種等級來滿足工程所需。

製造離岸結構用之鋼材依其強度可分為三個等級：

－一般強度鋼種 (Normal strength steels, NS)

－高強度鋼種 (High strength steels, HS)

－超高強度鋼種 (Extra high strength steels, EHS)

對於海洋工程上，一般及高強度鋼可滿足大多數結構的基本要求，它可生產的強度範圍區間大、易於製造、具有足夠的韌性、可以最大幅度地降低脆性斷裂的風險，並且可以用合理的成本來大量獲得。超高強度鋼具有顯著減輕重量的潛力，因此近年來經常被指定應用於某些主結構上。

表 5-16 到表 5-18 列出在設計溫度於 0℃時用於製造離岸結構的鋼種。表中適用的構件類型為：

－特殊結構

－主要結構

－次要結構

表 5-16　應用於溫度 ≥ 0℃的特殊構件鋼種

容許最大厚度 (mm)	EN 10025-2	EN 10025-3	EN 10025-4
	Steel name	Steel name	Steel name
一般強度鋼種			
25	S235J2+N	-	-
高強度鋼種			
10	S275J0+N	S275N	S275M
20	S275J2+N	S275N	S275M
25	S275J2+N	S275N	S275M
50	-	S275NL	S275M
70	-	S275NL	S275ML
100	-	S275NL	S275ML
10	S355K2+N	S355N	S355M
20	S355K2+N	S355NL	S355ML
25	S355K2+N	S355NL	S355ML
50	-	S355NL	S355ML

容許最大厚度 (mm)	EN 10025-2	EN 10025-3	EN 10025-4
	Steel name	Steel name	Steel name
70	-	S355NL	S355ML
100	-	S355NL	S355ML
超高強度鋼種			
15	-	S420N	S420M
30	-	S420NL	S420ML
150	-	S420NL	S420ML
15	-	S460NL	S460ML
30	-	S460NL	S460ML
150	-	S460NL	S460ML

表 5-17　應用於溫度 ≥ 0℃的主構件鋼種

容許最大厚度 (mm)	EN 10025-2	EN 10025-3	EN 10025-4
	Steel name	Steel name	Steel name
一般強度鋼種			
20	S235JR+N	-	-
25	S235J0+N	-	-
35	S235J2+N	-	-
50	S235J2+N	-	-
高強度鋼種			
20	S275J0+N	S275N	S275M
25	S275J0+N	S275N	S275M
35	S275J2+N	S275N	S275M
50	S275J2+N	S275N	S275M
70	-	S275NL	S275ML
100	-	S275NL	S275ML
150	-	S275NL	S275ML
20	S355K2+N	S355N	S355M

容許最大厚度 (mm)	EN 10025-2	EN 10025-3	EN 10025-4
	Steel name	Steel name	Steel name
25	S355K2+N	S355N	S355M
50	S355K2+N	S355NL	S355ML
70	-	S355NL	S355ML
100	-	S355NL	S355ML
150	-	S355NL	S355ML
超高強度鋼種			
30	-	S420N	S420M
60	-	S420NL	S420ML
60	-	S460NL	S460ML

表 5-18　應用於溫度 ≥ 0℃的次構件鋼種

容許最大厚度 (mm)	EN 10025-2	EN 10025-3	EN 10025-4
	Steel name	Steel name	Steel name
一般強度鋼種			
30	S235JR+AR	-	-
50	S235JR+AR	-	-
70	-	-	-
100	-	-	-
150	-	-	-
高強度鋼種			
20	S275J0+ AR	S275N	S275M
25	S275J0+ AR	S275N	S275M
35	S275J0+ AR	S275N	S275M
50	S275J0+N	S275N	S275M
70	-	S275NL	S275ML
100	-	S275NL	S275ML
150	-	S275NL	S275ML

容許最大厚度 (mm)	EN 10025-2	EN 10025-3	EN 10025-4
	Steel name	Steel name	Steel name
20	S355J0+AR	S355N	S355M
35	S355J0+ AR	S355N	S355M
50	S355J0+N	S355N	S355M
70	S355K2+N	S355NL	S355ML
100	-	S355NL	S355ML
150	-	S355NL	S355ML
超高強度鋼種			
60	-	S420N	S420M
150	-	S420NL	S420ML
150	-	S460NL	S460ML

5.4. 延脆轉移溫度 (Ductile-brittle transition temperature)

　　金屬通常在一般環境溫度下運行，當金屬在遠離一般環境溫度的情況下使用時，其性能會受到影響。一般來說，金屬在非常低的溫度下變得易碎，而在高溫下強度變得更弱但更具延展性。

　　金屬的延脆轉移溫度 (Ductile-brittle transition temperature, DBTT) 或稱「脆性轉變溫度」，是當金屬溫度下降至某一點時，其性質延性轉變成脆性時的溫度。延脆轉移溫度相當重要，因為一旦金屬材料低於延脆轉移溫度時，若遭受到很大的衝擊，將會傾向產生巨大碎裂，而不會彎曲或變形。

　　在低於 -10℃的溫度下，一般典型的鋼會變得脆，韌性會受到影響。而使用特定等級的碳鋼，則可以在低至 -40℃的溫度下運行。在這些低溫下，有必要對所選鋼材進行低溫下的特定衝擊試驗，以確認其適用性。

　　圖 5-12 所示，低碳鋼降溫至 15℃時，衝擊值仍相當大。但是當溫度降至 −20～−40℃之間時，其衝擊值突然大幅降低。

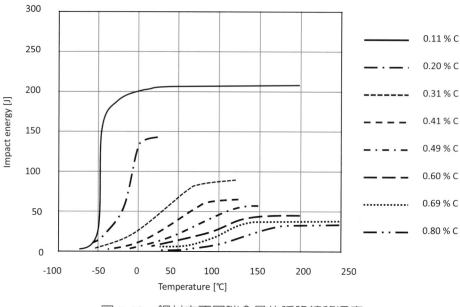

圖 5-12 鋼材內不同碳含量的延脆轉移溫度

　　鋼材中錳含量的增加可以大幅降低鋼材延脆轉移溫度點，其主要機制是錳和硫具有很強的化學親和力 (Chemical affinity)，因此，可以從固溶體中和硫結合，形成硫化錳。錳對鋼材延脆轉移溫度的影響見圖 5-13，很顯然的，錳有利於將延脆臨界溫度降低到這些鋼材預期使用的可接受溫度範圍。

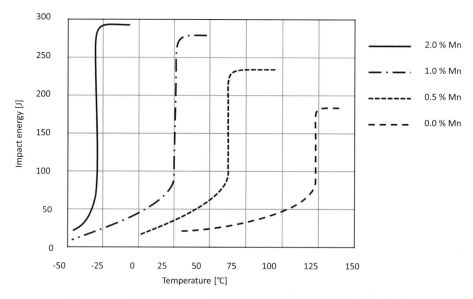

圖 5-13 含碳量 0.05% 的鋼材中錳含量對韌性轉變的影響

硫對金屬的機械性能影響最鉅，即使其濃度很低，但會使鋼在所有溫度下都變得更脆，硫含量對碳鋼轉變溫度的影響如圖 5-14 所示。

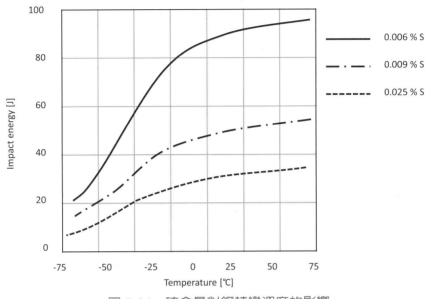

圖 5-14 硫含量對鋼轉變溫度的影響

5.5. 碳當量 (Carbon equivalent values)

鋼的強度等級要求越高，含碳量會相對提升，而這將會使得鋼材於銲接時變得十分困難。

在銲接方面，鋼材的碳當量 (Carbon equivalent values, CEV) 決定了硬化性能。該數值是重量百分比的經驗值，它是由碳、錳、鉻、鉬、釩、鎳和銅等不同含量合金元素的組合效應，透過數學方程計算，用來評估鋼材的可銲性等級。

較高濃度的碳和其他合金元素往往會增加硬度但會降低其可銲性，因此可以藉由改變鋼材內碳和其他合金元素的含量來調整碳當量，再施以適當的熱處理將可使鋼材達到所需的強度水準，還可以獲得更佳的銲接性和低溫衝擊韌性。

碳當量數值依國際銲接協會 (International Institute of Welding, IIW) 計算方式如式 (5-1)；

$$CEV = C + \frac{Mn}{6} + \frac{Cr + Mo + V}{5} + \frac{Ni + Cu}{15} \tag{5-1}$$

碳當量對應可銲性評估如表 5-19 所示，表中顯示碳當量數值越大，於銲接時熱影響區容易產生裂紋，鋼材的脆硬性也越大，銲接必須採取預熱才能防止裂紋發生，並隨板厚和碳當量的增高，預熱溫度也應相對應增高。

－CEV < 0.35%，在一般的銲接技術條件下，銲接接頭不會產生裂紋，但是對於厚度較大件者或是在低溫下銲接時，應考慮對鋼材進行預熱。

－0.36 < CEV < 0.5%，鋼材的脆硬性逐漸增加而韌性下降，可銲接性較差。銲接作業前工件需適當進行預熱，銲後要保溫或注意緩冷，才能防止裂紋發生。

－CEV > 0.5% 時，鋼材的韌性變差且脆硬，可銲接性更差。工件銲接前要預熱到較高的溫度，且必須要採取減少銲接應力和防止裂紋發生的措施，銲接後除了保溫或緩冷外，必要時還要對工件進行適當的熱處理作業。

表 5-19　碳當量值對應可銲性評估表

碳當量 (CEV)	可銲性 (Weldability)
< 0.35	優秀
0.36～0.40	很好
0.41～0.45	好的
0.46～0.50	一般
> 0.50	較差的

5.6. 裂紋頂端開口位移 (Crack tip opening displacement, CTOD)

裂紋 (Crack) 會降低結構系統的安全性，可能會導致系統部分或全部的失效。大部分的斷裂事故分析中發現，其斷裂皆與結構中存在有缺陷或裂紋有關。一般的結構強度理論是建立於假設材料在無缺陷的基礎上，然而於實際結構製造過程中，可能由於金屬製造過程中產生不連續性、銲接缺陷和疲勞會導致裂紋發生在構件應力集中區域。因此，材料在低於原預期的應力下，銲接接頭或構件會以不穩定的方式快速斷裂，而由這些缺陷或裂紋所引起的機械或結構的斷裂失效，則是工程中最最常見的失效模式。圖 5-15 顯示了常見裂紋形成位置的示意圖，由於裂紋可能會導致嚴重之失效，因此需要可靠地檢查和監測結構中的缺陷，以確保結構滿足服務設計壽命。

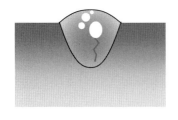

(a) 氣孔Porosity

(b) 溝槽Groove

(c) 凹洞Pit

(d) 塗層缺陷Coating defect

(e) 晶界腐蝕Intergranular corrosion

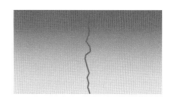

(f) 疲勞Fatigue

圖 5-15　最常見裂紋起始位置

　　金屬材料的韌性與材料組織成分、熱處理及製作流程有關。斷裂韌性則是基於斷裂力學的基礎，其假定條件為材料中存有裂紋缺陷，當材料受到載荷作用時，裂縫頂端處產生高度應力集中，此時發生塑性變形，導致裂縫頂端差排產生和晶界破損，裂紋表面亦隨之張開。為保證含裂紋構件的安全性和可靠性，因此必須預測裂紋的擴展速率和構件的斷裂強度。

　　CTOD(Crack tip opening displacement, CTOD) 測試方法起源於英國，主要應用於海洋工程上，此試驗可有效地用來評估材料和銲接接頭的抗斷裂性能。銲接接頭在離岸結構工程中為薄弱之部位，當銲道傳遞工作應力時，其斷裂將可能發生於其薄弱環節。為保證銲接後接頭處仍有良好之低溫韌性，一般需執行銲後熱處理，但由於銲後熱處理的期程較長且成本高，因此依據 DNV-ST-F101(Submarine pipeline systems) 可採用 CTOD 來進行評定斷裂強度，測試結果如果達到要求值，則認為滿足疲勞和斷裂極限狀態，這將有助於降低成本並大幅縮短離岸結構製造工期。

　　測試方法主要是量測裂縫擴展過程中的斷裂負載和其開口位移，利用位移的外插數值得到裂縫頂端的應力強度因數的結果，而此資訊則有助於在測試中找到材料的韌性。裂縫尖端張開位移示意圖如圖 5-16 所示，將試樣置於三點彎曲平臺並測量裂紋

張開距離。當試樣隨著彎曲的進行，裂紋尖端塑性開始變形，直到達到臨界點，此時裂紋已充分張開以引發劈裂 (Cleavage crack)，測試過程中，結果會自動記錄在負載／位移圖表上。測試實驗可以在某個最低溫度下來進行，例如此材料最低設計溫度。

劈裂是脆性結構體在承受一外加臨界負載時，其晶格中之原子鍵將被打斷而形成裂縫。由於脆性結構體破裂韌性較低，且在裂縫尖端附近僅有一很小範圍之塑性區，使得裂縫延伸速度很快，與延性材料之破裂過程會經歷一裂縫穩定成長期不同。

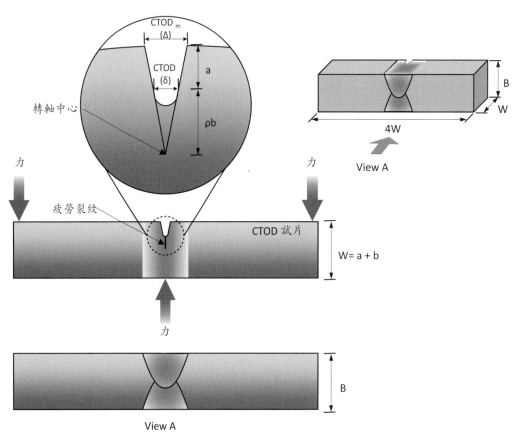

圖 5-16　三點彎曲裂紋頂端開口位移實驗

CTOD 數值按以下步驟來進行計算

(1) 首先依簡單兩個相似三角形的幾何計算 CTOD

$$CTOD = \frac{\rho b}{a + \rho b} \, CTOD_m \equiv \delta = \frac{\rho b}{a + \rho b} \Delta$$

(5-2)

(2)假設轉軸的中心位於 b 的中心，即 $\rho \sim 1/2$。因此 CTOD 變為

$$\delta \approx \frac{\rho b}{a + \rho b} \Delta \qquad (5\text{-}3)$$

式中

$CTOD_m(\Delta)$：裂紋尖端張開位移的量測，量測點通常靠近試件缺口邊緣。

$CTOD(\delta)$：實際的裂紋尖端張開位移。

a：裂紋長度。

b：試片其餘部分的長度。

ρ：定位於轉軸中心的旋轉因數。

CTOD 值的大小反映了受試材料或銲接接頭的抗開裂能力，當 CTOD 的數值越大，則表示裂紋頂端處材料的抗開裂性能越好，即韌性越好；反之，CTOD 數值越小，表示裂紋頂端處材料的抗開裂性能越差，即韌性越差。

圖 5-17 裂紋開口負載／位移圖提供於測試過程中可能產生的各種曲線形狀，說明如下：

A. 脆性斷裂 (Brittle fracture)

測試件以脆性方式斷裂，幾乎沒有塑性變形。

B. 突進斷裂 (Pop-in)

Pop-in 為機械試驗之不穩定應力應變曲線的現象，當出現 Pop-in 效應時，於負載／位移圖中顯示其載荷突然下降同時位移增加，隨後，載荷和位移繼續增加至斷裂。

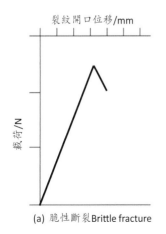

(a) 脆性斷裂 Brittle fracture

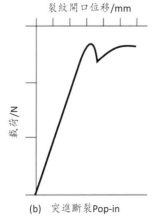

(b) 突進斷裂 Pop-in

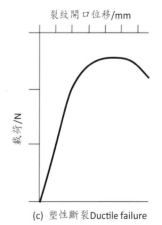

(c) 塑性斷裂 Ductile failure

圖 5-17 裂紋開口負載／位移圖

C. 塑性斷裂 (Ductile failure)

試片會先產生一定的塑性變形然後才發生斷裂的形態。

5.7. 應變時效 (Strain age)

鋼材的性質表現會顯著的受到化學成分和製造過程的影響。當一塊鋼在非彈性範圍內進行測試後，放置一段時間再重新測試，其機械性質會隨著時間改變，降伏點會上升，延展性降低，破裂之應變降低等，稱為應變時效。此種現象的物理基礎可以藉由碳和氮等小原子在一段時間過程中擴散至晶體內的缺陷來解釋。金屬的塑性變形是由於晶體中差排 (Dislocations) 的移動觸發，而小原子（例如碳和氮）的存在可以顯著增加原子之間的滑動阻力，從而提高降伏強度。

溫度對結構鋼的時效現象有相當大的影響。結構鋼因為含有碳和許多合金成分，並且具有更複雜的微觀結構。圖 5-18 顯示了一般低碳鋼和已發生預應變至 A 點然後進行時效處理（在常溫下長期停留，或經 100～300℃ 加熱一定時間後）的相同低碳鋼的應力 - 應變曲線。從圖中可以看出進行預應變之低碳鋼的應變時效的效果，圖中顯示降伏強度和抗拉強度分別增加了 ΔY 和 ΔU，而伸長率減少了 Δe。因此，應變

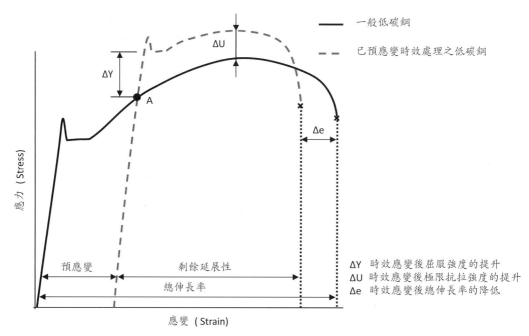

圖 5-18　應變時效對低碳鋼應力 - 應變曲線影響的示意圖

時效的主要表現會使降伏強度和抗拉強度在一定程度上的增加，但是亦會導致一些延展性的損失伴隨著斷裂韌性的降低。因此，結構鋼受時效影響之後，來進行強度增加和韌性損失的評估衡量。

　　海上結構的製造過程，通常是先將鋼板製成管狀構件，鋼板在成型過程中會發生應變 (strain)，如圖 5-19 之後在藉由銲接來連接這些構件，因此預期應變時效會導致機械性質發生變化。

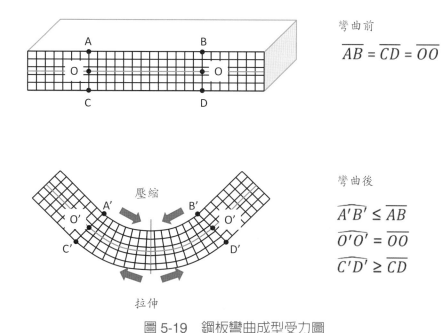

彎曲前

$$\overline{AB} = \overline{CD} = \overline{OO}$$

彎曲後

$$\widehat{A'B'} \leq \overline{AB}$$

$$\widehat{O'O'} = \overline{OO}$$

$$\widehat{C'D'} \geq \overline{CD}$$

圖 5-19　鋼板彎曲成型受力圖

5.7.1 理論塑性變形率 (Theoretical plastic deformation)

　　依據 DNV 規範（詳見 DNV-OS-C401 Fabrication and testing of offshore structures）對於冷成型 (Cold forming) 製造過程中其理論變形量超過 5% 且最大變形達 12% 的鋼材，需要對其採取具代表性之鋼材來進行應變時效試驗，以驗證其機械性能。

　　其鋼材理論塑性變形　(%) 按以下簡化公式計算：

(1) 板材冷軋或壓製成圓柱形

$$\varepsilon = \frac{t}{2R_C + t} \times 100 \tag{5-4}$$

(2) 直管冷成型加工彎成彎管

$$\varepsilon = \frac{D}{2R_C} \times 100 \tag{5-5}$$

式中

D: Outside diameter of pipe or vessel, mm

ε: Theoretical plastic deformation, %

R_C: Forming radius(inner radius of bend), mm

t: Material thickness, mm。

對於板材冷軋製作成圓柱形之成品，其厚度或外徑差異對理論塑性變形率之相關性影響，可藉由表 5-20 來說明。從表中在同等級之鋼種中，成品製作於相同之外徑時，厚度越大者其塑性變形率則越大；而使用相同厚度之板材，於製作外徑越小時其塑性變形率則越大。

表 5-20　厚度或外徑差異其理論塑性變形率說明表

Item	Material	Thickness (mm)	OD (mm)	Theoretical Plastic Deformation
#1	S355ML	110	1400	8.53%
#2	S355ML	100	1400	7.69%
#3	S355ML	90	1400	6.87%
#4	S355ML	90	1300	7.44%
#5	S355ML	90	1200	8.11%

5.7.2 應變時效測試 (Strain age test)

應變時效試驗方法依據 DNV-RU-SHIP(Maritime-Rules for classification) 中描述，應變時效後的平均衝擊值應滿足所用鋼種規定的衝擊要求。需要進行應變時效測試 (Strain Age test)，採樣方法及測試程序詳細說明如下：

(1) 選用於生產過程中塑性變形程度最高的同一等級材料以作爲代表冷加工成型之母材 (Respentative material)。

(2) 代表性測試樣本 (Test specimen) 可以使用過拉伸樣本 (Oversized tensile test specimen)，也可以使用於生產階段中經應變方法所產製的實品樣本 (Applied produc-

tion test specimen)。

(3) 代表性測試樣本的變形量應與在生產過中所變形的程度相對應。

(4) 模擬冷成型加工的應變方向應平行於板材主軋延方向，其代表性測試樣本取樣區域位置如圖 5-20。

(5) 應變後的材料應在規定的溫度及給定的時間中在爐內進行時效處理。除非另有規定或約定，時效處理應在 250℃下進行 1 小時。

(6) 除非另有約定，衝擊實驗樣本取樣時應盡可能靠近表面，應盡可能靠近彎曲的外半徑（外弧面），其平均衝擊值應達到該鋼種所規定之衝擊值要求。代表性測試樣本應取樣進行拉伸試驗，伸長率應要滿足約定的要求。應變時效試片取樣位置可參考圖 5-21。

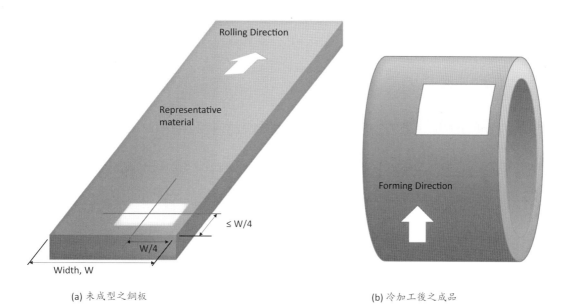

(a) 未成型之鋼板　　　　　　　　　　(b) 冷加工後之成品

圖 5-20　代表性測試樣本位置

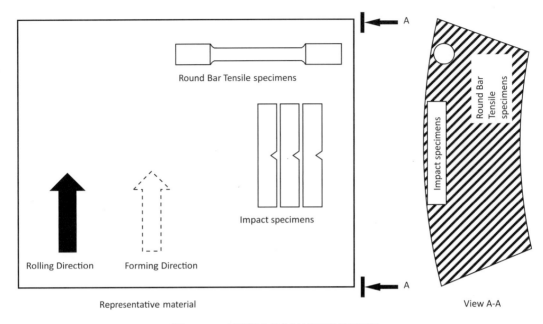

圖 5-21　應變時效試片取樣位置圖

5.8. 鋼板交貨公差要求 (Delivery tolerance requirements of steel plates)

　　原物料採購規格的訂定在離岸結構專案上是非常重要的，因爲當採購的物料進來後發現交貨條件不符專案規格要求，此時將嚴重影響專案時程及造成成本衝擊。離岸結構製造上鋼材是占比最大的原物料，因此採購前應完全確定專案須求之規格，對於鋼材的機械性質及化學成分要求，請參閱本書第 5 章節，而其常用鋼材檢驗及公差根據如下規範來執行：

5.8.1 鋼板厚度公差 (Thickness)

　　鋼板交貨條件的厚度公差根據 EN 10029(Hot-rolled steel plates 3 mm thick or above - Tolerances on dimensions and shape)，以確保鋼板厚度符合離岸結構製造時所須要求厚度。各標稱厚度於各等級所允許的公差如表 5-21 所示。

表 5-21 板厚度公差

標稱厚度 Norminal thickness(mm)	標稱厚度公差 Tolerances on the nominal thickness(mm)							
	Class A		Class B		Class C		Class D	
	下限 Lower	上限 Upper	下限 Lower	上限 Upper	下限 Lower	上限 Upper	下限 Lower	上限 Upper
$3 \leq t < 5$	0.3	+0.7	0.3	+0.7	0	+1.0	0.5	+0.5
$5 \leq t < 8$	-0.4	+0.8	-0.3	+0.9	0	+1.2	-0.6	+0.6
$8 \leq t < 15$	-0.5	+0.9	-0.3	+1.1	0	+1.4	-0.7	+0.7
$15 \leq t < 25$	-0.6	+1.0	-0.3	+1.3	0	+1.6	-0.8	+0.8
$25 \leq t < 40$	-0.7	+1.3	-0.3	+1.7	0	+2.0	-1.0	+1.0
$40 \leq t < 80$	-0.9	+1.7	-0.3	+2.3	0	+2.6	-1.3	+1.3
$80 \leq t < 150$	-1.1	+2.1	-0.3	+2.9	0	+3.2	-1.6	+1.6
$150 \leq t < 250$	-1.2	+2.4	-0.3	+3.3	0	+3.6	-1.8	+1.8
$250 \leq t \leq 400$	-1.3	+3.5	-0.3	+4.5	0	+4.8	-2.4	+2.4

板厚度等級說明如下：

－A 級：根據標稱厚度的負厚度公差

－B 級：固定 0.3 mm 的負公差

－C 級：固定 0.0 mm 的負公差

－D 級：對稱公差

5.8.2 鋼板表面凹陷深度 (Surface condition of hot-rolled steel plates)

鋼板表面凹陷深度根據 EN 10163(Delivery requirements for surface condition of hot-rolled steel plates, wide flats and sections) 規範來定義鋼板交貨條件的可接受表面凹陷深度，管制鋼板表面條件、凹陷公差與分布範圍，以避免鋼板表面出現尖銳或凹陷過深。

瑕疵和缺陷修補狀態各自分為 Class A 及 Class B 兩個類別，每一類別又分為三個銲補分級。EN 10163 表面狀態的類別及它們對應的要求別見表 5-22。

表 5-22　表面狀態的類別和分級以及他們各自的要求

		研磨區域的剩餘厚度應符合 Class A 的修復要求		
		研磨修補後銲補	按協議銲補	不允許銲補
Class A	Subclass 1	○		
	Subclass 2		○	
	Subclass 3			○
		修磨區域的剩餘厚度不得低於相應歐盟標準應符合 Class B 的修復要求		
		研磨修補後銲補	按協議銲補	不允許銲補
Class B	Subclass 1	○		
	Subclass 2		○	
	Subclass 3			○

表面要求和修復的類別與銲補分級說明如下：

A. 瑕疵 (Imperfections)

　　－Class A 的表面要求

　　　　對於不超過表 5-23 規定值的裂紋、結疤和裂縫等不連續型瑕疵 (Imperfections) 認爲是生產過程中固有的且允許的，與它們的數量無關。處在表 5-23 所示範圍內但不連續型瑕疵的剩餘厚度小於 EN 10029 和 EN 10051 規定最小厚度的不連續型瑕疵，允許佔到檢查表面積的最大 15%。

表 5-23　鋼板製造過程中固有不連續性的最大允許凹陷深度

標稱厚度 Norminal thickness(mm)	瑕疵的最大允許深度 Maximum permissible depth of imperfections(mm)
$3 \leq t < 8$	0.2
$8 \leq t < 25$	0.3
$25 \leq t < 40$	0.4
$40 \leq t < 80$	0.5
$80 \leq t < 250$	0.7
$250 \leq t \leq 400$	1.3

對於超過表 5-23 規定值,但不超過表 5-24 的限值的裂紋、結疤和裂縫等不連續型瑕疵,並且受影響區域不超過檢驗表面的 5% 時,可不予修補。此類情況下,不連續型瑕疵剩餘厚度小於 EN 10029 和 EN 10051 的表面積允許佔到檢查表面積的最大 2%。

表 5-24　不連續性瑕疵的最大允許凹陷深度

標稱厚度 Norminal thickness(mm)	瑕疵的最大允許深度 Maximum permissible depth of imperfections(mm)
3 ≤ t < 8	0.4
8 ≤ t < 25	0.5
25 ≤ t < 40	0.6
40 ≤ t < 80	0.8
80 ≤ t < 150	0.9
150 ≤ t < 250	1.2
250 ≤ t ≤ 400	1.5

須修復的缺陷,當深度超過表 5-23 的限制但不超過表 5-24 的限制,但受影響的表面積超過被檢查表面的 5% 的缺陷應進行修復。凹陷深度超過表 5-24 的範圍的不連續型缺陷無論其數量均應進行修復。對具有一般深度但尖銳並影響產品使用的裂紋、結疤和裂縫等不連續型缺陷不考慮其深度與數量均應進行修復。

－Class B 的表面要求

其要求為不連續的瑕疵和修復區域中剩餘厚度不得小於歐盟標準中相對應標稱板厚度公差。

B. 缺陷修復 (Repair)

製造商對整個表面可以藉由研磨到相應歐洲標準規定的尺寸要求的最小厚度來進行修復。

－Class A 的修復要求

缺陷的研磨面積的最大允許深度條件分別見表 5-25 和表 5-26。

表 5-25　佔檢查面積中的最大 15% 以內，研磨面積的最大允許深度

標稱厚度 Norminal thickness(mm)	低於 EN 10029 和 EN 10051 所規定的最小厚度的允許研磨深度公差 Permitted grinding depth allowances below the minimum thickness as specified in EN 10029 and EN 10051(mm)
$3 \leq t < 8$	0.3
$8 \leq t < 15$	0.4
$15 \leq t < 25$	0.5
$25 \leq t < 40$	0..6
$40 \leq t < 60$	0.7
$60 \leq t < 80$	0.8
$80 \leq t < 150$	1.0
$150 \leq t < 250$	1.2
$250 \leq t \leq 400$	1.4

表 5-26　不超過檢查面積 2%，研磨面積的最大允許深度

標稱厚度 Norminal thickness(mm)	低於 EN 10029 和 EN 10051 所規定的最小厚度的允許研磨深度公差 Permitted grinding depth allowances below the minimum thickness as specified in EN 10029 and EN 10051(mm)
$3 \leq t < 8$	0.4
$8 \leq t < 15$	0.5
$15 \leq t < 25$	0.7
$25 \leq t < 40$	0.9
$40 \leq t < 60$	1.1
$60 \leq t < 80$	1.3
$80 \leq t < 150$	1.6
$150 \leq t < 250$	1.9
$250 \leq t \leq 400$	2.2

其中，如果研磨面積深度小於表 5-25 規定的值，那麼小於 EN 10029 和 EN 10051 最小厚度的研磨區之剩餘厚度表面積可以佔到檢查表面積的最大 15%。

假如研磨區深度超過表 5-25 的規定值但小於表 5-26 的規定值，那麼小於該產品一側最小允許厚度所有研磨區的總和不得大於檢查表面積的 2%。

－Class B 的修復要求

修復研磨區的剩餘厚度不得低於相應歐盟標準規定的最小允許厚度。

C. 銲補 (Welding)

－第 1 分級 (Subclass 1)

單個銲補面積不得大於 0.125 m^2，銲補面積的總量不得超過 0.125 m^2 或檢驗表面的 2%（取兩個值之間的較大值）。

－第 2 分級 (Subclass 2)

在詢價和訂貨相互同意時，方可進行銲補。

－第 3 分級 (Subclass 3)

不允許銲補。

5.8.3 內部瑕疵 (Internal imperfections)

鋼板的內部瑕根據 EN 10160(Ultrasonic testing of steel, flat product of thickness equal or greater than 6 mm)，該標準是採用超音波非破壞檢驗檢測鋼廠生產出來的鋼板其內部層壓、不連續性和內部缺陷。該方法適用於標稱厚度為 6 mm 到 200 mm 的非合金鋼或者合金鋼板產品。該標準制定了鋼板產品的四個品質等級的驗收規範，即等級 S0、S1、S2 和 S3 以及鋼板邊緣的五個級別，即等級 E0、E1、E2、E3 和 E4。

如圖 5-22 該檢測包括了對於整個鋼板邊緣的超音波掃瞄，掃瞄的邊緣區域寬度則是根據表 5-27 對於鋼板的四個邊緣進行的全面檢測。

進行鋼板超音波掃瞄之目的如下：

－確認和鋼板邊緣平行方向上的不連續性的最大尺寸(Lmax)和最小尺寸(Lmin)。

－確認不連續性的面積 (S)。

－確認每 1 m 長度中小於最大面積 (Smax) 的不連續性的數目和大於最小尺寸 (Lmin) 的不連續性的數目。

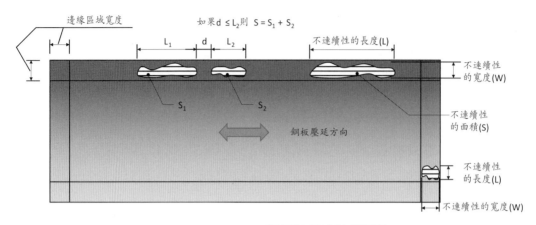

圖 5-22　EN 10160 鋼板超音波檢測鋼板

表 5-27　鋼板產品的邊緣區域寬度

Thickness of the flat(mm)	Zone width(mm)
6 ≤ t < 50	50
50 ≤ t < 100	75
100 ≤ t ≤ 200	100

掃描檢測精度的網格線大小要求如下：

－S0 級和 S1 扁平產品

採用 200 mm 正方形組成的網格線，沿著平行於扁平產品邊緣上連續掃描檢查。

－S2 和 S3 扁平產品

採用 100 mm 正方形組成的網格線，沿著平行於扁平產品邊緣上連續掃描檢查。

超音波壓電直探頭選用如表 5-28，不管選用哪種探頭，都要保證有效探測區。當板厚大於 60 mm 時，若雙晶片直探頭性能指標能達到單晶片直探頭，也可選用雙晶片直探頭，其檢測靈敏度按照單晶片直探頭的方法調整。

表 5-28　探頭選用

板厚 (mm)	探頭
6 < t ≤ 13	雙晶片直探頭
13 < t ≤ 60	雙晶片直探頭或單晶片直探頭
> 60	單晶片直探頭

依所使用的探頭的類型，表 5-29 和表 5-30 給出了 S0、S1、S2 和 S3 四個品質等級的鋼板產品的驗收規範。表 5-31 列出了邊緣部分的五個品質等級 E0、E1、E2、E3 及 E4

表 5-29　用雙晶片直探頭檢測厚度小於 60 mm 的鋼板產品的驗收規範

Class	不可接受不連續性的單體 Unacceptable individual discontinuity (mm^2)	可接受不連續性的聚集 Acceptable clusters of discontinuities	
		每個不連續區域 Area of each discontinuity(mm^2)	最大密度不大於 Maximum density not greater than
S_0	S > 5000	1000< S ≤ 5000	20 in the most populated 1m x 1m square
S_1	S > 1000	100< S ≤ 1000	15 in the most populated 1m x 1m square
S_2	S > 100	50< S ≤ 100	10 in the most populated 1m x 1m square
S_3	S > 50	20< S ≤ 50	10 in the most populated 1m x 1m square

表 5-30　用一般探頭檢測鋼板產品的驗收規範

Class	不可接受不連續性的單體 Unacceptable individual discontinuity (mm^2)	可接受不連續性的聚集 Acceptable clusters of discontinuities	
		尺寸（數量） Dimension(number)	最大數量不大於 Maximum number not greater than
S_0	S > 5000	1000< S ≤ 5000 mm^2	20 in the most populated 1m x 1m square
S_1	S > 1000	100< S ≤ 1000 mm^2	15 in the most populated 1m x 1m square
S_2	缺陷回波振幅的不連續性特性曲線大於 Ø 11 mm	在 Ø8 mm 和 Ø11 mm 之間	10 in the most populated 1m x 1m square
S_3	缺陷回波振幅的不連續性特性曲線大於 Ø 8 mm	在 Ø5 mm 和 Ø8 mm 之間	10 in the most populated 1m x 1m square

表 5-31　鋼板邊緣區域的驗收規範

Class	可接受不連續性的單體尺寸 Permissible individual discontinuity size		最小不連續尺寸 Lmin(mm)	可接受每 1 米長度內小於最大面積 Smax 並大於 Lmin 的不連續性的數目
	最大尺寸 Lmax(mm)	最大面積 Smax(mm^2)		
E$_0$	100	2000	50	6
E$_1$	50	1000	25	5
E$_2$	40	500	20	4
E$_3$	30	100	15	3
E$_4$	20	50	10	2

5.8.4 銹蝕等級 (Rust grades)

鋼板的銹蝕等級依據 ISO 8501-1(Preparation of steel substrates before application of paints and related products) 來判定，初始鋼材的表面條件其生銹的程度取決於環境的溼度和鋼材暴露在環境中的時間。初始鋼表面依 ISO 8501-1 ，一般須符合銹蝕等級 A 或 B，銹蝕等級 A 到 D 的描述如下表 5-32 。

表 5-32　ISO 8501-1 銹等級分類

等級	描述	圖示
A	鋼表面大部分被附著的氧化皮覆蓋，但幾乎沒有銹跡	
B	已經開始生銹並且氧化皮開始剝落	

等級	描述	圖示
C	氧化皮已經生銹的鋼表面可以刮，但在正常視覺下有輕微的點蝕	
D	鋼表面上的氧化皮已經生銹並且在正常視覺下可以看到一般點蝕	

Chapter 6. 離岸結構的銲接

6.1. 銲接製程 (Welding processes)

離岸結構是由許多零組件所組成，而這些零組件大都透過銲接來結合，由於離岸結構失效的後果將會非常地嚴重，因此所有參與人員都應致力將失效的可能性降至最低。

銲接作業是建造海洋工程結構中製造的基礎技術，亦是所使用勞動力最高的部分。離岸結構中的銲道或連接程序對其整體強度、耐久性和韌性是非常關鍵的，即便是銲道中的小缺陷也可能成為之後較大的裂紋和最終失效產生的起始點。離岸結構的銲接須符合國際標準、船級社規範、工程規範和客戶規範的約束，其具體的要求條件取決於要海上結構所處的服務環境。上述這些標準可以對銲接金屬提出強度、抗裂性、韌性或額外的要求。

銲接過程中是一個不均勻加熱和冷卻的過程，它會使母材產生不均勻的組織和性能，同時又使銲件產生複雜的應力和應變，由於離岸結構需要透過大量的銲接，因此結構的完整性則相當的重要，製造過程中應嚴格遵守銲接技術程序。一般而言，在結構中傳遞載荷和適配各種零組件之間的熱膨脹須要透過縝密的設計及計算，尤其是在大型的離岸結構體更並非易事。因此，結構上材料的連接須透過精密的銲接參數以及操作技術，使其銲道接點能夠達到設計要求。離岸結構上大都採用了高強度低合金的鋼材以提高銲接作業時的可銲性，並且降低了銲接勞動力的成本，但銲接過程中仍須密切注意各種銲接細節和程序，另外，也需要規劃銲接前準備和銲後處理。

在海上結構的製造和維護過程中使用的銲接製程必須考慮與所用鋼種特性相關的因素，包括強度、微觀結構、衝擊性能、熱影響區的硬度等。目前銲接製程涵蓋多種不同的銲接技術，近年來著重於提高銲接製程效率和生產率以及促進自動化銲接方面之發展。

鑑於現有關於銲接製程名稱和縮寫的多樣性，為協調國際及歐洲市場，ISO/TC 44(Welding and allied processes) 技術委員會為所有銲接製程以及相關銲接技術標準化。各銲接製程的參考編號在 ISO 4063 中定義，其名稱、參考號和分類號如下：

ISO 4063- $\boxed{A}\ \boxed{B}\ \boxed{C}$

$\boxed{A}$ 為第 1 個數字的主要製程群組，分類如下：

1- 電弧銲 (Arc welding)

2- 電阻銲 (Resistance welding)

3- 氣銲 (Gas welding)

4- 固態銲接 (Solid-state welding)

5- 能量束銲接 (Beam welding)

7- 其他銲接方法 (Other welding processes)

8- 切割及氣刨 (Cutting and gouging)

9- 硬銲及軟錫 (Brazing and soldering welding)

B C 第 2 及第 3 個數字爲附加詳細分類。

ISO 4063 各銲接製程編號參考如下：

1 — Arc welding

11 — Metal arc welding without gas protection

    111 — Manual metal arc welding

        Shielded metal arc welding, USA

    112 — Gravity arc welding with covered electrode

        Gravity feed welding, USA

    114 — Self-shielded tubular cored arc welding

12 — Submerged arc welding

    121 — Submerged arc welding with solid wire electrode

    122 — Submerged arc welding with strip electrode

    124 — Submerged arc welding with metallic powder addition

    125 — Submerged arc welding with tubular cored electrode

    126 — Submerged arc welding with cored strip electrode

13 — Gas-shielded metal arc welding

    Gas metal arc welding, USA

    131 — MIG(Metal inert gas)welding with solid wire electrode

        Gas metal arc welding using inert gas and solid wire electrode, USA

    132 — MIG welding with flux cored electrode

        Flux cored arc welding, USA

    133 — MIG welding with metal cored electrode

        Gas metal arc welding using inert gas and metal cored wire, USA

    135 — MAG(Metalactive gas)welding with solid wire electrode

        Gas metal arc welding using active gas with solid wire electrode, USA

136 — MAG welding with flux cored electrode

Gas metal arc welding using active gas and flux cored electrode, USA

138 — MAG welding with metal cored electrode

Gas metal arc welding using active gas and metal cored electrode, USA

14 — Gas-shielded arc welding with non-consumable tungsten electrode

Gas tungsten arc welding, USA

141 — TIG(Tungsten Inert Gas) welding with solid filler material

Gas tungsten arc welding using inert gas and solid filler material, USA

142 — Autogenous TIG welding

Autogenous gas tungsten arc welding using inert gas, USA

143 — TIG welding with tubular cored filler material e

Gas tungsten arc welding using inert gas and tubular cored filler material, USA

145 — TIG welding using reducing gas and solid filler material

Gas tungsten arc welding using inert gas plus reducing gas additions and solid filler material, USA

146 — TIG welding using reducing gas and tubular cored filler material

Gas tungsten arc welding using inert gas plus reducing gas additions and tubular cored filler material, USA

147 — Gas-shielded arc welding with non-consumable tungsten electrode using active gas

Gas tungsten arc welding using active gas, USA

15 — Plasma arc welding

151 — Plasma MIG welding

152 — Powder plasma arc welding

153 — Plasma welding with transferred arc

154 — Plasma arc welding with non-transferred arc

155 — Plasma arc welding with semi-transferred arc

2 Resistance welding

21 — Resistance spot welding

Spot welding, USA

211 — Indirect spot welding

212 — Direct spot welding

22 — Resistance seam welding

    Seam welding, USA

221 — Lap seam welding

222 — Mash seam welding

223 — Prep-lap seam welding

224 — Wire seam welding

225 — Foil butt-seam welding

226 — Seam welding with strip

23 — Projection welding

231 — Indirect projection welding

232 — Direct projection welding

24 — Flash welding

241 — Flash welding with preheating

242 — Flash welding without preheating

25 — Resistance butt welding

    Upset welding, USA

26 — Resistance stud welding

27 — HF resistance welding(high-frequency resistance welding)

    High-frequency upset welding, USA

29 — Other resistance welding processes

3 — Gas welding

    Oxyfuel gas welding, USA

31 — Oxyfuel gas welding

    Oxyfuel gas welding, USA

311 — Oxyacetylene welding

    Oxyacetylene welding, USA

312 — Oxypropane welding

313 — Oxyhydrogen welding

    Oxyhydrogen welding, USA

4 — Welding with pressure

41 — Ultrasonic welding

42 — Friction welding

    421 — Direct drive friction welding

    422 — Inertia friction welding

    423 — Friction stud welding

43 — Friction stir welding

44 — Welding by high mechanical energy

    441 — Explosion welding

    442 — Magnetic pulse welding

45 — Diffusion welding

47 — Oxyfuel gas pressure welding

    Pressure gas welding, USA

48 — Cold pressure welding

    Cold welding, USA

49 — Hot pressure welding

5 — Beam welding

51 — Electron beam welding

    511 — Electron beam welding in vacuum

    512 — Electron beam welding in atmosphere

    513 — Electron beam welding with addition of shielding gases

52 — Laser welding

    Laser beam welding, USA

521 — Solid state laser welding

522 — Gas laser welding

523 — Diode laser welding

    Semi-conductor laser welding,USA

7 — Other welding processes

71 — Aluminothermic welding

    Thermite welding, USA

72 — Electroslag welding

   721 — Electroslag welding with strip electrode

   722 — Electroslag welding with wire electrode

73 — Electrogas welding

74 — Induction welding

   741 — Induction butt welding

          Induction upset welding, USA

   742 — Induction seam welding

   743 — Induction HF welding

75 — Light radiation welding

   753 — Infrared welding

78 — Arc stud welding

   783 — Drawn arc stud welding with ceramic ferrule or shielding

          Arc stud welding, USA

   784 — Short-cycle drawn arc stud welding

          Arc stud welding, USA

   785 — Capacitor discharge drawn arc stud welding

          Arc stud welding, USA

   786 — Capacitor discharge stud welding with tip ignition

          Arc stud welding, USA

   787 — Drawn arc stud welding with fusible collar

8 — Cutting and gouging

81 — Flame cutting

      Oxygen cutting, oxyfuelcutting, USA

82 — Arc cutting

   821 — Air arc cutting

          Air carbon arc cutting, USA

   822 — Oxygen arc cutting

83 — Plasma cutting

      Plasma arc cutting, USA

   831 — Plasma cutting with oxidising

832 — Plasma cutting without oxidising gas

833 — Air plasma cutting

834 — High-tolerance plasma cutting

84 — Laser cutting

Laser beam cutting, USA

86 — Flame gouging

Thermal gouging, USA

87 — Arc gouging

871 — Air arc gouging

Air carbon arc cutting, USA

872 — Oxygen arc gouging

Oxygen gouging, USA

88 — Plasma gouging

9 — Brazing, soldering and braze welding

91 — Brazing with local heating

911 — Infrared brazing

912 — Flame brazing

Torch brazing, USA

913 — Laser beam brazing

914 — Electron beam brazing

916 — Induction brazing

918 — Resistance brazing

919 — Diffusion brazing

92 — Brazing with global heating

921 — Furnace brazing

922 — Vacuum brazing

923 — Dip-bath brazing

924 — Salt-bath brazing

925 — Flux-bath brazing

926 — Immersion brazing

93 — Other brazing processes

94 — Soldering with local heating

   941 — Infrared soldering

   942 — Flame soldering

        Torch soldering, USA

   943 — Soldering with soldering iron

   944 — Drag soldering

   945 — Laser soldering

   946 — Induction soldering

   947 — Ultrasonic soldering

   948 — Resistance soldering

   949 — Diffusion soldering

95 — Soldering with global heating

   951 — Wave soldering

   953 — Furnace soldering

   954 — Vacuum soldering

   955 — Dip soldering

   957 — Salt-bath soldering

96 — Other soldering processes

97 — Weld brazing

   Braze welding, USA

   971 — Gas weld brazing

        Gas braze welding, USA

   972 — Arc weld brazing

        Arc braze welding, USA

   983 — Gas metal arc weld brazing

        Gas metal arc braze welding,USA

   984 — Gas tungsten arc weld brazing

        Gas tungsten arc braze welding, USA

   985 — Plasma arc weld brazing

        Plasma arc braze welding, USA

   986 — Laser weld brazing

        Laser braze welding, USA

987－　Resistance brazing

6.1.1 製程選擇 (Process options)

　　銲接是通過高溫將零件熔化在一起並讓它們冷卻導致熔合，從而將兩個或多個金屬零件連接成一個整體。雖然這個概念很容易描述，但實際執行上卻是包含了許多不同的知識、技術及規格等的組成及相互影響。

　　離岸結構和零組件在銲接製造上，要求銲道完整性、銲接品質及生產率，亦需要致力於製造成本管理和生產計畫。選擇適合離岸結構所需高品質的銲接或連接製程時必須考慮的因素主要分為三個，一是產品的特性，二是生產條件，第三為資金成本性，其架構如圖 6-1 所示。對於產品特性、生產條件及資金成本性的相關因素如下。

　　產品特性：

　　－產品類型（鋼構件、機械零組件或精密配合組件）

　　－品質和機械性質要求

　　－母材的特性

　　－構件的厚度

　　－接頭的形式

　　－銲接位置

　　生產條件：

　　－銲接耗材

　　－設備條件

　　－技術水準

　　－機械自動化程度

　　資金成本性包括以下內容：

　　－直接銲接勞動成本

　　－間接相關勞動成本

　　－耗材成本（電極、氣體、助銲劑等）

　　－設備資本成本

　　－設備維護成本

　　－管理費用

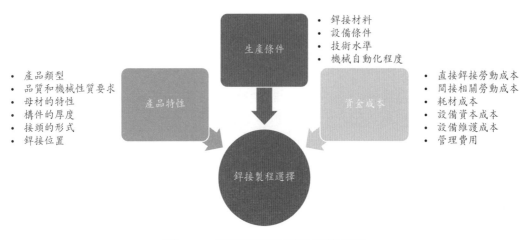

圖 6-1 銲接製程選擇的考量因素

　　離岸結構在成本、生產率、銲道品質及技術水準的要求限制，目前則廣泛的採用電弧銲製程以用於製造。

6.1.2 電弧銲 (Arc welding)

　　電弧銲其基本原理是利用在高電流以及低電壓條件下通過一離子化之氣體時放電所產生的高熱將欲結合之金屬熔化後而相互結合的一種技術。在電弧銲過程中，電弧通常產生於電極與銲接工件之間，母材連接至接地電纜線端，供電系統藉由電極的瞬時碰觸母材而造成短路，從而在這兩個之間的氣體被電離而產生光束即稱之為電弧 (Arc)，其溫度可達 3000℃ 以上。銲接所需的高溫由一可受控的電流產生，如此在工件的接合處來熔化銲條與工件使其形成熔體，在冷凝後形成銲道。

　　銲接時的電弧產生於電極及工件之間，而其電極形式可區分為消耗性電極與非消耗性電極，如圖 6-2。消耗性電極是指在使用時其結構會發生顯著變化的電極。也就是說，這些電極在使用中會被消耗掉。非消耗性電極是在銲接過程中不消耗的電極。

　　電弧銲接時，在電極或銲線端部形成的和向熔池過渡的液態金屬滴，此液態金屬滴稱為熔滴，熔滴通過電弧空間向熔池轉移的過程稱為熔滴轉移 (Droplet transfer)。熔滴轉移對銲接過程的穩定性、銲道形成、飛濺及銲接接頭的品質有很大的影響。

　　熔滴轉移至母材熔池有四種主要的熔滴轉移 (Droplet transfer) 模式，分別是：

－短路轉移 (Short circuiting transfer)

－球狀轉移 (Globular transfer)

－噴射轉移 (Spray transfer)

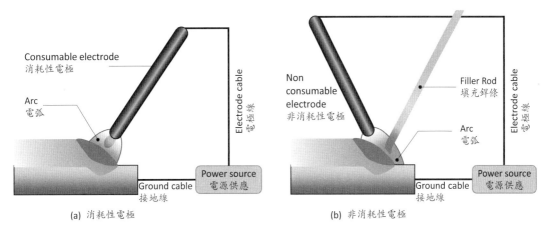

圖 6-2　消耗性及非消耗性電極

－脈衝噴射轉移 (Pulsed spray transfer)

　　每種的模式都有自己的特點、局限性和最佳銲接方式的應用。熔滴轉移的模式對於銲接的品質和生產率發揮著重要的作用，然而這些模式受電源、銲接電流、銲接電壓、銲接耗材和保護氣體的影響。

A. 短路轉移 (Short circuiting transfer)

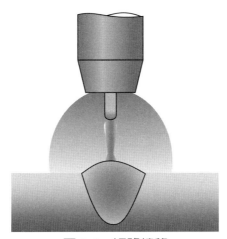

圖 6-3　短路轉移

　　短路轉移模式時，銲線底部因受熱而溶化並形成熔滴，隨著熔融金屬的增加，熔滴不斷向銲池接近，最終接觸母材而形成短路，短路電流產生導致電弧中斷。此時電流瞬間增大而將熔滴擠斷掉落於銲池中，由於短路的情形已經消除因而再次發生電弧、產生熔滴。在短路轉移模式期間，銲線接觸母材，可以有效地從將銲接金屬轉移

到接頭的接觸點產生短路，短路每秒發生 90 到 200 次之間。

短路轉移作業特性：

－短路轉移可以在低電流及低電壓的小電弧下實現穩定的熔滴轉移和穩定的銲接過程，可以有助於減少變形，所以適合於薄板或需要低熱輸入的條件下的銲接。

－短路轉移方式也可用於銲接較厚的材料，但由於其銲接參數較低，容易出現熔合不良 (Lack of fusion) 和滲透不足 (Lack of penetration)。

－短路轉移模式銲接時容易產生金屬飛濺，並會增加銲接後的清潔。

－短路轉移適用各種銲接位置，因此對於銲接作業人員來說相對容易操作。

B. 噴射轉移 (Spray transfer)

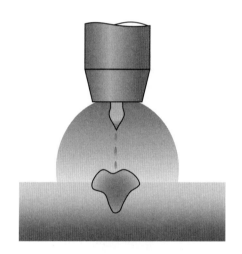

圖 6-4　噴射轉移

噴射轉移模式是發生在相當高的電流和電壓下，噴射轉移產生小於銲線直徑的微小熔滴穿過電弧到達熔池，它提供了穩定的電弧，並且比其他轉移模式更快地銲接。隨著電流的增加，液滴的直徑尺寸會變小，穿過電弧的液滴流量會增加。這提高了熔填速率，提供了完全的熔合和滲透，並且幾乎沒有飛濺。

噴射轉移作業特性：

－噴射轉移由於熔滴細、電弧穩定及飛濺小，因此銲道成型美觀。

－採用高電流及高電壓其熱輸入大，因此滲透深且熔填效率高。

－熱輸入大，適用於厚板銲接工作。

－由於存在熔穿 (Burn-through) 或稱銲穿的風險，因此較難應用於薄板上。

－噴射轉移除了要有一定的電流密度外，還必須要有一定的電弧長度（電弧電壓），如果電弧電壓低（弧長太短）不論電流數值有多大，也不可能產生噴射轉移。

－噴射轉移模式雖能夠快速的移動可以進一步地提高生產率，但由於過程中所產生的大熔池在許多位置上的銲接過程中較難以控制，因此主要用於平面或水平垂直位置的厚截面。

C. 球狀轉移 (Globular transfer)

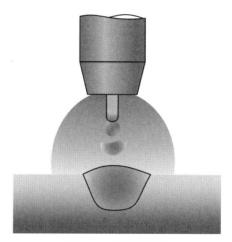

圖 6-5　球狀轉移

球狀轉移模式是一個介於短路和噴射轉移之間的狀態。與噴射轉移模式相比，球狀轉移通常使用相對較低的電流，但比短路轉移使用更高的電流。在銲接過程中，銲線上形狀不規則且大於銲線直徑的大熔滴，穿過電弧轉移到銲池中。這種轉移模式發生在比短路轉移更高的送線速度和更高的電壓下，這有助於提高生產率，但亦會產生許多飛濺物。

球狀轉移作業特性：

－熔填效率高。

－由於高電流，導致嚴重的金屬飛濺。

－此模式適用於以 100% 二氧化碳作遮護氣體的碳鋼。

－由於形成的熔滴較大，一般適用於平放和水平位置的銲接，垂直和頭頂位置操作上較不易。

D. 脈衝噴射轉移 (Pulsed spray transfer)

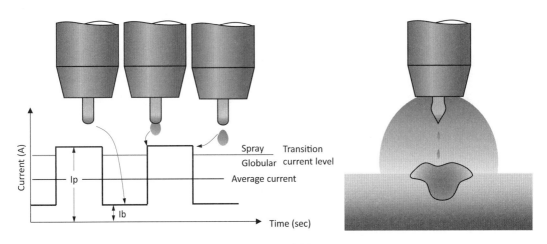

圖 6-6　脈衝噴射轉移

　　脈衝噴射轉移是一種先進的銲接模式，它充分了應用其他轉移模式，並同時最大幅度地降低或消除了其他模式的缺點。圖 6-6 說明它的工作原理，其原理是透過不斷調整和限制電流從高脈衝電流 (Pulse current, Ip) 快速切換到低背景電流 (Background current, Ib) ，這個循環每秒發生 30 到 400 次。而在每一次的脈衝中銲線的末端形成一滴熔融金屬，之後，電流脈衝推動該熔滴穿過電弧並進入熔池中。背景電流主要用於維持電弧，但不足以使金屬轉移。脈衝電流位於在臨界線以上，以產生足夠的電磁擠壓力以從而將銲線尖端噴射出一個金屬熔滴，液滴尺寸大約等於電極銲線直徑。

　　脈衝噴射轉移作業特性：

－由於電流以脈衝形式從高峰值電流水平（噴射轉移電流範圍）到低電流（球狀轉移電流範圍）的間隔循環。因此，即使一個週期中的電流幅度很高，但依然可以保持較低的平均電流和熱輸入。

－脈衝噴射轉移對於不同的母材需要不同的保護氣體混合物。

　　• 碳鋼 - 脈衝噴射轉移通常需要至少 80% 的氬氣含量。

　　• 鋁 - 銲接鋁時切勿使用二氧化碳混合物。遮護氣體通常由 100% 的氬氣或氬氣／氦氣混合物組成。

　　• 不銹鋼 - 通常使用 98% 的氬氣和 2% 的二氧化碳。氣體混合物應將二氧化碳含量限制在不超過 5% 以防止不銹鋼的敏化。

－與噴射轉移相比，脈衝噴射轉移通常可增加送線速度以匹配銲接電流，因此這可以增加更多熔填量，提高生產率。

－減少飛濺、孔隙率、變形或熔穿的風險

6.2. 離岸結構常用銲接製程 (Typical welding processes used in the offshore structure)

　　為滿足離岸結構於製造和維護的品質可靠性，在銲接上會採用多種的銲接製程、銲接耗材和各種銲接程序的組合，以使離岸結構達到合乎品質的要求。離岸結構工程中的銲接目前以電弧銲接為主，常使用的銲接製程如下，後面將對這些銲接製程說明其原理及作業要點。

－被覆銲條電弧銲接 (Manual metal arc welding, MMAW)

－潛弧銲接 (Submerged arc welding, SAW)

－氣體遮護金屬電弧銲接 (Gas shielded metal arc welding, GMAW)

　　• 藥芯電弧銲 (Flux cored arc welding, FCAW)

　　• 金屬芯電弧銲接 (Metal cored arc welding, MCAW)

－鎢極惰性氣體銲接 (Tungsten inert gas welding, TIG)

　　而除了上述電弧銲外，許多離岸結構製造商也會使用其他一些銲接製程，如電離子銲接 (Plasma welding)、雷射銲接 (Laser welding)、發熱熔接 (Thermit welding) 或磨擦攪拌銲接 (Friction stir welding) 等。

6.2.1 被覆銲條電弧銲接 (Manual metal arc welding)

　　被覆銲條電弧銲接 (Manual metal arc welding, MMAW)，ISO 4063 銲接製程編號 111，它是以被覆銲條為填料材之一種熔化銲接方法亦稱手銲，是最靈活和使用最廣泛的電弧銲接方法之一。

　　圖 6-7 為被覆銲條電弧銲接運作示意圖，被覆銲條的中心部即為填料及導電用的金屬芯線，銲接時芯線與母材間產生電弧，電弧作用在一個熔化的電極和熔池之間。電弧所產生的熱量將芯線融化後填充到母材的銲道內，過程中它們混合在一起，在冷卻時形成連續的固體物質。銲接時熔融金屬的遮護，主要來自銲條外層之被覆銲材，利用被覆銲材受熱分解後產生遮護氣體，有效隔絕來自大氣中的氮、氧及氫，保護銲接熔融金屬，以避免銲接金屬產生瑕疵，並提供銲道所需的部分合金元素。

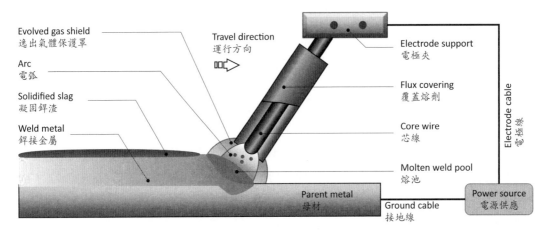

圖 6-7　被覆銲條電弧銲接

　　被覆銲條電弧銲接中沒有外加的保護性氣體，所有的防止大氣侵入的保護作用均來自於電極本身。電極既是電弧的載體，又是填充材料。銲接時熔融金屬的遮護，來自銲條外層之被覆銲材，被覆銲材受熱分解後生成熔渣和遮護氣體。

　　電銲條的銲材，具有下列幾種功用：

－燃燒時產生氣體它們會保護銲接過渡中的熔滴和熔池不受大氣中的氧氣、氮氣和氫氣的侵入，保護銲接熔融金屬，以避免銲接金屬產生瑕疵。

－提供銲道所需的部分合金元素，添加的合金元素可改善銲道機械性質。

－被覆銲條電弧銲接可用於連接大多數鋼、不銹鋼、鑄鐵和許多有色金屬材料。對於許多低碳和高強度碳鋼，它是首選的連接方法。

－電弧穩定。

－形成比重較銲道金屬輕，容易浮出銲道表面的熔渣，熔渣凝固後形成銲渣覆蓋於銲道表面，減緩銲道冷卻速率，可避免銲道脆裂。

被覆銲條電弧銲接作業要點：

－被覆銲條應避免潮溼，否則易造成氣孔、落藥、銲濺物增多以及銲接金屬機械性能劣化等現象。

－銲接前銲條的烘烤乾燥需依照製造廠商目錄產品的建議溫度。

－銲接作業中，應有適當的遮蔽以避免風雨影響。

－工件銲接前須烘烤去除溼氣。

－銲接工件上的雜質、油汙或銹蝕可能使銲接金屬擴散氫含量增加而導致機械性劣化，故銲接前必須清除乾淨。

－銲接參數須依據銲接程序書，但不得超出製造廠商產品的適用範圍。

－可接受的銲接品質取決於正確的電極、電極尺寸、銲接電流、電弧長度、電極工作角度、銲接行進速度及工件銲接前的預處理。

－採用低氫系被覆銲條銲接時應盡可能維持短電弧銲接，以避免氫及氧氣滲入電弧中造成氣孔。

6.2.2 潛弧銲 (Submerged arc welding)

潛弧銲接 (Submerged arc welding, SAW)，銲接製程編號 12，它是利用連續進給的電極在母材銲槽的位置之間形成電弧。粒狀助銲劑經由漏斗流出，並在銲槽上鋪上一層助銲劑粒狀粉末，助銲劑會產生遮護氣體層並可向熔池中添加合金元素，從而保護銲接區。此銲接過程中的電弧、熔融金屬以及母材熔池等，完全被可燒熔的粒狀助銲劑所覆蓋，如圖 6-8。銲接過程中電弧沿接合線移動，並且在此過程中，銲材與銲線多為同步供應，多餘的銲材則回收再用。由於電弧完全被助銲劑層覆蓋，熱損失極低，因此熱效率高。另外，助銲劑層完全覆蓋熔融金屬，從而防止飛濺和火花，該層還抑制強烈的紫外線輻射和煙霧。而由於銲接操作員看不到熔池，因此必須非常準確地設置銲接參數和銲嘴在接頭內的位置。

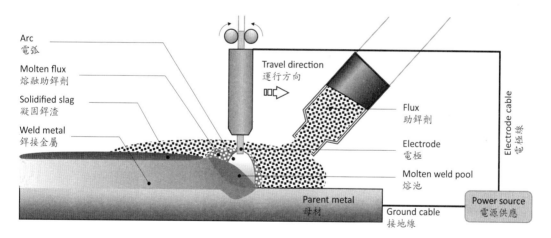

圖 6-8　潛弧銲接

潛弧銲採用機械自動化，其熔填速率非常高，因此是一種高生產率的銲接製程。這種銲接技術廣泛用於重型鋼板製造工作。這包括大型構件上連接板的銲接、結構型材的銲接、圓形結構製造中所需的縱向 (Longitudinal) 和圓周 (Circumferential) 對接銲道。但由於銲接過程中其銲池具高流動性、銲劑亦需要保持覆蓋在電弧上，因此銲接在位置上受到了限制，通常僅適用在平坦或水平位置。

潛弧銲接作業要點：

- 由於操作人員無法觀察熔池，因此必須高度依賴銲絲的參數設置和定位。銲接參數諸如線徑尺寸、電流、電壓、銲接速度等，須依照銲接程序書的規定。
- 銲接電流、電弧電壓和行進速度都會影響銲道形狀、熔深和熔填銲道金屬的化學成分。
- 銲道開槽底部間距及開槽角度，常會影響滲透深度、鋼板過熱等問題。因此開槽的設計，在潛弧銲接時較其他銲接方法更加重要。
- 助銲劑的化學性質和尺寸分布有助於電弧穩定性，並決定了銲接金屬的機械性能和銲道的形狀。
- 助銲銲劑散布過厚，會造成銲道外觀不良，散布厚度以稍可見微光為原則。
- 助銲劑粒度的尺寸大小會影響到的銲道成型，因此依據電流的大小，應選用適當的粒度。當使用高電流銲接時，應選用粗粒度的助銲劑；低電流時，則應選用較細顆粒的助銲劑。粒度選用不當可能會增加缺陷出現的機會。
- 助銲劑平常需保存於溫溼度控制之乾燥場所，使用前需將助銲劑依銲接耗材製造商之建議進行烘烤。
- 使用過後尚未燒熔之助銲劑可回收再使用，但需以一定比例與新銲材混合後才能使用。一般建議與新助銲劑各 50% 混合後再使用。

6.2.3 氣體遮護金屬電弧銲接 (Gas shielded metal arc welding)

氣體遮護金屬電弧銲接 (Gas shielded metal arc welding, GMAW)，ISO 4063 銲接製程編號 13。該技術其銲接耗材由進料輥供給並當作電極，銲接耗材在遮護氣體保護層下熔化，氣體遮護區域有助於產生穩定的電弧並保護液態熔體不與大氣接觸以免受到外在環境的影響。該技術的特點是在銲接耗材、機械自動化程度和銲接位置方面都具有很高的通用性。氣體遮護金屬電弧銲接幾乎可用於所有可銲接耗材，依遮護氣體不同，又分為金屬活性氣體 (Metal active gas, MAG) 銲接及金屬惰性氣體銲接 (Metal inert gas, MIG) 兩種方法。

一般工程上常用的遮護氣體有二氧化碳、氬氣及氦氣等氣體，上述這些遮護氣體可單獨使用或與其他氣體相混合使用，銲接時氣體的相關特性說明如下：

A. 二氧化碳 (Carbon dioxide)

- 活性（氧化性）氣體。當銲接耗材中含有矽和錳等去氧元素時，可以將氧化後的氧化鐵還原為鐵。

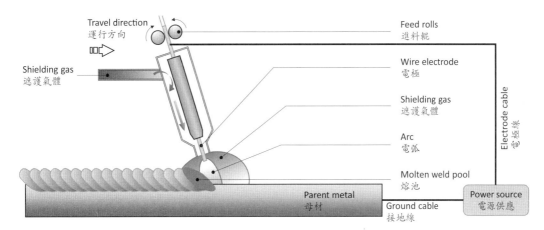

圖 6-9　氣體遮護金屬電弧銲接

　　－二氧化碳密度 1.98 g/L 比空氣重。

　　－為了降低氧化作用，作業時須使用矽及錳等去氧元素的去氧銲接耗材。

　　－電弧的能量分布較均勻。

　　－適用於低碳鋼材料的銲接。

　　－易產生煙霧。

　　－銲接過程中有一定的金屬飛濺物，銲道外觀比較粗糙。

　　－熔池深而窄。

　　－氣體成本較低。

B. 氬氣 (Argon)

　　－屬於惰性氣體。

　　－氬氣密度 1.784 g/L 比空氣重。

　　－熱傳導性較低適合薄板材料的銲接。

　　－銲池的流動性較差。

　　－銲接過程中金屬飛濺少。

　　－熔池會略窄而深。

　　－氣體成本較高。

C. 氦氣 (Helium)

　　－惰性氣體。

　　－氦氣密度 0.1786 g/L 比空氣輕。

　　－熱傳導性較高適合厚板材料的銲接。

　－銲池的流動性較佳。

　－會形成較寬而淺的銲道截面形狀。

　－氣體成本昂貴。

　而當氣體採用混合時，則可綜合各氣體的特行，如常用的氬氣混合二氧化碳大多用於銲接碳鋼及低合金鋼，這種混合氣它既具有氬氣的特點，如電弧穩定、飛濺小等，又因為具有氧化性，克服了單一的氬氣銲接時產生的電弧漂移現象及銲道成型不良等問題。雖然成本比純二氧化碳氣體高，但由於銲道金屬衝擊韌性佳，所以廣泛被應用。每種銲接氣體或混合氣對熔滴形狀和銲道穿透形狀都有不同之影響，如圖 6-10 所示。

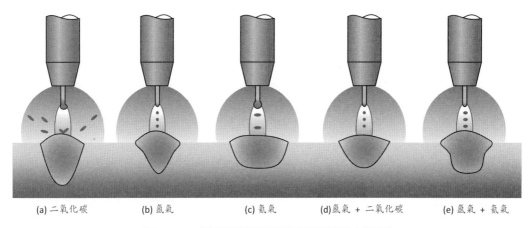

(a) 二氧化碳　　　　(b) 氬氣　　　　　(c) 氦氣　　　(d)氬氣 + 二氧化碳　　　(e) 氬氣 + 氦氣

圖 6-10　銲接氣體對銲道截面形狀之影響

　　離岸結構製造使用氣體遮護金屬電弧銲接製程下，又常採用活性氣體遮護藥芯電極銲接 (Flux-cored arc welding, FCAW) 或活性氣體遮護金屬芯電極銲接 (Metal-cored arc welding, MCAW) 兩種銲接製程。與棒銲銲接製程相比，這種製程於填充金屬的耗時和成本要低得多，並且通過快速的移動速度和高熔填率提供出色的生產率。

6.2.4 活性氣體遮護藥芯電極銲接 (Flux-cored arc welding)

　　活性氣體遮護藥芯電極銲接 (Flux-cored arc welding / MAG welding with flux cored electrode)，ISO 4063 銲接製程編號 136，簡稱 FCAW 銲接。藥芯銲線電弧銲的作業模式，同前述的氣體遮護金屬電弧銲接，均採用連續送線方式，利用電弧高熱將銲線前端熔融形成的熔滴，不斷地傳遞至熔池。FCAW 使用藥芯電極比 GMAW 使用實心線電極，熔滴轉移時具有更寬的投透區和更少的湍流熔池，請參見圖 6-11。

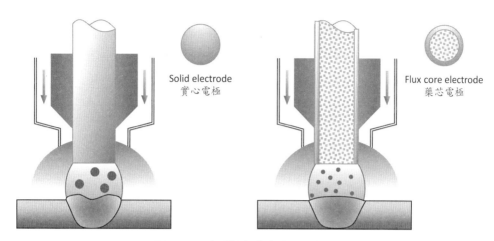

圖 6-11　氣體遮護金屬電弧銲接

　　藥芯銲線為管狀，由外部金屬護套及管內充填助銲劑所組成，助銲劑內包含有脫氧劑 (Deoxidizers)、清除劑 (Scavengers)、造渣劑 (Slag formers) 和其他屏蔽劑 (Shielding agents)。銲接時，金屬護套和銲材粉末作為銲道金屬熔填，而部分的銲材則用於中和金屬中的汙染物，並保護銲道不受大氣的影響。當銲道凝固時，銲材中沒有成為銲道金屬一部分則會浮到銲道頂部並硬化成熔渣，這種熔渣會漂浮在銲道上並提供額外的屏蔽層。然而，熔渣亦會增加了夾渣缺陷的風險，尤其是在多道次銲接期間。另外，銲接過程中銲劑分解的氣態產物會產生過多的煙霧，會降低銲接區域的可見性，從而使銲接技術人員難以監督過程中熔融金屬狀態。

　　在熔填效率上，實心 GMAW 銲線約 92～98% 會變成熔填銲道金屬，而藥芯銲線的熔填效率則為 82～92%。下表 6-1 說明 GMAW 製程與 FCAW 製成的差異。

表 6-1　GMAW 與 FCAW 的差異

特性	GMAW	FCAW
電極	GMAW 採用實心電極。	FCAW 採用中空管狀電極。
助銲劑	電極內外均無助銲劑。	銲劑存在於管狀電極的核內。
遮護	銲接區由外部提供的活性或惰性氣體的遮護。	銲劑在銲接過程中分解，提供必要的屏蔽。
熔渣	由於沒有銲劑，銲道上不會形成熔渣。	助銲劑成分產生浮在熔融銲上的熔渣。

特性	GMAW	FCAW
能見度	此過程中不產生煙，能見度佳。	助銲劑分解產生過多的煙霧，造成能見度降低。
金屬連接	GMAW 可用於連接多種金屬和合金。	FCAW 主要用於連接黑色金屬（鐵、鉻和錳）。
滲透率	相對較低的滲透率。	更高的滲透率。

6.2.5 活性氣體遮護金屬芯電極銲接 (Metal-cored arc welding)

　　活性氣體遮護金屬芯電極銲接 (Metal-cored arc welding / MAG welding with flux cored electrode)，ISO 4063 銲接製程編號 138，簡稱 MCAW 銲接，同前述的藥芯銲線電弧銲接一樣。在 MCAW 中，銲線類似於 FCAW 的包芯銲線，但填充的不是助銲劑銲材，MCAW 銲線的芯內是填充金屬粉末和合金元素。

　　在 FCAW 中，可以使用沒有任何外部遮護氣體的銲線，但在金屬芯電弧銲中，則必須有外部所提供的遮護氣體以保護熔池。

　　金屬芯電弧銲接，它是結合藥芯電極與實心電極的一種複合式電極。金屬芯銲線與藥芯銲線和實心銲線相比，MCAW 銲接製程具有較高的燃盡率，可提供更高的銲接行進速度和更高的銲接熔填速率 (Weld metal deposition rate)。金屬芯線還有助於減少銲接缺陷，如氣孔、未熔合和銲蝕。

表 6-2　GMAW、FCAW 及 MCAW 特性比較

銲接製程	特性						
	銲道外觀	噴濺量	銲渣	煙塵量	衝擊值	抗裂性	熔填效率 (%)
實心	不佳	多	極少	普通	佳	極佳	92～98
藥芯	佳	普通	普通	多	普通	普通	82～92
金屬芯	普通	少	極少	普通	佳	極佳	90～95

　　銲接接頭的低溫衝擊韌性是離岸結構上重要的機械性能指標，這個指標如果達不到，離岸結構可能會在低溫下發生脆斷。MCAW 銲接則可提供出色的側壁熔合和根部熔深，並且能夠降低根部熔穿 (burn-through) 或稱銲穿的缺陷。因此，在開槽的銲

道根部中，由於開槽後金屬根部的厚度變薄，而 MCAW 能夠在不熔穿的情況下以高電流銲接薄板。

氣體遮護銲接作業要點：

－MAG 遮護氣體最常用的氣體是活性氣體純二氧化碳或惰性氣體氬氣與二氧化碳混合物，一般混合比例是 75% 氬氣和 25% 二氧化碳。MIG 遮護氣體一般採用氣體是氬氣，也可以添加氦氣以增加熔池的熔深和流動性。

－採用混合氣銲接時，氣體混合比的變化對銲接的品質有很大影響，故必須維持其穩定性。

－MAG 銲接就採用二氧化碳作遮護氣體的優點，爲其銲濺物較少，尤其大電流銲接更明顯。銲接薄板時可採用較低的電壓施銲，合金元素較不易燒損，可獲得良好的銲道品質。

－氣體遮護金屬電弧銲接時對於氣體調節器、送線機及銲機等相關設備，如故障或損壞均會對銲接品質有不良影響，因此需確實檢查與調整。

－非合金鋼和合金鋼優先選用活性氣體例如二氧化碳銲接。高合金鋼和鋁、鎂、鎳基材料和鈦等材料使用惰性氣體，例如使用氬氣進行銲接。

－銲接作業中應依銲接耗材製造商所建議的遮護氣體，若不使用製造商所建議的適用性遮護氣體，銲接後其金屬的化學成分將會受到影響。造成影響的原因，當遮護氣體爲惰性氣體，此時銲接過程中這些氣體不會和銲材中所添加的特定元素發生反應，而這些特定的化學元素就會直接透過電弧而轉移到銲接金屬中。因此，當遮護氣體規格需使用 100% 二氧化碳作爲遮護氣體，然而卻改用成分比例很高的惰性氣體作遮護氣體時，此時銲接耗材中大多數的矽及錳，則都被轉移至銲接金屬中，造成銲接金屬組織成分改變，導致強度太高而降低延展性及韌性。反之，若需使用混合氣爲遮護氣體的銲接耗材，卻改用二氧化碳爲遮護氣體時，多數原本爲維持強度而添加的合金元素，卻與二氧化碳反應變成銲渣的一部分，而無法轉移至銲接金屬中，可能導致銲接金屬強度不足。

－在有風處銲接，易發生氣孔，需採取適當之防風措施。

－銲槍建議沿銲接的方向傾斜約 10° 到 20°，如果銲槍的傾斜角度過大，可能會將空氣吸入到遮護氣體中的風險，而造成銲道品質不良。

－在銲接打底銲道或薄板時，建議採用低電流或短路過渡電弧。

－銲接厚板時，常因沒有足夠的熱量來進行熔合而易出現熔合不良 (Lack of fusion) 缺陷，因此對於厚板的填充銲接建議採用大電流的射流過渡電弧。

－根部打底或覆面熔塡時，建議調整較低銲接電流及電壓，以控制熔池與表面避

免外觀缺陷。

6.2.6 鎢極惰性氣體銲接 (Tungsten inert gas welding)

鎢極惰性氣體 (Tungsten inert gas, TIG) 銲接，銲接製程編號 141，它是利用非消耗性鎢電極和工件之間產生的電弧熱量熔化接頭區域的金屬並產生熔池。電弧區域被惰性氣體或還原氣體保護，以保護熔池和非自耗電極。

金屬材料只要能夠以熔化的方式銲接在一起，就可以採用 TIG 來銲接，因此，TIG 銲接是一種可以用於各種材料、各種板材厚度和各種銲接位置的銲接方法。另外由於 TIG 於銲接時時產生之電弧穩定性極佳，基本上沒有飛濺，且產生的有害物質也非常的少，在正確的操作下能確保高品質的銲接接頭。

鎢極惰性氣體銲接是一種需要較高銲接技術人員操作的銲接方法。銲接作業時銲接技術人員用一隻手操作銲槍，同時另一隻手手動將填充銲材送入銲接區域。銲接技術人員控制銲槍並保持較短的電弧長度，使電極和工件之間保持恆定間隔。填充銲材在遮護氣體保護罩內亦同時與電弧保持一定距離，如果太靠近電弧，填充銲材會在與銲接熔池接觸之前熔化。隨著銲接接近完成，電弧電流通常會逐漸減小，以使銲道凝固。

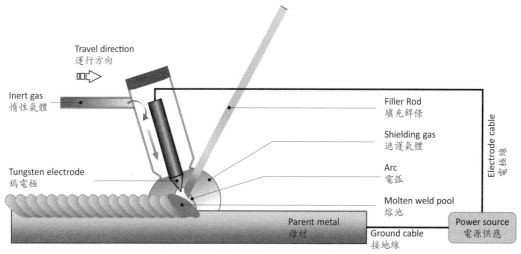

圖 6-12　銲接製程選擇的考量因素

鎢極惰性氣體銲接常用遮護氣體是氬氣，亦可以添加氦氣以增加熔池的熔深和流動性。氬氣或氬氣／氦氣混合氣體可用於銲接所有等級的材料。另外，在某些特別要

求條件下，可以添加氮氣或氫氣用以達成特殊性能。例如，添加氮氣可以改善含氮合金材料的熔填金屬性能。不宜使用氧化性氣體，因爲它們會損壞鎢電極。

鎢極惰性氣體銲接常用來銲接不銹鋼，根據不銹鋼類型，下表列出了適用於鎢極惰性氣體銲接的遮護氣體選擇。

表 6-3　TIG 遮護氣體選擇

遮護氣體	母材類型				
	沃斯田鐵不銹鋼	雙相不銹鋼	肥粒鐵不銹鋼	高合金沃斯田鐵不銹鋼	鎳基合金
氬氣	○	○	○	○	-
氬氣 + 氦氣	○	○	○	○	○
氬氣 + 氫氣 (2～5%)	○	-	-	○	○
氬氣 + 氮氣 (1～2%)	-	○	-	-	-
氬氣 + 氦氣 (30%) + 氮氣 (1～2%)	-	○	-	-	-

銲接作業要點：
－TIG 銲接對風非常敏感，必須切實做好遮風措施，否則將影響銲道品質。
－爲防止產生銲道缺陷，應採用高純度氬氣。在室內時的適當氣體流量依製造商之建議，而當在風速較高狀態下銲接時，需適當略調高氣體流量，並且仍需要有防風措施。
－當送氣管路較長，如採用一班橡膠或尼龍製軟管路時，可能會發生從軟管壁滲進溼氣。因此，建議採用金屬或鐵氟龍所製軟管爲佳。
－和所有的銲接製程一樣，銲接部位附近的汙染物及氧化膜等應確實清除。
－TIG 銲接過程中，鎢極棒會消耗，而所產生電弧集中性會變差。此時須研磨加工修整鎢極棒尖端，以得更佳的電弧集中效果。

6.3. 銲接用鋼材群組分類 (Material group classification of steels for weldings)

前一章結構金屬材料所述，鋼材在歐規中受到完整性的系統分類。然而，由於某

些鋼材在實務中經常出現問題，因此對於銲接用的鋼材在國際標準則訂定相關材料群組 (Material group)，該材料群組的分類與歐規鋼材的分類完全不同，其中有許多材料並無法歸入到此材料群組。表 6-4 概述了該標準所定義的材料群組和相關材料類型。

表 6-4　ISO 15608 銲接用金屬材料群組

組別	材料類型
1	Structural steels Non-alloy, weatherproof, fine-grain(N)
2	Structural steels Fine grain(M)
3	Structural steels Fine grain(Q)
4	Pressure vessel steels – alloyed with low vanadium content
5	Pressure vessel steels – alloyed without vanadium
6	Pressure vessel steels – alloyed with high vanadium alloy content
7	Stainless steels ferritic, martensitic, precipitation hardened
8	Austenitic steels
9	Low-temperature resistant pressure vessel steels nickel-alloyed
10	Stainless steels austenitic-ferritic(duplex)

非合金鋼是離岸結構上使用最頻繁的鋼材，這些鋼材被規劃在銲接用金屬材料群組 1，子群組分別為 1.1、1.2 和 1.4，參閱表 6-5。

表 6-5　非合金鋼銲接用金屬材料群組

組別	次組別	鋼的等級
1	1.1	最小屈服點為 Re ≤ 275 N/mm² 的鋼
	1.2	最小屈服點為 275 N/mm² < ReH ≤ 360 N/mm² 的鋼
	1.3	最小屈服點 ReH > 360 N/mm² 的正常化細晶粒結構鋼
	1.4	改進型耐大氣腐蝕結構鋼

　　然而部分離岸結構在強度重量比的經濟評估下，目前逐漸採用高強度細晶粒結構鋼，它們適用於輕質鋼結構，可顯著節省材料和生產成本。這些鋼材被規劃在銲接用金屬材料群組 1、2 和 3，子群組分別為 1.3、2.1、2.2、3.1、3.2 和 3.3，參閱表 6-6。

表 6-6　高強度細晶粒結構鋼銲接用金屬材料群組

組別	次組別	鋼的等級
1	1.3	正常退火細晶粒結構鋼，最小屈服強度 Re > 360 N/mm²
2	2.1	熱機處理的細晶粒鋼和鑄鋼，最小屈服強度為 360 N/mm² < Re ≤ 460 N/mm²
	2.2	熱機處理的細晶粒鋼和鑄鋼，最小屈服強度 Re > 460 N/mm2
3	3.1	調質鋼，最小屈服點為 360 N/mm² < Re ≤ 690 N/mm²
	3.2	調質鋼，最小屈服點為 Re > 690 N/mm²
	3.3	析出硬化鋼（不銹鋼除外）

6.4. 銲接耗材 (Welding consumables)

　　銲材是在銲接過程中熔化並與熔化的母材一起流動的熔融混合物，它們可以接頭上形成銲道 (Weld) 或堆銲 (Surfacing)。銲材決定了銲道的性能，例如強度、變形能力和耐腐蝕性。接頭銲接時，通常所使用的銲接金屬材料通常具有與母材相同的特性，如強度、延展性及應變等。堆銲的銲材金屬往往具有與母材不同的性能，如更高的硬度、耐磨性、耐腐蝕性。

　　銲接過程中，銲材強度應超過母材和相關熱影響區的屈服強度。因為，如果當銲道強度僅匹配母材的強度，那麼在銲接構件上任何變形拘束力及應力都將集中在相對較小的銲道金屬中，而這將會增加銲道失效的風險。它的基本功能如下所述：

　　－銲材中所添加的金屬元素，可增加銲道冶金強度及品質。

　　－銲材中的助銲劑受高熱融化，依功能及成分會產生還原性或中性氣體，產生遮護性氣體阻止環境氣體進入熔池，避免銲道的品質異常。

　　－助銲劑可產生融點低且黏性之銲渣，可以排除熔池內之雜質，浮於熔融金屬表面。

－助銲劑內一般含有鉀、鈉、鈣等電離電位低的物質，可使電弧穩定。

－助銲劑可以減少金屬飛濺，降低銲道整理，因此提高了生產率。

6.4.1 銲材分類與名稱 (Classification and designation of welding consumables)

在海洋工程中正在不斷使用更高強度的鋼材，對於保持韌性且易於使用的高強度銲接耗材的需求也在不斷增長。而這些高強度的鋼材及銲材需要更廣泛的銲接技術來執行應用，以提供靈活性和更高的生產效率，才能具有競爭力並產生可接受的銲道品質。銲接作業中選擇合適的銲材是取決於要銲接的母材和所使用的銲接製程，對使用於高強度鋼材的銲接耗材要求，是要求這些材料於銲接時的金屬性能在面對銲接製程參數的變化能較不敏感，例如熱輸入和道間溫度。

一般高強度銲接耗材的成分範圍爲 0.04～0.08% 碳、1～2% 錳、0.2～0.5% 矽、1～3% 鎳以及一些添加的 Cr、Mo，有時還有 Cu。然而，隨著合金含量和強度的增加，微型結構內的變韌鐵 (Bainite) 和麻田散鐵 (Martensite) 逐漸成爲主要的顯微組織成分，因此其機械性能往往對銲接時的冷卻速率變得敏感。

對於海洋工程結構一般常使用屈服強度 (Yield strength) 等級 355 ～420MPa 級、460-500MPa 級和 690MPa 級的鋼種，因此其銲材也因應而有不同等級。離岸結構在製造上採用高強度的鋼材、較厚的鋼板材以及可能處於極度寒冷的環境，因此，這些銲材除了需通過國際標準或船級社認可的材料外，通常還必須要有額外的品質規格來滿足海上結構獨特的設計要求。這些額外的品質規格中，特別是對低溫韌性的嚴格要求，從而導致海上結構使用專爲低溫鋼材設計的銲接耗材來進行銲接。表 6-7 爲一般海洋工程銲接耗材要求的機械性能。

表 6-7　海洋工程上常用銲接耗材的機械性能

Minimum yield strength R_e(MPa)	Minimum tensile strength R_m(MPa)	Minimum impact energy(J) @ -60°C
350	490	47
400	520	47
460	550	47
500	610	47
530	620	47

Minimum yield strength R_e(MPa)	Minimum tensile strength R_m(MPa)	Minimum impact energy(J) @ -60°C
550	670	47
690	770	47

　　為鑑於分類銲材，國際標準 (ISO) 或歐洲標準 (EN) 規定銲材規格標準，這些標準藉由不同類型的金屬與銲接製程來制定，如表 6-8。目前離岸結構工程中依母材金屬與銲接製程常採用銲材規格有 EN ISO 636、EN ISO 14171、EN ISO 17632 及 EN ISO 18276 等。銲材的選用主要依據母材的抗拉強度、設計需求及銲接製程來作為銲接材料等級與銲接方法的選擇，可參考圖 6-13 歐規銲接製程與銲材等級之規格選用。

表 6-8　銲材規格標準

Type of base material	Welding processes and welding consumables					
	Gas shielded metal arc welding wire electrodes	Tungsten inert gas welding welding rods	Submerged arc welding wire electrodes	Manual metal arc welding covered electrodes	Cored electrodes	Gas welding welding rods
Unalloyed steel, fine grained steel	EN ISO 14341	EN ISO 636	EN ISO 14171	EN ISO 2560	EN ISO 17632	EN 12536
Heat resistant steel	EN ISO 21952		EN ISO 24598	EN ISO 3580	EN ISO 17634	EN 12536
High-strength steel	EN ISO16834		EN ISO 26304	EN ISO 18275	EN ISO 18276	-
Stainless steel	EN ISO 14343			EN ISO 3581	EN ISO 17633	-
Nickel and its alloys	EN ISO 18274			EN ISO 14172	EN ISO 12153	-
Aluminum and its alloys	EN ISO 18273		-	-	-	-

Type of base material	Welding processes and welding consumables					
	Gas shielded metal arc welding wire electrodes	Tungsten inert gas welding welding rods	Submerged arc welding wire electrodes	Manual metal arc welding covered electrodes	Cored electrodes	Gas welding welding rods
Copper and its alloys	EN ISO 24373		-	-	-	-
Titanium and its alloys	EN ISO 24034		-	-	-	-

R_e (MPa)	MMA	SAW	MAG (Solid wire)	MAG (Tubular cored wires)	TIG
900 – 800	EN ISO 18275-A E 89X	EN ISO 26304-A S 89X	EN ISO 16834-A G 89X	EN ISO 18276-A T 89X	EN ISO 16834-A W 89X
800 – 700	EN ISO 18275-A E 79X	EN ISO 26304-A S 79X	EN ISO 16834-A G 79X	EN ISO 18276-A T 79X	EN ISO 16834-A W 79X
700 – 600	EN ISO 18275-A E 69X EN ISO 18275-A E 62X	EN ISO 26304-A S 69X EN ISO 26304-A S 62X	EN ISO 16834-A G 69X EN ISO 16834-A G 62X	EN ISO 18276-A T 69X EN ISO 18276-A T 62X	EN ISO 16834-A W 69X EN ISO 16834-A W 62X
600 – 500	EN ISO 18275-A 55X EN ISO 2560 E 50X	EN ISO 26304-A S 55X EN ISO 14171-A S 50X	EN ISO 16834-A G 55X EN ISO 14341-A G 50X	EN ISO 18276-A T 55X EN ISO 17632-A T 50X	EN ISO 16834-A W 55X EN ISO 636-A W 50X
500 – 400	EN ISO 2560 E 46X EN ISO 2560 E 42X	EN ISO 14171-A S 46X EN ISO 14171-A S 42X	EN ISO 14341-A G 46X EN ISO 14341-A G 42X	EN ISO 17632-A T 46X EN ISO 17632-A T 42X	EN ISO 636-A W 46X EN ISO 636-A W 42X

圖 6-13　歐規銲材等級

　　ISO 或 EN 的銲材規格名稱是由各種代碼和數字組成，包含說明最小屈服強度衝擊特性、銲材的化學成分和氫含量等相關資訊。以下將依常用 EN ISO 636、EN ISO 14171、EN ISO 17632 及 EN ISO 18276 等銲材規格，說明標準化名稱內所提供的相關特性資訊並有助於比較不同的產品。

(1) ISO 636-A(Rods, wires and deposits for tungsten inert gas welding of non-alloy and fine-grain steels)

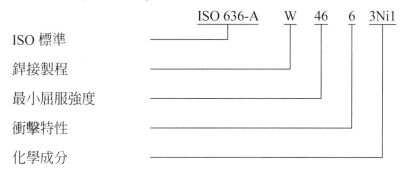

ISO 標準
銲接製程
最小屈服強度
衝擊特性
化學成分

ISO 636-A　W　46　6　3Ni1

(2) ISO 14171-A(Solid wire electrodes, tubular cored electrodes and electrode/flux combinations for submerged arc welding of non alloy and fine grain steels)

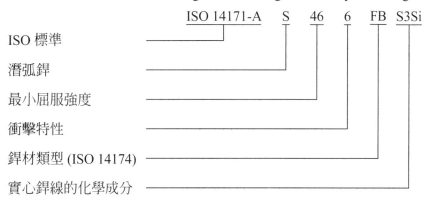

ISO 標準
潛弧銲
最小屈服強度
衝擊特性
銲材類型 (ISO 14174)
實心銲線的化學成分

ISO 14171-A　S　46　6　FB　S3Si

(3) ISO 17632-A(Tubular cored electrodes for gas shielded and non-gas shielded metal arc welding of non-alloy and fine grain steels)

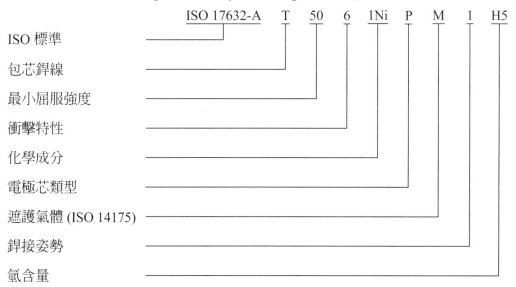

ISO 標準
包芯銲線
最小屈服強度
衝擊特性
化學成分
電極芯類型
遮護氣體 (ISO 14175)
銲接姿勢
氫含量

ISO 17632-A　T　50　6　1Ni　P　M　1　H5

(4)ISO 18276-A(Tubular cored electrodes for gas-shielded and non-gas-shielded metal arc welding of high strength steels)

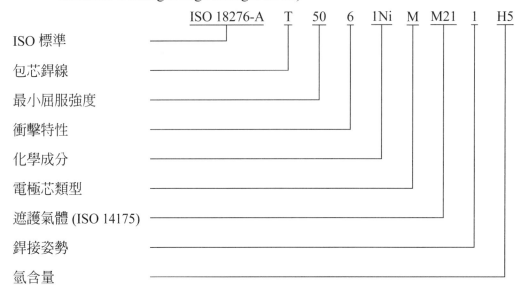

6.4.2 銲材儲放 (Handing and storage for welding consumables)

銲接耗材的儲放要依據銲材製造商所提供的儲存管理建議下執行，其銲接耗材才能達到預期的性能，儲放不當將可能造成嚴重品質缺陷之風險。

以下為銲接耗材的一般儲放建議：

－銲材應儲存於溫度受控的儲存室，該儲存室必須清潔、乾燥、少塵與通風良好的乾燥環境，避免存放在開放或有溫度變化的環境中。建議的儲放條件為 18～25℃和相對溼度最高不可超過 60%。

－銲材未使用前應儲放在未開封且完好的原包裝內。

－銲材於儲存室內必須避免銲材與地板或牆壁直接接觸。

－製造商所提供之保存使用期限，為銲材在妥善可受控的條件下正確的儲放且包裝完整時。

－銲材採依循先進先出 FIFO(First in first out) 的庫存管理原則，最早的進貨及存貨的銲材，需優先出貨使用。

－銲材的儲放或運送應避免損壞包裝，其存放高度不宜堆疊過高，否則將可能造成包裝或銲材損壞。

－不恰當的儲存管理將會導致銲材生銹、纏線及彎曲等異常。

手銲條一般儲放建議：

－儲放及管理應遵循銲接耗材的一般儲放要點。

－手銲條需要有保護以防止受潮。

－手銲條需要存放在乾燥和加熱的環境中。

－開封後或有損壞包裝的手銲條必須單獨存放在加熱溫度較高的環境。

－手銲條使用前的預熱時間和溫度取決於其銲條的類型。

－手銲條如果沒有特別標註預熱的指示，建議可以在 100～120℃之間遇熱 2 小時。

－如果要求氫含量限制最大值為 5 毫升／100 克，則建議需預熱 300～350℃之間遇熱 2 小時。

－手銲條不得直接暴露在水或油脂的環境中使用。

潛弧銲材一般儲放建議：

－儲放及管理應遵循銲接耗材的一般儲放要點。

－潛弧銲材要在乾燥和恆溫的條件下儲放。

－使用助銲劑和循環系統時，必須確保使用乾燥的空氣。

－潛弧銲材使用過程中能重新烘乾好幾次，但總烘乾預熱時數建議不能超過 10 小時。

實心和包芯銲材

－儲放及管理應遵循銲接耗材的一般儲放要點。

－環境溫度波動應避免低於露點，在低於 10 ℃ 的溫度下，打開和拆封包裝時，可能會在線材表面形成冷凝水。

－銲接完成後，應從銲機拆下未使用完的線軸並放回原本的包裝中送回銲材室並放置妥當位置避免受潮。

－不正確儲放和使用可能導致線和線軸的損壞，例如扭結、彎曲或生鏽。

6.5. 銲接姿勢 (Welding position)

銲接姿勢是指銲接時連接金屬不同角度的劃分。通常，基本銲接位置有平銲 (Flat)、水平銲 (Horizontal)、垂直銲 (Vertical) 和仰銲 (Overhead) 四種類型。在 ASME 中這四種位置搭配開槽銲 (Groove welding) 和塡角銲 (Fillet welding) 有不同字母和數

字，其銲接時的位置對銲接技術人員及熔池具有不同之影響說明如下：

　　－平銲位置 1G/1F

　　　　平面位置是從接頭的上側進行銲接，這對銲接來說是最簡單、最容易的位置。
　　　　一般使用這種位置，可以快速得到較佳的銲接接頭，同時銲接技術人員的疲勞
　　　　風險降至最低。

　　－水平銲位置 2G/2F

　　　　工件平面為垂直，熔填的銲道以水平方向呈現。水平銲接中的金屬熔填率僅次
　　　　於平銲。

　　－垂直銲位置 3G/3F

　　　　工件平面為垂直的，銲道熔填在垂直面上。由於熔融金屬受到重力的影響，因
　　　　此銲接技術人員在該位置銲接時必須不斷地控制熔融金屬，使其金屬保持在銲
　　　　道路徑中。垂直銲接的方向有兩種類型，即垂直向上銲接和垂直向下銲接。一
　　　　般而言當強度是主要考慮的因素時，首選垂直向上銲接；垂直向下銲接則用於
　　　　一般密封作業。

　　－仰銲位置 4G/4F

　　　　仰銲位置比垂直位置更難銲接，在這位置下銲接，工件的平面是水平的，而銲
　　　　接是從下面進行，重力對熔融金屬的拉力要更大得多。

　　另外，除了上述基本四種類型的銲接位置外，因應實務作業中對於特殊位置的
銲接亦有其定義。水平管狀件開槽銲當工件旋轉，而銲接位置為固定平銲不動，則為
1G；而當水平管狀件開槽銲接工件固定不動，銲接時的位置須配合管狀曲面，則為
5G。管狀件銲接時呈一角度固定不動的開槽銲，銲接時位置須配合管狀曲面，則為

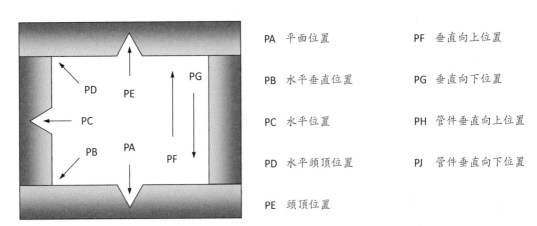

PA　平面位置	PF　垂直向上位置
PB　水平垂直位置	PG　垂直向下位置
PC　水平位置	PH　管件垂直向上位置
PD　水平頭頂位置	PJ　管件垂直向下位置
PE　頭頂位置	

圖 6-14　ISO 6947 標準的銲接位置

6G。另外，銲接過程中銲材運行的方向，亦會影響熔融金屬的流動，又分上行 (Up-hill) 或下行 (Downhill) 立銲位置。

銲接姿勢在 ISO 6947(Welding and allied processes-Welding positions) 與 ASME IX(Welding, brazing & fusing qualifications) 中的劃分非常相似，但卻具有不同的命名系統。

在銲接實務中這些不同系統的銲接姿勢名稱會相互使用，因此以下將 ISO 和 ASME 的銲接姿勢命名進行說明。

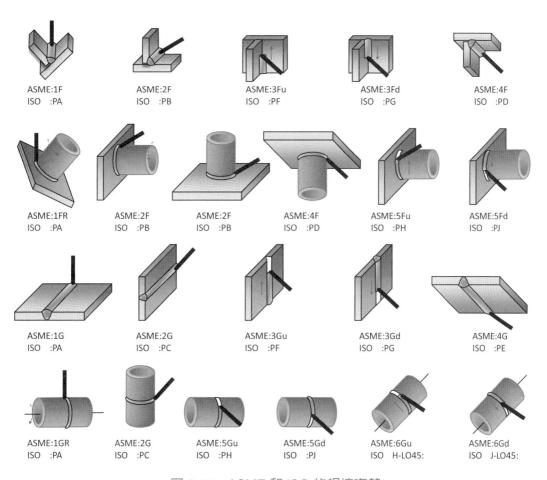

圖 6-15　ASME 和 ISO 的銲接姿勢

6.6. 離岸結構中的常用接頭 (Typical welded joints in offshore structure)

離岸結構由許多板狀及管狀構件所組成，這些構件使用鋼及各種類型的接頭銲接而成。離岸結構工程中常用的銲接接頭類型如下：

－Ｔ形接頭 (T-joints)

－橫向對銲接頭 (Transverse butt-welded joints)

－管狀接頭 (Branch joints)

A. Ｔ形接頭 (T-joints)

Ｔ型接頭或稱十字接頭，是指由兩個垂直板的銲接點，形成一個字母 Ｔ。Ｔ型接頭的銲接類型包括填角銲道 (Fillet weld)、部分滲透對接銲道 (Partial penetration butt weld) 和全滲透銲道 (Full penetration weld)。圖 6-16 為 Ｔ形接頭採用填角銲的銲接詳圖。

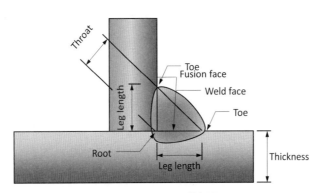

圖 6-16　Ｔ形接頭

B. 橫向對銲接頭 (Transverse butt-welded joints)

橫向對銲接頭為用全滲透銲道銲接的兩個橫向接頭，離岸結構中大部分構件如柱腳、斜撐或圓柱狀等的連接中常見這樣的接頭。橫向對銲接頭的典型銲接如圖 6-17 所示。

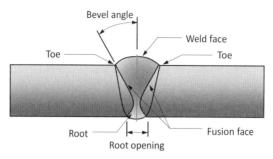

圖 6-17　橫向對銲接頭

C. 管狀接頭 (Tubular joints)

　　管接頭的主要構件是弦桿 (Chord)，次要構件稱為短節管 (Stub) 透過銲接連接在一起而形成一個整體結構。管接頭在曲面上的銲道是一個三維輪廓，因此在每個斷面上其角度都不一致，採用包括單邊或雙邊全滲透銲道，典型的管接頭連接布局如圖 6-18 所示。

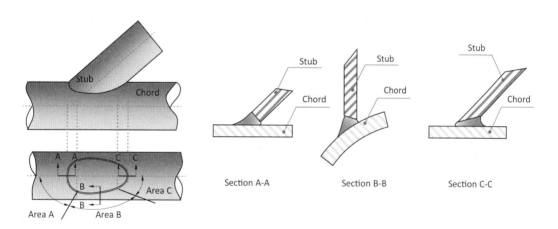

圖 6-18　管銲接接頭

6.7. 銲接熔填量計算 (Weld consumable calculation)

　　銲接的熔填量取決於接頭開槽的幾何形狀，這些幾何形狀經妥善設計，可以使銲接部位達到母材之全部強度，其開槽的目的基本如下：

　　－結合銲接件

－易於操作人員的銲接作業

－增加銲道寬度使其容易組合

－保證銲道根部的滲透以增加強度

－均可以經妥善設計，使之達到銲接部位母材之全強度

－獲得較好的銲道成型，保證銲接品質

接頭的銲接熔填量是由銲道斷面面積乘上總長度得到體積後，再將體積乘上銲材的密度即可得到，其計算步驟如下：

(1) 選擇開槽的幾何設計形狀。

(2) 計算開槽銲道斷面面積。

(3) 將斷面面積乘以銲道長度來計算體積（體積＝面積 X 長度）。

(4) 將銲接體積乘以銲材的密度來得到銲材重量（重量＝體積 X 密度），一般碳鋼密度為 7.81(g/cm³)。

(5) 對於不同的銲接製程其熔填效率也不一樣，因此銲材的重量必須再考慮到銲接製程的熔填效率因子。

圖 6-19 顯示銲道斷面面積 (Cross-section area of weld) 包括銲道開槽斷面 (Cross-section area of groove)、額外銲道面積 (Cross-section area of excessive weld metal) 和根部滲透面積 (Area of penetration bead thickness) 參閱公式 (6-1)。

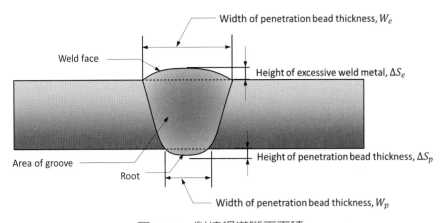

圖 6-19　對接銲道斷面面積

$$F_a = F_g + F_e + F_p \tag{6-1}$$

式中

F_a：銲道斷面面積 (mm^2)。

F_g：開槽斷面面積 (mm^2)。

F_e：額外銲道面積 (mm^2)。

F_p：根部滲透面積 (mm^2)。

在表 6-9 中提供了開槽幾何形狀所對應的斷面面積公式，額外銲道面積和根部滲透面積公式爲 (6-2) 和 (6-3) 下式給出：

$$F_e = \frac{2}{3} \times \Delta S_e \times W_e \tag{6-2}$$

$$F_p = \frac{2}{3} \times \Delta S_p \times W_p \tag{6-3}$$

式中

F_e：額外銲道面積 (mm^2)。　　　　$\Delta S_e, \Delta S_d$：銲冠高度和根部滲透厚度 (mm)。

F_p：根部滲透面積 (mm^2)。　　　　W_e, W_P：銲冠和根部滲透寬度 (mm)。

表 6-9　常用開槽幾何形狀的銲道斷面面積

開槽幾何形狀	銲道斷面面積方程式
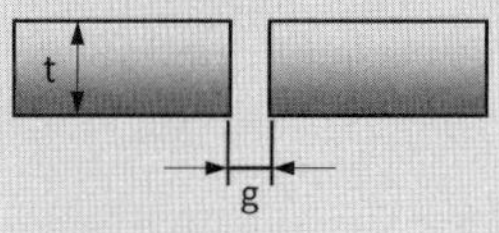	$F_g = tg$
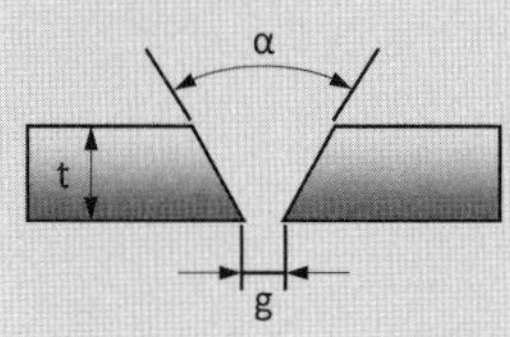	$F_g = t\left[g + \tan\left(\dfrac{\alpha}{2}\right)\right]$
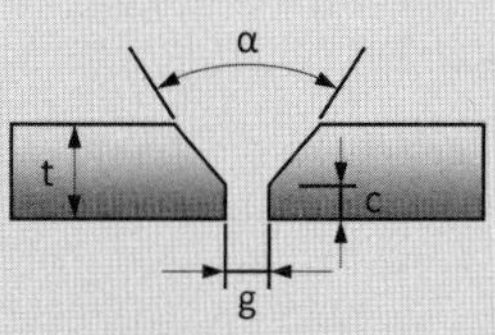	$F_g = tg + (t-c)^2 \tan\left(\dfrac{\alpha}{2}\right)$
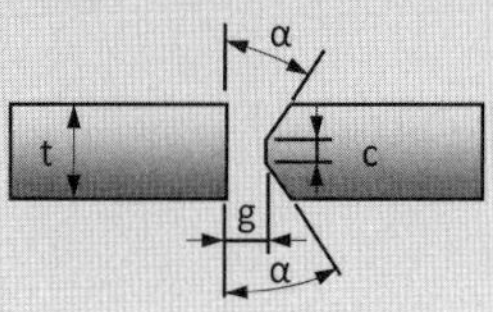	$F_g = tg + \tan(\alpha)\left(\dfrac{t-c}{2}\right)^2$

開槽幾何形狀	銲道斷面面積方程式
	$F_g = tg + \dfrac{(t-c)^2}{2}\tan\left(\dfrac{\alpha}{2}\right)$
	$F_g = \dfrac{\pi r^2}{4} + tg + \left\{2r + [t-(r+c)]\tan\left(\dfrac{\alpha}{2}\right)\right\}[t-(r+c)]$
	$F_g = a^2\tan\left(\dfrac{\alpha}{2}\right)$
a—喉深；c—根部深度；g—間隙；r—半徑；t—母材厚度；α—角度	

　　銲接耗材熔填消耗量的計算還包括材料損失。根據所採用的銲接製程，在銲接時一部分的耗材可能會蒸發或飛濺損失，例如，鎢極氣體保護銲的熔填效率為 99%，而氣體遮護金屬弧銲或潛弧銲的熔填效率約為 95% 至 99%，一般常用銲接製程的熔填效率詳如表 6-10。

表 6-10　不同銲接製程的熔填效率

銲接製程	熔填效率
Submerged arc welding	99 %
Gas tungstun arc welding	95-99%
Gas shielded metal arc welding	95-98%
Flux-cored arc welding	80-85%
Manual metal arc welding	60-65%

6.8. 熱影響區 (Heat affected zone)

銲接過程中連接兩個母材 (Parent metal) 的銲接金屬，在其本質上除了來自電極的銲材金屬 (weld metal) 外，另外亦包含兩個金屬材質的熔融混合物。隨著於熔池 (Weld pool) 金屬的冷卻，銲界的熱量只有少部分的從熔池表面逸散出，而大部分的熱量則流經接頭兩側的母材。因此，鋼材在銲接一定的距離之內會受到了強烈的熱循環，首先是加熱然後是快速的冷卻而這種熱循環與熱處理類似。而這會導致該區域內的微觀結構和機械性能發生變化，如硬度、屈服強度和韌性等。母材中的這個區域則稱爲熱影響區 (Heat affected zone, HAZ)。熱影響區由下中的以下主要區域組成：

－熔化區 (Fused zone)

－熔合線 (Fusion line)

－母材金屬熱影響區 (Base metal heat affected zone, HAZ)

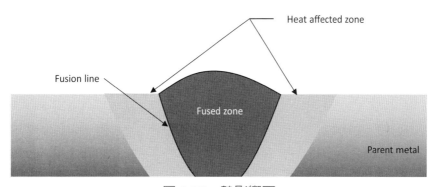

圖 6-20　熱影響區

6.8.1 熱影響區的顯微組織 (Microstructure of the heat affected zone)

爲了滿足海洋工程上大型構件組裝的需求，製造上是採用鋼材並透過銲接技術來進行連接。通常在銲接鋼材時，基於可銲性和可加工性能，低碳鋼是最佳的材料，它大部分是由肥粒鐵和波來鐵所組成的。鋼材在銲接過程中，熱影響區內越靠近熔合線的母材會承受著最高的熔點溫度，熔合線的溫度範圍約爲 1450℃～1500℃，此熔合線是由銲材金屬和母材混合物所組成。而隨著熔合邊界的距離增加，溫度則逐漸下降，直到達到熱影響區的外邊界，此時溫度低於冶金的變化範圍。由於銲接過程中母

材每個區域受到達到最高溫度不相同，因此在熱影響區域會發生不同類型的微結構轉變，而這些變化的微結構會與原母材金屬不同如圖 6-21，並且大多具有較差的性能。根據熱影響區中發生的轉變，熱影響區晶粒結構類型如下：

－粗晶粒熱影響區 (Coarse Grain HAZ, CGHAZ)

　此區域的溫度大約在熔點～1100℃之間，其溫度剛好低於母材的熔化溫度，易形成麻田散鐵的硬化組織。由於成長爲粗大的晶粒其韌性會明顯下降，因此它是熱影響區中最薄弱的部分，且容易發生低溫龜裂。

－細晶粒熱影響區 (Fine Grain HAZ , FGHAZ)

　此區的溫度範圍大約 900～1100℃，結晶粒變態爲細微化其韌性良好。

－臨界熱影響區 (Inter-critical HAZ , ICHAZ)

　此區的受熱溫度範圍介於在 750～900℃之間，所以碳鋼內一部分的波來鐵會變態成沃斯田鐵，沒有變態的波來鐵中的雪明碳鐵會形成球狀組織。

－亞臨界熱影響區 (Sub-critical HAZ, SCHAZ)

　600～700℃之間，對於含碳量 <0.8% 的碳鋼，在此溫度區間以下，鋼材的微結構不發生組織變化，

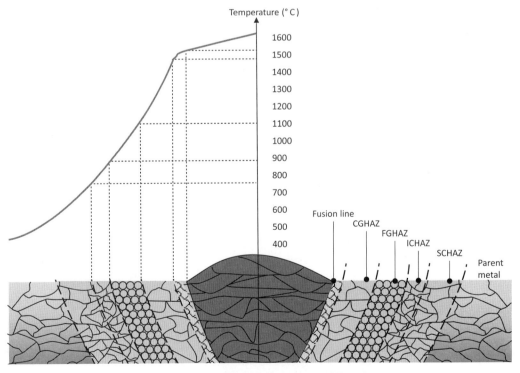

圖 6-21　銲接過程中形成的微結構示意圖

6.9. 熱影響區的開裂 (Cracking in the heat affected zone)

隨著熔融金屬的逐漸冷卻，熱影響區中鋼的金相組織由韌性轉變爲堅硬形式。而當硬度高於臨界水平時，此時金屬容易出現裂紋。銲接熱影響區 (HAZ) 的低溫開裂相關因素

－鋼材的成分 (Chemical composition of steel)

鋼材的成分與熱影響區的硬化程度有關，碳當量越高則硬度會越高，相對容易開裂。

－冷卻速度 (Rate of cooling)

冷卻速度越快則越容易產生麻田散鐵而易龜裂。

－氫致裂紋 (Hydrogen-induced cracking)

銲接時侵入的擴散氫集中在熱影響區則會發生一種氫脆化的現象。

－拘束 (Constraint)

拘束程度越大，銲接金屬的抗拉拘束應力也越大，提高了龜裂發生的傾向。

熱影響區中根據溫度的不同，區域中具有不同的特性。當熱影響區越寬，其性能變化越大。對於低合金鋼和微合金化合金，限制熱影響區寬度從而控制熱影響區晶粒生長是非常必要的。熱影響區的寬度可以通過以下方式降低和控制：

－使用低熱量輸入。

－嚴格遵守道間溫度 (Interpass temperature) 限制。

－擺動運行銲接的使用應受到限制，因爲擺動銲接會因行進速度降低而產生高熱量輸入。

6.9.1 鋼的化學成分 (Chemical composition of steel)

鋼材的化學成分與熱影響區的硬化程度有關，其中碳是鋼中主要的強化元素，碳當量越高則硬度會越高，相對容易開裂。然而，增加的碳含量會損害鋼的延展性和可銲性。因此，爲了在鋼中獲得更好的物理性能（同時保持低碳含量），通常在煉鋼過程中添加其他外加劑或合金。然而，其中一些合金，例如錳和鉻會增加金屬的硬度，卻從而增加熱影響區開裂的風險。

參考本書 5.5. 節說明，在結構鋼中，碳當量 (Carbon equivalent values, CEV) 的值一般在 0.35 到 0.53 之間。隨著鋼材 CEV 值的增加，銲接過程中的氫含量和待接合部件的預熱變得非常重要。而相對於低 CEV 的鋼材，由於開裂的風險較小，所以可以

接受較快的冷卻速率。因此 CEV 越高，熱影響區越硬越脆，更容易產生裂紋，可容忍的冷卻速率越低。

6.9.2 冷卻速率 (Rate of cooling)

　　冷卻速度越快則越容易產生麻田散鐵而易開裂。電弧銲接過程中的移動熱源會在金屬熔化區周圍產生陡峭的溫度梯度。圖 6-22 顯示了在銲接時其斷面與沿著銲道電弧運行方向的等溫線和溫度梯度分布。

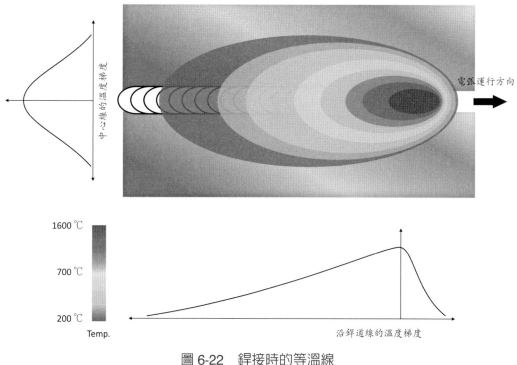

圖 6-22　銲接時的等溫線

　　來自銲接熱源區域的熱量於金屬內流動的方向會取決於板材的厚度。在厚板銲接時，所產生的熱量會在 3 維空間內沿水平和垂直方向上流動，而在薄板銲接接時，熱量則在 2 維空間的水平方向流動。該現象如圖 6-23 所示。

　　銲接過程中熱影響區若冷卻速率過快，會使鋼材相對硬且脆，因此容易發生開裂。在熱影響區中的冷卻速率取決的因素如下：

　　－高熱量輸入時需要有較慢的冷卻速率，從而降低熱影響區開裂的風險。

　　－較厚的板材相對於薄的其冷卻速率更快，因此更容易在熱影響區內出現裂縫。

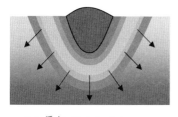 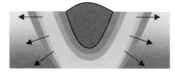 

(a) 厚板 Thick plate　　　　(b) 適中間 Intermediate plate　　　　(c) 薄板 Thin plate

圖 6-23　各種板厚之熱流

　　為了降低熱影響區中因冷卻速率所造成可能發生的裂紋，一般工程上的做法是採用預熱 (Preheating) 以降低其溫度梯度，進行預熱也有助於從銲道金屬中減少及分散氫，從而降低其脆化的風險。預熱的其他用途是在潮溼條件下去除表面水分，以及在寒冷環境中保持環境溫度。

6.9.3 氫致裂紋 (Hydrogen-induced cracking)

　　1988 年在阿根廷外海的鑽油平台發現在定位樁內有嚴重的開裂，這些裂紋都發生在高強度材料的銲道熱影響區內，經分析原因後為氫誘發的應力腐蝕開裂，而不是因疲勞所導致的裂紋。

　　銲接中擴散氫 (Diffusible hydrogen) 在熱影響區所引起的裂紋也稱為銲裂 (Underbead crack)、冷裂 (Cold crack) 或延遲裂紋 (Delayed crack)，它通常發生在溫度低於 150℃ 以下，冷卻後立即或幾個小時後發生。這種裂紋外觀呈現鋸齒狀，通常於發生熱影響區，但也會發生在銲道，通常會橫向於銲接方向並與表面成 45° 角，相關氫裂紋類型如圖 6-24 所示。

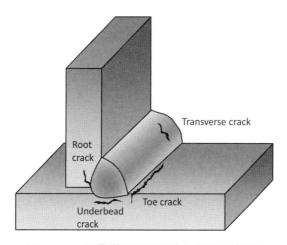

圖 6-24　熱影響區和銲道上氫裂紋類型

　　氫源來自銲接過程本身或母材上的水分、潮溼的銲劑和周圍空氣中的水蒸氣。常用銲接製程的氫含量如圖 6-25 示，從圖中可以知道採用 TIG 銲接製程於 100 克的銲接金屬具有最低的氫含量。

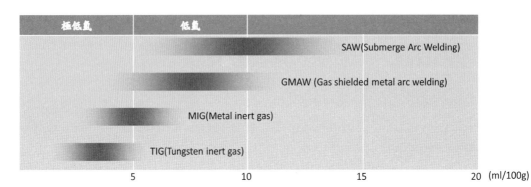

圖 6-25　常用銲接製程的氫含量

　　導致氫致裂紋有三個因素，這些因素分別是：

－足夠量的擴散氫

－易受影響的微觀結構

－拉伸應力

而氫致裂紋要上述這三個因素都要同時存在，若缺少一個則不會發生。

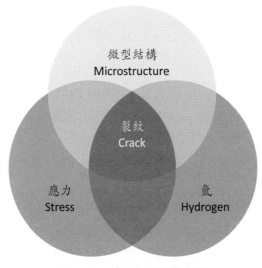

圖 6-26　氫致裂紋的要素

以下說明銲接時擴散氫如何引起熱影響區開裂。

－銲接作業中，氫氣是由銲接電弧中的水蒸氣或碳氫化合物分解產生的。因此，熱影響區中的金屬可以從電弧中的熱氣中迅速吸收這些氫氣，如圖 6-27(a) 所示。

－圖 6-27(b) 當氫氣一旦進入銲道金屬內，氫原子因為它們的直徑遠小於金屬的晶格尺寸，因此可以成為擴散氫迅速擴散到母材的熱影響區內。

－由於金屬在冷卻和相變化期間排斥擴散氫，因此這些擴散氫會集中在基體中的微型結構錯位和空隙處。冷卻後在空隙中形成雙原子氫或分子氫會導致局部拉伸應力增加殘餘拉伸應力，如圖 6-27(c)。

－圖 6-27(d)，當銲接部件冷卻後並存有足夠的拘束應力時，此時形成裂紋。

為防止氫裂減少銲接時的不利影響，建議可以採取以下措施：

－銲接部件的預熱和銲接熱輸入應平衡，以降低冷卻速度，從而避免熱影響區淬火至高硬度。

－銲接後實施保溫緩冷，降低殘餘應力。

－應使用低氫銲材和其他消耗品，以儘量減少銲池中的氫含量。

－銲材應儲存在乾燥之地點。

－銲接部件去除油脂、油漆、水分等。

－金屬儲存不當後的腐蝕產物也是吸收氫的來源，因此銲接前須清潔金屬表面。

6.9.4 拘束 (Constraint)

拘束是影響銲接接頭斷裂行為的重要因素。在銲接作業時，其周圍的熱影響區承受著來自母材於加熱結合期間試圖移動的兩個相鄰區域或受到不相鄰區域的應力影響。當所有的應力結合在一起的時候，一般鋼的延展性及強度通常足以抵抗這些應力。但是，當應力條件高於材料的屈服強度時，金屬上則會透過銲接區域的某處形成小裂縫，而這些裂縫通常在熱影區內。

圖 6-28 說明管狀件縱向接頭與周向接頭所承受的應力。管狀件通常是由金屬鋼板製成，這些鋼板經過捲板機 (Rolling machine) 捲製成圓管狀，然後先透過銲接沿縱向接頭 (Longitudinal joint) 結合，之後於周向接頭 (Circumferential joint) 將兩圓管結合。在縱向接頭上銲道和熱影響區內會承受著周向應力，而於周向接頭上則會承受著縱向應力，而於縱向接頭上的周向應力是大於周向接頭上的縱向應力

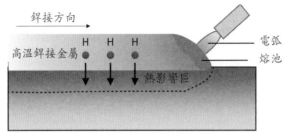

(a)銲接電弧中的水蒸氣或碳氫化合物分解產氫

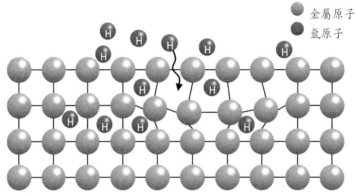

(b) 熱影響區氫迅速擴散到母材

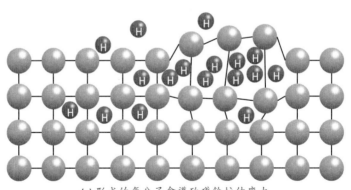

(c) 形成的氫分子會導致殘餘拉伸應力

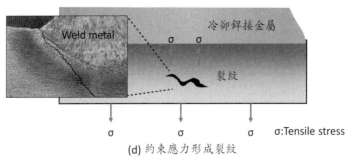

(d) 約束應力形成裂紋

圖 6-27　擴散氫造成開裂機制

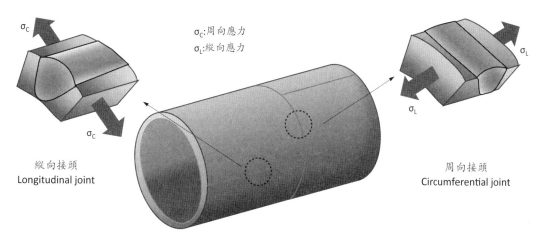

σ_C:周向應力
σ_L:縱向應力

縱向接頭
Longitudinal joint

周向接頭
Circumferential joint

圖 6-28　管狀件縱向接頭與周向接頭所承受的應力

為降低拘束對銲接時的不利影響，可以採取以下措施：

－在接頭設計中應避免使用高拘束銲道幾何形狀。

－降低接頭內的殘餘應力。

－正確的坡口形式和銲接順序。

6.10. 影響銲道性能的參數 (Parameters affecting weld metal performance)

　　海洋工程製造中的銲道機械性能一直是所有參與製造過程的人員所特別關注的，因為熱影響區中熔合線附近的粗晶粒區域，易形成硬脆的麻田散鐵的組織，而這組織很難通過銲後熱處理來進行改善。

　　在銲接時所產生的銲接熱循環 (Welding thermal cycle) 的溫度 - 時間曲線如圖 6-29 所示，銲接過程間，隨著電弧的接近，溫度迅速上升到最大值 (T_{max})，對於低碳鋼和低合金鋼熔合線附近最高溫度可達 1450～1500℃，相變溫度 (T_H) 以上停留時間越長 (t_H)，則有利於沃斯田鐵的均質化過程，增加其穩定性。然而由於銲接時短暫加熱溫度越高，引起晶粒成長的時間越短，則會導致韌性降低。若冷卻時間越短，銲道附近的熱影響區其硬度則越高，這種情況可能會促進裂紋的形成。雖可以藉由提高預熱溫度，來延長冷卻時間，但熱影響區的硬度亦會降低，其衝擊性能也會下降。

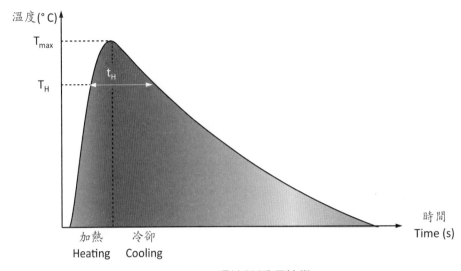

圖 6-29　銲接熱循環特徵

　　熱循環可以是一次或複合的，單層銲接時為簡單熱循環，銲道內的每一點只被熱源一次性加熱。當進行多道次銲接時，在銲道內則會發生復合式的熱循環。在這種情況下，銲道內每個點可以根據銲接道次的數量被加熱和冷卻幾次。

　　多道次銲接由於前一道銲道對後一道銲道有預熱作用，而後一道銲道對於前一道具有回火熱處理作用，因此，多層道次銲比單層銲從提高銲接品質來看更為優異。

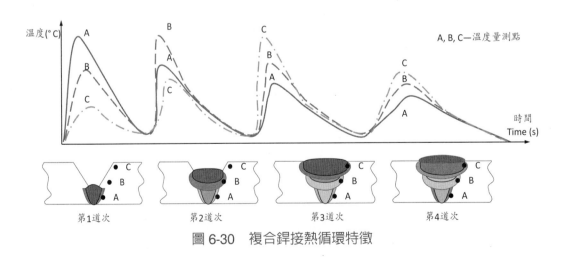

圖 6-30　複合銲接熱循環特徵

　　由於銲接熱循環具有加熱速度快、峰值溫度高、冷卻速度大和相變化溫度以上停留時間不易控制的特點，這些直接影響到銲道及接頭的組織變化。另外，銲接時的熱

量於金屬內散熱的方向取決於板材的厚度,當銲接比較厚的工件時,其散熱是 3 維空間的,而在薄板銲接接時,散熱則在 2 維空間的水平方向流動,可參考章節 6.9.2 冷卻速率 (Rate of cooling)。因此,熱循環對銲道的機械性能具有決定性之影響,熱循環又取決於銲接條件。這些銲接操作條件是許多由變數所組,例如採用的銲接製程、電弧電壓、銲接電流、銲接移行速度、工作溫度、板材厚度、銲接程序和銲接形狀等。

在銲接過程中,熱輸入是用於衡量向工件提供多少能量以形成銲道的量度值。它以每單位長度的能量單位來衡量,在歐洲以 kJ/mm 為單位,而在美國,則以 kJ/in 為單位。

總銲接熱輸入的概念涉及考慮:

－預熱和道間溫度 (Preheating and interpass temperature)

－電弧能量輸入 (Arc energy input)

影響離岸結構中銲接金屬和熱影響區的機械性質的相關因素如下:

－銲接熱循環的臨界冷卻速度。

－母材金屬的化學成分。

－銲接操作條件的影響。

－銲後熱處理的影響。

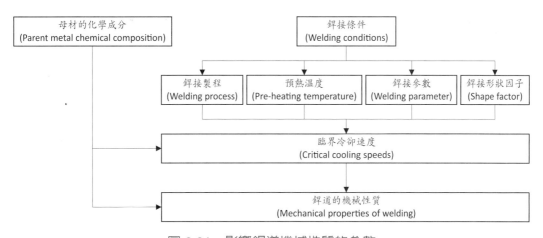

圖 6-31 影響銲道機械性質的參數

一般在開發銲接程序時,我們通常只能控制預熱溫度和接熱量輸入,以此來控制冷卻速度。就目前工程實務上在評估銲道的機械性能,除了透過上述相關因素的基本分析計算,另外,必須對所使用的金屬與銲道盡可能的執行實際測試,以建立最佳的熱輸入及銲接程序。從上述可知,最佳的銲道機械性質除基本計算分析外,還必須盡

可能地透過實際測試以獲得其銲接參數，這些都需要投入相當的人力及成本來開發所適用的銲接程序。因此，這些銲接參數及程序都是商業上重要的過程知識，必須採取適當之管理措施，以保護這些文件。

　　銲接期間發生的時間與熱循環其熱輸入會影響銲道中的冷卻速率，從而影響銲道金屬和熱影響區的微觀結構的不均勻性。由於微觀結構的變化直接影響銲道金屬和熱影響區的力學性能，因此控制熱量輸入以使得到良好的微觀結構和良好的銲接品質是非常重要。

6.10.1 預熱和道間溫度 (Preheating and interpass temperature)

　　使用預熱 (Preheating) 可以降低開裂的發生和其他問題，然而採用預熱可能會使成本上升，因此某些製造商選擇不使用預熱或是預熱不確實。然而，相較於銲接後出現的缺陷修補，其所造成的工期延長、修補以致成本上升、銲道金屬的破壞以及商譽的影響，先期依規定預熱確實能避免後續衍生之問題。

　　採取預熱的原因如下：

－因為碳鋼在沒有預熱的情況下進行銲接，那麼溫度大約從 1540℃下降到室溫約 30℃，參考圖 6-32 以 S355 鋼種的連續冷卻變態曲線 (Continuous-cooling transformation, CCT)，在連續冷卻條件下溫度在 800℃至 500℃時組織轉變區其冷卻速率更高，過快的冷卻速度將會組織轉變成硬脆的麻田散鐵組織。而當有採用預熱，可以減緩了銲道金屬、熱影響區和相鄰母材的冷卻速度，從而使金屬具有良好的微觀結構，防止形成麻田散鐵組織，並防止銲道金屬和熱影響區開裂。

－預熱是根據要銲接的母材的碳當量來確定的，當碳當量高於 0.40% 時，火焰切割邊緣和銲道的熱影響區可能會發生開裂。碳當量越高，對預熱的需求就越高，圖 6-33 提供金屬鋼材於不同碳當量及不同厚度下所建議的預熱溫度曲線。預熱的溫度除了可以透過曲線方式確定，也可以使用 EN 1011-2 標準中的公式確定，公式如式 (6-4)。

－銲接電弧會將水氣分解為其基本元素氫和氧。這兩種氣體在高溫下很容易被吸收到銲道金屬中，其中氫是導致銲道和熱影響區開裂的關鍵作用。因為氫被吸收到銲道金屬中，當銲接部件冷卻後並存有足夠的拘束應力時，此時可能形成氫致開裂，可參閱 6.9.3 章節。預熱將有助於氫從鋼結構中擴散出來，從而防止了氫致開裂的機會。

— 當熔池冷卻時會產生熱應變，由於母材金屬會抑制銲道金屬的收縮，而當接頭的橫截面積不足以承受由此產生的拉應力，此時銲道內部會發生開裂。通過降低溫差和冷卻速度，預熱將可以減少熱應力。它有助於降低金屬膨脹和收縮率，這在高度拘束的接頭中尤其重要。

— 預熱可以提供熱損失補償，因為較厚的鋼材具有高導熱性的在銲接過程中可能需要預熱以確保適當的熔合。

— 預熱可以去除接頭區域的油脂、油、水分和氧化皮，從而加快銲接速度。

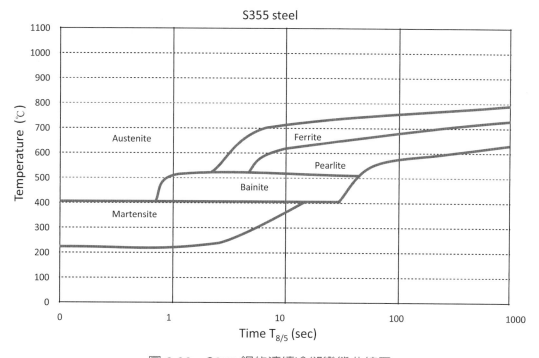

圖 6-32　S355 鋼的連續冷卻變態曲線圖

$$T_P = 697 \times CET \times 160 \times \tanh\left(\frac{d}{35}\right) + 62 \times HD^{0.35} + (53 \times CET - 32) \times Q - 328 \quad (6\text{-}4)$$

式中

T_P：預熱溫度 (℃)

CET：碳當量 (%)，$CET = C + \dfrac{Mn + Mo}{10} + \dfrac{Cr + Cu}{20} + \dfrac{Ni}{40}$。

d：單一板厚 (mm)。

HD：擴散氫含量 (ml/100g)。

Q：熱輸入 (kJ/mm)。

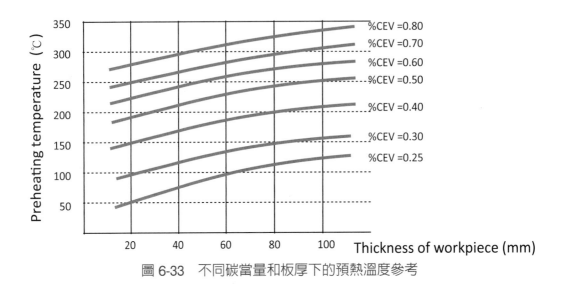

圖 6-33 不同碳當量和板厚下的預熱溫度參考

決定預熱溫度的一般考慮因素如下：

－規範的最低要求。

－電極的氫含量。

－銲接操作條件。

－環境溫度。

－母材厚度。

－母材金屬成分及條件。

預熱雖可以產生許多有益的效果，但是預熱成本相當的高，如果不了解所涉及的基本原理則可能會成本的浪費，並可能會降低工件的完整性。因此待銲接接頭必須在完成合乎要求的組裝條件下才可以進行預熱，另外，使用比需求更高的預熱溫度是一種謹慎的操作技術，應儘量避免在技術不確定性的情況使用更高的預熱溫度。

過度預熱的不良影響

－由於緩慢的冷卻速度和較寬的溫度分布，因此它會導致更大的熱影響區。

－較慢的冷卻速率會導致抗拉強度降低和延展性增加。

－過度預熱會對銲接部件的衝擊韌性性能產生不利影響。

道間溫度 (Interpass temperature) 它是在多道次銲道的第二道道次和隨後的每道道次之前銲接區域內金屬的溫度，他和預熱溫度一樣通常控制在一定的溫度範圍內。在工程執行中，規定的最低道間溫度其實是在要求最低的預熱溫度，但於銲接程序規範書、銲接程序評定紀錄或其他文件中指定的道間溫度是針對最高規定的道間溫度，通常以最高溫度表示。道間溫度的控制，可以使下一道銲接前，溫度持續維持在一定溫

度之下，不僅可降低熱應力，且由於可以讓銲接過程中的氫氣逸出，因此也能降低氫致開裂的問題。所以這兩個的溫度控制在銲接作業中是同時放在一起規定的。另外，由於根部道次的冷卻速度比其餘道次快，應力集中度更高，因此根部道次可能需要比剩餘道次的最小道間和預熱溫度更高的溫度。

　　一般來說，當厚度大於 25 mm 的低碳鋼須採取預熱。然而對小於 25 mm 預熱，仍須根據化學成分、銲道金屬的擴散氫含量、環境或截面厚度的增加其預熱需求也會增加。對於一般離岸結構用碳鋼碳當量約 0.30～0.40%，銲接期間依據板材厚度其預熱及道間溫度建議如下並可參考圖 6-34。

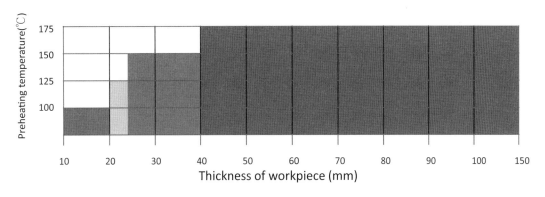

此圖表適用碳當量於在 0.30～0.4% 之間單一板厚鋼材

圖 6-34　鋼材於銲接期間預熱及道間溫度參考

　　預熱溫度基本是依據母材的碳當量，當超過該預熱溫度以上大約 40℃對於一般碳鋼是可以接受的。然而，對於採用淬火 (Quenching) 和回火 (Tempering) 生產方式的調質鋼種，其在過高的預熱溫度或道間溫度上進行銲接將可能對熱影響區的溫度、韌性和斷裂韌性產生不利影響。因此，對於調質鋼種或錳含量達 13% 的鋼種必須嚴格遵循最高和最低的溫度，一般控制其最高道間溫度不超過 150℃。

6.10.2　熱輸入 (Heat input)

　　電弧銲接會消耗大量的電能，最常見的銲接電源包括恆流電源和恆壓電源。在電弧銲過程中，施加的電壓會決定電弧的長度，而電流則決定輸入到工件的熱量。電弧熱輸入是電壓和電流除以銲接移行速度的乘積。所以若當銲接採用擺弧運動時，此時銲接移行速度會降低，因此增加了銲接熱輸入。而當採用較小直徑的銲條進行銲接，

銲接的電流會較低，銲接熱輸入也會減少。下面說明電流、電弧電壓及銲接移行速度對銲道成行及熱輸入的影響。

A. 電流 (Current)

銲接電流是電極末端和母材間隙內電弧所跨越電流。電流是電子的流動，電流流動的阻力會產生熱量，氣體對電流具有很高的阻力。電阻越大，電弧產生的熱量和溫度就越高。

銲接電流能將銲接耗材變成熔滴傳送到母材完成銲接，銲接電流又是形成電弧滲透到母材深度之最大決定因素。銲接電流根據銲接條件包括板厚、銲接位置、銲接速度、材質等參數選定相應的銲接電流。

電弧產生的熱量由電流決定。電流越高，銲接電弧產生的熱量越高，銲接設置越低，所產生的熱量就越低。圖 6-35 說明在電壓和移行速度保持不變的情況下，隨著銲接電流的增加其銲道明顯更深入基材中。

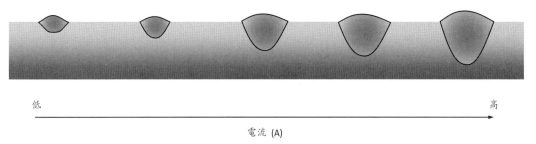

低　　　　　　　　　　　　　　　　　　　　　　　　　　　　　　　高

電流 (A)

圖 6-35　固定電壓下銲接電流對銲道成型的影響

B. 電弧電壓 (Arc voltage)

電弧電壓是允許銲接電流的承載力。電弧電壓越高，銲接能量越大，熔化速度就越快，銲接電流也就越大。電壓控制電弧長度，它是電弧內電極和母材熔點處之間的距離，也是決定銲道外觀形狀的最大因素。隨著電弧電壓的不同，對其電弧長度及銲道影響如下：

－電壓增加，電弧長、銲道會變寬且扁平，熔入淺，其寬深比也會增加。

－電壓下降，電弧短、銲道表面凸，熔入窄且深。

圖 6-36 顯示了在銲接移行速度和電流強度保持恆定的同時，電壓對銲道成型的影響，很顯然的，電壓對滲透的影響很小。

過高的電壓會使銲道表面平坦、凹陷或銲蝕的銲道。電壓太低可能會產生劣質銲

道，或者可能導致熔合不良。

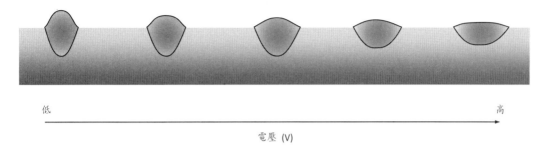

低　　　　　　　　　　　　　　　　　　　　　　　　　　　　　　　　高

電壓 (V)

圖 6-36　固定電流下銲接電壓對銲道成型的影響

C. 銲接移行速度 (Travel speed)

　　除了電壓和電流，銲接移行速度是電弧銲中決定熱輸入量的變數之一。控制銲接移行速度可以確保良好的銲接熔深和避免缺陷。銲接移行速度是銲接在工件上移動的速度以每分鐘毫米為單位。不同的銲接移行速度對銲道熔深有顯著之影響。太快或太慢，銲接的品質都會下降。

　　－移行太慢，每單位長度熔填金屬增加，從而導致過多的銲道熔填。另外在銲接
　　　較薄的材料時，移行速度慢行會引起的過度熱傳遞甚至會導致熔穿。

　　－移行太快，電弧可能沒有足夠的時間充分熔化母材，導致銲道薄而窄，熔合和
　　　熔透性差。

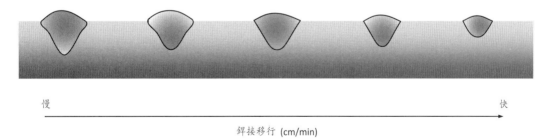

慢　　　　　　　　　　　　　　　　　　　　　　　　　　　　　　　　快

銲接移行 (cm/min)

圖 6-37　固定電流及電壓下銲接移行速度對銲道成型的影響

　　在電弧銲過程中所投入到銲道中的能量，是一個關鍵的參數，必須對其進行控制以確保一致的銲接品質。目前有有兩種計算電弧能量的方法，計算的方法是使用銲接電流、電壓和銲接移行速度。分為美國系統（ASME IX 和 AWS 標準）與歐洲系統（EN ISO 1011-1 和 PD ISO/TR 18491），這兩個系統用於計算電弧能量不同之處在

於歐洲系統附加熱效率值或稱製程效率的參數，其計算公式如下說明。

(1) 英制或美國系統銲接如下式 (6-5)

$$Q_{Ai} = A \times V \times \frac{60}{S \times 1000} \tag{6-5}$$

式中

Q_{Ai}：熱輸入以 J/in(Joule/Inch) 表示。

A：銲接電流以安培表示。

V：電弧電壓以伏特表示。

S：銲接移行速度 (Travel speed) 為銲接長度 / 銲接時間以 in/min 表示。

(2) 公制或歐洲系統

公制或歐洲系統熱輸入計算時，附加了熱效率值（或稱銲接製程效率）的參數，其熱量輸入如下式 (6-6)：

$$Q_{Ei} = k \times A \times V \times \frac{60}{S \times 1000} \tag{6-6}$$

式中

Q_{Ei}：熱輸入以 kJ/mm(Joule/mm) 表示。

A：銲接電流以安培表示。

V：電弧電壓以伏特表示。

S：銲接移行速度為銲接長度 / 銲接時間以 mm/min 表示。

k：銲接電弧熱效率值 (Thermal efficiency) 係數是指引入銲道的熱能與電弧能量消耗的電能之比。每個銲接製程都有不同的電弧能量，例如潛弧銲接 (SAW) 具有最高的電弧能量，而鎢極惰性氣體銲接 (TIG) 具有最低的電弧能量，在 EN 1011-1 規定了各銲接製程的熱效率值見表 6-11。

表 6-11　不同銲接製程的熱效率值

Code according to ISO 4063	Welding process	Thermal efficiency(k)
121	Submerged arc welding	1.0
111	Metal-arc welding with covered electrodes	0.8
131	Metal-arc inert gas welding with solid wire electrode	0.8
135	Metal-arc active gas welding with solid wire electrode	0.8

Code according to ISO 4063	Welding process	Thermal efficiency(k)
136	Metal-arc active gas welding with flux-cored wire electrode	0.8
138	Metal-arc active gas welding with metal-cored wire electrode	0.8
114	TIG welding	0.6
15	Plasma welding	0.6

6.10.3 臨界冷卻速度 (Critical cooling speeds)

銲道金屬的機械性能主要取決於其化學成分和從液相冷卻的速度。銲接熱循環對熱影響區機械性能影響的決定性因素是銲接過程中達到的峰值溫度、沃斯田鐵區的停留時間以及從沃斯田鐵區冷卻的速度。

在銲接熱循環過程中，重要的特徵參數有：加熱速度、峰值溫度、高溫停留時間、冷卻速度或冷卻時間。其中，冷卻速度或冷卻時間是影響銲接熱影響區組織和性能的主要因素。

對於低合金鋼而言，在連續冷卻條件下，在溫度 540℃ 左右時其組織變化轉變最快。因此，我們最感興趣的便是熔合線附近冷卻到 540℃ 左右的暫態冷卻速度。但在實際條件下要測定 540℃ 冷卻速度不易，於是採用溫度範圍內的冷卻時間來研究熱影響區內的組織與性能變化。

由於在低合金鋼中大多數轉變發生在 800℃ 至 500℃ 之間的溫度範圍內，因此，採用 800℃ 至 500℃ 的 t8/5 冷卻時間，則被用來評估量測低合金冷卻速度。t8/5 溫度時間週期的定義參考圖 6-38 所示。

而對合金鋼的冷卻時間，例如不銹鋼，大多數轉變發生在 1,200℃ 至 800℃ 溫度範圍之間，因此冷卻時間 t12/8，則可用來評估量測合金鋼冷卻速度。

在計算冷卻時間時，必須區分三維和二維散熱，參考章節 6.9.2 冷卻速率 (Rate of cooling)。銲接比較厚的工件時，散熱是三維的，電弧所引入的熱量可以在工件平面中以厚度方向上流通消散，因此這對冷卻時間沒有影響。然而，對於二維散熱，熱流僅發生在工件平面內。在這種情況下，工件厚度決定了可用於散熱的橫截面積，因此對冷卻時間有顯著影響。

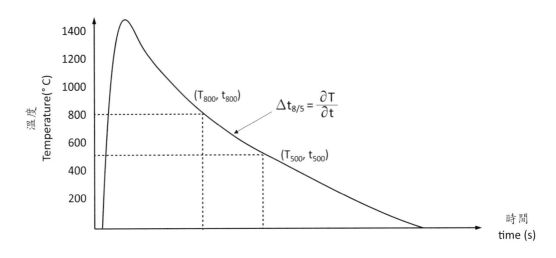

圖 6-38　銲接期間 t8/5 溫度時間週期

銲接較厚板時，冷卻時間 t8/5 以三維散熱冷卻時間如式 (6-7)：

$$\Delta t_{8/5} = (6700 - 5 \times T_0) \times Q \times \left(\frac{1}{500 - T_0} - \frac{1}{800 - T_0} \right) \times F_3 \tag{6-7}$$

式中

$\Delta t_{8/5}$：800℃ ～500℃冷卻時間 (sec)。

T_0：預熱溫度 (℃)。

Q：熱輸入 (kJ/mm)。

F_3：三維散熱的銲接形狀因子。

　　由式中，在三維散熱的情況下，冷卻時間與施加的熱量成正比，並隨著預熱溫度的增加而增加。

　　銲接薄板時，冷卻時間 t8/5 以二維散熱冷卻時間如式 (6-8)：

$$\Delta t_{8/5} = (4300 - 4.3 \times T_0) \times 10^5 \times \frac{Q^2}{d^2} \times \left[\left(\frac{1}{500 - T_0} \right)^2 - \left(\frac{1}{800 - T_0} \right)^2 \right] \times F_2 \tag{6-8}$$

式中

$\Delta t_{8/5}$：800℃ ～500℃冷卻時間 (sec)。

T_0：預熱溫度 (℃)。

Q：熱輸入 (kJ/mm)。

F_2：二維散熱的銲接形狀因子。

d：板材厚度 (mm)。

式 (6-8) 說明，二維散熱的冷卻時間會隨著單位長度能量的平方和預熱溫度的增加而增加，並且與工件厚度的平方成反比。

表 6-12　不同熱流尺寸的形狀因子

Form of weld		Shape factor	
		F3	F2
Deposited weld		1.0	1.0
Fillet weld on T or Cross joint		0.67	0.45～0.67
Fillet weld at corner joint		0.67	0.9
Fillet weld at overlap joint		0.67	0.7
Root pass of V-seams(opening angle 60°, face 3 mm)		1.0～1.2	< 1.0
Root pass of double V seams(opening angle 50°, face 3 mm)		0.7	< 1.0
Center layers of V and double V seams		0.8～1.0	< 1.0

散熱冷卻時間是透過上述兩個方程式來確定的，然而如何採用三維或二維的散熱，則需透過求解過渡板 (Transition sheet) 厚度。從三維散熱到二維散熱的過渡處的板材厚度稱為過渡板材厚度 (d_u)，如果要銲接的厚度大於過渡板厚度，則散熱發生在三維度上，反之則為二維散熱。

－銲接板厚 (*d*) > 過渡板材厚度 (*d*$_\mu$)：三維散熱

－銲接板厚 (*d*) < 過渡板材厚度 (*d*$_\mu$)：二維散熱

過渡板厚度是藉由三維和二維散熱冷卻時間的計算公式得到如下：

$$d_\mu = \sqrt{\left(\frac{4300 - 4.3 \times T_0}{6700 - 5 \times T_0}\right) \times 10^5 \times Q \times \frac{\left(\frac{1}{500 - T_0}\right)^2 - \left(\frac{1}{800 - T_0}\right)^2}{\left(\frac{1}{500 - T_0}\right) - \left(\frac{1}{800 - T_0}\right)} \times \frac{F_2}{F_3}} \tag{6-9}$$

式中

d_μ：過渡板材厚度 (mm)。

T_0：預熱溫度 (℃)。

Q：熱輸入 (kJ/mm)。

F_2：二維散熱的銲接形狀因子。

F_3：三維散熱的銲接形狀因子。

在評估臨界冷卻速度時，上述冷卻時間的計算值可能與實際值約有 10% 的誤差，因此在工程實務上，如同本 6.10. 章節所述，盡可能的實施實驗測試，以建立最佳的熱輸入及銲接程序。

6.11. 殘餘應力 (Residual stresses)

在銲接後的冷卻過程中，銲道金屬發生塑性變形，當銲道冷卻並完成塑性變形時，接頭中會出現一些應力。這些應力稱為殘餘應力 (Residual stresses)。接頭中的殘餘應力是由於銲件的加熱和冷卻而引起或產生的。在銲接過程中，銲接部分的區域內會達到熔點的溫度，但隨著銲接過程的移動，此時溫度會迅速的下降。熱量快速消散，會阻止銲道金屬與相鄰母材的均勻膨脹，並會產生殘餘應力、變形和翹曲。

橫向對銲接頭中的殘餘應力模式如圖 6-39 所示，從圖中需注意的是，從接頭的中心線向外移動，其殘餘張力會逐漸減少到零，之後，在接頭內會產生一個壓縮區，這種殘餘應力的模式存在於大多數的銲接接頭中。

在常用厚板上的 T 型件、H 型件及 Box 型件的殘餘應力如圖 6-40 所示。陸地上的鋼結構工程在大部分的情況下，銲道內存在殘餘應力對一般使用條件下的並不會造成明顯的問題，例如在低壓管道、低壓儲槽或一般鋼構，這一些接頭不需要進行任何銲後處理以消除殘餘應力。然而，在海洋工程中，則需考慮殘餘應力的影響。例如，

在低溫的環境中存在的殘餘應力可能會使材料脆化而導致脆性斷裂，可參閱第 5 章結構金屬材料。此外，離岸結構在使用的環境條件下，波動的載荷模式可能會由於殘餘應力的存在而導致疲勞裂紋。此外，在海洋環境中，某些金屬當受到腐蝕後，於此銲接接頭中存在的殘餘拉應力則會增強應力腐蝕導致開裂的風險。因此，在上述這些情況下，建議對銲接接頭進行應力消除處理 (Stress-relieving treatment)。

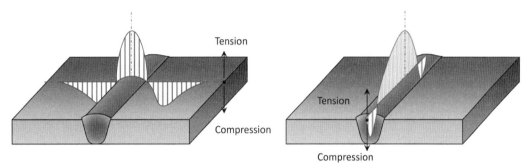

圖 6-39　橫向對銲接頭的殘餘應力

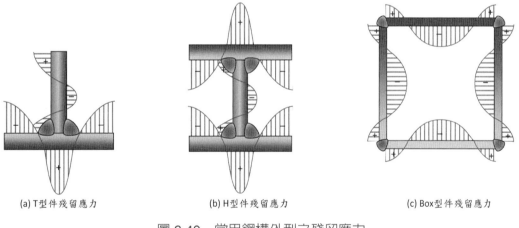

(a) T型件殘留應力　　　　(b) H型件殘留應力　　　　(c) Box型件殘留應力

圖 6-40　常用鋼構外型之殘留應力

在製造過程時對於減輕或重新分配殘餘應力，目前有一系列的工程技術可以運用，以下提供幾種控制及降低銲接殘餘應力的措施：

　─預熱可以降低金屬內的熱梯度，減少銲接產生的應力。

　─銲後熱處理可用於減輕或重新分布銲接物體中的殘餘應力。

　─規劃最適化的銲接順序和方向

　　•剛性最大的部分最後銲接，盡可能地使構件能夠較自由地收縮，以減少銲接應力。

> • 先銲錯開的短銲道，後銲長直的銲道。
>
> • 先銲縱向銲道，後銲圓周銲道。

－火焰消除應力法，是將火焰沿銲道兩側之一定距離平行移動並加熱至大約 150～200℃，隨後有兩個水冷噴槍對兩側加熱區進行降溫，加熱區因而受到控制而產生一應力，此應力作用使銲道區產生變形從而降低應力。

－錘擊消除應力法，是在每一道次後使用一定直徑之球形槌子進行錘擊，以使銲道產生變形並降低銲接應力。

6.12. 銲接接頭的疲勞 (Fatigue of welded joints)

疲勞是銲接結構部件失效的主要原因之一，銲接構件上的一個重要問題是沒有銲接是理想的 (Ideal) 和完美的 (Perfect)。銲接是一種技術，銲接結果有很大的程度上取決於銲接技術人員的經驗。儘管自動銲接的使用程度越來越多，但與銲接相關的問題仍然存在，諸如可能會出現錯位、夾雜物等缺陷。

通過銲接的組件，可能由於銲道的幾何不連續性，或銲接接頭引起的局部應力集中，在反覆的循環應力下，即便這些循環應力較低且小於母材和銲材的屈服強度，也會進而導致疲勞裂紋。裂紋的存在會降低疲勞壽命並加速失效，因此，要儘量避免所有可能產生裂紋成型的機制，以延長銲接接頭的疲勞壽命。

圖 6-41 示例，由相同金屬製成的素材和經加工或銲接構件後的疲勞壽命的比較，圖中可以看到銲接金屬的抗疲勞失效能力在銲接後會急遽下降，銲接部件的疲勞壽命會遠低於相同金屬製成的未銲接部件。原因是銲趾處幾何缺口的影響、銲道中的缺陷、微結構的變化以及銲接引起的殘餘應力。在不考慮銲道內部缺陷的情況下，銲道的疲勞破壞發生在應力集中高於周圍平均應力的區域，因此，這表示對於沒有完全滲透材料的銲道其裂紋將可能由此處發生，一般常見於銲趾或根部。

疲勞強度取決於銲接缺口處的幾何變化於結構厚度內所造成的應力分布，銲接缺口處的應力通常由三個分量應力所組成，它包括膜應力 (Membrane stress)、板彎曲應力 (Bending stress) 和銲趾上的缺口效應所引起的非線性應力 (Non-linear stress) 所組成，如圖 6-42。

膜應力是在厚度上拉伸或壓縮的應力，它是均勻分布在截面厚度上的應力平均值。板彎曲應力是在板承受負載而彎曲時，板中間斷面僅承受純彎矩，該斷面下緣縮短導致壓應力，斷面上緣伸長而承受拉應力。缺口效應所引起的非線性應力是因為細

微缺陷所造成在力學行爲上成非線性的表現，因此當達某一臨界點後將急遽失效（細微缺陷擴大延伸成爲重大缺陷）

　　爲提高疲勞性能，降低疲勞裂紋的形成，目前有兩大類改善銲道疲勞的技術，分別是降低銲趾應力集中係數技術及調整銲趾區域的殘餘應力分布技術，這將在後續章節中說明。

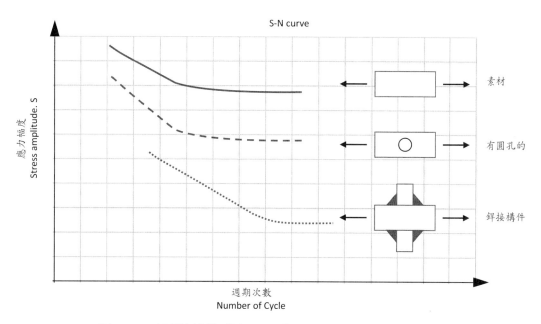

圖 6-41　相同材料規格於不同處理狀態下的疲勞壽命比較

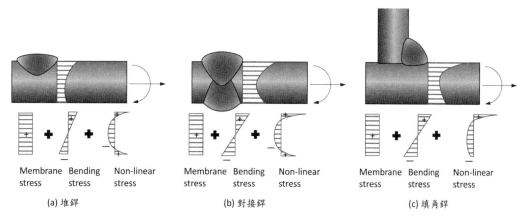

圖 6-42　銲趾處缺口應力分布示意

6.13. 銲後熱處理 (Post weld heat treatment)

銲後熱處理 (Post weld heat treatment, PWHT) 也稱爲應力消除 (Stress-relieving, SR)，它是一種用於降低或重新分配由銲接過程中引入到材料內殘餘應力的方法。一般來說，銲後熱處理或應力消除對機械性能的影響有以下好處：

—提高銲道和熱影響區的韌性。

—降低銲道熱影響區硬度。

—提高了材料的延展性。

—降低殘餘應力，從而提高使用壽命。

銲後熱處理是一項非常耗費成本及時間的作業，然而，如果不去除這些殘餘應力，則可能會增加零件使用條件的應力，並可能在運作期間導致故障。因此離岸結構可依據 DNV-OS-C101(Design of offshore steel structures) 及 DNV-ST-0126(Support structures for wind turbines) 之要求來評估接頭銲道是否執行 PWHT 或採用替代方案省略 PWHT，其描述如下：

—對於計畫在同一位置將連續運行 5 年以上的裝置，當銲道處的材料厚度超過 50 mm 時，應對特殊區域的 C-Mn 鋼 (Carbon-manganese steels) 接頭進行銲後熱處理。然而，如果在通過斷裂力學測試、斷裂力學和疲勞裂紋擴展分析的適用性評估後，證明銲接條件下銲道可以得到令人滿意的性能，則可以省略 PWHT。

—除單樁 (Monopiles) 外，當銲道材料厚度超過 50 mm，SMYS(Specified minimum yield stress) 大於或等於 420MPa 特殊區域的接頭應進行銲後熱處理。PWHT 的替代方案，應記錄銲接金屬和熱影響區的 CTOD(Crack tip opening displacement) 測試結果並滿足最小 0.25 mm 的要求。

銲後熱處理是一種受控的熱處理方法，銲接部件在爐中或局部加熱裝置中重新加熱到低於其臨界轉變溫度，然後在這個預定的溫度下持續一定時間之後，在緩慢冷卻。銲接後當銲道冷卻降至 100℃ 以下，就可能會發生 HIC。因此在銲後熱處理之前，必須先將銲道加熱到特定溫度並保持特定時間，具體預熱時間取決於材料類型和厚度。每一材質及厚度的 PWHT 都不盡相同，亦是專業廠商的商業技能知識，一般溫度和保溫時間的參考圖如下圖 6-43 所示。

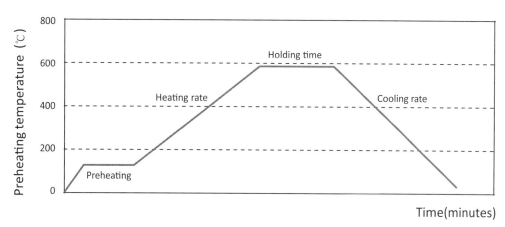

圖 6-43　PWHT 參考圖

銲後熱處理作業要點：

－由於銲後熱處理，它會影響到銲接接頭的強度和韌性和殘餘應力，因此銲後熱處理需要詳細的規劃，以確保控制加熱和冷卻的速率可以達到均勻和正確的溫度。如果 PWHT 執行不正確，以致不均勻或快速加熱的溫度梯度，從而可能導致部件冷卻時產生新的殘餘應力。

－需適用於 PWHT 的銲接耗材才能用於銲後熱處理的接頭。

－一般結構用鋼熱處理約在 550 至 620℃範圍內的均熱溫度下進行，持溫時間至少爲每毫米厚度 2 分鐘。持溫溫度和時間與銲材和鋼種而有所調整。

－淬火和回火的調質鋼其最高 PWHT 溫度應低於材料證書中規定的回火溫度以下，更高的溫度可能會改變母材的微觀結構，使其機械性能受影響。

6.14. 改善銲道疲勞的技術 (Fatigue improvement techniques for welds)

　　導致疲勞性能降低的主要原因是銲趾處的應力集中以及銲接過程中於銲趾區域的殘餘應力，這些可能會形成疲勞裂紋而導致結構失效。而爲降低疲勞裂紋的形成，可採取以下的改善技術

　　－採取降低銲趾應力集中係數措施。

　　　• 銲趾研磨 (Weld toe grinding)

　　　• 銲趾重熔 (Weld toe remelting)

　　一調整銲趾區域的殘餘應力分布，使其殘餘應力為壓應力而不是拉應力。

　　• 錘擊 (Hammer peening)

　　對於上述所有改善疲勞的技術，可參考 DNV-RP-C203(Fatigue design of offshore steel structures) 的建議，並且須要制定和遵循的標準作業程序，作業員在執行該操作程序前要接受全面性的培訓，在取得資格後才能執行相關業務，否則操作不當可能會加劇疲勞性能的降低。

6.14.1　銲趾研磨 (Weld toe grinding)

　　在本節中所提的研磨僅針對於改善銲道疲勞的技術來做說明，而不涉及因銲接製造過程中的不符合 (Non-conformances) 而導致的研磨。

　　銲接接頭銲趾區的銳角、銲蝕或銲接不連續性的結合等所造成的缺口應力，除了會降低材料的疲勞性能外，也可能成為裂紋形成點。對於緩解這種情況的方法，實務上一般是通過研磨來修整銲道銲趾，以減小銲趾角或消除銲道不連續性。

　　研磨的工具則是採用滾磨刀 (Rotary burr grinding)，透過研磨來獲得的銲趾幾何形狀以降低銲趾缺口的應力集中，如圖 6-44 所示。

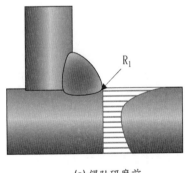
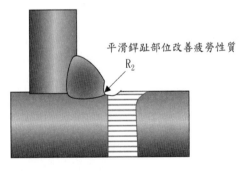

(a) 銲趾研磨前　　　　　　　　　　　　(b)銲趾研磨後

圖 6-44　研磨前後銲趾缺口應力

　　在執行前要特別注意的是，滾磨刀半徑 (r)、板厚 (t) 和磨削深度 (d) 的比例是很重要的，否則將隨著厚度的增加而造成應力的提高。一般來說，磨削深度必須延伸到底切下方至少 0.5 mm 的深度，最大深度則限制為 2 mm。對於厚度不超過 30 mm，其最大允許深度為板厚的 7%。

　　研磨操作注意事項：

　　一磨削的品質取決於操作員的技能，因此研磨前應制定詳細程序及人員須在培訓

後取得資格，始可作業。

－作業程序中應規定磨削工具、方向、表面粗糙度和最終輪廓。

－應選擇配合實際幾何形狀的最大滾磨刀直徑，一般直徑至少應為 12 mm。

－磨削深度必須延伸到底切下方至少 0.5 mm 的深度，最大深度則限制為 2 mm，
　對於厚度不超過 30 mm，其最大允許深度為板厚的 7%，以較小者為準。

－研磨時滾磨刀位於銲趾的中心，工具的軸線應與底板呈 45～60°，並與行進方
　向成大約 45°。

－研磨時可以沿銲道推動或拉動。通常，前者可以更好地建立均勻深度的直槽。

－研磨後輪廓之間的邊緣應為圓形，即不允許有鋒利的邊緣，若有構件需塗裝其
　邊緣倒圓半徑不小於 2 mm。

－研磨中不可產生較大的刻痕痕且研磨痕始終垂直於銲道方向。

－研磨後的最終表面應為光滑的，沒有可見的刻痕。

－研磨後的表面應通過認證過的非破壞檢驗方法證明表面無缺陷。

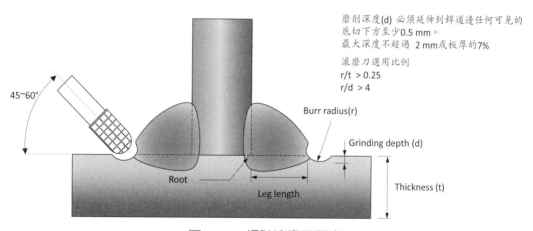

圖 6-45　銲趾滾磨刀研磨

6.14.2　銲趾重熔 (Weld toe remelting)

　　銲趾重熔目的是在銲趾周圍建立一個局部重熔區域，使其平滑其形狀來完成銲
趾，可以降低了銲趾處的應力集中，而不修改整個接頭。一般採用鎢極惰性氣體銲接
或等離子銲接，因為上述這兩種銲接製程是不需添加銲材，可以有效地將疲勞裂紋重
新熔化到母材中，並且擁有低熱輸入之特性。

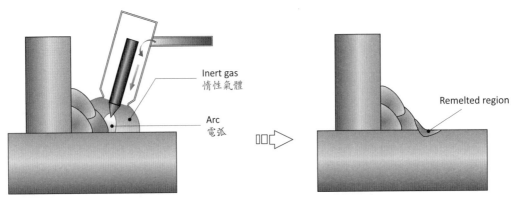

圖 6-46　鎢極惰性氣體銲趾重熔

銲趾重熔的好處與銲趾研磨相似，然而，銲趾重熔過程在工作執行時間和成本上超過了研磨。另外，銲趾重熔因為涉及了額外的銲接操作，一般是使用在製造期間未使用的銲接製程，因此銲趾重熔前亦須通過銲接程序評定，該技術還需要熟練的銲接技術人員在整個手動銲接過程中保持正確的熱輸入和電弧定位。

6.14.3　錘擊 (Hammer peening)

銲接後，銲趾處的材料會受到拉應力，處於應力 - 應變曲線的降伏點，錘擊則是引入壓縮殘餘應力的原理，於此處施加壓應力，則局部應力會減小，最終變為壓應力。由於裂紋只會在拉應力下形成，壓應力不會導致裂紋擴展。因此，從疲勞的角度來看，壓縮應力不像拉伸應力那樣具有破壞性，從而提高了疲勞壽命。

圖 6-47 錘擊法一般採用具有圓形半球形尖端的硬化鋼工具，直徑在 6 至 18 mm 之間，指向銲趾，以大約 20～100 次沖擊／秒的速度進行錘擊，並達到深度大約 0.5 mm。如果操作正確，在錘擊後，可以在銲趾處產生幾乎均勻的壓痕，藉由改善銲趾半徑和角度來減少局部應力集中。

錘擊中，由於直接從錘擊設備傳遞而來的劇烈振動嘈雜的音響，操作人員很難於長時間進行操作。另外，錘擊設備可能會以不穩定的方式移動，操作人員必須使用更多的力氣及精神，才能在處理過程中使工具保持沿著銲趾線的方向。

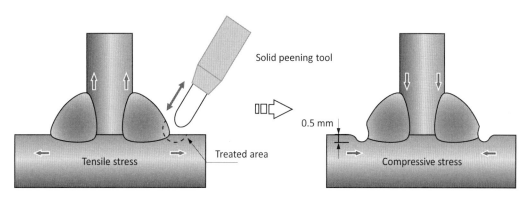

圖 6-47　錘擊法提高疲勞壽命

6.15. 銲接程序 (Welding procedure)

銲接程序的相關文件在商業上是一份相當重要的技術及過程知識文件，為確保商業製造上的競爭優勢，必須對這些資訊採取適當之管理及保護措施。

銲接是專業技術，因此需要了解母材、銲接耗材和銲接程序以及許多其他的相關因素。然而由於銲接涉及的變數眾多，為了確保銲接工程師所設定的銲接條件和銲接技術人員的操作技能可以依其規劃獲得可接受的銲道品質，因此有必要在開始實際製造工作之前對其進行檢查並通過一系列的測試來驗證。這些所有的資訊都將會記錄在銲接程序評定紀錄 (Welding procedure qualification record, WPQR)、銲接程序規範書 (Welding procedure specification, WPS) 和相關的測試報告中，圖 6-48 為一標準銲接程序開發流程圖。

每個製造商對於每個構件上的銲道執行前，試樣都必須通過銲接測試和按照規範測試來驗證 WPS。另外，每一個基本參數的變化都需要重新制定的 WPS。

6.15.1 銲接程序評定紀錄 (Welding procedure qualification record)

銲接程序評定紀錄 (Welding procedure qualification record, WPQR) 為驗證所擬定的銲接參數和程序之正確性而進行的試驗過程及結果評估。就程序而言，它是最基礎的文件，用於製作生產銲接程序規範書。

銲接程序評定紀錄目的如下：

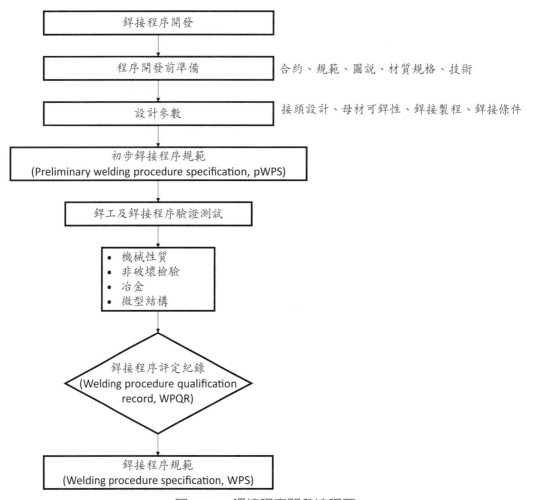

圖 6-48 銲接程序開發流程圖

—評估執行銲接作業的單位是否有能力銲出符合相關國際或行業標準、技術規範所要求的銲接接頭。

—驗證執行銲接作業的單位所擬訂的銲接程序規範書是否正確。

—為製定正式的銲接程序規範書提供可靠的技術依據。

銲接程序評定紀錄步驟如下：

(1) 預銲接程序規範書 (Preliminary Welding Procedure Specification, pWPS)。

(2) 施銲試件和製取試樣。

(3) 檢驗試件和試樣。

(4) 測定銲接接頭是否滿足標準所要求的使用性能。

(5) 提出銲接程序評定紀錄報告對擬定的銲接程序規範書進行評估。

6.15.2 銲接程序規範書 (Welding procedure specification)

銲接程序規範書 (Welding procedure specification, WPS) 是一份描述在生產製造中如何進行銲接的文件。在文件中它概述了執行銲接操作時所需的所有參數，並提供銲接作業使用之規範和標準。

WPS 內提供詳細的資訊，例如銲接程序和要使用的基材、接頭設計和幾何形狀、氣體和流量、銲接位置，並包括所有程序條件和參數，而這些參數與控制要求包含所規定的厚度、直徑、銲接電流、材料、接頭類型等範圍應符合銲接程序上所批准的範圍，以使確保經過適當培訓的銲接技術人員和銲接操作員能夠應用這些資訊及參數產出可重複性符合品質目標的可交付成果。

銲接程序規範書依據 DNV 規範（詳見 DNV-OS-C401 Fabrication and testing of offshore structures) 應至少包含以下與銲接操作相關的資訊：

－執行資格測試的承包商或分包商的標識（姓名、地址）

－WPS 的標識文件碼和所引用的 WPQR

－銲接製程 (Welding process)，包括使用一種以上製程時的順序

－多線電極的數量和配置

－銲接姿勢和前進方向 (Welding position and direction of progression)

－背襯和背襯材料 (Backing and backing material)

－預熱溫度 (Preheat temperature)

－道間溫度 (Interpass temperature)

－PWHT 參數

－準備方法，包括清潔過程

－母材 (Parent metal)：

  (a) 標準 (Standard)

  (b) 等級 (Grade)

  (c) 交貨條件 (Delivery condition)，採用 AR、N、NR、TM、QT

  (d) 碳當量 (Carbon equivalent)

  (e) 母材金屬強度 (Parent metal strength)

  (f) 母材成分 (Parent metal composition)

  (g) 板／管厚度或直徑範圍 (Plate/pipe thickness or diameter rang)

－銲接耗材 (Welding consumables)：

  (a) 商品名稱 (Trade name)

(b) 銲條或銲線直徑 (Electrode or wire diameter)

(c) 遮護氣體 (Shielding gas)

(d) 銲劑及分類 (Flux and recognized classification)

(e) 銲材金屬強度 (Filler metal strength)

(f) 銲材金屬成分 (Filler metal composition)

—接頭類型 (Joint type)

—接頭幾何形狀 (Joint geometry)：

(a) 接頭或凹槽的角度。

(b) 根部和根間隙設計尺寸。

(c) 填角銲道的喉部厚度範圍。

—銲接順序 (Welding sequence)：道次 (Passes) 或層數 (Layers) 的順序（草圖）

—電氣參數 (Electrical parameters)：電壓範圍、電流範圍、極性直流或交流電流

—遮護氣體 (Shielding gas)

—銲接移行速度範圍 (Travel speed ranges)

—根部、填充和蓋面道次的熱輸入範圍

—在冷卻到低於預熱溫度之前完成的道次

—有關所採用的清潔過程和限制的詳細資訊

—當有定位銲道 (Tack welds) 的最小長度說明

—如果採用自動銲接，埋弧銲 (SAW/121) 銲接製程的特定資訊：

(a) 銲劑 (Flux)、名稱、製造商和商品名稱

(b) 觸頭 (Contact tip)

(c) 工件距離

—氣體保護金屬極電弧銲 (GMAW/135) 銲接製程的特定資訊：

(a) 觸頭

(b) 工件距離

—氣體保護電弧銲 (GTAW/141) 銲接製程的特定資訊：

(a) 噴嘴直徑

(b) 鎢電極的直徑和編碼

(c) 熱線或冷線

(d) 銲頭 (Weld head) 和氣體導流件 (Gas lens) 的類型

以下為節點 (Node) 的基本 WPS 表格示例，表格內容中依規範要求提供相關銲接製程及所有參數。

Welding Procedure Specification(WPS)

銲接程序規範書 (According to DNV-OS-C401:2018; ISO 15614-1:2017)

WPS No./ 銲接程序規範書 WPS 編號：BW- 138/136-S355ML-01　　　　Revision/ 版次：

WPQR No./WPQR 編號：

Manufacturer/ 製造廠商：Offshore structure Corporation,

QUALIFICATION - RANGE OF APPROVAL / 資格 - 批准範圍

Method of Preparation and Cleaning/ 開槽加工及清理方法	Thermal cut and/or grinding, wire brush and degrease if required.
Parent Material Designation/ 母材種類	Plate/Pipe ISO/TR 15608:Group: 1.1 and 1.2 with limitation CEV $\leqq$ 0.40%
Welding Process / 銲接方法	138 & 136(MCAW & FCAW)
Process type / 銲接形式	138 & 136(Partly Mechanized)
Mode of Metal Transfer/ 熔滴移行型態	Short circuit/Spray/Globular
Joint Type and Weld Type/ 接頭型式	Butt joint, T joint, Full and Partial penetration
Material Thickness/ 材料厚度 (mm)	20～80 mm
Welding thickness/ 銲道厚度 (mm)	20～80 mm
Outside Diameter/ 管外徑 (mm)	OD $\geqq$ 500 mm
Welding Positions/ 銲接姿勢	All, except downwards
Multi/Single layer（多 / 單層）	Multi layer

Weld Preparation Details(Sketch)/ 接頭形狀及尺度 （圖）

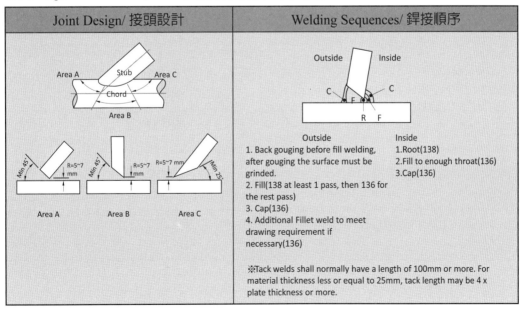

Welding Details/ 銲接條件

Run 道次	Welding Process 銲接方法	Size of Filler Material 填料材	Current 電流 A	Voltage 電壓 V	Type of Current Polarity 電流種類／極性	Run Out Length/ Travel Speed 銲接速率 (mm/ min)	Heat Input 入熱量 (KJ/cm)
Tack	138	φ 1.2 mm	180～220	25～27	DCEP	215～265	0.82～1.33
Root	138	φ 1.2 mm	180～220	25～27	DCEP	215～265	0.82～1.33
Fill	136	φ 1.2 mm	240～290	27～30	DCEP	345～420	0.74～1.21
Fill	136	φ 1.2 mm	220～270	26～29	DCEP	425～510	0.54～0.88

Filler Material Designation and Make/ 填料材之型號及廠牌：

Consumable Designation & make: ISO 17632-A T50 6 1Ni M M21 1 H5 ISO 17632-A T50 6 1Ni P M21 1 H5	
Special Baking or Drying/ 特殊乾燥或烘烤：N/A	Other Information/ 其他資訊：
Designation Gas/Flux/ 遮護氣體／銲材： ISO-14175M21(80% Ar+ 二氧化碳)	Gas Flow Rate/ 氣體流量： 15～25 L/min
Weaving(Maximum Width of Run)/ 織動 （最大銲道寬）： Maximum Width of Run ≦ 25 mm	Oscillation(Amplitude, Frequency, Dwell Time)/ 擺動（振幅 , 頻率 , 停留時間）： N/A
Backing Detail/ 背襯型式： With/Without	Distance Contact Tube/Work Piece/ 出線長度： 12～25 mm
Back Gouging Detail/ 背剷型式： With/Without	Torch Angle/ 銲槍角度： 75～90°
Preheat Temp./ 預熱溫度： >100°C	Interpass Temp./ 道間溫度： 200°C Max
Single ,Multi run/ 單道多道： Multi	PWHT/ 後熱處理： N/A

Remark（備註）：

1. For TM steel CEV ≦ 0.40, For other delivery conditions CEV ≦ 0.37%

   2-1. Tack welds shall have a length of 100 mm or more, for thickness less or equal to 25 mm, the length may be 4 times the plate thickness or more.

   2-2. Tack welds, if retained as part of the final weld, shall be free from defects and provide adequate conditions for pass welding.

   2-3. Tack welding shall be carried out by qualified welder, and in accordance with the same conditions specifying in this

WPS.

6.16. 常見的銲接缺陷 (Common welding defects)

在銲接過程中任何與相關技術設定和設計要求上所不可接受的偏差都可稱為銲接缺陷。這些缺陷造成的原因可能來自於人為行為、錯誤的電極、不良的銲接製程條件、不適當的銲接前準備、不熟練的銲接技術人員、不正確的銲接參數等。

銲接缺陷可能發生在銲接過程的任何階段，而這些缺陷會影響金屬結構的內部和外部。正確的識別銲接缺陷是非常重要的，因為這樣才能確定原因並採取是當的措施以防止再次的發生。銲接缺陷類型根據銲接缺陷的位置，它們可以分為兩類分別是外部銲接缺陷和內部銲接缺陷。外部銲接缺陷存在於表面本身，有時可以用肉眼識別。內部缺陷則是存在於某一深度的缺陷。一般常見銲接缺陷分類如圖 6-49 所示。

A. 銲接缺陷熔穿 (Burn through)

銲道熔穿是在銲接過程中銲道或母材被電弧所燒穿，它在接頭銲道上中出現一個孔，問題多發生在薄板。

原因探討：

－銲接電流過高導致熱輸入大。

－銲接移行速度緩慢導致熱量輸大。

－銲槍角度太陡，致使大部分銲接能量會直接集中到熔池中。

－擺弧時間過長，會使更多的熱量進入銲道，因此熔穿的風險增加。

－銲道間隙太大等。

降低銲道熔穿缺陷的處置對策：

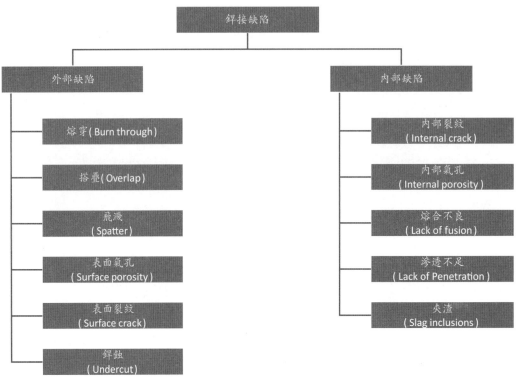

圖 6-49　一般常見銲接缺陷分類

A. 熔穿 (Burn through)

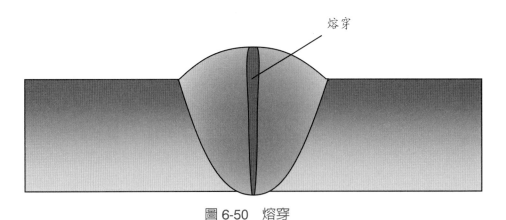

圖 6-50　熔穿

－降低銲接電流或降低送線速度。

－提高銲接移行速度。

－增加銲槍角度可以讓熱量分布在更廣泛的區域。

B. 冷裂紋 (Cold cracks)

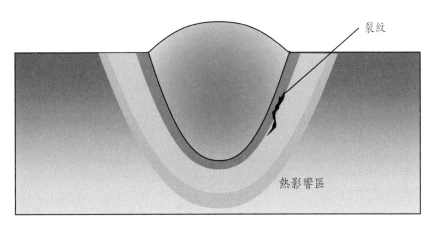

　　圖 6-51　　冷裂紋

　　冷裂紋是在銲道金屬凝固後於熱影響區內出現的裂紋，它可能在幾小時或幾天後才會出現，因此也被稱作為延遲裂紋 (Delayed cracking)。而造成冷裂紋發生的條件為材料結構敏感、含氫量高、預熱不足和有高的殘餘應力。冷裂紋的特徵是從母材上開始出現，而不是像熱裂紋那樣是從銲道上開始，並且裂紋的開裂方向平行於熔合邊界。冷卻速度越快，越有可能出現冷裂紋。如在銲接厚度大的母材時，銲接的低入熱量和較低溫的母材溫度等都會造成冷卻速率的提高。

　　為防止冷裂，建議執行以下操作：

－預熱母材以減慢冷卻速度。

－選擇低氫銲接材料。

－做銲後熱處理（氫烘烤）。

－使用加熱器降低冷卻速度。

C. 熱裂紋 (Hot cracks)

　　熱裂紋通常發生在銲接後不久的凝固階段，主要是由於母材中含有大量低熔點的元素。在煉鋼過程中常使用的一些化學元素，如硫和磷，其熔點較低，這些低熔點的元素在凝固時被推到銲道的中心。雖然這些化學元素的含量通常不足以導致銲道出現開裂的缺陷，但這些元素卻會與其他銲接相關議題結合後產生交互作用，例如銲道的寬度與深度比不當，其熔池 (Puddle) 沒有辦法保持足夠長的熔融狀態時，這些元素就會在凝固過程中偏析，因此在銲道冷卻凝固後的收縮應變 (Shrinkage strain) 會導致它們破裂並形成裂紋。

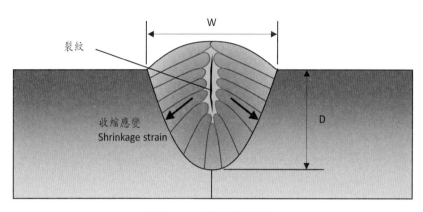

圖 6-52　凝固熱裂紋

根據它們的位置和發生方式，熱裂紋可以分爲兩種類型：

－凝固裂紋 (Solidification cracks)：發生在銲道凝固過程中，如圖 6-52。

－液化裂紋 (Liquation cracks)：發生在熱影響區中，這是由於材料的高溫加熱導致晶界上的低熔點成分液化的結果。

爲防止熱裂紋發生，可以要採取以下之措施：

－銲道的寬度與深度比要適當（理想的寬深比約 1:1 到 1.4:1)。

－母材的選擇要適當，降低對銲道有影響之合金元素含量。

－建立正確的銲接流程，避免熱流中斷。

D. 熔合不良 (Lack of fusion)

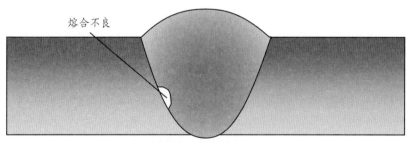

圖 6-53　熔合不良

熔合不良是由於銲材與母材之間的不完全熔合而產生的，熔合不良是內部銲接缺陷，但也可能發生在外表面上。

以下參數可能導致熔合不良的缺陷：

－低銲接電流致低熱輸入。

－相對於材料厚度的銲接電極直徑錯誤。

－銲行速度高。

－銲接接頭中未適當清潔有氧化物或氧化層。

－銲接接頭開槽角度不足或表面準備不均勻也可能是導致熔合不良的原因。

減少熔合不良的發生，可以採取以下措施：

－降低銲行速度。

－適當的銲槍定位。

－保持正確的根間隙。

－增加電流或熱量輸入。

－改進接頭表面準備。

E. 滲透不足 (Lack of penetration)

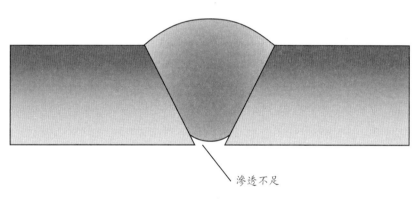

圖 6-54　滲透不足

當銲接金屬熔合深度太淺沒有完全穿透接頭時，它會產生稱為滲透不足的銲接缺陷。由於銲接深度不夠，該區域將承受很大的應力並且很容易失效。

滲透不足缺陷產生的原因：

－根面過厚。

－根間隙太小。

－銲行速度快。

－低熱量輸入。

－開槽角度太小或電極太大。

銲接缺陷的預防未完全熔透：

－減小電極尺寸

　　－提高送線速度或增加銲接電流提供適當的熱輸入。

　　－正確的銲行速度。

　　－改善開槽角度確保電弧可達到銲槽的底部。

F. 搭疊 (Overlap)

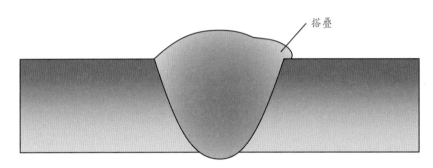

搭疊

圖 6-55　搭疊

　　銲接缺陷搭疊是發生在熔融金屬在熔池溢出，在流經母材表面而沒有與母材金屬熔合之後然後冷卻。

　　搭疊的原因：

　　－銲接時一次性完成大量的熔填。

　　－電極操作不良，以錯誤的角度進行銲接。

　　－使用高電流的熱輸入。

　　降低重疊缺陷的措施：

　　－使用正確的銲接技術以避免錯誤的電弧長度。

　　－將電極放置在適當的角度。

　　－在每次運行期間使用正確的熔填；正確的電極塗層。

　　－使用低銲接電流；熱量輸入低。

G. 氣孔 (Porosity)

　　氣孔是由銲接過程中夾帶的氣體或氣泡所引起的。這些殘留的氣體在熔融金屬凝固之前不能逸出時，則被困在銲道金屬中產生的球形小空腔，在隨著時間的推移而導致銲道坍塌並削弱銲道強度。這些氣孔存在內部也有可能在表面上。

　　造成銲接缺陷氣孔的主要原因有：

　　－銲道表面處理不當而存在油、油脂、碳氫化合物、水或銹跡。

　　－遮護氣體流量過大或使用不正確的遮護氣體。

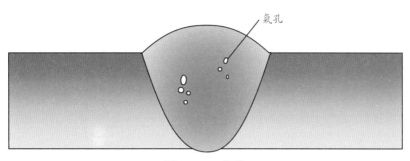

圖 6-56　氣孔

　　－電極的腐蝕塗層不佳。

　　－環境產生的氣旋擾亂遮護氣體的保護。

　　爲了減少銲接缺陷氣孔的形成，可以採取以下措施：

　　－清潔銲道確保表面沒有油、銹或其他汙染物。

　　－使用乾燥、優質的電極。

　　－最佳化銲接技術，使氣體逸出。

　　－配置正確的氣體流量。

　　－室內外施工都要做好擋風措施。

　　－降低銲接移行速度使遮護氣體能涵蓋整個熔池。

H. 夾渣 (Slag inclusions)

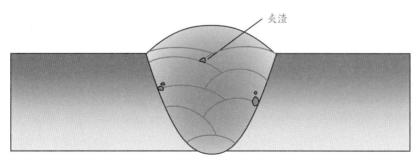

圖 6-57　夾渣

　　熔渣是銲接過程中熔化銲道或銲道頂部形成的熔渣副產品，一般來說這些熔渣會飄在銲道頂部必須處理乾淨，因爲如果需要多道次的銲道，熔渣會被包覆在銲道中成爲夾渣。夾渣容易產生應力集中和局部應變，這些都對銲道的強度不利。

　　夾渣的主要原因如下：

－使用鹼性助銲劑，特別是含有碳酸鈣的熔劑，由於其高潤溼性，熔渣傾向於浸入池中而不是上升到表面。

－低銲接電流造成較低的整體溫度，在這種情況下，熔池會迅速凝固並困住尚未浮出液面的熔渣。

－在不規則的表面上進行銲接會導致夾渣，因爲凹凸不平的表面有縫隙，會卡住熔渣。

降低夾渣可以採取以下措施：

－銲接前前清除表面上的任何水分、油和灰塵顆粒。

－研磨開槽面建立均勻的表面。

－選擇適當銲接電流避免熔渣過早凝固。

I. 飛濺 (Spatter)

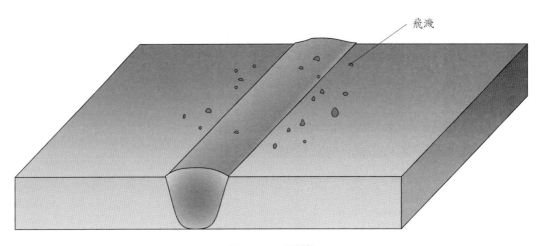

圖 6-58　飛濺

銲接缺陷的飛濺物是在銲接過程中噴出並黏附在母材或銲道表面的小球狀銲接金屬液滴。飛濺雖不會影響銲接完整性，並且可以通過刷子去除，但多道次的銲接若清除不當則可能會影響銲道。

造成飛濺的原因：

－高銲接電流會導致銲接飛濺。

－潮溼的電極。

－電弧越長，越容易出現飛濺缺陷。

－電極極性錯誤。

－使用不適當的遮護氣體。

避免銲接飛濺的措施：

－降低電弧長度和銲接電流。

－確保電極維持乾燥。

－根據銲接條件使用正確的極性。

J. 銲蝕 (Undercut)

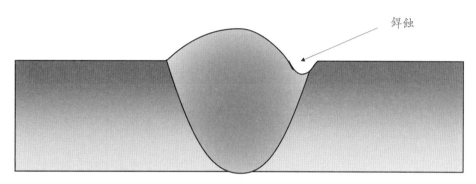

圖 6-59　銲蝕

銲蝕多平行於銲道，發生在銲道趾端其表現上類似線形槽縫或凹陷，它們的特點是清晰的深度和長度，這種缺陷在疲勞載荷期間會造成應力的提升。

銲蝕缺陷的可能原因：

－入熱量太高、銲接速度過快或電壓過高導致頂部邊緣熔化。

－電極太大。

－電極角度不正確。

－選擇不正確的遮護氣體或過度擺弧等。

採取以下步驟可以降低銲蝕缺陷的機率：

－降低銲行速度。

－降低輸入功率。

－使用正確的電極尺寸。

－減少電弧長度並降低電壓。

－在平面位置銲接。

－使用適當的電流，注意較薄的區域和邊緣。

－根據材料類型和厚度使用正確的遮護氣體。

6.17. 銲道接受標準等級 (Welds acceptance criteria)

　　生產製造之前，首先應要確定銲接接頭所須達到的品質水準。通常，每一個接頭都要建立相對應的品質等級，並且爲銲接接頭所選擇的品質等級導入詳細要求。爲此，離岸結構銲接可按照 EN ISO 5817 標準的要求，做爲評估銲接接頭品質的原則。

　　在標準 EN ISO 5817 中，對於厚度大於等於 0.5 mm 的材料，制定了三組尺寸值。這些集合稱爲品質等級，用大寫字母 B、C 和 D 指定。圖 6-60 品質等級 B 對應於銲接接頭的最高要求，等級 D 則爲最低要求，而品質等級 C 則介於兩者之間。

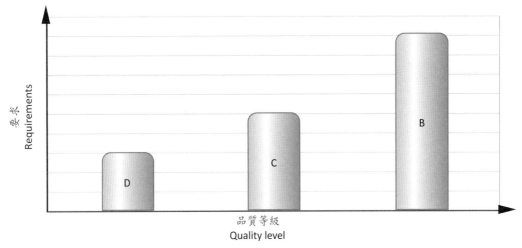

圖 6-60　EN ISO 5817 的品質等級

　　ISO 5817 標準內包括了各種的典型銲接缺陷類型，離岸結構一般銲道品質檢驗依據 ISO 5817 檢查銲道表面缺陷，如表 6-13，然構件若須塗裝則依 ISO 8501-3 之要求準備等級檢驗表面缺陷並目視檢查異物。若有要特定的品質水準則應考慮到如何執行的設計規劃、預期的處理、成本的影響和潛在失效的後果。

表 6-13 ISO 5817 銲道表面瑕疵 (Suface imperfections)

瑕疵	圖示	厚度 (mm)	允許品質等級 (單位為 mm)		
			D	C	B
斷續銲蝕 Intermittent undercut	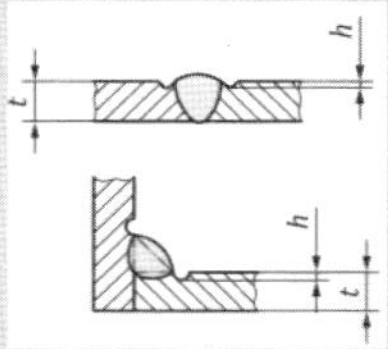	0.5~3	h ≤ 0.2 t	h ≤ 0.1t	不允許
		> 3	h ≤ 0.2 t, 最大 1	h ≤ 0.1t, 最大 0.5	h ≤ 0.05 t, 最大 0.5
對接銲道銲冠 Excess weld metal	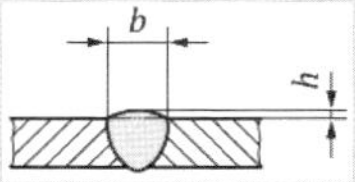	≥ 0.5	h ≤ 1 + 0.25 b, 最大 10	h ≤ 1 + 0.15 b, 最大 7	h ≤ 1 + 0.1b, 最大 5
填角銲道銲冠 Excessive convexity	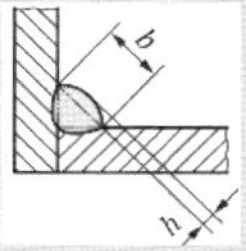	≥ 0.5	h ≤ 1 + 0.25 b, 最大 5	h ≤ 1 + 0.15b, 最大 4	h ≤ 1 + 0.1 b, 最大 3
銲趾角度不正確 Incorrect weld toe	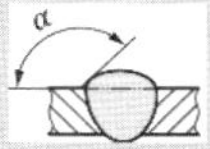	≥ 0.5	α ≥ 90°	α ≥ 110°	α ≥ 150°
	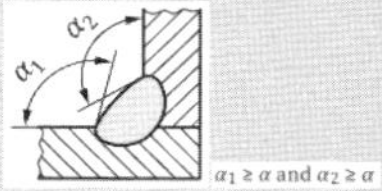	≥ 0.5	α ≥ 90°	α ≥ 100°	α ≥ 110°
搭疊 Overlap	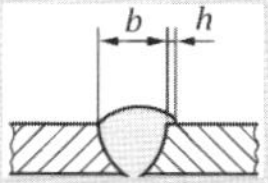	≥ 0.5	h ≤ 0.2 b	不允許	不允許
未完全填充的銲道凹槽 Sagging	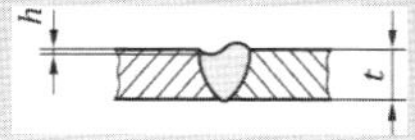	0.5~3	h ≤ 0.25 t	h ≤ 0.1t	不允許
		> 3	h ≤ 0.25 t, 最大 2	h ≤ 0.1t, 最大 1	h ≤ 0.05t, 最大 0.5

瑕疵	圖示	厚度 (mm)	允許品質等級（單位為 mm）		
			D	C	B
腳長差不等 Excessive unequal leg length	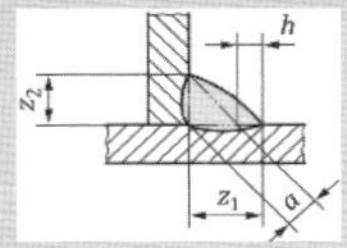	≥ 0.5	$h \leq 2 + 0.2a$	$h \leq 2 + 0.15a$	$h \leq 1.5 + 0.15a$
喉深不足 Insufficient throat thickness	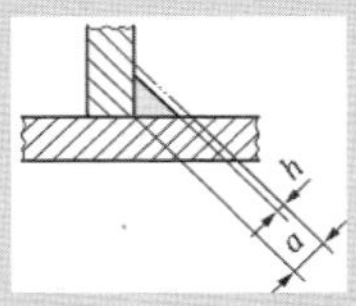	0.5～3	$h \leq 0.2 + 0.1a$	$h \leq 0.2$	不允許
		> 3	$h \leq 0.3 + 0.1a$, 最大 2	$h \leq 0.3 + 0.1a$, 最大 1	不允許
喉深過多 Excessive throat thickness	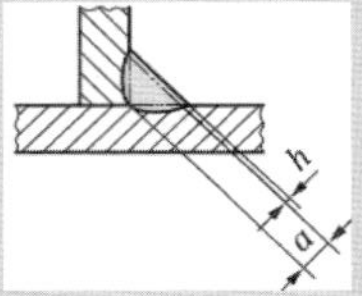	≥ 0.5	允許	$h \leq 1 + 0.2a$, 最大 4	$h \leq 1 + 0.15a$, 最大 3

表 6-14 ISO 5817 銲道接頭幾何的瑕疵 (Imperfections of joint geometry)

瑕疵	圖示	厚度 (mm)	允許品質等級（單位為 mm）			
			D	C	B	
板位間的線性錯位偏差 Linear misalignment between plates	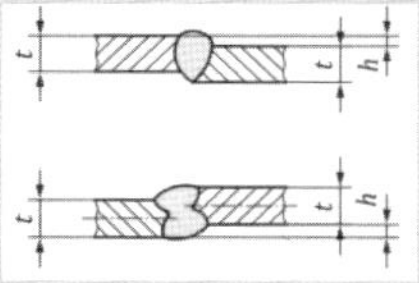	0.5～3	h ≤ 0.2 + 0.25 t	h ≤ 0.2 + 0.15 t	h ≤ 0.2 + 0.1 t	
		> 3	h ≤ 0.25 t, 最大 5	h ≤ 0.15 t, 最大 4	h ≤ 0.1 t, 最大 3	
管狀件 C 線銲道的徑向對接 Transversely circular welds at cylinder hollow sections	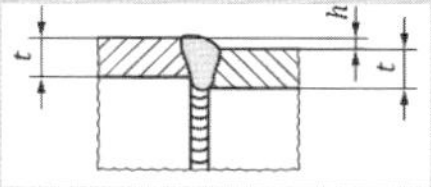	≥ 0.5	h ≤ 0.5 t, 最大 4	h ≤ 0.5 t, 最大 3	h ≤ 0.5 t, 最大 2	

Chapter 7. 離岸結構防蝕保護

7.1. 防蝕保護 (Corrosion protection)

海洋環境的腐蝕涉及包含海洋條件、氣候條件、化學、流體、物理以及生物等多領域複雜因素。離岸結構由於長年處於惡劣腐蝕環境之下，腐蝕不僅會縮短結構設施的使用年限，並且會給離岸結構帶來安全上的隱憂，而且也會提高建造和營運之維護成本。因此為使離岸結構設施營運正常，防蝕保護是離岸結構中重要的議題，其成功的關鍵在於識別結構暴露於該環境的腐蝕特性。

對於暴露在高腐蝕性環境中的離岸結構，防蝕保護基本能夠抵抗由於水和空氣中鹽濃度升高而引起的高腐蝕應力、冰漂移或漂浮物體引起的衝擊載荷及水和空氣溫度的顯著變化。也因此防蝕保護成為離岸結構製造時重要環節之一。

離岸結構保護金屬免受腐蝕方法，除了可以從設計上改善金屬的本質，選擇合適的材料，另外還能採取以下之方法：

－被動阻隔保護 (Passive barrier protection)

阻隔塗裝保護的工作原理是在鋼表面塗上一層保護塗層系統，形成一個緊密的屏障，防止鋼結構暴露在氧氣、水和鹽離子中。塗料中對水的滲透性越低，提供的保護就越好。

－熱鍍鋅 (Hot-dip galvanization)

鍍鋅是一種常見的防銹處理方式，利用電鍍或熱浸鍍鋅，在鐵或鋼表面鋪上金屬鋅的防銹方法。鋅是一種抗腐蝕性頗高的金屬，和鐵的附著性好能夠把鐵隔絕於氧氣和水，而當鋅和鐵接觸時，鋅和鐵會形成一個電池，由於鋅的活性較強，鋅成為電池的陽極，會被氧化，藉此可保護電池陰極的鐵不被氧化，即陰極保護。

－陰極保護 (Cathodic protection)

陰極保護係利用提供電池電位元的方式來抑制鐵的氧化反應。若正確使用，生銹會徹底的停止。一般的作法就是在結構上面加一個活性大於基材的金屬以形成電池，使金屬片成為電池的陽極，因此電池陽極的金屬片會被氧化，保護電池陰極的結構基材不受氧化。選用的金屬一般常用鋅、鋁或鎂。離岸結構的水下區域一般採用陰極保護法來防腐蝕。

7.2. 塗裝 (Coating)

　　與大多數可以到達的陸上鋼結構相比，海洋上的結構通常不易前往，所以海上的維護工作其成本將比陸地還要高上許多，而且要在海洋上更換結構的零組件是非常困難的。因此，海上結構使用的塗層保護系統必須設計成能夠於 20 至 25 年的使用生命週期期間來抵抗苛刻的氣候條件。離岸結構通常位於具有高腐蝕性的區域，在這些腐蝕區域，未受保護的鋼材每年將可能遭受高達 0.5 毫米的材料損失，而採用高品質的塗裝保護系統將可以降低其腐蝕影響。

　　在海洋工程中最常用的腐蝕保護方法是在金屬表面上進行塗裝。塗裝是一種被動腐蝕保護系統，用阻隔塗層將要保護的金屬與腐蝕環境隔離開來。阻隔塗層必須具有出色的阻隔性能，以防止氧氣和水等腐蝕物質的進入。塗層亦對金屬表面有足夠的附著力，有效抵抗水分的滲透，並具有足夠的延展性以抵抗開裂和強度來抵抗損壞。

　　目前對於海上工程的表面處理和防蝕塗裝的要求在國際上海洋塗裝的主要相關規範有：

　　－ISO 12944 透過保護漆系統對鋼結構進行防蝕保護。

　　－NORSOK M-501 表面處理和保護塗層。

　　－ISO 20340 海上平臺及相關結構用保護塗料系統的性能要求。

　　－NACE SP0108 防護塗料對海上結構的腐蝕控制。

　　這些規範及標準是檢驗離岸結構用於耐腐蝕、材料、耐久性和機械性能的測試標準。

　　塗裝過程包括噴砂的表面處理、塗料控制和塗裝執行應用過程中要遵循的規則。離岸結構製造商應制定執行塗裝工作的完善程序，該程序包括表面處理和執行塗裝及測試要求，塗層系統可根據 ISO 12944(Corrosion protection of steel structures by protective paint systems) 執行和監督，以下提供海洋製造商，在塗裝作業中的一般準備及建議事項：

　　－除修復維護工作外，所有塗裝工作均應在受控的溫度和相對溼度下在室內進行。

　　－在噴漆和乾燥過程中，應對噴塗廠的環境和氣候控制進行仔細的處理、追蹤和記錄。

　　－噴漆工作開始之前，應確定並檢點噴塗廠的設備已符合規範要求之條件。

　　－如果由於結構之原因而不得不於室外進行塗裝，則應在帆布遮護棚 (Canvas

shelters) 的遮蓋下進行塗裝操作,並應滿足滿足塗料製造商要求的氣候條件。上述所提之臨時帆布必須是使用特殊的防火材質的帆布。

－所有作業須確保按照國際和特定行業標準來進行,並遵循塗料技術數據表中的指南來執行。

－作業主管至少具有 FROSIO 或 NACE II 級以上的資格和認證。

－塗裝廠房須具有溫度及溼度控制,以因應所需的塗裝條件。

－塗裝作業時應隨時保持最佳的設備狀態,例如避免磨粒受到汙染或噴槍堵塞而未更換等。

－審查塗裝設施和塗裝控制的程序作業書。

－審查相關在塗裝之前、期間和之後的品質管制程序,以進一步確保獲得最佳的表面保護。

－登錄每一個不同的工作步驟,並在每次的作業程序後簽字,以確保作業品質。

－正確的表面處理和塗裝作業對於塗裝系統的生命週期非常重要,因此所有過程中的品質管制檢查是其關鍵因素。

－在正式塗裝前,所有選定的塗裝系統都必須先執行塗裝程序測試 (Coating procedure test, CPT)。

－為了確保執行塗裝前做好最佳的準備,應參考 ISO 8501-3 關於銲道和邊緣的處理建議。

7.2.1 塗裝品質計畫書 (Coating quality plan, CQP)

離岸結構上的理想塗裝應要能確保該結構在其使用生命週期期間的性能,而無需要再對已安置入海洋中的結構去進行維護。

由於離岸結構大都遠離陸地很遠的地方,若在海上進行塗裝維護作業時,從小面積的刮擦、打磨或到在大面積上進行大量的去除、表面處理和重新塗漆,這些作業在海上是非常的艱難的且會消耗大量資源、時間和成本。因此,為使所有的塗裝作業階段時應確保達到塗層規範的所有要求,並實施明確和充分的品質管制系統,使整個塗裝過程的品質可以確保塗裝系統充分發揮其性能,則訂定塗裝品質計畫書,使專案的塗裝作業可以予以規範並遵循。

由於海上的惡劣環境會迅速衰減塗層的效果,因此,海洋鋼構件的塗層應盡可能在噴塗間內進行,並在適當的溫溼度控制下以免受氣候影響。依據海事工程規範,塗裝品質計畫要求說明包括:

(1) 塗裝專案說明

－塗裝專案目標及範圍。

－專案組織圖。

－塗裝品質保證系統。

－執行塗裝的條件要求。

(2) 塗裝作業的場地說明

－室內／室外塗裝作業場地的位置及場地大小。

－塗裝件於作業場的放置布置 (Layout)。

－塗裝物料的儲放位置。

－塗裝設施和設備性能說明。

－塗裝設施的位置。

(3) 塗裝物料的儲放及管理

－儲放區要與作業區域隔離開並防止汙染。

－塗料必須存放在乾燥的區域裡，避免溫度過低結冰或溫度過高。

－每批次或不同系統之的塗料都需要有標籤，或是可以輕易辨識，避免作業員取用不當之塗料。

－過期之塗料必須和有限期的塗料分開儲存。

－開封使用中之塗料，最長存放時間不能超過塗料產品數據表 (Product data sheet) 之規定值。

－開封使用中之塗料，不允許存放在有灰塵或者其他有害的環境中。

(4) 作業人員的資格和認證

－噴砂作業人員

所有從事噴砂清理作業的人員都應經過適當的培訓和經驗豐富，並應能夠始終如一地生產所需的表面清潔度處理等級和表面粗糙度輪廓。人員應具備健康安全危害和使用的相關知識。

－塗裝作業人員

塗裝作業人員需具備健康和安全危害、防護設備的使用、塗料、油漆的混合和稀釋、油漆適用期、表面要求、品質管制等相關知識。必須透過塗裝程序測試 (Coating procedure test, CPT) 驗證來取得資格。

－主管和品質檢驗人員

離岸結構塗裝的檢驗人員應具備表面處理檢查員培訓和認證專業委員會 FROSIO(Faglig Råd for Opplæring og Sertifisering av Inspektører innen Overflatebehandling) 檢驗員 II 級或美國防蝕學會 NACE(National Association and Corrosion Engineer) 檢驗員 II 級以上資格。

(5) 塗裝程序

－作業時溫度和相對溼度範圍。

－塗裝流程圖。

－塗裝前表面處理的方法。

－執行噴塗的方法。

－單道塗層的最小和最大乾膜厚度。

－檢驗方法－如附著力測試和漏點檢測。

－損壞塗層的修復方式。

7.2.2 塗裝廠房作業設施 (Workshop facilities)

A. 磨料回收設施 (Abrasive recycling system)

噴砂 (Blasting) 表面清理是透過磨料 (Abrasives) 的棱角邊緣來有效地去除基材表面的銹蝕。噴砂作業使用的磨料尺寸對於基材表面品質的一致性極為重要，因此通過適當的磨料回收設施，這些磨料能夠於噴砂作業後並放回清潔／回收系統。噴砂表面清理中使用的新磨料尺寸可能為 G25，而當它在噴砂作業過程中分解 (Break down) 時其尺寸可能部分變為 G40，而透過磨料回收過程則可以取得這些 G40 的磨料。將這些 G40 的磨料與原 G25 的磨料混合，這樣就可以形成了混合磨料，一般實務作業中為獲得有效率地去除銹蝕並獲得良好之表面品質都會進行磨料混合噴砂。

B. 乾燥空氣壓縮機 (Dry air compressor)

壓縮空氣是塗裝作業的主要動力源，空氣壓縮機系統的主要目的是提供穩定、無汙染的壓縮空氣，利用壓縮空氣進行磨料噴砂或通過噴槍使油漆霧化，所以必須保證供給的壓縮空氣乾燥、無油、無水、無雜質。否則，塗層將受到嚴重影響，因此離岸結構塗裝對於氣體源頭的空氣壓縮機及空氣品質有特定的要求。

－壓縮空氣必須無水及無油

壓縮空氣中的油或水會造成縮孔、針孔和氣泡點等缺陷。壓縮空氣系統中須附有水氣分離器，且定期注意排放水氣，對於用於噴砂清潔的壓縮空氣供應的乾燥度和清潔度應按照 ASTM D4285(Standard test method for indicating oil or water in compressed air) 在白色吸墨紙上測試空氣來進行測試。測試時，先將白色吸墨紙黏附於固定平板上，壓縮空氣排氣口距離吸墨紙約 45～60 cm，持續

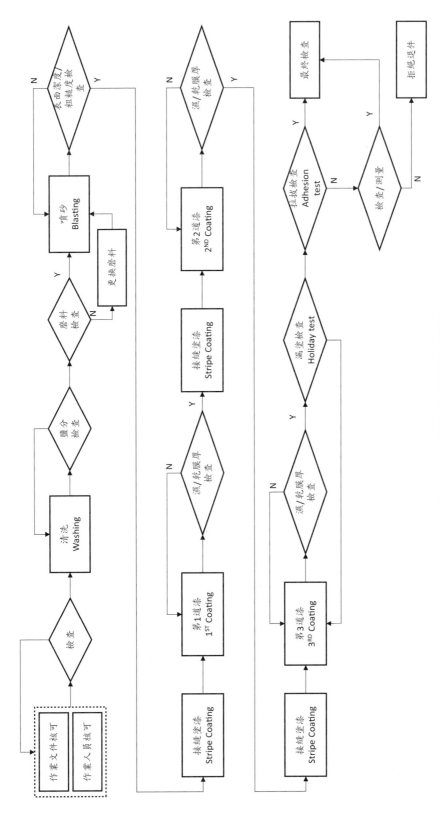

圖 7-1 塗裝作業及檢驗流程圖

1 分鐘吹洩後取下白色吸墨紙，直接目視檢驗表面是否有顆粒、雜質或汙漬及使用紫外線燈檢查是否有油脂反應的螢光表現。測試檢查應在每個班次開始前以及之後每四個小時進行一次並記錄。

－壓縮空氣壓力及空氣流量要求

由於配合作業環境的多樣性以及塗裝表面的品質需求，一般要求壓縮空氣貯槽平均壓力須達 10 bar 以上，噴嘴出口壓力須達 8 bar 以上。這些壓力的穩定性，可能會因為噴砂槍的使用數量、壓縮空氣管道系統的設置或是作業高度而有所也不同。當大量地同時使用壓縮空氣而空壓機或貯槽緩衝能量不足，此時壓力會逐步下降。另外，管道系統的壓損也會造成末端噴嘴出口壓力不足。

因此噴砂塗裝規劃時，必須評估可能發生最大的壓縮空氣使用量及可能最高的作業高程，以選用適合的空壓機及設計良好的管道系統。

C. 除溼機 (Dehumidification)

除溼機是用來降低空氣中的水分是噴砂和塗裝時控制作業環境的一種重要措施，它有助於防止閃銹 (Flash rust) 的發生。閃銹為金屬表面暴露於空氣和溼氣後不久發生的快速腐蝕，通常是在金屬表面清潔完成後幾分鐘到幾小時內所發生的金屬表面生銹。閃銹發生的原因一般為金屬表面有鹽的汙染、高溼度或兩者兼有之。由於凝結在噴砂後鋼材上的溼氣會造成表面生銹，並且會影響底漆在鋼表面上的附著力，因此多數的塗料，如果未在受控的環境中應用，將無法保證其塗裝系統的功能，這使得除溼對於塗裝設施和區域至關重要。

標準的塗層程序要求鋼材表面溫度必須要高於露點 3℃，以防止水分凝結在鋼材表面。為了避免閃銹的發生且確保塗層功能的運作，離岸結構塗裝要求其作業環境的相對溼度須低於 60%。

D. 集塵器 (Dust collector)

噴砂表面清理過程中會產生大量的粉塵，這些粉塵對作業人員的健康有重大的影響，而沉重的粉塵若掉落在已清潔處理的基材表面或已塗裝的表面將造成汙染，使塗裝品質難以管控。另外，如果這些粉塵存在任何爆炸風險或含有特定的某些有害汙染物，則可能需要額外對除塵系統提出特殊要求的過濾設計，以便能夠安全地從集塵器排出的空氣中去除這些有危害的粉塵。

除塵透過噴砂間的換氣來實現，所需的換氣量則依噴砂間尺寸、最大工件尺寸、磨料類型及通風方式來決定，可參考 ANSI Z9.4(Abrasive-blasting operations-ventilation and safe practices for fixed location enclosures) 來規劃。

E. 揮發性有機化合物的處理設施 (VOCs prevention equipment)

揮發性有機化合物 (Volatile organic compounds, VOCs) 是許多在製造油漆、藥品和製冷劑時使用和生產的人造化學品。揮發性有機化合物包括多種化學物質，其中一些可能會對健康產生短期和長期的嚴重不利影響。

常用處理 VOCs 技術包括焚化法、溼式洗滌法、冷凝法……等方式，其中又以焚化法破壞效率較高 (>95%)。

－焚化法

主要利用高溫燃燒之強烈氧化作用，使廢氣中之標的汙染物，在焚化設備內被氧化破壞而自氣流中移除。

－溼式洗滌法

利用標的汙染物相對較佳之溶解度，使在液、氣之間的擴散及化學反應將汙染物自氣流中移除。

－冷凝法

利用標的汙染物相對較高之沸點，在廢氣與低溫表面接觸過程中，使汙染物因廢氣溫度下降以達到液、氣平衡而凝結、液化自氣流中移除。

7.2.3 塗裝前表面處理 (Surface preparation for coating)

表面處理是在執行任何塗裝之前對鋼材進行基本的第一階段處理，通常被認為是影響腐蝕保護系統總體成功的最重要因素。

由於基材表面的狀況對於塗層的附著能力性能有顯著之影響，因此當鋼材表面上殘留氧化皮其基礎不良後續將會影響保護塗層的功能。鋼材表面上的汙染物可以通過噴砂 (Abrasive blasting) 清理過程去除。油和油脂也是不能存在於待噴塗之構件上，而且必須在噴砂清理過程之前去除，可採用水洗來去除油汙。表面處理過程不僅可以清潔鋼材，還可以造成適合的表面輪廓來提高塗層和鋼材之間的結合。

前處理的品質好壞，將影響著塗層的附著力、外觀、耐潮溼及耐腐蝕等，因最佳的塗層都是附著到被確實清理的表面上。當前處理工作做的不好，銹蝕仍會在塗層下繼續蔓延，致使塗層成片脫落。

塗裝前表面處理過程可分為三個步驟，每個步驟的目的分別如下：

－高壓水洗作業主要是去除表面油脂、可溶性鹽和鬆散的碎屑。

－機械清潔處理是採用手工具、電動工具或噴砂作業來去除表面銹蝕並產生粗糙度。

－清潔和除塵是要清除在機械處理過程中的碎屑、灰塵和其他殘留物。

圖 7-2　塗裝表面前處理步驟

　　各類的塗層對噴塗前的表面處理程度均有一定的要求，一般來說若要塗層的性能越佳其表面處理的要求則越高，因此在表面處理應注意事項如下：

－場所設施，如照明、通風、通路、搭架等是否達到作業所需。

－作業時的溫度、溼度等是否符合規定。

－磨順尖銳邊緣及銲道，並完全清除銲珠等其他雜物。

－表面除銹至合乎標準。

－除銹後檢測表面粗糙度。

　　在實務上，單個組件可能會有不同要求的前處理準備等級，例如管件內表面不需塗裝可爲較低等級的等級，而外表面須要進行塗裝，則要求爲較嚴格之等級。

　　因此，在組件從開始製造之前，所有相關參與作業的單位（製造商、檢驗單位、業主監造代表和協力廠商驗證單位等）之間就組件準備等級和特定的可見缺陷須必須先達成共識，以決定組件所要的表面準備等級，並確保按照規格準備表面，將可以節省時間和資源。

7.2.3.1 初始表面條件 (Initial surface condition)

　　塗裝任何基材時，第一步就是評估表面狀況。一般上結構用的熱軋鋼板大約在1000℃下時離開軋延製程，鋼在冷卻時會與大氣中的氧氣發生反應，表面會產生氧化鐵。這種氧化物是一層藍灰色的鱗片，覆蓋了鋼材的表面。

　　隨著時間的推移，大氣中的水分會通過表面上的氧化層裂縫而進入裡面，氧化層下的鋼材會開始生銹，此時腐蝕逐漸擴大並將氧化層從鋼材上推開，產生不適合塗裝的表面。另外，腐蝕會影響基材的材料厚度，因此在進行塗裝工作前，對於發生腐蝕處可能需進行量測基材的材料厚度，評估在設計上的結構強度是否有被減弱。

　　離岸結構用初始表面依 ISO 8501-1 參考本書 5.8.4 節，通常須符合銹蝕等級 A 或 B，而且應避免使用有凹坑的材料，因爲在表面處理過程中很難清除凹坑中的所有腐

蝕物。

7.2.3.2 高壓水洗 (High-pressure water cleaning)

在進行塗層之前清除金屬和其他表面上的鹽和油汙是非常重要，因為如果將塗層執行於尚未徹底準備的受汙染的表面，則可能會引起由於失去附著力而導致油漆和塗料的早期失效、腐蝕並導致重新塗附和高昂的維護成本。

如圖 7-3 所示，鹽是其中的汙染物，鹽會從環境中吸收水分，造成塗層品質缺陷。由於所有聚合物在一定程度上都可以滲透水，因此鋼和塗層的介面中形成水分子的積聚，導致塗層起泡和脫黏。另外金屬表面上的油脂等汙染物，會使塗層容易形成一層剝離膜，造成黏附力下降，塗層的品質就會受到影響。

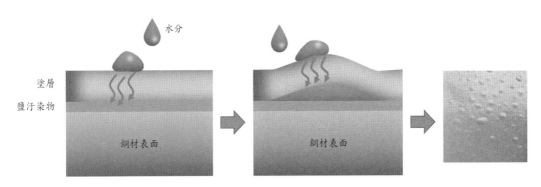

圖 7-3　起泡效果

為避免鹽或油汙造成後續塗層品質缺陷，因此在進行表面噴砂作業前，應將構件進行水洗，來清除表面上的鹽和油汙。若必要時，可依據 SSPC-SP 1 溶劑清洗規範來添加脫脂劑，將附著於鋼材表面之油脂及其他異物，以溶劑與蒸汽等去除。因為構件的鹽和油汙若無去除，噴砂過程中的磨料可能會被汙染，然後在清潔過程中會再轉移到鋼材表面，最終可能導致塗層過早失效。

在使用脫脂劑去除汙染物質時對其使用參數有特定要求，如脫脂劑的濃度、溫度和油的含量等，這些條件均會影響金屬零組件的表面清潔，需依造說明書上指示來執行。

水洗完畢乾燥後，應檢查清洗效果，一般常用 ISO 8502-6(Bresle method) 對構件進行鹽汙染測試 (Salt contamination testing)，測試方法先在構件上貼上乳膠貼片，並將一定體積的水注入乳膠貼片的腔室中，腔室中水的溶解了構件表面上的可溶性鹽，如圖 7-4 構件表面取樣示意圖。之後以注射器提取腔室中的液體，再將液體置入可溶

性鹽測試儀量測其含量，可溶性鹽換算可參考表 7-1。離岸結構建議最大允許鹽分濃度測試不得超過 20 mg/m² 。

圖 7-4 鹽汙染測試對構件表面取樣

表 7-1 Bresle 測試換算表

電導率 µS/cm	氯化物 (Chloride) mg/m²	氯化鈉 (Sodium chloride) mg/m²	混合鹽 (Mixed salts) mg/m²
1	3.6	6	5
2	7.2	12	10
3	10.8	18	15
4	14.4	24	*20
5	18	30	25
6	21.6	36	30
7	25.2	42	35
8	28.8	48	40
9	32.4	54	45
10	36	60	50

* 離岸結構表面清洗後最大允許鹽分濃度

7.2.3.3 清潔方法和等級 (Methods of preparation and grades of cleanliness)

迄今為止，徹底清潔氧化皮和生鏽表面的最有效的方法是採用噴砂 (Blasting) 清理，這種方法是讓磨粒 (Abrasives) 藉由通過在壓縮空氣射流中或通過離心葉輪以高速連續撞擊鋼材表面進行清潔，如圖 7-5。而由於鋼結構組裝上常有許多轉角或不易清潔之接合處，因此鋼結構一般常使用壓縮空氣噴砂來清潔組件，離心式噴砂則常用於清潔素材鋼板、鋼管、型鋼等或形狀簡單之組件。

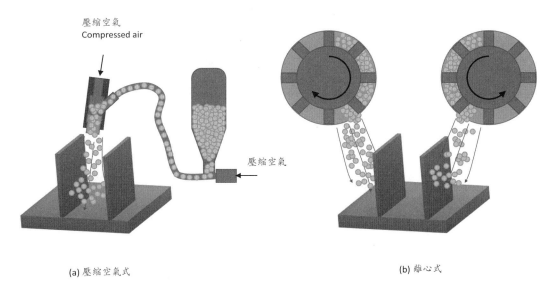

圖 7-5　噴砂工作原理

磨料可分為珠 (Shot) 磨料和礫 (Grit) 磨料，一般常用材質有鋼礫、鋼珠、石榴石或氧化鋁等，依 ISO 的磨料規範參閱表 7-2。這些磨料藉由高速衝擊到需要處理的工件表面，使工件表面上的外表或形狀發生變化。

表 7-2　ISO 標準磨料

ISO 標準	磨料類型		噴砂方法	磨料
	英文名稱	中文名稱		
金屬磨料				
11124-2	Chilled-iron grit	冷硬鑄鐵	壓縮空氣	礫
11124-3	High-carbon cast-steel shot and grit	高碳鑄鋼	離心式	珠／礫
11124-4	Low-carbon cast-steel shot	低碳鑄鋼	離心式	珠

ISO 標準	磨料類型		噴砂方法	磨料
	英文名稱	中文名稱		
11124-4	Cut steel wire	切割鋼絲	離心式	珠
非金屬合成磨料				
11126-3	Copper refinery slag	銅精煉渣	壓縮空氣	礫
11126-4	Coal furnace slag	煤爐渣	壓縮空氣	礫
11126-5	Nickel refinery slag	鎳精煉渣	壓縮空氣	礫
11126-6	Iron furnace slag	煉鐵爐渣	壓縮空氣	礫
11126-7	Fused aluminium oxide	熔融氧化鋁	壓縮空氣	礫
非金屬天然磨料				
11126-8	Olivine sand	橄欖石砂	壓縮空氣	礫
11126-9	Staurolite	十字石	壓縮空氣	礫
11126-10	Garnet	石榴石	壓縮空氣	礫

　　磨料對工件表面的衝擊和切削作用，使工件的表面獲得一定的清潔度和不同的粗糙度，使工件表面的機械性能得到改善，並增加了它和塗層之間的附著力。

　　磨料粒度 (Grain size) 是影響清潔速度和效率的重要因素。一般而言，粗粒度等級的磨料適用於處理嚴重腐蝕的表面；細粒度等級的磨料則用於清潔表面腐蝕相對較輕的鋼結構，此外，細磨料更容易去除有凹坑的銹蝕，常用磨料粒度及應用可參考表7-3。在噴砂實務作業上，一般會根據鋼表面的情況，可能需要混合不同粒度等級的磨料來去除氧化皮，並可以在表面凹坑的區域來進行清潔。離岸結構表面清潔時通常使用 G25 混合 G40 的磨料來進行噴砂作業。

表 7-3　常用磨料粒度表

磨料規格		粒度		應用
礫	珠	目數 (mesh)	粒度 (mm)	
G10	S780	7	2.80	大型鑄件的除砂，鍛造、沖壓、模鍛、軋製或熱處理後的除垢。
G12	S660	8	2.36	
G14	S550	10	2.00	大中型鑄件的除砂，鍛件和熱處理工件的除鏽，鋼板、型材和鋼結構的表面噴砂清理或花崗岩的切割。
G16	S390	12	1.70	

磨料規格		粒度		應用
礫	珠	目數 (mesh)	粒度 (mm)	
G18	S330	13	1.40	中小型鑄件、鍛件、熱處理件、鋼管、型材、鋼結構件的表面噴砂清理處理。
*G25	S280	16	1.18	
*G40	S230	18	1.00	小型鑄件、鍛件和熱處理件、鋁和銅合金鑄件、鋼板、鋼管、型材和鋼結構的表面處理。

* 離岸結構表面清潔時常用之磨料粒度

噴砂作業應注意事項如下：

－表面油汙染物必須先去除後，才可執行噴砂作業，否則這些油漬將會汙染噴砂磨料。

－鋼材上面的熱切割硬化層，由於受熱影響的鋼材表面會形成與銲接接頭處類似的微結構區，熱切割時熱量所造成的碳化作用造成表面硬化。硬化層的硬度高會使噴砂後的表面無法產出所需之粗糙度，因此必須先進行研磨處理。一般塗層在堅硬、平坦的表面上的附著力表現很差。

－作業環境的相對溼度超過 85% 或鋼材表面溫度低於露點 3℃時，不可執行噴砂作業。

－噴砂清潔用的壓縮空氣不得含有油漬或水份，空氣儲槽須附有水氣分離器，且定期注意排放水氣，其乾燥度和清潔度應依據 ASTM D4285(Standard test method for indicating oil or water in compressed air) 在白色吸墨紙上檢測空氣來進行驗證。檢測應在每次作業開始前以及之後每四個小時進行一次。

－離岸結構由於部分噴砂施工可能位於 20 m 以上高空位置，為避免管線壓降造成噴砂品質不良，一般要求壓縮空氣貯槽平均壓力須 10 bar 以上，噴嘴出口壓力須 8 bar 以上。

－噴砂作業中，需特別注意組件上較難清潔之轉角或接合處，必要時可採用手動工具來進行表面清潔。

－後續組銲處開槽面邊緣須預留往內距離約 300 mm 銲接熱影響區 (Heat-affected zone) 貼上不黏膠保護膠帶（圖 7-6），該處不進行噴砂清潔處理，俾利後續噴漆及銲接。此部分將於後續噴塗作業介紹羽化處理。

－在完成噴砂清潔後，表面粗糙度和清潔度已經符合規定之組件應盡速安排噴

塗。爲降低閃銹的發生，已完成的噴砂結構應保持在相對溼度低於 60% 以下，噴塗前的最多等待時間爲 24 小時以內。

－噴砂清潔後時應避免身體直接接觸的已處理後的表面，以避免表面汙染。

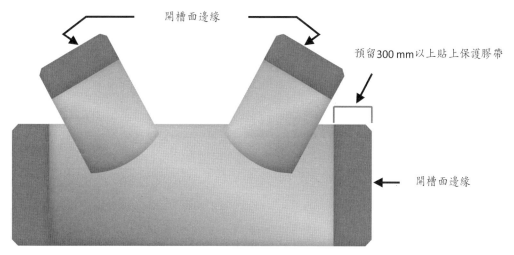

圖 7-6　開槽面邊緣須預留熱影響區不噴砂噴塗以 Node 為例

ISO 8501-1 噴砂的標準清潔度分爲四個等級爲：

－Sa 1 輕度噴砂清洗

使用一般簡單的手工刷，用砂布打磨。將所有油、油脂、汙垢、銹垢、鬆散的磨皮、鬆散的銹和鬆散的油漆或塗層完全去除的方法。然而，所有的氧化皮和鐵銹都必須充分暴露於噴砂模式，以暴露大量均勻分布在整個表面上的底層金屬斑點。

－Sa 2 徹底噴砂清理

採用噴砂作業，是噴砂處理中的最低的等級。所有的鐵銹，氧化皮、異物和舊油漆都被噴砂從表面去除，只有由銹跡、氧化皮或輕微、緊密的油漆或塗層殘留物引起的條紋或輕微的變色。如果表面有凹痕，凹痕底部可能會發現輕微的銹跡或油漆殘留物。

－Sa 2.5 非常徹底的噴砂清理（或稱近白色清理等級）

此等級的噴砂清理廣泛地用於工業上作爲技術要求和驗收的標準。在這種等級的方法中，所有的油、油脂、汙垢、氧化皮、鐵銹、腐蝕產物、油漆或其他異物都已被磨料從表面完全去除。除了非常輕微的陰影或由氧化皮或輕微、緊密的油漆或塗層殘留物引起的輕微變色。實際的應用上，這是目前用於現有噴塗

工作中的最佳的表面處理。

－Sa 3 絕對徹底的噴砂至純白金屬狀況（或稱白色清理等級）

去除表面處理的最高等級。所有可見的銹蝕、氧化皮、油漆和汙染物被從表面完全去除，使金屬外觀呈均勻的白色或灰色。這是噴砂的最高清潔度等級，用於由於異常惡劣條件而需要保護塗層發揮最大性能的地方。

對於不同銹蝕等級的鋼材（A、B、C 和 D），有不同的清潔度等級。這些在 ISO 8501-1 標準中與相關照片一起說明。清潔後的表面應根據規範與標準中的相應參考照片進行比較。表 7-4 是以鋼材銹蝕等級 A 的表面清潔度等級進行分類。

表 7-4　ISO 8501-1 清潔度等級分類

等級	描述	圖示
Sa 1	輕度噴砂清理	
Sa 2	徹底的噴砂清理	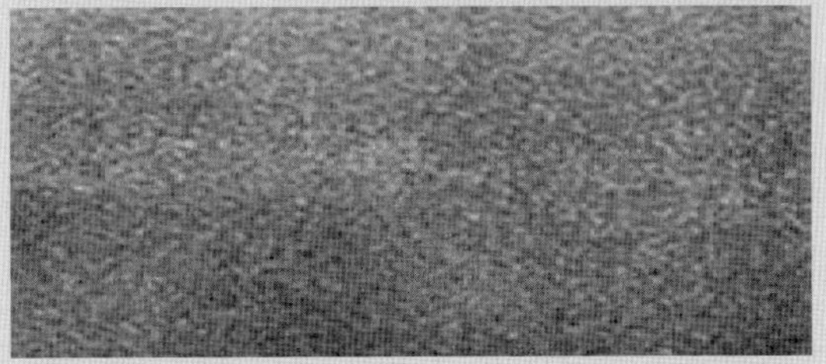
Sa 2.5	非常徹底的噴砂清理	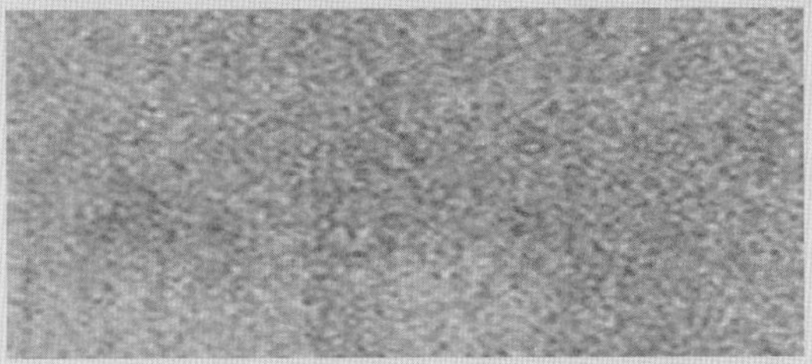
Sa 3	白色清理等級	

7.2.3.4 表面粗糙度 (Surface roughness)

基材的表面粗糙度 (Roughness) 和表面輪廓 (Profile) 對塗層的附著性能有重要影響，附著力差容易導致塗層開裂、早期剝離 (Peeling)、不能與基材配合等問題。

一般來說，附著強度會隨著粗糙度的增加而提高，因為它會增加基材和塗層之間的接觸面積進而提高附著力。因此，不僅要注意表面處理的方法，還要確定噴砂用的磨料類型和尺寸來產出所須的表面粗糙度。

磨料類型和尺寸對清潔後表面產生的輪廓和振幅 (Amplitude) 有顯著的影響。因此除了清潔度外，表面處理規範還考慮與要應用的塗層相關的粗糙度。塗漆塗層和熱噴塗金屬塗層都需要粗糙的表面輪廓來提供附著力，而這些則要藉由磨料來完成。下圖 7-7 中說明珠 (Shot) 磨料和礫 (Grit) 磨料之間的差異以及所產生的相應表面輪廓。使用珠磨料時會於表面產生凹坑，而採用礫磨料時產生棱角。

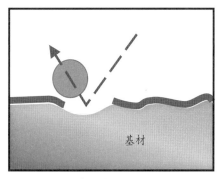 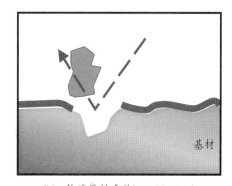

(a) 乾珠磨料噴砂(Shot blasting)   (b) 乾礫磨料噴砂(Grit blasting)

圖 7-7 珠磨料和礫磨料之間所產生的表面輪廓

鋼材經過噴砂清理時，磨料顆粒撞擊鋼表面上會出現隨機不規則性並帶有峰 (Peaks) 和谷 (Valleys) 的輪廓，峰頂和谷底之間的距離稱為深度輪廓 (Depth profile)，在公制系統中，深度輪廓使用 μm（百萬分之一米），在英制則以 mils（千分之一英寸）為單位測量，如圖 7-8。

為獲得最佳的附著力，塗層應完全填滿山谷並覆蓋山峰。一般來說輪廓越深，錨定 (Anchoring) 越大。但是，如圖 7-9 如果輪廓太深，峰突出到塗層膜厚表面之外，將導致生鏽和塗層提早失效。

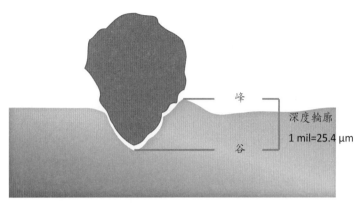

峰

深度輪廓
1 mil=25.4 μm

谷

圖 7-8　磨料衝擊所造成的深度輪廓

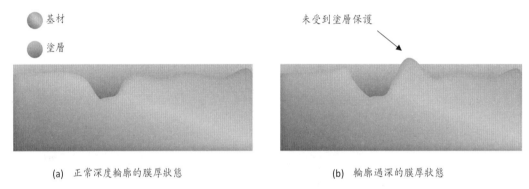

基材

塗層

未受到塗層保護

(a)　正常深度輪廓的膜厚狀態　　　　　(b)　輪廓過深的膜厚狀態

圖 7-9　輪廓深度影響塗裝系統的塗層膜厚

　　在基材表面建立足夠粗糙度的目的是爲了確保獲得最佳黏結時所需的錨定輪廓 (Anchor profile)。表面粗糙度一般採用十點平均粗糙度 Rz 值，粗糙度的評估長度先被分成五個相等的取樣長度。每個取樣長度內的最高點和最低點之間的高度差稱爲該部分的總粗糙度或 Rti，而 Rz 值是五個 Rt 值的平均值。

　　依據 ISO 8503-2 磨料噴射清理表面粗糙度等級方法，主要粗糙度等級的定義如表 7-5 所示，分別爲細細 (Finer than fine)、細 (Fine)、中 (Medium)、粗 (Coarse) 及粗粗 (Coarser than coarse) 等級。離岸結構一般採用等級分別有粗糙度中等級 50～90μm 和粗糙度粗等級 90μm 以上。

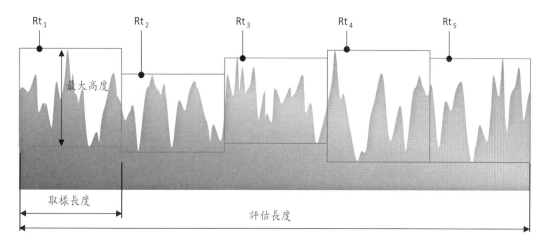

圖 7-10　Rz 最大高度粗糙度

表 7-5　ISO 8503-2 粗糙度等級的範圍

Roughness profile	$Rz(\mu m)$	
	Grit	Shot
Finer than fine	< 20	< 20
Fine	$20 \leq 50$	$20 \leq 40$
Medium	$50 \leq 90$	$40 \leq 80$
Coarse	$90 \leq 130$	$80 \leq 110$
Coarser than coarse	> 130	> 110

　　為辨識這些珠磨料或礫磨料所產生的輪廓等級，目前已經有幾種方法來測量或評估噴砂清理表面的表面粗糙度，如粗糙度比較樣板 (Surface comparators)、粗糙度儀 (Digital Surface Profile Gauge) 或複製膠帶法 (Replica tape)。目前現場作業常用的為粗糙度比較樣板。

　　粗糙度比較板依 ISO 8503 將粗糙度分級為細 (Fine)、中 (Medium)、粗 (Coarse) 及粗粗 (Coarser than coarse) 等級。

表 7-6　粗糙度比較板表面輪廓等級的範圍

Specification Profile Segment	Grit	Shot
Segment 1	25μm	25μm
Segment 2	60μm	40μm
Segment 3	100μm	70μm
Segment 4	150μm	100μm

* 離岸結構常用表面粗糙度粗等級

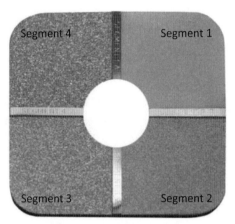

圖 7-11　粗糙度比較板

7.2.3.5 處理過程中缺陷的檢測和識別 (Detecting and identifying defects)

　　塗裝作業一般都屬於大面積的噴塗，然而在組件的邊緣尖銳處在塗裝作業過程中由於塗層固化 (Curing) 時產生收縮，這導致邊緣尖銳和銲道處從邊緣拉開，覆蓋邊緣的表面的膜厚度變薄，因此造成塗裝保護系統未達到充分的防腐蝕保護，而這是塗裝失效常見的原因之一，如圖 7-12。

　　針對組件上的缺陷，在塗裝作業前則必須先檢查並修復此類的缺陷。雖然，修復組件上由機械製造所產生的缺陷，如銲接氣孔、鋼板凹坑等，一般認為不屬於塗裝作業的工作。但是，塗層的附著力和組件的表面狀況是強相關性，而噴砂清潔過後是工作中唯一能看到整個鋼材表面的狀況，因此這使塗裝成為發現組件表面缺陷的最後一道防線。

　　如圖 7-13 銲道應避免產生不良表面如凹凸不平、銲蝕、氣孔、飛濺銲珠等，銲道的不良表面將使塗裝系統無法有效地保護組件。

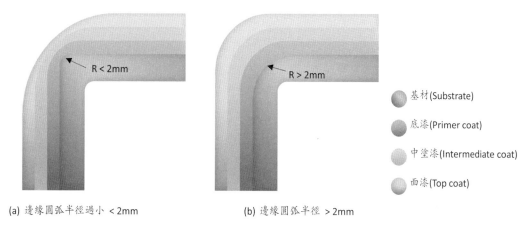

(a) 邊緣圓弧半徑過小 < 2mm　　　(b) 邊緣圓弧半徑 > 2mm

圖 7-12　邊緣處半徑影響塗層膜厚圖例

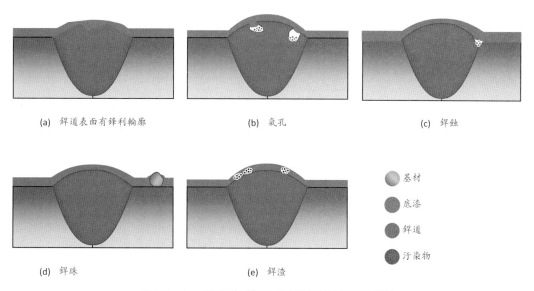

(a) 銲道表面有鋒利輪廓　　　(b) 氣孔　　　(c) 銲蝕

(d) 銲珠　　　(e) 銲渣

圖 7-13　不良銲道表面影響塗層膜厚圖例

　　為準確有效地檢測缺陷可依據 ISO 8501-3 來對組件的缺陷來進行識別，ISO 8501-3 塗裝前鋼材表面預處理將鋼材表面的缺陷分為三種：

－銲道

－邊緣

－一般鋼表面

　　檢測表面的缺陷可以從銲接接頭、切割處、穿孔和刮痕上著手。作業人員戴上手套以目視和觸摸的方式來識別出組件表面上的突出物或凹坑缺陷，並確保組件不會產生鋒利的邊緣。一些突出物的缺陷，例如銲接時的飛濺物，可以藉由噴砂處理，而有

些缺陷則需要採用研磨方式處理。當使用工具研磨這些缺陷時,除了要注意避免影響原先的表面粗糙度,另外不能將基材的厚度研磨減少到小於結構設計所允許的最低厚度。根據 ISO 8501-3 的規定,對於處理鋼材表面的可見缺陷分為三個等級,如下表7-7:

表 7-7　ISO 8501-3 鋼材表面的可見缺陷等級

等級	準備狀態	描述
P1	輕度準備	在塗層前不需準備或只進行最低程度的準備
P2	仔細的準備	大多數可見的缺陷都要進行修復
P3	徹底的準備	表面沒有明顯的可見缺陷

離岸結構塗裝前檢查銲道及鋼材表面缺陷並目視檢查異物,依 ISO 8501-3 其要求準備等級,如表 7-8、表 7-9 及表 7-10。

表 7-8　ISO 8501-3 離岸結構塗裝前銲接表面準備等級

瑕疵	圖示	等級	準備等級
銲接飛濺 Welding splatter	 a)　　b)　　c)	P1– 沒有所有鬆散的銲接飛濺物 (a) P2– 沒有所有鬆散的和輕微黏附的銲接飛濺物 (a + b) P3– 表面必須沒有任何銲接飛濺物。(a + b + c)	P3
銲接波紋 / 輪廓 Weld ripple / profile	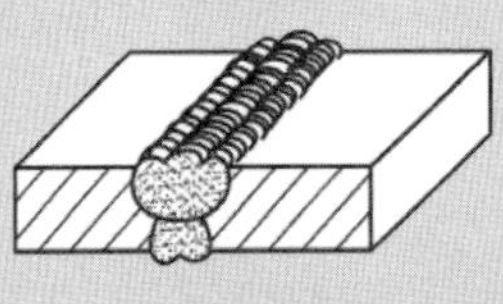	P1– 不用準備 P2– 表面應修整以去除不規則和鋒利的輪廓 P3– 表面應完全修整,即光滑	P2
銲渣 Welding slag	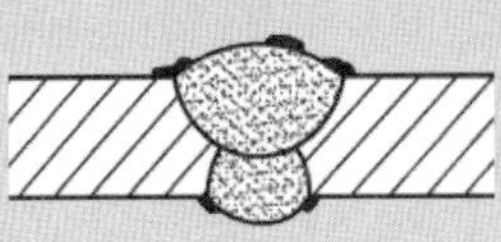	P1– 表面不得有銲渣 P2– 表面不得有銲渣 P3– 表面不得有銲渣	P3

瑕疵	圖示	等級	準備等級
銲蝕 Undercut	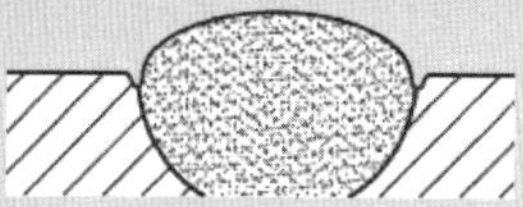	P1– 不用準備 P2– 表面不得有尖銳或深的銲蝕 P3– 表面不得有尖銳或深的銲蝕	P2
銲接氣孔 Weld porosity	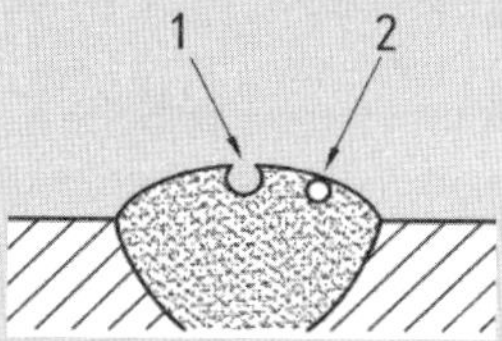	P1– 不用準備 P2– 表面孔隙應足夠大，以允許油漆滲透 P3– 表面應無可見氣孔 1– 可見氣孔 2– 不可見氣孔（噴砂清理後可能會打開）	P3
末端銲疤 End craters	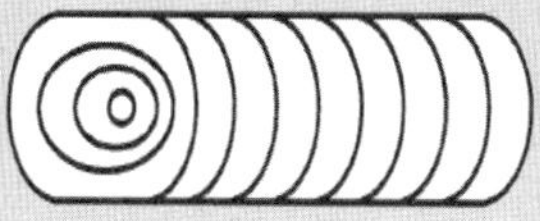	P1– 不用準備 P2– 表末端銲疤沒有鋒利的邊緣 P3– 表面沒有可見的末端銲疤	P3

表 7-9　ISO 8501-3 離岸結構塗裝前基材邊緣處準備等級

瑕疵	圖示	等級	準備等級
滾邊 Rolled edges	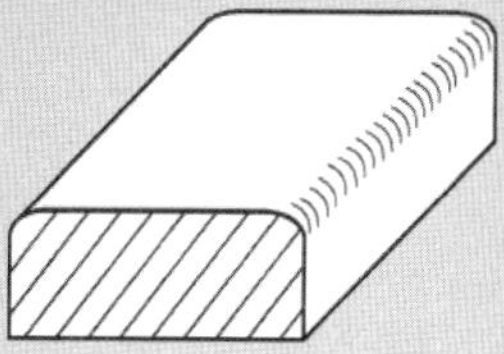	P1– 不用準備 P2– 不用準備 P3– 邊緣應倒圓，半徑不小於 2 mm	P3
邊緣：沖壓、剪切、鋸切、鑽孔 Edges made by punching, shearing, sawing or drilling	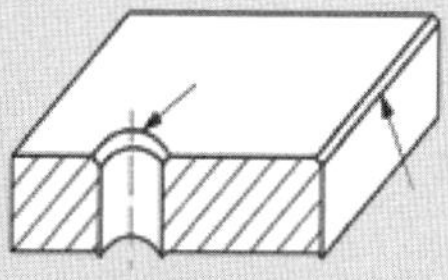	P1– 邊緣的任何部分都不得鋒利；邊緣應無翅片 P2– 邊緣的任何部分都不得鋒利；邊緣應無翅片 P3– 邊緣應倒圓，半徑不小於 2 mm	P3

瑕疵	圖示	等級	準備等級
熱切割邊緣 Thermally cut edges	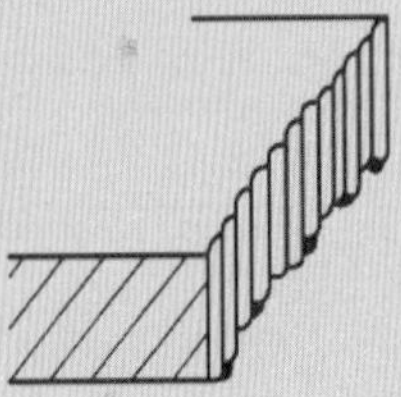	P1– 表面應無熔渣和鬆散的氧化皮 P2– 邊緣的任何部分都不應有不規則的輪廓 P3– 切割面應去除，邊緣應為圓形	P3

表 7-10　ISO 8501-3 離岸結構塗裝前基材表面準備等級

瑕疵	圖示	等級	準備等級
孔和凹坑 Pits and craters	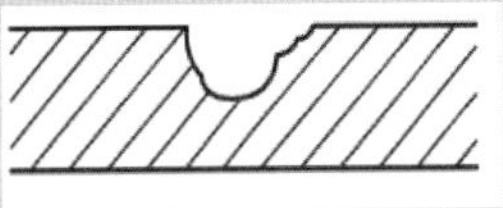	P1 – 孔和凹坑的尺寸應足夠開放，可使塗料滲透 P2 – 孔和凹坑的尺寸應足夠開放，可使塗料滲透 P3 – 表面應無孔和凹坑	P2
殼化 Shelling	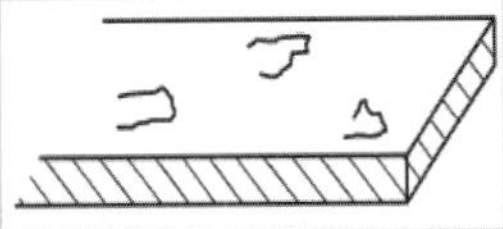	P1 – 表面不應有翹起的部分 P2 – 表面應無殼化的表面 P3 – 表面應無殼化的表面	P3
翻轉／剪切壓層 Roll-overs/cut laminations	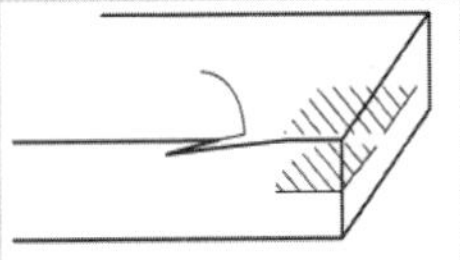	P1 – 表面不應有翹起的部分 P2 – 表面沒有可見的翻轉／切割壓層 P3 – 表面沒有可見的翻轉／切割壓層	P3
異物捲入 Rolled-in extraneous matter	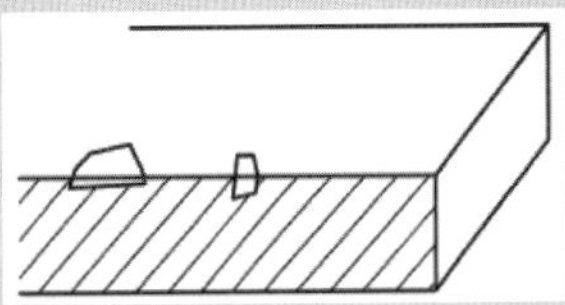	P1 – 表面不得有捲入的異物 P2 – 表面不得有捲入的異物 P3 – 表面不得有捲入的異物	P3

瑕疵	圖示	等級	準備等級
凹槽和溝槽 Grooves and Gouges		P1 – 不用準備 P2 – 凹槽和溝槽的半徑不得超過 2 mm P3 – 表面無凹槽和溝槽	P2
壓痕和滾痕 Indentations roll marks		P1 – 不用準備 P2 – 壓痕和滾痕應光滑 P3 – 表面應無壓痕和滾痕	P2

7.2.3.6 清潔面的表面粉塵測試 (Surface dust test on blast-cleaned surface)

　　噴砂清潔後的結構鋼表面必須完全沒有粉塵，以確保有良好的塗層和塗漆。噴砂完成後，表面通常由適當的壓縮空氣來進行空氣吹清如果粉塵殘留在表面上會降低油漆的附著力，隨後藉由吸收水分，可能會使噴砂清理後的鋼材表面的腐蝕並導致塗層失效。

　　一般粉塵會積聚在水平表面上、管道內部和結構空穴處，因此必須進行檢查，以確保這些區域在塗漆前得到充分清潔並且沒有粉塵。一般最常見的粉塵評估標準是採用 ISO 8502-3 粉塵膠帶法，這是一種測試噴砂鋼表面是否有粉塵的程序，並提供了粉塵等級以及描述和照片以進行比較。

　　表面粉塵測試程序，為使用了一種特殊的透明膠帶，將膠帶壓在選定的構件位置上。隨後，將膠帶從表面拉出。膠帶表面附著粉塵的圖案，並使用放大鏡與 ISO 8502-3 中提供的圖示進行比較。分類為 1 到 5 的粉塵量，其中 1 為最低粉塵，5 為最高粉塵量。驗收等級取決於專案所需的塗層規格，但一般來說等級 2 是可接受的水準，等級 3、4 和 5 需要進行清潔和重新測試。

表 7-11　ISO 8502-3 粉塵膠帶品質等級分類

等級	描述	圖示
1	在 10 倍放大鏡下可見顆粒，但在正常或矯正視力下看不到；顆粒直徑通常小於 50 μm。	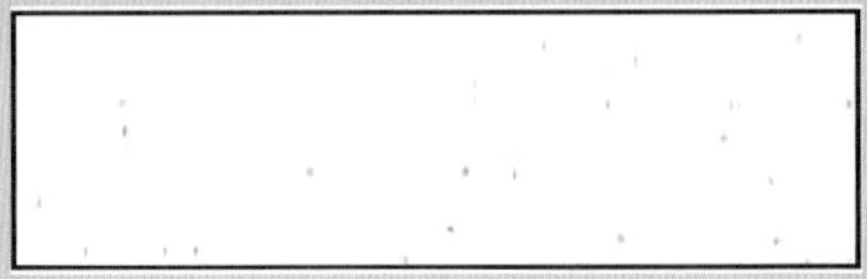
2	顆粒在正常或矯正視力下可見；通常直徑在 50 到 100μm 之間。	
3	顆粒在正常或矯正視力下清晰可見；直徑可達 0.5 mm。	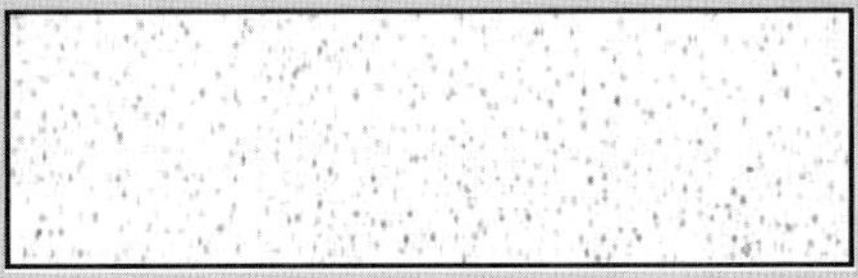
4	顆粒清晰可見；直徑在 0.5 到 2.5 mm 之間。	
5	顆粒清晰可見；直徑大於 2.5 mm。	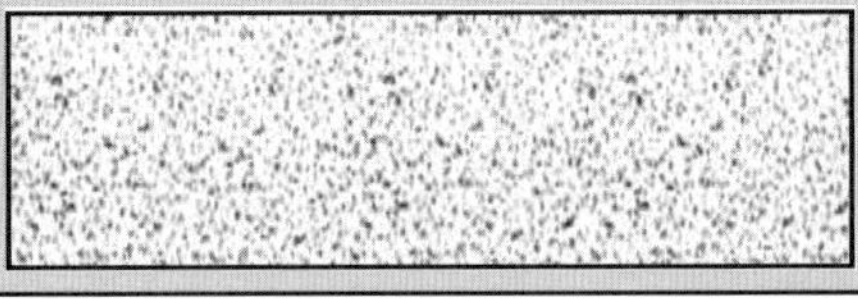

7.2.4 離岸結構用塗料 (Coatings for offshore structure)

7.2.4.1 塗料的組成 (Composition of coating)

　　工業使用的塗層大多數是合成聚合物，由相互連接的分子組成，這些分子形成堅韌、黏合於表面的薄膜。表面塗層的其他成分材料是顏料、黏結劑、溶劑和添加劑，它們提供了許多特殊性能。形成塗層核心的顏料由固體顆粒組成，這些顆粒透過溶劑和黏合劑被充分地分散。塗料是可以被專門配製的，以應用於特定的性能，例如防水性和耐刮擦性。

　　塗料一般是藉由混合 (Mixing) 和摻配 (Blending) 以下四種主要成分製成的：

A. 顏料 (Pigments)

　　顏料是經精細研磨的無機或有機粉末來作為著色劑的物質。雖然顏料主要是用來改變塗料的外觀，但它們在塗料中也有許多其他功能，例如強度、透溼性、抗衝擊

性、保護基材免受腐蝕、火災或黴菌的侵害。

　　塗料工業中使用的大多數顏料都是細碎的固體，不溶於其他塗料成分。因此，大多數顏料不溶於樹脂或溶劑，而是懸浮在其中。塗料一般不會是單一顏料，而是使用顏料混合物，以實現美學、物理和保護性能的平衡。

B. 黏結劑 (Binder)

　　黏結劑的功能係將色素和其他組分透過物理或化學作用而硬化黏合在一起，經乾燥或固化 (Curing) 後形成塑膠狀薄膜，並將塗層黏合到下面的基材或塗層上。

　　塗料的黏結劑成分是一種聚合物，它是由許多較小的分子共價鍵合成，並將它們連接形成一條鏈，如圖 7-14。因此聚合物的選擇組成可以讓樹脂具有其所需的性能，一般而言，黏結劑基本上決定了一種塗料的基本物理、化學特性。也間接決定了這個塗料的用途。

　　黏結劑是導致塗層於固化後形成硬化或半硬化塑膠狀薄膜的原因，因此，黏結劑的選擇對塗料的性能有很大的影響。

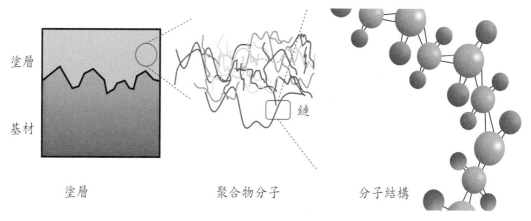

圖 7-14　聚合物結構示意

C. 溶劑 (Solvent)

　　主溶劑是配製到塗料中以降低樹脂、顏料和添加劑的黏度，使塗料可以通過噴槍適當霧化或用刷子或輥塗敷以促進在油漆上的施工。次要溶劑是較慢蒸發的溶劑，在溼塗膜中的停留時間比主要溶劑長一點。它們幫助塗層流出，形成均勻、連續的薄膜。

　　溶劑通常是揮發性的有機液體，因此儘管溶劑在施作過程中是溼膜的一部分，但一旦塗層乾燥或固化後，它並不會成為乾膜的成分。在固化過程中，溶劑蒸發，彩色

顏料仍然被樹脂 / 黏結劑包圍和保護，圖 7-15。

D. 添加劑 (Additives)

　　添加劑用於改善稠度、表面潤溼、顏色、抗紫外線、柔韌性、防止沉澱，並降低塗膜缺陷，如針孔、起泡等問題。

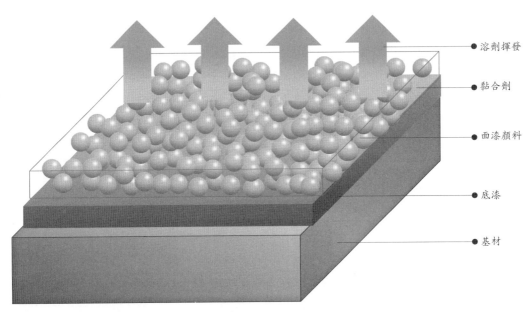

圖 7-15　固化過程中溶劑會揮發，顏料仍然被黏結劑包圍和保護

7.2.4.2 海洋環境塗料 (Coatings for marine environment)

　　由於海洋環境空氣中存在的鹽分和水分會對海上結構受到腐蝕攻擊，另外離岸結構常處在複雜的環境中，因此離岸結構中使用的塗料必須能因應這些可能出現的狀態。而隨著日益嚴重的水和空氣汙染繼續威脅著全世界的生態系統，新塗料的開發亦正在盡最大化的減少任何可能對環境的影響。

　　用於海洋工程上的塗料一般應具有以下之基本性能：

－對於腐蝕介質具有良好的抗滲透性。

－於鋼材表面上要有良好的附著力。

－耐海水沖刷、耐海上漂流物或耐船舶停靠的碰撞磨損。

－耐鹽霧、耐油、耐化學品等的侵蝕。

－抗紫外線。

－具有良好施工性，容易在各種環境條件下進行高品質的塗裝作業。

　　－低毒性，對生態系統的破壞最小。

　　－管制及排放揮發性有機化合物 (Volatile organic compounds, VOCs)

　　海洋環境用防蝕塗料有各種不同類型的成分組成，這些組成有著不同之功能，例如環氧樹脂 (Epoxy) 塗料應用於不透水、完整且足夠厚的塗層將能阻止離子進入金屬表面，從而減少腐蝕形成；塗料摻入磷酸鹽 (Phosphates) 和硼酸鹽 (Borates) 用於防腐蝕顏料，它們與進入塗層的水一起在陽極部位形成保護層，可阻止金屬離子從陽極部位溶解；在塗層中添加足夠量的鋅粉時，塗層中的鋅與鋼基材導電接觸，依伽凡尼電位，鋅為帶負電性，是作為抑製鋼腐蝕的犧牲陽極。

　　以下介紹一般離岸結構常用塗料的主要特性。

A. 醇酸 (Alkyd)

　　醇酸樹脂常見於塗料中，它是使用三酸甘油酯和脂肪酸反應而成的，可區分為長油型、中油型、短油型等多種系列，是用來製成油漆、噴漆之主要原料。因此它們價格相對便宜是市場上最受歡迎的塗料之一，使其用途廣泛。

　　醇酸樹脂的特性包括：

　　－對一般磨損具有很高的抵抗能力。

　　－對於環境具有良好之耐候性，在極熱和極冷的情況下都能很好地保持其性質，這有助於保護表面免受腐蝕的有害影響，而因此成為暴露於許多破壞性因子的塗層之最佳選擇之一。

　　－含有醇酸成分的塗料其毒性低於許多其他塗料。

B. 胺環氧系統 (Amine epoxy systems)

　　胺固化的環氧塗料會形成了一層堅硬的附著層，具有良好的耐化學和耐腐蝕性。胺作為固化劑使硬固化環氧樹脂塗料能夠應用於離岸結構以及其他嚴重腐蝕環境。

　　胺環氧樹脂的特性如下：

　　－耐化學性，有良好的耐鹼、耐溶劑性和耐酸性。

　　－良好的耐水性。

　　－非常好的硬度、機械強度和耐磨性。

　　－長期耐腐蝕性。

　　－胺環氧樹脂有輕微毒性。

　　－薄膜乾燥時間長。

C. 氯化橡膠 (Chlorinated rubber)

　　氯化橡膠是一種不易燃的化學物質，由四氯化碳與氯反應生成。它可以增加硬度

並降低與大多數化學品的反應性，使其非常適合用作金屬表面腐蝕的保護屏障。

氯化橡膠塗料具有特性如下：

－優異的層間附著力。

－優異的耐水性。

－耐化學性。

－耐熱性不足，陽光照射會輕微變色。

D. 聚醯胺環氧系統 (Polyamide epoxy systems)

是由含有羧基和氨基的單體通過醯胺鍵聚合成的聚合物，聚醯胺環氧樹脂通常用作塗層或黏合劑。

聚醯胺環氧主要特性包括有：

－極優異的防水性，是用於有大量水分環境的出色塗層材料。

－耐候性能極佳。

－易於塗布，因為它具有良好的黏合能力和柔韌性。

－出色的耐酸性。

－耐鹼性。

－固化時間較長。

E. 酚醛 (Phenolic epoxy)

酚醛樹脂為酚與甲醛類反應之產物，通過熱固性而產生高度交叉鏈接，對化學品和水產生高電阻特性。

酚醛樹脂其特性如下

－高耐化學性。

－耐溶劑性。

－耐高溫性能好。

－黏結強度高。

－低毒性。

－抗化學性。

F. 矽氧烷環氧系統 (Siloxane epoxy systems)

矽氧烷環氧含有無機聚矽氧烷，然後與有機樹脂反應以產生所需的性能，矽氧烷環氧樹脂非常有效地應用在離岸結構中。

矽氧烷環氧特性包括：

－減少揮發性有機化合物排放，降低對健康、安全和環境的負面影響。

－對輻射的抵抗力強。

－耐化學性。

－防腐蝕。

－顏色穩定性和高光澤度。

－可以快速固化。

－高耐候性。

－良好的耐磨性。

－耐溶劑性。

G. 煤焦油環氧系統 (Coal tar epoxy ststems)

煤焦油環氧樹脂是由煤焦油和環氧樹脂與用作固化劑的聚醯胺或胺的混合物所組成。這種摻配物具有出色的耐鹽水性，並有獨特的塗層保護可以防止陰極剝離 (Cathodic disbondment)。海洋結構安裝陰極保護系統用以防止金屬腐蝕，陰極剝離是發生在塗層界面的陰極還原反應的現象，導致陰極塗層與其金屬基材之間的附著力喪失。

煤焦油環氧樹脂其一般特性如下：

－高耐鹽水。

－薄膜強度高。

－良好的陰極保護。

－重塗和修復需要很長時間。

H. 乙烯基 (Vinyl)

乙烯基塗層是一種由合成樹脂或塑料組成的塗層。它是一層薄薄的保護性覆蓋物質，主要是為了改善其性能並形成保護屏障，防止物體與環境反應導致表面劣化。

乙烯基塗料的一般特性包括：

－耐磨和耐刮擦。

－防火耐熱。

－對電荷流動的絕緣。

－密封性。

－耐腐蝕性能。

－改善外觀和美觀。

7.2.5 塗裝系統 (Coating system)

塗裝系統對鋼材的保護通常是通過保護塗層，而為了儘量減少塗層缺陷，因此會在基材上塗上幾層不同的塗層來確保的，每層都有特定的作用。不同類型的塗層由在基材上的應用順序定義，而塗裝系統通常由底漆 (Primer coat)、中塗漆 (Intermediate coat) 和面漆 (Top coat) 組成如圖 7-16。在塗上中塗層之前，會先將底漆塗在基材上以提高附著力，塗裝系統中的每個塗層都有其特定的功能，如表 7-12 說明。規劃塗裝系統時，對於不同的塗層應該有不同的顏色，以便於識別。

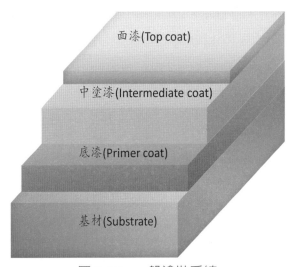

圖 7-16　一般塗裝系統

表 7-12　塗層特性功能

塗層	特性	功能
底漆	附著性、防腐蝕性	－對基材有良好之附著性，當基材膨脹或收縮時不發生剝離。 －抑制或防止基材表面發生腐蝕。
中塗漆	阻隔性、耐物化性、增加膜厚	－增強底漆的防腐蝕能力，阻隔及降低腐蝕介質達到底材。 －強化塗膜間的附著性。 －有效抵抗及阻隔水分的滲透。
面漆	耐候性、耐化性、美觀	－不易受氣候的影響，抵抗環境的侵蝕。 －耐化學之侵蝕。 －阻隔空氣、水分或汙染物的滲透。 －良好的物性，不易因外力而損傷。 －可美觀及識別。

為了使塗裝系統達到最佳性能，規劃時應遵循以下步驟：

－根據結構類型及其重要性與特定環境條件選擇最合適的保護系統。

－結構的使用年限和塗裝所需的耐久性。

－評估結構的設計以最佳化塗裝系統的應用。

－明確詳細地說明塗裝系統的規格。

－依塗裝性能使用適合的表面處理和技術來進行塗裝。

－對指定和供應的塗料進行嚴格的品質管制。

－在執行塗裝作業期間對所有品質要求階段進行檢查。

塗裝系統可能由幾層不同類型的塗層所組成，這些不同來源或成分的塗料混合後，在塗層中不可有塗膜外觀或機械性的性質差異。因此，在這種情況下，必須確保塗層之間的相容性。表 7-13 為常用塗料之相容性表，選擇相互適合之塗料可使塗裝防蝕保護發揮最佳之功能。

離岸結構上有多種的使用環境區域，在這些區域中對塗層有不同的功能需求，離岸結構上因應各種需求的一般常用典型塗料可參考如表 7-14。

離岸結構所設計的營運生命週期約 20 至 25 年，而由於長期暴露在極具侵略性的環境當中，因此塗裝需選擇最有效及具經濟效益的保護系統。塗裝的保護性能主要先取決於塗層膜厚所提供電阻的抑制，而其次是化學的抑制性能及其他特性，例如環氧樹脂和聚氨酯，它們能夠提供與陰極保護相關的條件。表 7-15 離岸結構上塗裝系統建議提供離岸結構上塗裝系統和膜厚一般建議。

7.2.6 塗裝作業 (Coating)

塗裝作業可通過許多種方法諸如毛刷、滾筒或噴塗等用於基材表面，但所有的方法都應在標準的塗裝間內執行，將不同類型的塗層以特定的順序來進行噴塗，以建立起塗裝系統。

7.2.6.1 預塗作業 (Stripe coating)

此作業目的在確保塗層在所有不規則表面下能達到指定的膜厚並確保得到適當的保護。預塗作業並非替代噴塗，而是一種在這些難以噴塗的區域增加厚度的方法。因此，在難以塗裝的接合處或其他表面不規則處的油漆塗層，應在塗裝之前進行預塗。這些預塗應從邊緣延伸至少 25 mm，預塗的方法是以逐層達到指定塗層規範。因此，作業時要控制好預塗的膜厚，既不過度塗抹，亦不低於噴塗時應提供良好塗層系統的膜厚。參考圖 7-17，一般需執行預塗的區域如下：

表 7-13　塗層相容性圖表

底漆及中塗料	Alkyd	Amine epoxy	Asphalt mastic	Chlorinated rubber	Coal tar paints	Epoxy mastic	Inorganic zinc	Lacquer	Latex emulsion	Phenolic	Polyamide epoxy	Polyurethane	Silicon alkyd	Vinyl	Vinyl acrylic	Wash primer
醇酸 Alkyd	G	F3	N	F3	N	N	N	G	G	G	F3	F3	G	G	G	G
胺環氧樹脂 Amine epoxy	N	F2	N	F2	N	N	G	G	G	G	G	F3	G	G	G	G
瀝青矽膠 Asphalt mastic	G	N	G	N	G	N	G	N	N	G	N	N	N	N	N	G
氯化橡膠 Chlorinated rubber	N	F3	N	F3	LTD	E	G	G	G	G	F3	N	G	G	G	G
煤焦油塗料 Coal tar paints	N	N	N	N	N	N	N	N	G	LTD	N	F3	N	N	G	G
環氧膠泥 Epoxy mastic	N	N	N	N	N	N	N	N	G	N	N	N	N	N	N	N
無機鋅 Inorganic zinc	N	N	N	N	N	N	N	N	G	N	G	N	G	N	N	G
亮漆 Lacquer	N	F1	LTD	F1	N	N	LTD	G	G	G	N	LTD	G	G	G	G
乳膠乳液 Latex emulsion	G	F3	G	F3	N	G	G	G	G	G	G	G	G	G	G	G
酚醛 Phenolic	G	G	N	G	N	LTD	LTD	N	N	G	F3	F3	G	N	G	G
聚醯胺聚環氧樹脂 Polyamide epoxy	LTD	G	N	G	N	G	G	G	G	G	G	G	LTD	N	G	G
聚氨酯 Polyurethane	F2	F2	N	F2	N	G	G	G	N	G	G	F2	N	N	N	G
矽醇酸樹脂 Silicon alkyd	G	F3	N	F3	N	G	G	G	G	G	F3	F3	G	G	G	G
乙烯基 Vinyl	N	N	LTD	N	LTD	N	G	N	G	LTD	N	N	N	G	G	LTD
乙烯基丙烯酸 Vinyl acrylic	LTD	G	N	G	LTD	N	G	N	G	N	N	N	N	G	G	G
伏銹底漆 Wash primer	N	N	N	N	N	N	G	N	N	N	N	N	N	N	N	N

上塗塗料

　　Good 好

　　Not recommended 不推薦

Fair 1　耐用性取決於漆的成分

Fair 2　必須在塗層表面硬化之前塗上面漆

Fair 3　上塗層的油漆光澤必須通過過風化或打磨來去除

LTD　依塗料供應商的成分可能有些相容，有些則不相容

表 7-14 離岸結構上使用區域塗層功能及常用塗料

應用區域	主要功能需求											典型常用塗料
	耐磨性	抗衝擊	耐鹽霧	耐腐蝕	耐汙漬	平滑度	保色性	陰極保護	柔韌性	抗紫外線	耐高溫	
大氣區、飛濺區、潮差區	△	△	△	△	△	△	△		△	△		無機鋅底漆／環氧聚醯胺／環氧煤焦油或加上乙烯基醇酸樹脂／有機富鋅底漆／厚塗環氧樹脂加上聚氨酯或乙烯基醇酸樹脂
海水全浸區	△	△	△	△	△	△		△				伐鏽底漆／乙烯基底漆／環氧樹脂／無機鋅或有機鋅底漆／環氧煤焦油／環氧聚醯胺
內部作業區	△	△		△								伐鏽底漆／醇酸樹脂／環氧樹脂／乙烯基／有機鋅底漆
熱交換設備或高溫環境											△	無機矽膠／含不銹鋼塗料的環氧樹脂。
壓載艙			△	△								無機或有機鋅底漆加上環氧樹脂／環氧煤焦油／聚酯玻璃
燃料艙				△								有機鋅／環氧樹脂

表 7-15　離岸結構上塗裝系統建議

塗裝系統

應用區域	表面清潔等級 Surface cleanliness	底漆 Primer coat 建議塗料類型 Type	建議乾膜厚 DFT,μm	中塗漆 Intermediate coat 建議塗料類型 Type	建議乾膜厚 DFT,μm	面漆 Topcoat 建議塗料類型 型 Type	建議乾膜厚 DFT,μm	建議總乾膜厚 Total DFT,μm
大氣區	Sa 2 1/2	無溶劑塗料或高固環氧塗料	300~350	無溶劑塗料或高固環氧塗料	300~350	聚氨酯	60~75	660~775
飛濺區＋潮差區	Sa 2 1/2	無溶劑塗料或高固環氧塗料	300	無溶劑塗料或高固環氧塗料	300	無溶劑或高固環氧塗料＋聚氨酯	(250~300)+(60~80)	910~980
海水全浸區	Sa 2 1/2	無溶劑塗料或高固環氧塗料	250~300	無溶劑塗料或高固環氧塗料	250~300			500~600
內部作業區	Sa 2 1/2	無溶劑塗料或高固環氧塗料	200	無溶劑塗料或高固環氧塗料	200			400

－孔

－鋒利的邊緣

－角落

－難以進入的區域

－銲接處

－小的附體配件

－板邊

－橫楣、柱狀物

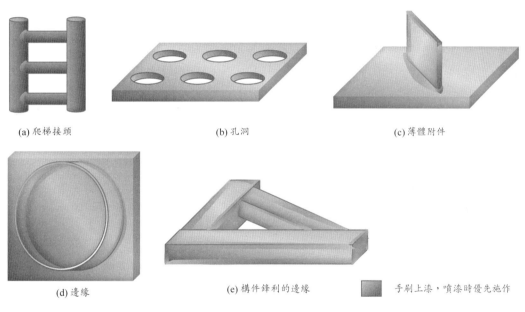

(a) 爬梯接頭

(b) 孔洞

(c) 薄體附件

(d) 邊緣

(e) 構件鋒利的邊緣

手刷上漆，噴漆時優先施作

圖 7-17　常見預塗處理位置

7.2.6.2 噴塗 (Spray)

　　噴塗可以產生均勻良好的膜厚、提高生產率和所需光潔度，一般是用於大面積規則表面上的首選噴塗方式，另外在實務上通常會將噴塗與手工塗相結合，以用於在噴塗不易的較小區域。而用於離岸結構上的噴塗一般皆採用無氣噴塗 (Airless spray) 方式。

　　噴塗作業為使整個區域上有均勻的薄膜並逐一達到指定的厚度，因此噴塗時要謹慎的注意重疊的區域。為使整個區域內的噴塗薄膜厚度能達到最佳化，因此在噴塗作業可採用以下之措施：

　—選擇適合於目前噴塗區域中的噴嘴，將可以保持對該區域的完整覆蓋並減少過
　　度噴塗的浪費。

　—準備好噴塗前，應在硬化板 (Cardboard) 上進行試噴塗。在硬化板上的噴塗需
　　產生具有均勻噴灑的油漆分布，若噴灑圖形不均，應調整其噴嘴並重新噴塗硬
　　化板。

　—噴槍必須保持終扇形噴霧與表面成 90°，若噴槍角度不正確將使得噴霧形狀變
　　形從而導致塗層的厚和薄區帶，如圖 7-18 所示。

　—每種塗層噴嘴到表面的距離可能略有不同，一般會控制噴嘴到表面約 30 至 45
　　cm 的距離，因為當噴槍距離工作表面太近時，則可能會造成油漆的熔填，如
　　圖 7-19(a)，這時則需要快速地移動噴槍以防止垂流；同樣，如果噴槍距離工
　　件太遠，霧化的液滴在接觸工件表面之前可能會完全乾燥，則可能造成噴塵
　　(Spray dust) 和乾噴，如圖 7-19(b) 所示。

　—採用交叉噴塗 (Crossspray) 以獲得塗層表面的光滑度以及均勻的薄膜厚度，噴
　　塗手法可如圖 7-20 所示。

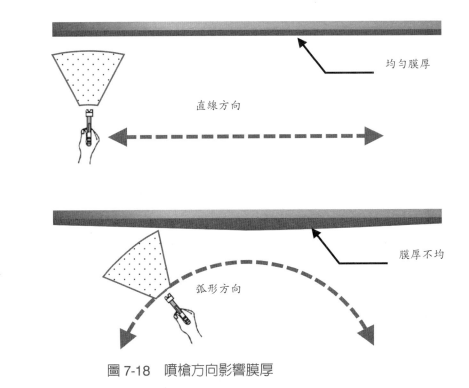

圖 7-18　噴槍方向影響膜厚

(a) 噴距太近   (b) 噴距太遠

圖 7-19   噴槍距離影響膜厚和噴塗均勻性

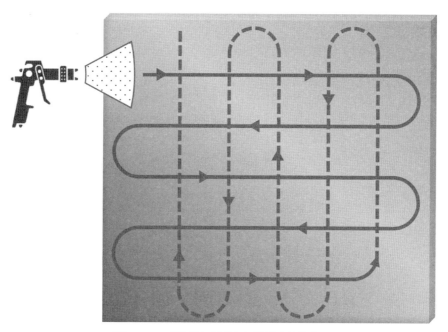

圖 7-20   表面上使用交叉噴塗示意圖

7.2.6.3 噴塗控制 (Spray controls)

實際欲噴塗的零組件一般不會單純只是平板形狀，而可能有許多外型，以下說明噴塗時常遇到的外型以及如何進行噴塗以獲得最佳的塗層。

(1) 圓筒形狀

大直徑的圓筒通常可以採用與平板相同的方式完成，如圖 7-21(a) 所示。而小直徑圓筒採縱向的行程可以更有效地噴塗，如圖 7-21(b) 所示。

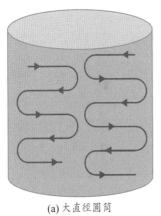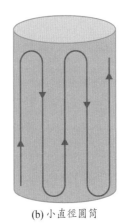

(a) 大直徑圓筒　　　　　　　　　　(b) 小直徑圓筒

圖 7-21　圓筒形狀的建議噴塗方式

(2) 細長的工件

噴塗細長工件時，如爬梯上的方棒，作業前必須調整噴塗模式以配合被噴塗的部件。在狹窄的工件上若採用較寬的水平噴塗模式，會造成漆料的浪費，如圖 7-22(a)。噴塗細長工件時建議可採用較小的水平扇形模式或較大的垂直扇形模式，如圖 7-22(b) 及圖 7-22(c)。然而，也必須避免對於工件來說太小的噴塗模式，否則可能會出現膜厚不均勻的缺陷。

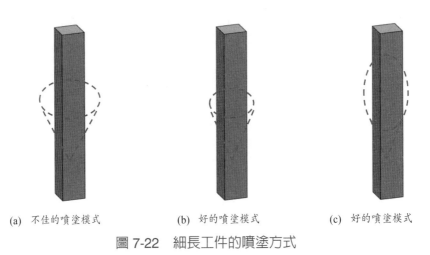

(a)　不佳的噴塗模式　　　　(b)　好的噴塗模式　　　　(c)　好的噴塗模式

圖 7-22　細長工件的噴塗方式

(3) 外部邊緣和角落

箱形部件當要在邊緣和表面上噴塗時，應先在邊緣處噴塗。噴塗的操作及方向，可如圖 7-23 所示，噴塗時沿著每條邊緣同時覆蓋部分的平面，之後的平面採用與平板相同的方式完成。

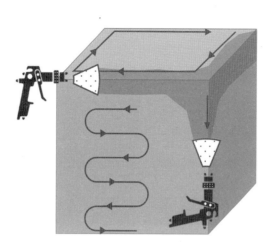

圖 7-23　箱狀邊緣的建議噴塗方式

(4) 內角

在噴塗時如果內角的形狀為矩形或凹槽則容易產生氣籠 (Air cage) 現象，造成塗層產生不均勻的膜厚，如圖 7-24(a) 所示。為克服噴塗時所產生的氣籠，可以採取將噴槍傾斜一個角度，以增加扇形噴霧的穿透力和覆蓋範圍。並且為了得到均勻的塗層，因此其噴塗順序為先在內角做垂直的噴塗，然後再執行水平噴塗來覆蓋相鄰的區域，以避免過度噴塗或對相鄰表面進行雙重塗層，如圖 7-24(b) 所示。

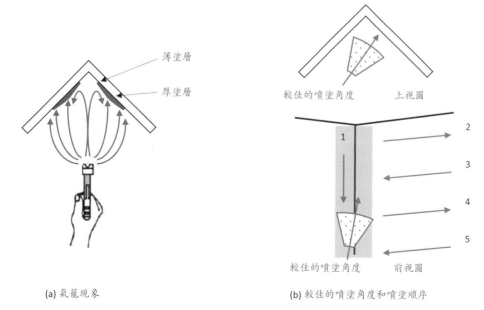

(a) 氣籠現象　　　　　　　　(b) 較佳的噴塗角度和噴塗順序

圖 7-24　內角處的建議噴塗方式

7.2.6.4 羽化 (Feathered)

羽化處理是從一未塗裝的表面新建立一個均勻的漸層覆塗到毗鄰既有的塗層，以使其平滑地銜接並減少該塗層的邊緣厚度過大，確保新舊塗層之間的有良好的結合，每一塗層的邊緣羽化距離至少為 50 mm，參見圖 7-25。

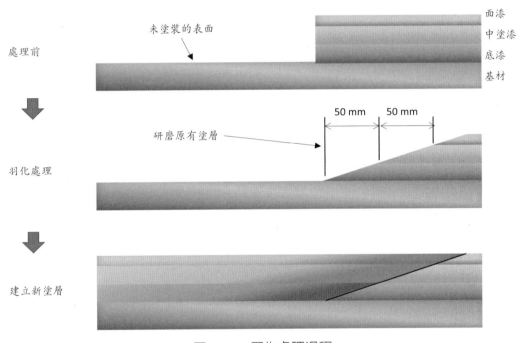

圖 7-25　羽化處理過程

一般常用於羽化處理的位置如下：

—既有塗裝表面受損面積大於 100 mm² 的區域，則應進行表面處理及邊緣羽化以重新建立成完整的塗裝系統。

—承 7.2.3 節所述，後續組銲處開槽面邊緣須預留往內距離約 300 mm 的銲接熱影響區，因為若先塗裝於熱影響區後在進行組銲，銲接過程中所產生的熱量會破壞塗裝系統。因此於組銲完成後，再於此區域內建立完整的塗裝系統，如圖 7-26。

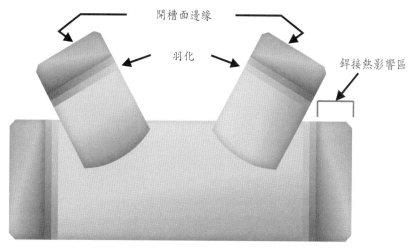

圖 7-26　Node 組銲處的羽化

7.2.7 塗裝檢查和評估 (Coating inspection and assessment)

　　為確保長期暴露在海上環境中極端惡劣條件下的離岸結構擁有完整的防護塗裝系統，因此必須對塗裝系統的完整性進行檢查測試和評估，主要品質管制可依 NOR-SOK M-501 或 ISO 12944-8 作為指南。而為了測試結果的公平公證性，在工程現場測試時，需要業主或業主監造代表、承包商、施工方以及塗料供應商一起參與的檢驗測試。相關的測試報告中要註明塗裝系統、施工紀錄（時間、溫溼度、固化、塗膜厚度等）、測試用儀器和參考的標準等，對於測試結果要力求準確地進行描述，並作記錄。

7.2.7.1 附著力測試 (Adhesion test)

　　保護塗層的附著力是腐蝕防護效果的重要先決條件。附著力測試可依照 ISO 4624 對塗層進行拉拔測試 (Pull off test)，測試方法是使用黏膠劑將 Ø20 mm 端子 (Dolly) 黏附在塗層板上。一般使用的黏膠劑有兩種，環氧樹脂和快乾型氰基丙烯酸酯黏膠劑。環氧黏膠劑在室溫下要 24 小時後才能進行測試，而快乾型氰基丙烯酸酯黏膠劑室溫下 15 分鐘後即能達到測試強度，但仍建議在 2 小時後才進行測試。拉拔前先切割端子圓柱周邊的塗層與黏膠劑直至基材，這樣可以避免周邊塗層影響附著力的準確性。為描述塗層斷裂的情形，依 ISO 4624 中以拉拔的破壞強度用百分比表示出塗層與基材 (A/B)、塗層之間 (B/C、C/D)、塗層與黏膠劑 (D/Y) 以及黏膠劑與端子間 (Y/Z) 的破壞狀態，並規定了一系列符號來說明其狀態及其模式，如表 7-16 說明。

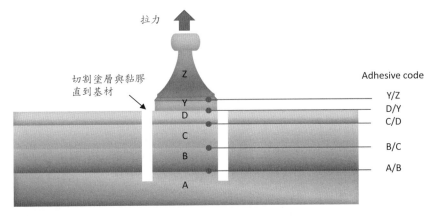

圖 7-27　附著力拉開法測試的結構示意圖

表 7-16　塗層失效符號說明

失效符號	描述
A/B	基材與第一道塗層間的黏結失效
B	第一道塗層內的內聚失效
B/C	第一道與第二道塗層之間的黏結失效
C	第二道塗層內的內聚失效
C/D	第二道與第三道塗層之間的黏結失效
D	第三道塗層內的內聚失效
D/Y	第三道與黏膠劑間的黏結失效
Y	黏膠劑內的內聚失效
Y/Z	黏膠劑與端子間的黏結失效

　　離岸結構的塗裝系統根據 ISO 12944-6 拉拔時塗層與基材之間的附著力應至少達 5.0 MPa，而當拉拔測試時的環境溫度越高時其附著力則值越低，因此最佳測試環境溫度約 20℃～24℃，圖 7-28 說明一般在拉拔過程中常見失效的模式。

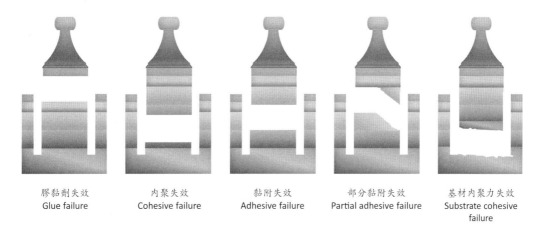

| 膠黏劑失效 | 內聚失效 | 黏附失效 | 部分黏附失效 | 基材內聚力失效 |
| Glue failure | Cohesive failure | Adhesive failure | Partial adhesive failure | Substrate cohesive failure |

膠黏劑失效: 失效發生在膠黏劑本身上，包括有膠黏劑與端子的分離、膠黏劑與塗層的分離或膠黏劑內聚的斷裂。

內聚失效: 這種失效發生在塗層之內，斷裂後塗層有部分在端子上，有部分還留在塗層上。

黏附失效: 失效發生在兩個塗層之間，有時候還會黏附部分其他塗層。

基材內聚力失效: 這種失效發生在基材內部，斷裂後基材有部分在端子上，有部分還留在基材上。

圖 7-28　一般拉拔失效的模式

7.2.7.2 漏塗檢查 (Holiday test)

　　基本上，所有的離岸結構都會經過表面塗層處理，以保護它們免受海上惡劣環境的影響。然而，塗層中的任何空隙、間隙或孔隙都會顯著地降低受保護組件的使用壽命，因為即使是再微小的針孔也都會破壞塗裝的保護功能。為了管制塗層完整性的品質，因此須對塗層進行漏塗檢查。

　　漏塗檢查是對塗層進行的非破壞性測試，該測試方法只能在處於乾燥的條件下進行。藉由產生的脈衝高電壓通過塗層不足以抵抗電荷的區域，所形成的電路來檢測出穿過塗層的孔。圖 7-29 示意說明在塗層中如果檢測到電流，則測試區域稱為導電區域，表明塗層存在不連續性，例如針孔和空隙。在出現缺陷的情況下，會出現電擊聲響和顯示出火花。

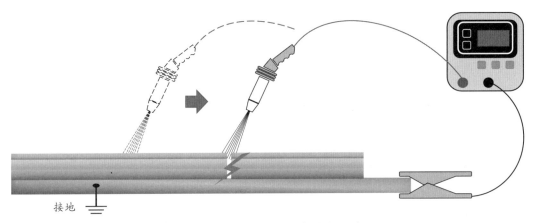

接地

圖 7-29   脈衝高電壓漏塗檢查示意圖

7.2.7.3 塗層厚度檢查 (Coating thickness inspection)

　　塗裝系統的乾膜厚度 (Dry film thickness, DFT) 是影響品質、防蝕保護控制和成本控制的重要參數。太薄的 DFT 會導致水分和鹽分的滲透，並且還可能在塗層系統中產生孔隙，而太厚 DFT 可能會塗層產生開裂。膜厚的測量可以用許多不同的儀器來完成，一般測量技術包括磁感應 (Magnetic induction) 或渦電流 (Eddy current) 測量等，其適用區域如下表 7-17。

表 7-17   塗層膜厚量測適用技術

技術	基材	塗層
磁感應	鐵磁材料：鐵、鈷、鎳	非鐵磁性金屬
		非金屬材料
		鐵磁材料鐵、鈷、鎳和釷
渦電流	非鐵磁性金屬：銅、鋁、鎂、鋅	非導電材料

　　然而現在，大部分的塗層乾膜厚度計通常已經將磁感應和渦電流結合到一個單元中，以便用來簡化測量大多數塗層的任務。以下說明各技術量測膜厚工作原理。

A. 磁感應 (Induction)

　　磁感應測量原理主要是藉由磁性金屬基材表面的塗層厚度、磁阻和磁通量相互之間的關係，透過相互關係來計算出磁性金屬基材表面的塗層厚度。測量時探頭上的磁場穿過非磁性塗層並流入磁性金屬基底，藉由通過磁通量來測量塗層厚度，如圖 7-30

所示。通常，基材表面的塗層越厚其磁阻越大，磁通量就越小。

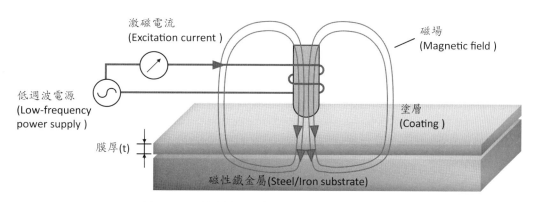

圖 7-30　磁感應量測膜厚工作原理示意圖

B. 渦電流 (Eddy currents)

　　渦電流技術用於測量非鐵金屬基材上塗層的厚度，基材必須是可產生渦流的導電非磁性金屬。其工作原理是透過高頻電流通過探頭內置的線圈，當靠近金屬表面時，線圈所產生的初始磁場會穿透金屬表面並產生渦電流，當探頭離金屬基材越近，渦電流越大，反之亦然。

　　根據冷次定律 (Lenz's law) 渦電流上會產生另一個磁場，第二個磁場與初始磁場相反，因此原始磁場被衰減，衰減的程度取決於探頭與金屬之間的距離，因此該距離可以轉換為薄膜厚度，如圖 7-31。

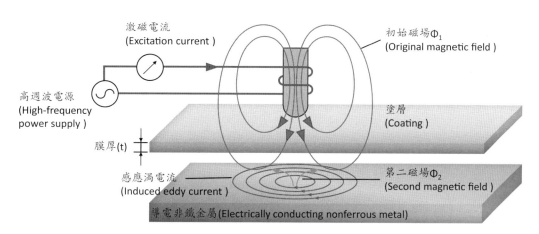

圖 7-31　渦電流量測膜厚工作原理示意圖

　　離岸結構塗層乾膜厚驗證採用單次測量進行，測量的數量則可參考 ISO 19840 粗糙面上乾膜厚度的測量和驗收準則來進行取樣，表 7-18 依據 ISO 19840 對於所要測試的區域提供所需要的抽樣測量點總數。

表 7-18　依據 ISO 19840 對塗裝表面積的抽樣測量數量

前 100 m^2 區域的測量次數	後續每 100 m^2 區域的測量次數	每 100 m^2 區域的平均測量次數	500 m^2 區域內的點測量總數
30	10	14	70

　　藉由圖 7-32 說明按照 ISO 19840 在前 100 平方公尺的區域中進行至少 30 次測量，然後在每增加 100 平方公尺的區域中進行 10 次測量的方式。

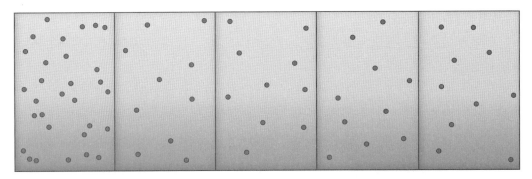

圖 7-32　ISO 19840 對面積 100 平方公尺的建議測量計畫

　　檢測區域的乾膜厚接受／拒絕標準 (Acceptance/rejection criteria)，根據的 ISO 19840 的 80/20 規則 (80/20 rules)，必須滿足以下準則：
　　－所有每一個 DFT 測量值的算術平均值應當等於或大於標準乾膜厚度 (Nominal dry film thickness, NDFT) 值。
　　－所有每一個 DFT 測量值應等於或高於標準乾膜厚度值的 80 %。
　　－所有每一個 DFT 測量點中，低於標準乾膜厚度但不低於 80 % 標準乾膜厚度的測量點應不超過總測量點的 20 %。
　　－所有每一個 DFT 測量值應低於或等於規定的最大乾膜厚度值，如果沒有規定，請參閱 ISO 12944-5。
　　因此假設當 NDFT 為 660 μm，依據 80/20 規則則可接受的最低 DFT 為 660 μm x0.80 = 528 μm。目前一些塗裝廠商及塗裝合約有逐步將標準改為 90/10 規則，在這

條件下最低可接受的 DFT 則變爲 660 μm x 0.90 = 594 μm。

7.2.8 塗裝失效和缺陷 (Coating failures and defects)

塗裝過程是一種塗料複雜的組合，它將各種塗料將其混合、塗覆到已完成表面處理好的基材上、在正確乾燥和固化下以發揮最大性能。它們必須能夠在不同的環境條件下應用，然後保護基材期望能降低各種破壞性的影響，並且仍然保持其功能完整性。

然而由於實際塗裝過程中可能涉及許多潛在的因素，這些因素可能包括塗料的配方、表面處理、塗裝應用、乾燥、固化時間以及環境暴露，因此，可能造成這些塗裝系統可能過早失效或出現會導致失效的缺陷。

一般塗裝常見的失效和缺陷如下：

－龜裂 (Alligatoring)

－滲色 (Bleeding)

－起泡 (Blistering)

－氣泡 (Bubbles)

－粉化 (Chalking)

－孔坑 (Cratering)

－橘皮 (Orange peeling)

－剝離 (Peeling)

－針孔 (Pinholes)

－垂流 (Sagging)

A. 龜裂 (Alligatoring)

圖 7-33　塗層龜裂

塗層外觀像鱷魚的外皮皺皺巴巴的現象，發生的可能原因：

－可能由塗層中的內應力所造成，其表面的收縮速度快於漆膜的主體。

－每種塗料皆有一定之柔韌性，當塗層的膜厚過厚超過塗料之有限柔韌性。

－將柔韌性低的硬面漆塗在更柔韌的塗漆上。

－在下層塗料乾燥之前便塗覆上層的塗料。

預防：

－使用正確的塗層規格和兼容的材料。

－避免塗膜過厚。

－避免在高環境溫度下使用。

B. 滲色 (Bleeding)

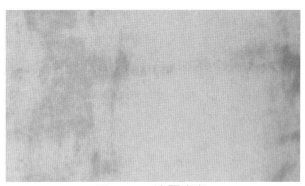

圖 7-34　塗層滲色

下層塗料的顏色從上層塗料上浸出的現象，發生的可能原因：

－通常是前一層塗料成分受到正在塗裝中使用的溶劑時，發生全部或部分的再溶解現象。

－下層塗料未乾即塗覆上層的塗料。

預防：

－確認正在使用中的塗裝規格要求及材料。

－使用兼容的塗料。

－須下層塗料完全乾燥後才可以塗覆。

C. 起泡 (Blistering)

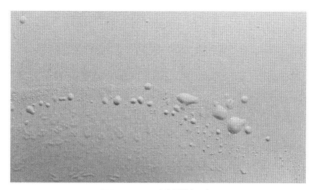

圖 7-35　塗層起泡

塗層部分發生腫脹的現象，發生的可能原因：

－鋼材表面上的可溶溶性鹽汙染而形成的。

－塗面的水分未完成清除，水分子滲透塗膜然後在基材界面處凝結時，就會形成
　水泡。

預防：

－正確的表面處理及測試可溶性鹽。

D. 氣泡 (Bubbles)

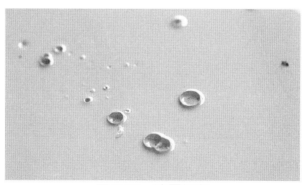

圖 7-36　塗層氣泡

由於塗層表面空氣或溶劑蒸汽導致暫時性或永久性出現氣泡的現象，發生的可能
原因：

－困在塗層中的空氣或溶劑在塗層表面乾燥之前沒有釋放。

－調配混合過程中夾帶大量的空氣。

－施工期間環境溫度高，以致溶劑揮發太快。

預防：

－使用溶劑調整黏度，並遵循數據表要求的最高應用溫度。

－使用正確的混合設備以確保在混合過程中不會攪入空氣。

－添加消泡劑。

E. 粉化 (Chalking)

圖 7-37　塗層粉化

塗層表面出現如同粉筆面一般的現象，發生的可能原因：

－塗料暴露於風化或紫外線下分解。

－添加過量的溶劑。

預防：

－使用耐候性較佳之塗料作為面漆，使具有抗粉化性和抗紫外線性。

－調整溶劑用量。

F. 孔坑 (Cratering)

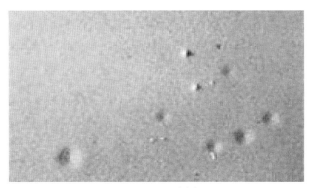

圖 7-38　孔坑

塗層表面形成如同隕石坑狀模樣的現象，發生的可能原因：

－滯留的氣泡或溶劑的氣泡爆裂，在塗層乾燥時留下孔坑。

－使用不合適的溶劑。

－受汙染的壓縮空氣供應（存在水或油）。

預防：

－改進噴塗技術，避免混合過程中夾帶空氣。

－檢查過濾器和油水分離器，必要時排空。

－按照塗料供應商的建議添加溶劑清潔並讓噴槍乾燥。

G. 橘皮 (Orange peeling)

圖 7-39　橘皮

塗漆表面流動性差，類似橘皮。

由於以下原因導致流動性差：

－噴槍距離表面太遠，導致油漆變乾。

－不正確的溶劑混合，導致噴塗黏度太高。

－使用太快或不合適的稀釋劑。

－塗層之間的閃蒸時間太短。

－表面溫度或噴塗環境溫度過高。

－塗層太厚或太薄。

預防：

－遵循塗料產品數據表的規定並依建議進行噴塗。

－根據環境條件使用建議的溶劑，並檢查塗料黏度。

－注意塗層之間的乾燥時間。

－檢查噴塗間的溫度和通風環境。

H. 剝離 (Peeling)

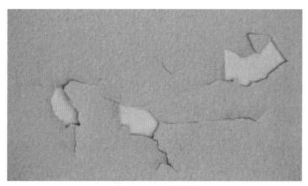

圖 7-40　剝離

塗層失去附著力，導致部分塗層整片從基材或前一層塗層脫離。

發生的可能原因：

－存在蠟、油脂或其他脫模劑。

－表面附著力不足。

－施工期間溫度不合適。

預防：

－使用正確的塗裝系統。

－正確的清潔和使用未受汙染的表面。

－對基材進行適當的預處理，以增加接觸面的附著力。

－遵守塗料產品數據表中規定的塗料系統各層之間的乾燥時間。

I. 針孔 (Pinholes)

圖 7-41 針孔

塗膜中深至基材面的小孔。

發生的可能原因：

－漆膜內的溶劑或空氣滯留。

－可能由不正確的噴塗或不正確溶劑的混合，使在乾燥過程中空氣或氣泡破裂，
導致在漆膜中形成微小的孔洞。

預防：

－正確的溶劑混合

－遵守塗料產品數據表中適合的作業環境條件。

－檢查噴塗設備和噴槍與表面的距離。

J. 垂流 (Sagging)

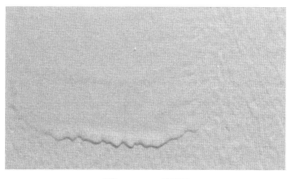

圖 7-42 垂流

塗裝後，塗料順勢流淌，底部產生較厚的狀態。

發生的可能原因：

－使用不正確的溶劑，造成噴塗黏度不合適。

－噴塗過量的塗料。

－噴塗時不正確的扇形噴霧。

預防：

－遵守塗料產品數據表，根據溫度和相對溼度選擇合適的溶劑。

－確保噴槍完全清潔且工作良好。

－正確的噴塗應用。

7.3. 熱浸鍍鋅 (Hot dip galvanizing)

　　熱浸鍍鋅 (Hot dip galvanizing, HDG) 是最常用的塗層和保護金屬的方法之一，它是透過在鋼或鐵上塗上一層保護性鋅塗層，用於防止生銹和腐蝕，從而提供更長的使用壽命和更高的安全性。該塗層主要有三個重要保護特性描述如下：

－它形成一層耐腐蝕的鋅塗層，防止腐蝕性物質到達金屬內部。

－由於鋅的金屬活性比鐵高，鋅用作犧牲陽極，因此即使鍍鋅塗層被破壞，暴露的鋼仍然會受到剩餘鋅的保護。

－鋅會在之前先腐蝕以保護其母材。

　　熱浸鍍鋅的過程中，鋅與鐵化學結合形成鋅鐵合金層，最外的一層是 100% 的鋅，這些緊密黏附的鋅層非常耐磨，如圖 7-43 所示。鋅它會在其表面形成自己的保護性氧化膜，其老化速度也遠低於鋼。另外，鋅可藉由伽凡尼電位對鋼產生保護作用。因此，當鋅塗層發生刮痕或磨損時，鋅塗層不會被生銹的鋼所影響，因為鋼在鋅塗層附近不會腐蝕。這就是為什麼使用鍍鋅可以為金屬結構提供護保護，即便是在高惡劣環境中也是如此。採用鍍鋅的優點如下：

－成本低

　初始成本低於許多其他常用的防腐塗層保護。

－使用年限長

　可以持續保護鋼免受腐蝕的侵害。

－快速應用

　可以在短時間內應用完整的保護塗層。

－環保

鋅在世界上自然存在，因此釋放到大氣中的鋅副產品是無害的。

熱浸鍍鋅技術包括四個階段，分別為作業前檢查、表面處理、鍍鋅和檢驗，作業流程如圖 7-44 所示。

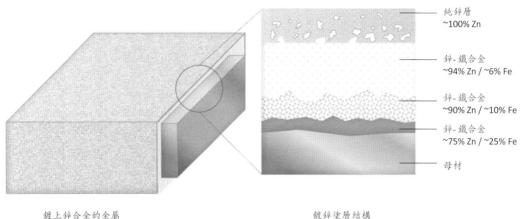

鍍上鋅合金的金屬　　　　　　　　　　　　　鍍鋅塗層結構

圖 7-43　鋅合金塗層結構

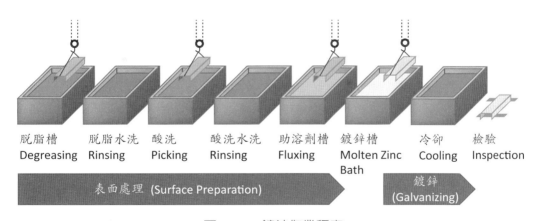

圖 7-44　鍍鋅作業程序

7.3.1 作業前檢查 (Pre-job inspection)

A. 構件金屬表面油漆應檢查及清除

由於在脫脂作業中無法去除表面的油漆、瀝青或油汙，會導致構件表面無法鍍鋅，造成鍍鋅後之構件出現局部的缺陷。因此，結構鋼於鍍鋅前應進行金屬表面油漆應檢查及清除。

B. 根據 ISO 8501-3，鋼材表面不規則處應修圓或平滑

　　檢查銲渣是否附著並按要求清除，為避免鍍鋅後出現局部缺陷，應在鍍鋅前檢查銲渣是否附著。如有銲接缺陷，應打磨去除。銳利的棱角應達到到 P3 等級，其半徑不得小於 2 毫米。火焰切割邊緣和表面應在熱鍍鋅作業之前進行打磨。

C. 檢查鋼結構有無變形

　　鋼材鍍鋅後不能進行尺寸矯直。作業前應檢查結構變形情況，如有變形，應通知製造商進行矯正。

D. 確認吊掛位置

　　吊掛位置選擇不影響結構上所須鍍鋅層，以免造成吊掛處鍍鋅品質不良。

E. 良好之洩液位置及尺寸

　　設計良好的洩液位置及尺寸，於結構件浸至於液體後取出，讓製程用之液體能順利流出。部分半密閉結構件應於構件浸泡取出時的最低處規劃洩液孔。如圖 7-45。

F. 檢查鋼結構材質證明書上的含矽量

　　一般來說，所有鋼合金都可以進行熱浸鍍鋅。然而，鋼成分的矽含量過大會使鋅反應加快，導致材料表面鋅層粗、厚度、外觀（光澤度、均勻度、粗糙度）並有剝落傾向。如果鋼材中的矽含量在 0.03%～0.12%，超過 0.23%，則形成的鋅層比標準規定的要厚很多，鍍鋅層會更厚，並且同時存在淺灰色和深灰色區域，因此外觀表面不會那麼光滑，這種類型的表面是由於 Sandelin 效應而產生的，可參閱 5.3.3 節。

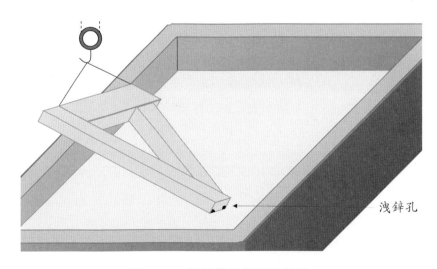

洩鋅孔

圖 7-45　鍍鋅構件規劃洩鋅孔

7.3.2 鍍鋅表面處理 (Surface preparation)

A. 脫脂作業 (Degreasing)

　　使用比重為 1.04-1.09 的各種苛性鹼化學品去除組件金屬表面的油脂和防銹油，主要成分為氫氧化鈉 (NaOH) 溶液，通常加熱至 60-100℃。組件的浸泡時間取決於附著的油量，通常浸泡時間約為 10 分鐘至 30 分鐘。

B. 脫脂水洗 (Rinsing I)

　　在下一道工序之前用水沖洗掉留在組件上的殘留物。

C. 酸洗作業 (Picking)

　　酸洗是要去除金屬表面的氧化皮、氧化鐵、銹層。該作業使用濃度為 5%-16% 的常溫氫氯酸溶液 (Hydrochloric acid)，酸洗的時間取決於構件的生銹情況。酸洗後的構件表面會出現灰色或灰白色。一般上，為了抑制酸洗時金屬表面底層的溶解，減少酸洗後金屬面的粗糙及孔蝕的發生，會添加使用酸洗腐蝕抑制劑。

D. 酸洗水洗 (Rinsing II)

　　該工序是用水將殘留在組件上的鹽酸沖洗掉。

E. 助溶劑作業 (Fluxing)

　　目的是形成有效的塗層，暫時防止生銹，並啟動鋼表面與熔融鋅的反應，形成良好的防銹層，以防止在鍍鋅之前進一步形成任何氧化物。助溶劑溶液為氯化鋅 ($ZnCl_2$) 和氯化銨 (NH_4Cl) 的混合物，濃度為 18%-25%，PH 值在 4.0～5.5 之間，加熱至 60-80℃。

7.3.3 鍍鋅 (Galvanizing)

A. 熱浸鍍鋅作業 (Molten Zinc Bath)

　　一旦結構清潔乾燥，將其浸入熔融鋅浴中。當材料被浸入時，鋅將流入和環繞整個結構，保護所有表面。在鍍液中，鋅與鐵和鋼之間發生化學反應，形成一系列鋅 - 鐵金屬間化合物層和純鋅外層。依據 ISO 1461(Hot dip galvanized coatings on fabricated iron and steel articles — Specifications and test methods) 之規定熱鍍鋅槽須採用鋅含量大於 98.5% 的鋅錠熔煉並適當添加微量鋁，以提高組件的流動性和光澤。另外，熔融鋅中內的其他元素依 ISO 752(Zinc ingots)、EN 1179(Zinc an zinc alloys - Primary zinc) 或 EN 13283(Zinc and zinc alloys - Secondary zinc) 規定該總量不得超過 1.5%。

熱浸鍍鋅作業時操作溫度為 440℃±5℃。執行浸泡時應迅速放入池中，不得停頓，而浸泡時間取決於待塗組件的厚度當所需的厚度越厚，其浸漬時間越長。另外，厚度較薄的構件，須注意在高溫時可能會產生變形。

B. 冷卻作業 (Quenching)

鍍鋅完成後將被鍍物送至溫度 60℃ 冷卻水槽冷卻來終止合金層的反應，形成穩定的鍍層，有利於後期的操作。如果冷卻不夠快，鋅和鐵原子的相互擴散導致點蝕和結垢的鋅塗層。

7.3.4 檢驗 (Inspection)

檢驗和品質保證是鍍鋅過程的最後一步，相關的檢驗如下：

A. 外觀檢查

每個鍍鋅後的構件在沒有任何輔助工具或手指觸摸的情況下，先以目視檢查來確保鍍鋅覆蓋範圍，以確保沒有起泡和缺陷。

B. 鍍鋅層乾膜厚檢查

鋼材鍍鋅的厚度應使用符合 ISO 1461 和 ASTM A123 的測厚儀測量乾膜厚 (Dry film thickness, DFT)。每個單獨鍍鋅件的最少測量次數依顯著表面積，參考 ISO 1461，如表 7-19。

表 7-19　鍍鋅件表面積的重點抽樣參考數量

類別	顯著表面積	每鍍鋅件的參考檢驗次數
a	$> 2 \text{ m}^2$	≥ 3
b	$100 \text{ cm}^2 < A \leq 2 \text{ m}^2$	≥ 1
c	$10 \text{ cm}^2 < A \leq 100 \text{ cm}^2$	1
d	$\leq 10 \text{ cm}^2$	每一鍍鋅件檢查 1 點

所有厚度測量值以標準乾膜厚度 NDFT(Nominal dry film thickness) 檢查，乾膜厚度應在每道塗層後測量以進行品質管制。

7.4. 陰極保護 (Cathodic protection)

陰極保護 (Cathodic protection, CP) 是一種使金屬表面成為電化學電池中的陰極來控制其腐蝕的技術，是一種廣泛使用防止海上腐蝕的方法，並且通常與塗裝系統結合使用。其保護原理是將要受保護的金屬連接到更容易腐蝕的犧牲金屬 (Sacrificial metal) 上，而該犧牲金屬作為陽極 (Anode)，透過犧牲陽極系統可以減少受保護材料表面上的氧化反應。在離岸結構防蝕保護設計上，犧牲陽極展現了出色的效率和性能，大幅地提高了海上結構預期壽命。

7.4.1 犧牲陽極系統 (Sacrificial anode system)

犧牲陽極法是一種電化學保護技術，與結構金屬相比，犧牲金屬的腐蝕速度更快，陽極金屬隨著電流的流出而逐漸消耗，所以稱為犧牲陽極，並因此來保護陰極的金屬，可參閱本書 4.2. 章節。圖 7-46 顯示了犧牲陽極系統的運作示意圖，受保護的金屬連接到犧牲陽極上，此時，從犧牲陽極流出的保護電流阻止了結構物金屬上的腐蝕電流。這樣原結構物上的金屬腐蝕就停止了，相反，犧牲陽極在此過程中會腐蝕。當犧牲陽極離要保護的結構越近，電壓越負，電流越大，其效率越高，如圖 7-47 所示。

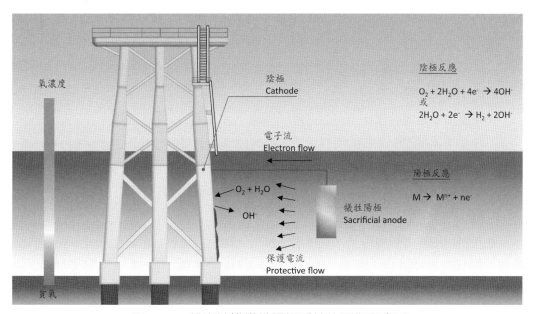

圖 7-46 離岸結構犧牲陽極系統的運作示意圖

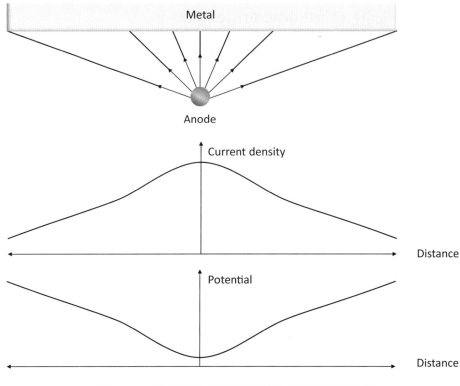

圖 7-47 陽極與陰極距離遠近之電流及電壓圖

　　海洋工程上採用相對於鋼具有高活性的金屬作為犧牲陽極，利用兩者之間的電位差產生防腐蝕電流，從而達到防腐的目的。

　　離岸結構上選用合適的犧牲陽極規劃可參考如下；

－犧牲陽極和腐蝕結構物之間的電位差必須要很高，以使腐蝕結構上可以得到發展出陽極和陰極電池。

－電流流動時犧牲陽極上不應過度陽極極化 (Anodic polarization)。在腐蝕下，極化是指遠離腐蝕系統的開路電位的電位偏移。如果電位向正方向移動，則為陽極極化。如果電位向負方向移動，則為陰極極化。陽極極化會增加腐蝕速率。

－金屬溶解產生的陽極必須有效地進行陰極保護，並且可以自由地產生化學反應。

　　通常對於海洋工程應用上，犧牲陽極材料的性能取決於其實際化學成分，一般常使用鋁 (Al) 或鋅 (Zn) 作為陽極，依 DNV-RP-B401 所建議的鋁基和鋅基陽極材料之化學成分如表 7-20。

表 7-20　鋁基或鋅基的陽極材料之化學成分

Alloying component 合金成分	Zn-base 鋅基	Al-base 鋁基
Zn	Remainder	2.50～5.75
Al	0.10～0.50	Remainder
In	NA 不適用	0.015～0.040
Cd	≤ 0.07	≤ 0.002
Si	NA 不適用	≤ 0.12
Fe	≤ 0.005	≤ 0.09
Cu	≤ 0.005	≤ 0.003
Pb	≤ 0.006	NA 不適用

下表 7-21 藉由衡量陽極性能的兩個特性，列出鋁或鋅的陽極性能。

－閉路電位 (Closed-circuit potential)，表示陽極被腐蝕的難易程度。該值越負，陽極越容易被腐蝕。通常，海洋工程用鋼的陰極保護需要低於 -0.08 伏的電位才能有效。

－電化學容量 (Electrochemical capacity)，表示陽極材料消耗的速率。

表 7-21　鋁或鋅的陽極材料性能

	鋁	鋅
閉路電位，E_{oa}(V)	-1.10	-1.05
電化學容量，ε(Ah/kg)	2000	780

從上表中我們可以看出，鋁具有更高的閉路電位，因此它與鋅相比更容易開始作用。另外與鋅相比，它還具有更高的電化學容量，因此使用相同的陽極尺寸鋁將能更持久。

犧牲陽極系統非常適用於海洋固定式平臺，這種方法不需要任何維護。圖 7-48 所示，一般固定式離岸結構從海泥區 (Buried zone) 到海浪潮差區 (Tide zone) 會配置許多犧牲陽極，而在飛濺區 (Splash zone) ，由於間歇性暴露，犧牲陽極的陰極保護在此區域無法起作用，因此不須安置。所用陽極分布越均勻，其陰極保護電流分布越好。

　　犧牲陽極通常設計為帶有梯形的細長型，其幾何形狀的目的是獲得高電流輸出和有效電流。陽極製造可以有多種類的型式，以鋼材插入陽極的形式選擇有包括有棒材、管材或鈑材。離岸結構的構造限制亦是選擇幾何形狀的其他考量因素，有支架型、嵌裝式或鐲式，圖 7-49 為一般常用陽極所使用之平臺。當結構處於複雜的位置其空間限制了使用更大的犧牲陽極，此時採用平板型的犧牲陽極與結構物的表面直接接觸，便能發揮其保護功能。

　　此外，根據長寬比 (Length-to-width ratio)，支架式和嵌裝式的陽極還可進一步分為短型式和長型式。

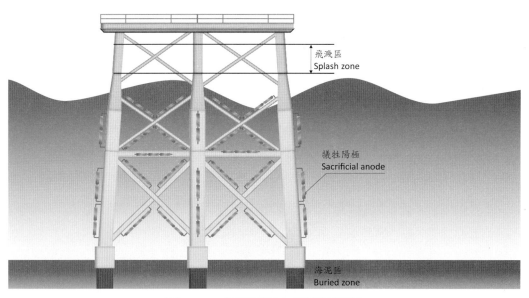

圖 7-48　離岸結構上的犧牲陽極

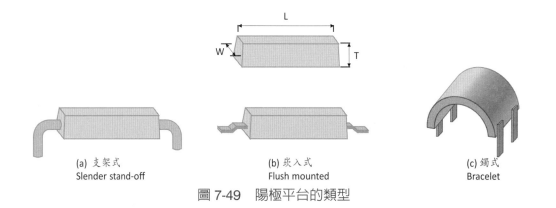

圖 7-49　陽極平台的類型

7.4.2 陰極保護的不利影響 (Detrimental effects of CP)

　　為保證海洋工程結構的強度，結構材料上一般採用高強度低合金來製造，然而當材料強度越高，其氫脆敏感性也越高。雖然陰極防蝕可降低鋼材腐蝕速率，但亦有許多其他之負面影響。陰極保護過程中，高強度鋼材表面發生吸氧或析氫反應，或二者同時發生。而當陰極保護電位越負，越容易發生析氫反應，材料發生氫脆斷裂的風險越高。

　　這些負面影響在設計、開發及建置陰極防蝕系統時應加以考慮。DNV-RP-B401中提到的陰極保護與結構金屬作用如下：

　　－鋁基或鋅基的陽極其陰極保護電位範圍（即 −0.80 至 −1.10V，Ag/AgCl/ 海水參考電極），而當陰極保護電位越負，導致結構金屬表面形成原子氫，氫的生成則依指數增加。氫原子可相互結合形成氫分子，亦可被金屬基體吸收，與材質的微型結構相互作用產生高應力引發氫致裂紋 (Hydrogen induced stress cracking, HISC)。

　　－麻田散鐵碳鋼、低合金鋼及不銹鋼，曾經遇過由陰極保護誘導氫致裂紋事故，這些材料的降伏強度大約為 700 MPa。一般未經回火的麻田散鐵組織特別容易產生氫致裂紋，因此對形成麻田散鐵敏感的材料，銲接隨後宜進行銲後熱處理來減小熱影響區硬度和銲接殘餘應力。

　　－根據實際經驗，降伏強度 500MPa 以下的肥粒鐵和肥粒鐵 - 波來鐵結構鋼被證實與海洋陰極保護系統相容。

　　－陰極保護作用下被保護結構上的表面會產生氫氧根離子和氫氣，這會導致非金屬塗層的剝離，其機制牽涉了化學溶解和電化學反應過程，而這塗層劣化的過程被稱為陰極剝離 (Cathodic disbondment)。

7.4.3 陰極保護設計參數 (CP Design parameters)

　　海上結構的設計使用壽命年限約 20 至 25 年，而作為陰極保護系統的維護和修理通常是非常昂貴，有時甚至不切實際。因此，一般在設計上通常的做法是採用至少與保護對象相同的陽極設計壽命或於最初時安裝容量較大的陽極。

　　保護離岸結構所需要的犧牲陽極一般取決於以下參數：

　　－海水的電阻率、鹽度和溫度。

　　－要保護的總表面積。

－陽極材料種類及其組成、尺寸和形狀。

當陽極連接到結構表面時，此時會建立起電路，電流會從陰極流向陽極。結構上所需要保護的表面都需要至少量的電流才能獲得足夠的保護，它是根據保護單位面積所需的電流量來衡量的，也稱爲電流密度 (Current density)。

如果要保護的表面所需的電流密度爲 i_c (A/m^2)，表面的面積爲 A_s (m^2)，則表面的所須防蝕總電流爲 I_c(A) 需求如下；

$$I_c = i_c \times A_s \tag{7-1}$$

離岸結構的犧牲陽極應根據 DNV-RP-B401 陰極保護設計 (Cathodic protection design) 必須滿足以下要求：

－總淨陽極質量必須足以滿足設計壽命內的總電流需求。

－陽極總的最終電流輸出必須足以滿足設計壽命結束時的電流需求。

7.4.3.1 電流需求 (Initial, final and mean current demands)

保護結構表面的電流需求在陽極使用的壽命期間也會發生變化。當新陽極安裝於金屬結構物時，最初的結構物表面是裸光和平順的，此時，結構物表面開始產生所需的保護電流量，這稱爲初始電流需求 (Initial current demand)。而當一旦陰極於長時間下起了保護作用，陰極保護系統將達到穩態，此時陰極的電位變得更負，此稱爲陰極極化 (Cathodic polarization)。它降低了結構使用壽命期間的電流需求，穩態時的電流需量稱爲平均電流需求 (Mean current demand)。

然而，隨著時間的推移，結構物的表面由於受到陰極的保護會形成熔填物。這些熔填物阻止了腐蝕的作用，從而降低了電流需求。而當陽極接近耗盡時，保護結構物表面所需的電流稱爲最終電流需求 (Final current demand)。

初始、最終和平均電流需求之間的差異，初始及最終電流需求是啟動陰極保護所需的電流，而平均電流需求則是陰極保護在陽極使用壽命期間保持運行所需的電流。平均電流需求約爲初始及最終電流需求的 50%，因爲當陰極極化時會產生更負的陰極電位，從而降低了陰極保護作用所需的電流。

電流的需求是採用電流密度來衡量，因此結構的初始電流需求、平均電流需求和最終電流需求的公式表示如下：

初始電流需求：

$$I_{ci} = i_{ci} \times A_c \tag{7-2}$$

平均電流需求：

$$I_{cm} = i_{cm} \times A_c \tag{7-3}$$

最終電流需求：

$$I_{cf} = i_{cf} \times A_c \tag{7-4}$$

式中

i_{ci}：初始電流密度。

i_{cm}：平均電流密度。

i_{cf}：最終電流密度。

A_c：保護表面面積。

對於各海域溫度及深度下所須的電流密度，可參考 DNV-RP-B401 的初始、最終和平均電流密度的推薦值，如下表 7-22 所示。

表 7-22　DNV-RP-B401 建議裸鋼設計電流密度

水深 Depth(m)	Current densities(A/m^2)											
	熱帶 （水溫 >20℃）			亞熱帶 （水溫 20～12℃）			溫帶 （水溫 11～7℃）			北極 （水溫 <7℃）		
	初始	最終	平均	初始	最終	平均	初始	最終	平均	初始	最終	平均
0～30	0.15	0.10	0.07	0.17	0.11	0.08	0.20	0.13	0.10	0.25	0.17	0.12
30～100	0.12	0.08	0.06	0.14	0.09	0.07	0.17	0.11	0.08	0.20	0.13	0.10
100～300	0.14	0.09	0.07	0.16	0.11	0.08	0.19	0.14	0.09	0.22	0.17	0.11
>300	0.18	0.13	0.09	0.20	0.15	0.10	0.22	0.17	0.11	0.22	0.17	0.11

從上表可知初始階段電流密度較高於其他階段，這是因為由於陰極保護過程中所形成的熔墳物和可能的海洋汙垢層降低了離岸結構隨後階段的電流需求。因此設計足夠的初始電流密度將能夠快速地形成保護性層。

7.4.3.2 塗裝擊穿係數 (Coating breakdown factor)

當結構表面塗有電絕緣塗裝例如環氧樹脂、聚氨酯或乙烯基時，這時候將能提供額外的防腐蝕保護並降低電流需求。塗裝可以降低結構電流需求的因素則稱為塗裝擊穿係數。它的值介於 0 和 1 之間。數值 0 表示塗裝是 100% 絕緣，數值 1 則表示塗裝

無法使電流降低。離岸結構表面降低電流需求的程度會取決於塗裝的類型和結構安裝的水深。表 7-23 依 DNV-RP-B401 中規定了不同塗裝的類別。

表 7-23　DNV-RP-B401 規定的塗裝類別

類別	說明
I	一層環氧漆塗層，標準乾膜厚度至少 20μm。
II	一層或多層塗層（環氧樹脂、聚氨酯或乙烯基），總標準乾膜厚度至少 250μm。
III	兩層或多層塗層（環氧樹脂、聚氨酯或乙烯基），總標準乾膜厚度至少 350μm。

塗裝擊穿係數是塗層性能、操作參數和時間的函數，其塗裝擊穿係數如下式

$$f_c = a + bt \tag{7-5}$$

式中

a 和 b 是取決於塗層特性和環境的常數，依 DNV RP-B401 建議如表 7-24。

t：塗裝老化年齡。

由於每個階段的塗裝老化年齡不同，因此在初始階段、最終階段和平均階段的塗裝擊穿係數亦是不同的，要為每個階段單獨計算。

表 7-24　DNV RP-B401 依塗裝類別所建議的塗層擊穿常數

塗裝類別	a	b Water depth(m)	
		0～30	>30
I	0.10	0.10	0.05
II	0.05	0.025	0.015
III	0.02	0.012	b = 0.008

海洋生長的影響在上部 30 米處最高，因此塗層擊穿常數 b，在 30 米處作為分界。另外，波浪力可能會導致進一步塗層退化。

結合塗裝擊穿因素後，離岸結構上初始、平均和最終電流需求可寫為如下：

初始電流需求：

$$I_{ci} = i_{ci} \times A_c \times f_{ci} \tag{7-6}$$

平均電流需求：

$$I_{cm} = i_{cm} \times A_c \times f_{cm} \tag{7-7}$$

最終電流需求：

$$I_{cf} = i_{cf} \times A_c \times f_{cf} \tag{7-8}$$

式中

I_{ci}：初始電流密度。

I_{cm}：平均電流密度。

I_{cf}：最終電流密度。

f_{ci}：初始塗裝擊穿係數。

f_{cm}：平均塗裝擊穿係數。

f_{cf}：最終塗裝擊穿係數。

A_c：保護表面面積。

7.4.3.3 陽極電流輸出 (Current output of anode)

陽極電流輸出是陽極所產生的電流量，從電學理論上，當一個陽極連接到陰極表面時產生的電流如下式：

$$I_A = \frac{\Delta E}{R_a} \tag{7-9}$$

式中

ΔE：電位差。

R_a：陽極電阻。

I_A：電位差。

電位差，是陽極與其要保護的表面之間的電化學電位差。例如，如果離岸結構表面使用的材料為低碳鋼，陽極為鋁，則電位差為 $\Delta E = (E_{Cathod} - E_{Anode}) = （低碳鋼的設計電位）-（鋁的設計電位）$

陽極電阻是海水電阻率、陽極尺寸和陽極幾何形狀的函數，因此計算陽極電阻值，要將這些電阻進行加總計算。

(1)海水電阻率

海水電阻率 (Seawater resistivity) 取決於海水的溫度和鹽度。在海洋上其鹽度變化不大，一般鹽度約在 3% 至 4%，而影響海水電阻率的主要因素是溫度。圖 7-50 為鹽度 3% 至 4% 之間海水溫度與電阻率函數圖表。

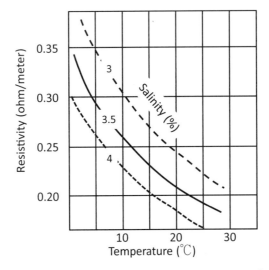

圖 7-50　鹽度 3% 至 4% 的海水溫度電阻率

(2)陽極電阻

陽極電阻 (Anode resistance) 值，DNV-RP-B401 根據陽極的尺寸與幾何形狀通過實驗得到不同的公式來計算陽極的電阻。

當 L ≥ 4 r，長支架式的陽極電阻如下式：

$$R_a = \frac{\rho}{2\pi L}\left(\ln\frac{4L}{r} - 1\right) \tag{7-10}$$

當 L < 4 r，短支架式的陽極電阻如下式：

$$R_a = \frac{\rho}{2\pi L}\left[\ln\left\{\frac{2L}{r}\left(1 + \sqrt{1 + \left(\frac{r}{2L}\right)^2}\right)\right\} + \frac{r}{2L} - \sqrt{1 + \left(\frac{r}{2L}\right)^2}\right] \tag{7-11}$$

式中

L：陽極長度。

ρ：海水電阻率 (ohm/m)。

r：有效陽極半徑。

當 L 大於或等於寬度和厚度 4 倍，長嵌入式陽極電阻如下式：

$$R_a = \frac{\rho}{2S} \tag{7-12}$$

式中

ρ：海水電阻率 (ohm/m)。

S：陽極長寬的算術平均值。

短嵌入式、鐲式或其他陽極類型的電阻如下式：

$$R_a = \frac{0.315\rho}{\sqrt{A}} \tag{7-13}$$

式中

ρ：海水電阻率 (ohm/m)。

A：陽極表面積。

對於非圓柱形的陽極，$r = c/(2\pi)$，其中 c 是陽極橫截面周長。式 (7-10) 及 (7-11) 適用於與受保護表面最小距離為 300 mm 以上的陽極。而當陽極距離表面小於 300 mm 到 150 mm 之間時，於公式計算後，可以將陽極電阻乘以 1.3 倍的校正因子。

從上面陽極電阻的公式可以知道，其電阻值取決於陽極的尺寸。然而，隨著陽極使用消耗，它的質量會逐漸耗盡，其使用過的陽極尺寸與當初新安裝時相比，其最終尺寸變得更小。因此，陽極的電阻在初始階段和最終階段下是不同的。

如上所述，由於陽極的電阻在初始階段和最終階段不同，這也表示著陽極的電流輸出在初始階段和最終階段下也會有所不同。如果陽極在初始和最終階段下的電阻分別為 R_{ai} 和 R_{af} 表示，則初始和最終電流容量則如下式

陽極初始電流容量：

$$I_{ai} = \frac{\Delta E}{R_{ai}} \tag{7-14}$$

陽極的最終電流容量：

$$I_{af} = \frac{\Delta E}{R_{af}} \tag{7-15}$$

式中

ΔE：電位差。

R_{ai}：初始陽極電阻。

R_{af}：最終陽極電阻。

7.4.3.4 陽極利用率 (Anode utilization factor)

陽極的質量基本上不可能全部用於陰極保護上，當陽極耗盡到一定程度之後，其有效性則變得不可預測，因此實際可用的陽極質量稱為陽極利用率 (Anode utilization factor, u)。陽極利用率是指當陽極已經不能再提供所需保護電流之前的可以消耗陽極的最大質量，它必須考慮到陽極尺寸的減小到結構在陰極保護的設計壽命期間所需維持的淨陽極質量。因此，若一個陽極的質量為 m_a(kgs)，其利用率為 u，則陽極的淨質量則為 $m_a \times u$。

陽極利用率取決於陽極的尺寸設計，表 7-25 為 DNV-RP-B401 所建議用於設計計算的陽極利用率係數。

表 7-25　DNV-RP-B401 建議的陽極利用率

陽極類型 Anode Type	陽極利用率 Anode Utilization Factor
L ≥ 4 r，長支架式的陽極	0.90
L < 4 r，短支架式的陽極	0.85
L 大於或等於寬度和厚度 4 倍，長嵌入式陽極	0.85
短嵌入式、鐲式或其他陽極	0.80

7.4.3.5 陽極電流容量 (Current capacity of anode)

陽極電流容量與陽極的電流輸出不同。電流容量是指陽極在其使用期限內可以產生的電流量，因此它取決於陽極的質量，而於上一節所述陰極保護的淨陽極質量會由陽極利用率決定。

由於陽極的電化學容量 ε (Ah/kg)，為每千克陽極質量於每小時將產生 ε 安培電流。因此，單個由陽極的淨質量產生的電流將為下式：

$$C_a = m_a \times u \times \varepsilon \tag{7-16}$$

式中

m_a：是每個陽極的淨質量 (kg)。可參考陽極製造商所提供的目錄。

u：陽極利用率。

ε：電化學容量 (Ah/kg)。

式 (7-16) 稱為每個陽極的電流容量，表示它在其生命週期內每小時可以產生的電

流量。

7.4.3.6 陽極總淨質量 (Total net mass of anode)

在整個設計壽命（年）內保持陰極保護所需的陽極總淨質量，是由每單位的平均電流需求的計算得出：

$$M_a = \frac{8760 \times I_{cm} \times t_f}{u\varepsilon} \tag{7-17}$$

式中

M_a：是陽極的總淨質量 (kg)。

I_{cm}：平均電流需求。

t_f：陽極的設計壽命年限，以小時爲單位，因此是每年的時數爲 8,760 小時。

u：陽極利用率。

ε：電化學容量 (Ah/kg)。

7.4.3.7 計算陽極的數量 (Calculate of number of anodes)

陽極的數量設計應要確保結構上每一個區域的陽極數量能夠在設計壽命期間可以提供足夠之電流。透過所使應用之陽極類型的平均、初始和最終電流輸出，並將其計算結果與結構上陰極保護電流需求來進行比較，所以用於陰極保護用的陽極總數量應要同時滿足如下之條件：

　－陽極的總平均電流容量應大於結構的平均電流需求。

　－陽極總初始電流輸出應大於結構的初始電流需求。

　－陽極總的最終電流輸出應大於結構的最終電流需求。

在上一節所述 C_a 爲每個陽極的電流容量，因此，具有 N 個陽極的陰極保護系統的總電流容量則爲 $N \cdot C_a$，而此總電流容量又必須大於保護系統設計壽命中的需求，如下式 (7-18)：

$$C_{at} = N \times C_a \geq 8760 \times I_{cm} \times t_f \tag{7-18}$$

式中

C_{at}：總電流容量。

N：陽極數量。

C_a：陽極電流容量。

I_{cm}：平均電流需求。

t_f：陽極的設計壽命年限，以小時爲單位，因此是每年的時數爲 8,760 小時。

另外，初始電流需求是在結構中啟動陰極保護所需的電流。因此，所有組合在一起的陽極應該要產生足夠的電流來滿足初始電流需求。為了克服初始電流需求，N 個陽極的總初始電流輸出應大於初始電流需求 (I_{ci})，其關係式如式 (7-19)。

$$N \times I_{ai} \geq I_{ci} \tag{7-19}$$

式中

N：陽極數量。

I_{ai}：陽極初始電流。

I_{ci}：初始電流需求。

同樣地，最終電流需求是當耗盡陽極時啟動陰極保護所需的電流。因此，在耗盡狀態下，結合在一起的所有陽極應該要產生足夠的電流來滿足最終電流需求。為了克服最終電流需求，N 個陽極的總最終電流輸出應大於初始電流需求 (I_{cf})，其關係式如式 (7-20)。

$$N \times I_{af} \geq I_{cf} \tag{7-20}$$

式中

N：陽極數量。

I_{af}：陽極最終電流。

I_{cf}：最終電流需求。

根據上述式 (7-18)、式 (7-19) 和式 (7-20) 的計算，因此可以計算出所需的最小陽極數量 N。

7.4.4 電化學測試 (Electrochemical testing)

犧牲陽極的腐蝕速率與電流輸出和淨陽極質量相關。其量測方法一般是透過電化學測試。電化學腐蝕測量是透過操縱和測量電位和電流這兩個變量，可以進行犧牲陽極腐蝕影響的實驗。大多數的實驗在工作電極上施加一個電位並測量產生的電流，測試的結果可以直接代表原物體上的腐蝕過程。

由於陽極初期極化時間一般不超過 6 個月，因此腐蝕速率應需進行至少 6 個月長期測試。短期測試法應符合 DNV-RP-B401，該測試旨在評估鋁犧牲陽極材料的電化學性能 (Electrochemical performance)。

7.4.4.1 測試條件 (Test condition)

— 該測試包括一種陽極材料及五個陽極試樣。陽極材料的實驗測試的試樣的取樣，為自陽極位置底部 20 mm 起的高度，平行長邊方向，如圖 7-51(a)，取樣後並加工成直徑 Φ10 mm ±1 mm，長度 50 mm ± 5 mm 的試樣，並在在圓柱體的底部鑽出一個約 1 mm 的螺紋孔，如圖 7-51(b)。加工完成後先用清水洗淨後，再以丙酮去油汙，然後乾燥秤重之。

— 做為測試用的陰極材料為經表面噴砂清理的碳鋼管段用作陰極，參考建議尺寸直徑為 200 mm、長度為 200 mm 及厚度為 0.5 mm 的管，陽極 / 陰極比建議約為 1：30。

— 測試溶液：符合 ASTM D1141 Standard practice for preparation of substitute ocean water 試驗用替代海水的標準技術要求的電解液，參閱表 7-26。

— 電解液溫度：20±3℃（連續吹掃空氣）。

— 電解液的 pH 值：6.2～7.7，平均值：pH 7.0。

— 電解液的交換率：1 L/min。

— 定電流裝置，由直流電源供應一穩定電流值，在固定電流密度下供應陽極，其電熔填反應速率較為穩定，並通過數據收集系統進行自動電位和電流測量。

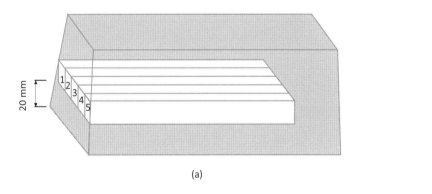
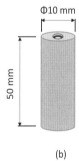

(a)   (b)

圖 7-51　陽極材料的實驗測試用的試樣規格

表 7-26　替代海水的電解液成分

Compount		Concentration(g/L)
分子式	中文	
NaCl	氯化鈉	24.53
$MgCl_2$	氯化鎂	5.20
Na_2SO_4	硫酸鈉	4.09
$CaCl_2$	氯化鈣	1.16
KCl	氯化鉀	0.695
$NaHCO_3$	碳酸氫鈉	0.201
$SrCl_2$	氯化鍶	0.025

7.4.4.2 實驗程序 (Experimental procedure)

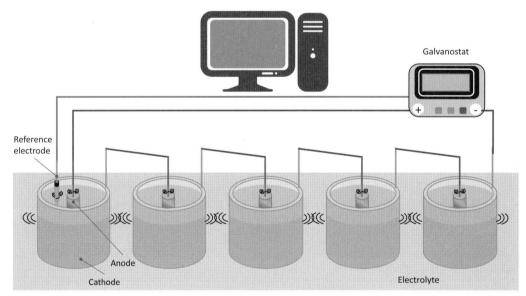

圖 7-52　電化學測試示意圖

　　(1) 電化學實驗裝置如圖 7-52，以犧牲陽極材料為陽極，人工海水為溶液，恆電流儀 (Galvanostat) 與參考電極 (Reference electrode) 組成之電化學實驗裝置，檢驗陰極防蝕用犧牲陽極材料之電化學性能，包括實際發生電量、電流效率、消耗率。實驗裝置之參考電極的功用是量測試片在目前環境下的電位，一般常使用 Ag/AgCl（銀／氯化銀）電極。

(2)陽極圓柱體底部的螺紋孔擰入一根直徑為 1 mm 的螺紋鋼絲，用於將樣品固定在測量容器中。導線用塑料熱縮管沿其整個長度固定，以防止其與測量容器中的電解質接觸。電線與測試樣品的連接點用環氧樹脂固定，防止電解液滲入連接點並保護連接免受腐蝕。

(3)用於測試的陽極樣品放置在陰極內部的中心位置，並將 Ag/AgCl 參考電極連接到陽極樣品旁邊。

(4)為了在多個容器中同時進行實驗，測量系統通過串聯電纜以下列方式相互連接：恆電流儀(Galvanostat)的輸出 (+) 與第一個容器中的陽極，陰極在第一個容器中。第一個容器，陽極在第二個容器中，以此類推，最後一個容器中的陰極，具有恆電流儀輸出 (−)。恆電流儀以 ±0.01 mA 的精度保持預定的電流值。

(5)固定所有元件後，將測量容器裝滿電解液，測試在室溫下進行。

(6)定電流控制採用方案，根據 DNV-RP-B401 中規定的方法，每 24 小時要更換一次加載的電流，電流從陽極流向陰極。在為期 4 天的實驗中，應根據最初暴露的表面積，參考表 7-27 中所示的電流密度 i_d，調整設置恆電流儀中的電流強度 I_d。

表 7-27　實驗期間從陽極流出的電流密度

Day	電流密度
Day 1	$i_1 = 1.5 \ \mathrm{mA/cm^2}$
Day 2	$i_2 = 0.4 \ \mathrm{mA/cm^2}$
Day 3	$i_3 = 4.0 \ \mathrm{mA/cm^2}$
Day 4	$i_4 = 1.5 \ \mathrm{mA/cm^2}$

(7)於試驗時間終了，取出供試陽極，先用毛刷清洗，再依下列方式清除其表面腐蝕生成物後，乾燥秤重之。

－鋁陽極

浸於室溫之 65% 硝酸 (HNO_3) 溶液 4 分鐘，再浸於清水中洗淨。

－鋅陽極

清洗溶液為無水鉻酸 (CrO_3)20g 與磷酸 (H_3PO_4，比重 1.69)50 ml 加水至 1,000 ml，陽極試樣浸於 80℃的清洗溶液中，至腐蝕生成物洗淨。

7.4.4.3 電化學性能要求 (Requirements to electrochemical performance)

用於離岸結構的陽極的電化學品質管制試驗應符合 DNV-RP-B401 要求，其試驗

後最高閉路電位及電化學容量平均值須滿足表 7-28，電化學性能經驗證單位驗證後才能應用於陰極保護上。

表 7-28　在所有電流密度下的電化學性能要求

	鋁鋅銦合金	鋅
最高閉路電位 (V)	≤ -1.070	-1.030
電化學容量平均值 (Ah/kg)	2600	780

電化學實驗測試過程的相關計算如下式 (7-21)、式 (7-23) 及式 (7-24)每個陽極試樣的電化學容量 (Ah/kg) 根據公式 (7-21) 計算：

$$\varepsilon = \frac{C \times 1000}{\Delta W_E} \tag{7-21}$$

式中

C：總充電電流 (Ah)。

ΔW_E：測試過程中實際重量損失 (g)。

總充電電流計算如式

$$C = I_1 \times t_1 + I_2 \times t_2 + I_3 \times t_3 + I_4 \times t_4 \tag{7-22}$$

式中

I_a：第 i 天極化電流的強度 (A)。

t_a：給定強度的電流持續時間 (h)

ΔW_E：測試過程中實際重量損失 (g)。

陽極的效率 E(%) 計算根據公式 (7-23)：

$$E = 100 \times \frac{\Delta W_T}{\Delta W_E} \tag{7-23}$$

式中

ΔW_T：理論重量損失 (g)。

ΔW_E：測試過程中實際重量損失 (g)。

理論重量損失可根據式 (7-24) 計算：

$$\Delta W_T = \frac{C \times M}{n \times F} \tag{7-24}$$

式中

ΔW_T：理論重量損失 (g)。

C：充電電流。

M：原子量。(Al:26.98 g/mol；Zn:65.38 g/mol)

n：參與反應的電子數 (Al, $n = 3$；Zn, $n = 2$)。

F：法拉第常數 (26.8 Ah/mol)。

7.4.5 陽極的製造要求 (Requirements of anode manufacture)

陽極在生產製造的要求參考 DNV-RP-B401 及 NACE SP0387 如下：

生產過程中的品質管制 (Quality control of production)

－陽極的化學成分須符合要求，如表 7-20。

－製造前電化學效率和閉路陽極電位須通過資格測試。

－陽極生產期間每生產 15,000 公斤陽極或每一爐次陽極材料，應進行性能（即電化學效率和閉路陽極電位）的測試。

－模具在完成清理後，應盡快進行陽極的鑄造。

－在鑄造前的期間，噴砂過後的插入件應保持在相對溼度 50% 以下，或保持在相對溼度 60% 以下不超過 24 小時。

－每塊陽極應一次澆鑄完成，以達到所需的陽極淨重。

－熔融陽極在澆鑄過程中，應不斷撇爐渣，以儘量減少浮渣堵塞。

陽極塊尺寸和重量公差 (Cast galvanic anode dimensions and weights)

－陽極塊的平均長度公差應符合標稱的 ±3 % 或 ±25 mm 中兩者取較小者。

－陽極塊的平均寬度公差應符合標稱寬度的 ±5%。

－陽極塊的平均深度公差應符合標稱深度的 ±10%。

－圓形陽極塊的直徑公差應符合標稱直徑的 ±2.5%。

－陽極塊的直線度與陽極縱軸的偏差不應超過陽極標稱長度的 2%。

－插入件的中心應置在陽極橫截面中心 6 mm 的範圍內。

－每個陽極件應在成爲鑄件後立即秤重，有效淨重須去除任何插入件之重量，並於陽極件上打上序列號並記錄。

－每個陽極塊的有效淨重必須大於設計淨重。

－每個陽極的重量應在標稱重量的 ±3% 或 2.3 kg 之內，以較大者爲準。

陽極塊表面缺陷 (Surface defects)

－拒絕使用表面出現冷接紋 (Cold shuts) 和冷摺疊 (Cold laps) 之陽極塊。

－不允許使用表面有明顯的裂縫 (Cracks) 之陽極塊。

－不允許使用有全圓周裂紋之陽極塊。

－寬度≤ 0.5 mm 的細裂紋是可以接受的，並不計入裂紋數量。

－除了陽極鑄件最終頂部區域的細裂紋外，陽極塊表面不允許出現縱向裂縫。

－可以接受橫向裂縫寬度≤ 1 mm 的陽極塊，但此種橫向裂縫限制為最多 5 個。

－爐渣或肉眼可見的其他內含物不得超過 1% 的陽極表面積。

－收縮坑 (Shrinkage pits) 或縮孔 (Cavities) 應限制在陽極的頂面，深度不得超過
   陽極厚度的 10 %。

－陽極凝固後於表面上的表面不規則性不應超過標稱水平的 ±10 mm。

－陽極塊表面上鋒利邊緣或其他突起物應通過研磨去除。

陽極塊內部缺陷 (Internal defects)

－陽極塊鑄件的內部可能存有內部縮孔 (Cavities)，因此每一爐次中分出的每種
   尺寸的陽極塊鑄件，應至少取兩個陽極塊進行破壞性切割檢查其內部。

－陽極應在標稱長度的25%、33%和50%處或在其他約定位置處通過橫向切斷。

－切割面上目視檢查的氣孔 (Gas holes) 和孔隙率 (Porosity) 不得超過表面積總和
   的 2% 或任何一個表面的 5% 以上。此外，非金屬夾雜物的量不得超過表面積
   的 1% 或任何一個表面的 2%。

Chapter 8. 建造離岸結構

8.1. 製造和建造簡介 (Introduction to offshore structures fabrication and erection)

前面章節中使用相當多的篇幅來介紹了離岸結構金屬材料、銲接及防蝕保護的詳細內容，因為它們是離岸結構製造重要的基礎，內容亦包含許多製造過程中的重要作業細節以及必要的驗證。本章節將整合從製造過程中的可追溯性管理、離岸結構製造方法、製造公差、物資管理及品質管制與保證等，來介紹離岸結構製造作業。

離岸結構的建造是由成千上萬的各種組件所組成，這些材料經被切割、成型、組裝和大量的銲接，逐一成為離岸結構用零組件。一般在離岸結構製造常用的作業如表8-1。零組件的製作，需要將鋼成型為各種複雜的形狀，製造過程時的材料的變形、扭曲、銲接及組裝後的尺寸矯直結合也會在成品結構中存有大量的殘餘應力。結構和零組件的殘餘應力有時候不會立即呈現為缺陷，但是當這些結構和零組件在工作中因工作應力與殘餘應力的疊加，使總應力超過強度極限時，便會出現裂紋和斷裂。

零組件在製造過程中非常的重要，以確保結構在使用在極端載荷下都能正常運作。由於海洋環境中循環性質的載荷與腐蝕環境相互結合，往往會導致裂紋擴展；因此，不當的製造細節和程序可能會發展成嚴重的問題。由於離岸結構的大尺寸，製造也變得更加困難。空間尺寸難以測量和維護，熱應變亦會導致顯著的變形。

對於所有參與製造相關的人，包括設計人員、品質管制人員和生產製作作業人員等來說，尺寸的公差控制和變化管理的充分認識是至關重要的，因為每個人的行為都可能由於認知的缺乏、尺寸管制的理解不一致或把過往錯誤的方式當作正確的經驗來執行，進而造成在製造產生困難。為有效地提高製造良率，應建立每一專案執行之製造及檢驗標準、安排人員訓練，讓所有人員遵循作業指導，以使專案目標的可交付成果能如期如質完成。

由於離岸結構是大且重型的鋼構件的建造工程，因此在規劃組裝和安裝階段時的施工性最佳方法實務建議可參考如下：

　－接獲專案前應先對每一個過程站或組裝工站依人 (Man)、機 (Machine)、料 (Material)、法 (Method) 及環境 (Environments) 進行作業解析，因為一個專案時程內應約有 60～70% 的比重在規劃，而 30～40% 在負責執行。

　－由於在機械工廠內可以執行自動或雙面銲接，具有較高的銲接品質，因此建議

將離岸結構規劃拆解許多子組件，將這些子組件盡可能地在機械工廠內完成最大數量的銲接作業。

— 儘量減少於現場組裝區主要結構的銲接接頭數量。大型離岸結構的組裝需要高精度的量測，因此對於現場尺寸的調整相當不易。而且由於結構尺寸大，因此接頭位置的幾厘米變形誤差，有可能會導致結構上數公分的偏移。

— 盡可能地規劃於地面上執行零組件組裝作業，降低高空作業的次數。

— 儘量降低隨後拆除的臨時設施，例如施工架或其他施工用輔助設備，反覆拆除這些的臨時設施，除會增加製作工期外，亦會提高生產成本。

— 採用較大的鋼板製作，減少主結構元件，例如柱腿、節點或斜撐等於組裝中銲接接頭的數量。因為越多的接頭將可能會有更多的缺陷隱憂。

— 噴塗過程中，油漆須經固化等待時間，因此盡可能地最大化塗裝零組件的數量，提高噴塗場使用效率。

— 噴塗完成之構件，建議進行外層保護，避免於後續安裝過程中，發生碰撞或汙染，造成增加修補時程及難度。

— 同一規格零組件建議於同一產線生產，以產線減少更換治具，並降低銲接或作業人員重新適應不同作業方式而造成製造品質的缺陷。

— 由於離岸結構建造的文件重要性日益增加以及許多離岸結構的政治敏感性，如禁止使用某國材料。製造商應特別努力建立品質保證系統，以確保所有測試的正確記錄。

表 8-1　離岸結構製造一般常用作業

英文名稱	中文名稱
Material preparation	備料
Cutting	鋼板下料
Taper	切錐度
Beveling	開槽
Grinding	研磨
Cold forming	冷作成型
Fitting	組立
Tack welding	定位銲
Welding	銲接

英文名稱	中文名稱
Reforming	整形
Hole Cutting	開孔（加工）
Tapping	攻牙
False Assembly	假組立
Passivated by pickling	酸洗鈍化
Welding Repair	鏟修
Back gauging	背鏟
Rubber cover	包膠
Anode casting	陽極防蝕塊澆鑄
Sand-Blasting	噴砂
Coating	塗裝
Hot dip galvanizing(HDG)	熱浸鍍鋅
Thermal Spray Coating	鋅鋁熔射
Assembly	組裝
Flame Straightening	火焰矯直（整形）
Nondestructive testing(NDT)	非破壞檢驗
Dimension Control(DC)	尺寸量測
Self-Inspection	供應商自我檢驗
3rd-party Inspection	第三方單位檢驗
First Article Inspection(FAI)	首件工件檢驗
Final Inspection(FI)	最終檢驗
Transportation	運輸

8.2. 製造方法說明書 (Fabrication method statement)

　　離岸結構工程的複雜度遠超過一般陸域上鋼結構建置工程，其製造特徵包括有厚鋼板的銲接、巨大零組件的尺寸精度控制、三維空間組立、結構表面清潔度和塗層要求等，這些作業都有技術上的門檻，也因此隱含著產品於製作品質的是否符合要求的

隱憂。

　　製造方法說明主要是在描述離岸結構在執行製造工程時所必須遵循的活動順序，包括原物料的卸載、物流、製造加工流程。

　　離岸結構製造應制定安裝順序，以便盡快建立一個穩定的組件，並將後續組件直接或間接連接到該單元上。製造過程從原物料加工、次組件組裝和大組裝，在初期階段進行預先規劃，最佳化整個流程設計和製造，從而最大限度地減低成本、時間。

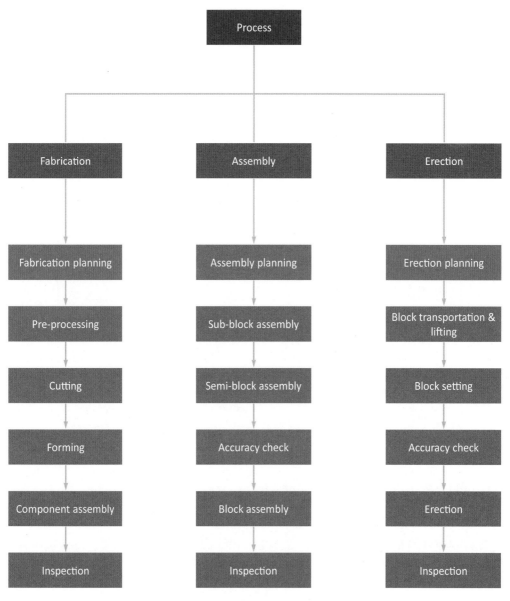

圖 8-1　離岸結構建造基礎計畫流程

流程首先會從可於製程穩定且重複性製作的零組件生產開始,如管狀件的柱腳或斜撐管,到後期階段的結構大組,這些零組件透過專業的機械工廠來生產製造,並以批次生產交付至組裝區,以達到最大化提高整體生產效率。然而離岸結構是一個大型件組裝且介面複雜的工程,這一些較大的零組件必須考慮它們在製造過程時不會發生變形,並且可以相對容易地組裝而不會出現銲接或尺寸的問題。因此要提高生產效率及妥善調度協調,就必須做好相關規劃來執行各項作業,基本製造方法說明須考慮包含如下之內容:

－作業分解
－施工性的最佳方法
－場地尺寸及生產配置
－設備能力、施工架、安裝準備
－運輸路徑和空間
－非破壞檢測、尺寸控制
－治具
－品質管理方法
－工安措施

8.2.1 可施工性和作業分解 (Constructability and breakdown)

離岸結構是由各種組件所組成的,而製造規劃人員則要在有限時間與資源內,執行製造工序複雜的專案,因此要對結構進行可施工性規劃。

可施工性的原則可包含如下:

－減少施工時間和成本的製作概念之開發。
－製作概念開發時,要規劃不應讓所拆離的次組件於後續組裝或安裝過程中造成困難的銲接順序,進而導致結構變形或應力的發生。
－設計與施工的整合、採用簡化工作和標準化技術,以克服複雜的施工。
－盡可能細分成最大化的組件和模塊,以便製造和組裝。
－規劃次組件時要特別注意其尺寸及重量,因為這些將會影響物流及可運輸性。
－在適用於每個組件最有利的位置條件下進行組裝零組件。
－規劃組件生產動線流向至組裝地點,避免二次搬運。
－規劃組件於相對連續和相似製程基礎的設備上製造,提高設備稼動率。
－提供足夠的裝配設施和設備,包括同步升降機和重型起重機等物品。

一組件若有特定施工困難，不利於大組時施工，則最好將其包含在次組件中。

為了加快製造速度並確保安全過程，需要仔細規劃。周密的計畫包括保持實際的安裝順序和保持裝配形式的簡單性。在目前的實務中，對於較大直徑和較厚的組件、兩個或多個管件的節點，由於其製造特別困難，因此採用單獨製造，這樣它就可以在機械工廠進行適當的加工處理。

由上述，因此會將結構分解成許多特定零組件或組件來製造，用以獲得最具成本效益的生產製造流程，如圖 8-2。

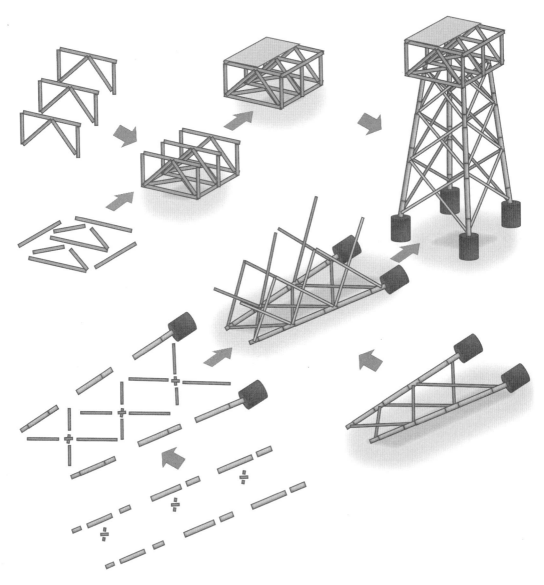

圖 8-2　離岸結構分解和構建示意

8.2.2 作業程序書 (Procedure)

對於離岸結構製造常見的幾種製造類型為切割、成型、銲接及沖壓等。這些常見的技術是將原金屬材料經製造過程後成為最終產品或用於完成這些產品的零組件。在製造過程中，可能會使用多種方法來完成所需之零組件或最終產品，然而一般來說，每一材料的特性和零組件的功能會使製造過程而有所差異，因此要為每一零組件制定其製造程序書。

作業程序書內會敘述某項作業之目的、範圍與品質要求，並將應遵守的規範、標準與程序以標準化之檔，讓作業人員於進行各項作業時，有一標準化的程序可依循。作業程序書應置於製造區內明顯處，並應以作為參考，以確保滿足所有必要的準備、預防措施及設備等，作業人員依照程序書內臚及指引就能避免失誤與疏忽。製造商須依生產過程中會出現的作業內容建立作業程序書，對於離岸結構製造時依流程順序大致基本所使用相關程序書如下表 8-2。

實際作業中，應在每個製造階段進行追蹤，若發現作業程序書無法符合現場製造所需，應提送變更請求或澄清依程序送審，獲得核准後才可繼續生產製造，嚴禁作業現場未依程序指引而自行變更參數或作業內容。

表 8-2　離岸結構製造相關程序書

文件	中文名稱
Material inspection	材料檢驗
Cutting plan	切割計畫
Steel forming procedure	鋼材成型程序
Welding plan	銲接計畫
Welder, grinder and operator list	銲接技術人員、研磨工及作業人員清冊
WPS and WPQR list	銲接程序規範和銲接程序檢定紀錄清單
Welding repair procedure	銲補程序
Quality control during welding	銲接過程中的品質管制
Temporary attachment welding procedure	臨時附體件的銲接程序
Flame straightening procedure	火焰矯正程序
Grinding plan	研磨計畫
Primary steel fabrication tolerance	主要構件製造容許公差

文件	中文名稱
Dimensional control plan	尺寸控制計畫
Lifting and transportation plan	吊裝和運輸計畫
Coating quality procedure	塗層品質程序
Logistic and storage plan	物流及儲放計畫

8.2.3 製造可追溯性 (Traceability in fabrication)

可追溯性是在整個製造過程中追蹤和記錄所有原物料、零組件和成品的過程。這種記錄保存可確保每個組件都可以追溯到其原始來源，從而更容易識別可能出現的任何問題，並且也能在它們成為問題之前加以糾正。通過可追溯系統，還可以持續最佳化生產流程改進。

可追溯性在目前的製造業中非常重要，因為，現今的製造業依賴於一個延伸、分散的、分層的全球化供應鏈。一個全球化的供應鏈網絡可以為世界各地的製造業提供了最佳的生產成本、生產效率及利潤，但這樣亦伴隨著相當多的風險。因此，有必要實施可追溯性，以幫助提高整個供應鏈的安全性並保持高品質標準。

可追溯性可依 ISO 9001 監管，它透過記錄和標識來追蹤實體的歷史、位置或應用的能力。因此，實施可追溯性程序和系統的製造組織可以查閱有關其產品的歷史資訊，可包括以下內容：
－物料或組件的驗證及來源
－產品目的地
－製造歷程
－生產生命週期
－每個工作站花費的時間

以下透過離岸結構中使用最多的銲接作業，來說明製造過程中的可追溯性應用。銲接過程中的可追溯性是藉由銲道圖 (Welding map) 及銲接記錄可追溯性表單來達成。銲道圖是用於對每個銲道或接頭進行編號的索引圖，並在圖面中對每個銲道位置進行編碼或註釋，它使用視覺化位置建立於圖面上。銲道圖是建立銲接記錄可追溯性表單的基礎文件，銲道圖上的銲道或接頭編號須對應於銲接記錄可追溯性表單的編號。在大多數的銲接製造過程中同時使用銲道圖及銲接記錄可追溯性表單這兩個文件，將可確保提供其最大的銲接過程完整性。圖 8-3 為典型銲道圖示例，此示例中包

括三個管段及二個銲道，它可以後面的銲接記錄可追溯性表單中找到記錄的這二個銲接點。表 8-3 則以圖 8-3 典型銲道圖所建立的銲接記錄可追溯性表單。

銲道圖中提供一些基本資訊如下：

－銲道碼

－組成構件

－構件材質

－厚度

－鋼材群組分類

－銲接耗材

－銲接製程

－銲接程序規範書

－檢驗要求

銲接記錄可追溯性表單提供一些基本資訊如下：

－銲道碼

－銲接型式

－組成構件的詳細資料

－銲接耗材

－銲接程序規範書

－認證的銲接技術人員

－銲接開始及結束日期

－檢驗要求

－檢驗日期

－認證的檢驗員

－檢驗判定結果

－銲道鏟修的銲接技術人員

－銲道鏟修後的檢驗員

Weld ID	Member	Material specification	厚度(mm)	群組 Category	焊接耗材 Welding consumables	焊接 Welding process	WPS	Inspection VI	UT	MT	PT	RT
W01	Chord1/Stub1	S355ML+Z/S355ML	60mm/35mm	1	EN ISO 18276-A T50 6 1 Ni M M21 1 H5	138 136	BW-138/136-S355ML-01	100%	100%	100%	100%	-	-
W02	Chord1/Stub2	S355ML+Z/S355ML	60mm/35mm	1	EN ISO 18276-A T50 6 1 Ni M M21 1 H5	138 136	BW-138/136-S355ML-01	100%	100%	100%	100%	-	-

Offshore structure Corporation
DWG No. OFS-WM-N001
TITLE Node 07 Welding Map

	NAME	DATE
DRAWN		
CHECKED		
APPROVED		

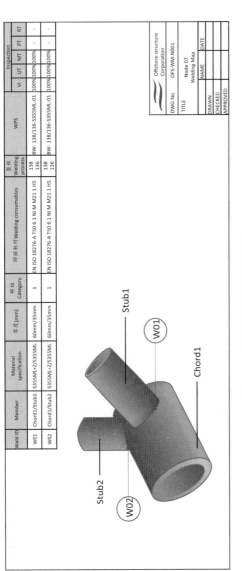

圖 8-3 典型焊道圖 Welding map

表 8-3 焊接記錄可追溯性表單
Welding traceability record

客戶рег代碼
行業規範
製造年.2023
焊道圖 Welding map NO. OFS-WM-N001

製作廠商名稱 Fabricator name
紀錄編號 Record No. QWTR-OFS-N001

8.3. 品質管理系統 (Quality management system)

　　品質管理可以讓企業根據必要的品質和合規性要求來設計和交付產品或服務的方法，它能夠確保品質流程有效且經濟。爲了獲得高品質的產品並提高企業競爭力，因此需要建立健全的品質管理系統 (Quality management system, QMS)，整合風險管理以確保符合良好生產規範標準。QMS 是組織用來品質管理方法的工具，它將組織內的人員、作業流程和文件關聯起來，並促進它們之間的交互關係。

　　製造業的品質管理主要涉及標準作業程序 (Standard operation procedure, SOP)、業務政策 (Business policies)、製程 (Process) 和糾正過程 (Corrective processes)，以確保能始終如一地符合客戶的品質期望。一般來說，品質管理是由以下四個部分所組成：

　　－品質管理計畫 (Quality management plan, QMP)

　　－品質管制 (Quality control, QC)

　　－品質保證 (Quality assurance, QA)

　　－品質改善 (Quality improvement, QI)

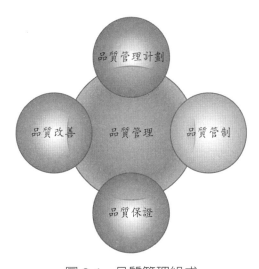

圖 8-4　品質管理組成

A. 品質管理計畫 (Quality management plan)

　　品質管理計畫的目的是爲企業設定方向，描述如何在整個專案生命週期中管理品質，以確保產品或服務可以滿足客戶品質的要求。品質管理計畫確定專案可交付成果的品質標準和專案過程相關的品質政策和程序。在此計畫階段，需要考慮：

－客戶的期望和優先事項是什麼。

－可交付成果成功的定義是什麼。

－有哪些必須遵守的標準或要求。

－滿足這些標準的必要條件。

－使用什麼程序檢查可否滿足這些標準。

－定義負責人員品質管理過程中的每個角色。

－流程將多久進行一次改進評估。

B. 品質管制 (Quality control)

品質管制是確保客戶收到沒有缺陷並滿足他們需求產品的過程，是對過程中進行物理檢查和測試。一般而言，這包括測試原物料、沿產線抽取樣品以及測試成品是否存有不一致。在製造的各個階段進行測試，有助於確定可能發生生產問題的位置，並幫助確定需要採取哪些措施來防止未來出現問題。

收集檢驗數據後，應統計並以易於分析的方式顯示，如直方圖、趨勢圖或因果圖，以便人員可以清晰明瞭生產品質的狀態。

在生產製造過程中，組織內所有執行作業的單位及人員都必須遵守品質管制才可得到符合專案目標的可交付成果。

製造離岸結構的基本品質管制項目包括以下：

－材料品質和可追溯性 (Material quality and traceability)

－鋼成型 (Steel forming)

－製造記錄 (Fabrication records)

－製造公差檢查 (Fabrication tolerances inspection)

－銲接技術人員資格和記錄 (Welder qualification)

－銲接技術規範和資格 (Welding procedure specifications and qualifications)

－銲道檢查和紀錄 (Weld inspection and records)

－防腐蝕 (Corrosion protection)

－非破壞檢測 (Non-destructive testing)

上述的品質管制項目必須於生產過程中讓不同的執行單位及人員達成相同的成果水準。因此建立品質文件使品質管制項目在組織管理、作業協調、品質管制和預期可交付成果能有所依循及指導。

C. 品質保證 (Quality assurance)

品質保證是是透過一套有系統性的品質管理機制，全面性確保對內部從設計規

劃、定義流程、團隊培訓、生產製造、產品檢驗、交付到售後服務以及對外包含供應商、協力廠商以及客戶等各項工作及流程符合標準規範與程序，以確保品質。

D. 品質改善 (Quality improvement)

一旦制定了品質管理流程，就要努力持續不斷的透過定期稽查、發現並計畫如何改進。透過收集所有數據，重新評估流程和產品，然後再次開始品質管理流程。因此在每個週期中，最終都能找到提高績效或結果的方法並獲得更好的產品。

8.3.1 專案品質計畫書 (Project quality plan)

專案品質計畫書 (Project quality plan, PQP) 是描述針對特定專案以透過系統面、管理面及組織政策在整個生產製造過程中，詳細的規定作業程序如何達到專案品質目標，並以一系列的品質活動，包含各種品管工具、統計和標準手冊等，來使製作出來的可交付成果符合品質保證。它不僅檢查產品的最終品質，還包括有計畫地檢查整個生產製造流程品質，貫穿所有生產階段。如果沒有強有力的品質規劃，專案可能就會增加品質的風險並造成責任者所可能承擔的不利後果。

品質是符合客戶要求，而不是鍍金。在規劃品質計畫時，首先要確定品質目標及其需求。專案人員必須定義和編纂專案成功所需滿足的標準，以及如何實現和確認這些標準，因為它會影響成本、進度安排和其他因素。

專案品質計畫書內容應包含如下：

－描述專案性質和品質期望的說明。

－列出組織的品質政策，例如，擁有 ISO 9001 及 ISO 3834 認證以及這些政策將如何應用於專案。

－制定分層管理的品質負責人員。

－確定可能需要遵循的其他品質標准、規範或政策。

－品質政策及要求將如何向供應鏈傳遞。

－描述該專案中可交付成果所必需的活動及其執行順序。

－描述所需的資源。

－專案中可交付成果品質監控和報告以持續改善的過程。

－處理缺陷的程序。

－檔案管制程序。

－變更管制程序。

－列出訓練及回訓計畫。

8.3.2 製造流程圖 (Fabrication flow chart)

　　離岸結構從建造開始到結束會經歷許多一系列非常不同的階段。這些階段首先從取得供應商提供的鋼材開始，在經製造過程變成成品時所必須經歷的每一階段活動，以符號詳細地說明整體結構，幫助團隊識別流程的不同元素並了解各個步驟之間的相互關係。另外，透過製造流程拆解出活動項目，並針對該項目搭配檢驗和測試計畫書 (Inspection and test plan, ITP) 可以加強對製造過程中的品質監控和詳細分析。

　　如圖 8-5，流程中的檢查項目是涉及每一施工階段後的檢驗，確保該階段已達符合允收並可往下一階段移動，實務執行說明如下：

　　－為有效查證施工品質，品管組織應明確列出施工檢驗停留點及見證點，以利於施工和品質計畫中配合訂定，並據以進行會驗。

　　－當工程進行至檢驗停留點時，生產製造單位須先依據品質計畫書、圖說、規範等之規定自行檢驗，並依審查核可之施工自主檢驗表或，逐項檢驗合格確認後，向生產及品管組織申請會同檢驗。

　　－對於不符合設計圖說、規範或契約規定之製程或施工成果等較嚴重缺失，則須於檢驗表上註明處理方式，並要求生產製造單位於缺失部分予以標示，並依要

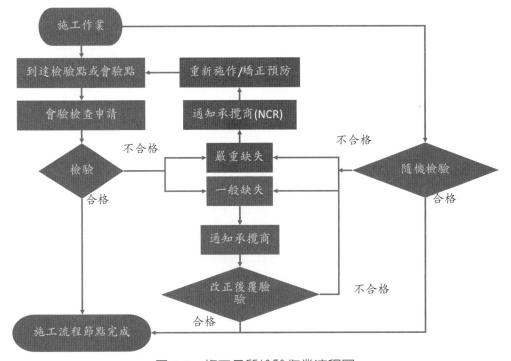

圖 8-5　施工品質檢驗作業流程圖

求生產製造單位改善並複查。如缺失無法立即改善則另須填寫「工程施工不符合事項報告 (NCR)」，並要求生產製造單位於缺失部分改善後通知複驗，對於改正事項需檢附改善前中後相片並以同一角度拍攝為原則。

－複驗如仍不符合規定時，則須繼續辦理追蹤，直至符合規定為止。

－再複驗結果如發現仍有不符合狀況時，即應檢討現場品管人員的適任性；如發現自主品管未涵蓋事項時，仍有不合格事項時，就須檢討品質計畫之適用性，並責成生產製造單位修正計畫。

最終檢查是成品最後的檢驗和測試，用以發現成品的缺陷和整體品質的過程。於最終檢查時，如果發現一個或多個成品未通過檢驗，可能需對同一批次的所有產品進行檢驗。

圖 8-6 為一般常用離岸結構柱腳或斜撐管狀件製造檢驗流程圖，圖中可以明確知道，施工作業前必須完成作業檔及作業人員的稽核，以確保每一作業是在品質管制下完成。以下製造階段中，需要準備及查核的項目：

品質文件

－ITP(Inspection and test plan)

－PQP(Project quality plan)

－Flow Chart

－NCR(Non-conformance report)

鋼板收料檢查

－爐號、板號、材質證明書

－驗料表單、材質

－板材表面要求

－凹陷深度 (EN 10163-1/2)

切割

－切割計畫圖面

－鋼板進行爐板號轉移

－追溯性表單

組立銲接

－WPS

－銲接技術人員名冊

－銲接協調員 (ISO 3834)

－銲機列管（校驗標籤）

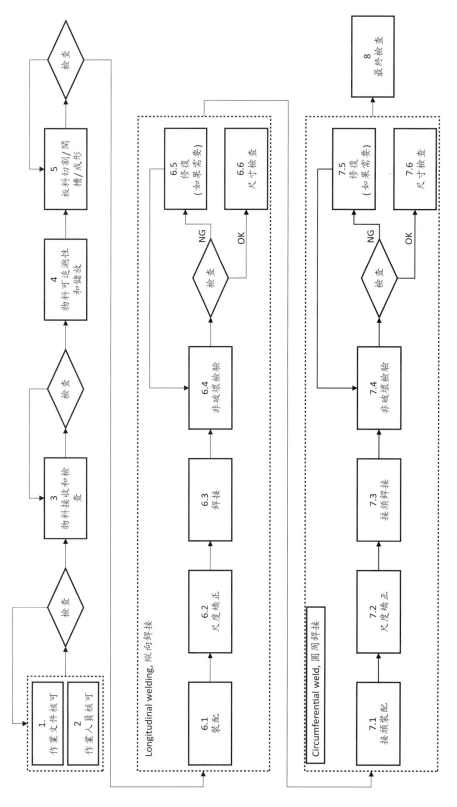

圖 8-6 管狀件 Rolled stell pipe 製造檢驗流程圖

－銲材領用（領用編號控管）

－銲材材質證明

－銲材室管理

－銲接時電壓／電流／層溫抽測計畫

非破壞檢測

－人員清冊

－儀器校驗標籤

最終檢查

－追溯表單

－非破壞檢測檢測文件

－尺寸檢測文件

－量具校正報告

8.3.3 檢驗和測試計畫書 (Inspection and test plan)

檢查和測試計畫 (Inspection and test plan, ITP) 是一份管制文件，這份文件用於管制生產過程中每一個製造階段有依循規範及標準以達到符合的品質管制和品質保證的方法。

檢查和測試計畫做為品質管制文件，因此在製造過程中非常重要，原因如下：

－文件中定義了製造要求的允收。

－它有助於製定測試和檢查的方法。

－經由查核檢驗可以及時發現錯誤，然後糾正並採取適當的預防措施。

－協助防止錯誤的施工方法、避免施工過程程序遺漏和產品缺陷。這些錯誤、遺漏和缺陷可能會導致專案延遲、巨大的成本損失和聲譽受損。

－證明所產製的產品是符合規範和標準的。

建立檢查和測試計畫的 4 個步驟如下：

(1) 界定工作範圍。工作範圍的摘要，以便為使用檔的人員提供說明。

(2) 收集相關規範或標準檔，以確定產品的允收條件。一般來說圖說和規範（相關可參閱）是用來要求遵守的檔，以下為驗收準則參考：

－圖紙（包括圖紙註釋）

－設計規格

－規範／標準

表 8-4 用於管件製作的 ITP（部分）範例

專案名稱	組件名稱	斜撐管	範圍描述				狀態說明			
業主名稱	文件編號	專案號 -ITP- 零組件代碼	本文件用於離岸水下基礎下部結構的斜撐管製做。製造範圍不包括犧牲性陽極安裝。				H: Hold point　M: Monitoring W: Witness point　R: Review			
流程圖序號	程序	驗收準則	檢驗	紀錄	責任人	製造商簽署	業主監造代表		第三方驗證單位	
							狀態	簽署	狀態	簽署
5.1	切割	・切割計畫圖 ・切割程序書 ・DNV-OS-C401 ・EN 1090-2：切割 ・ISO 9013	・可追溯性轉移檢查 ・表面檢查／清潔度檢查 ・根據加工圖面檢查開槽和尺寸	・切割記錄表單	・品管工程師 ・現場監造		M		M	
5.2	成型	・鋼成型程序 ・設計圖紙 ・EN 1090-2：裝配和接頭準備 ・DNV-OS-C401：第 6-8 節	・可追溯性檢查 ・表面檢測 ・尺寸檢查 ・裝配檢查	・成型錄表單	・品管工程師 ・現場監造		M		M	

－製造商的要求

－合約要求

(3) 界定產品於製造過程中各階段的交付點。按照產品於製造過程中的順序，界定各階段的交付點。每一交付點為保證該階段以依第 2 步驟內的允收項目完成。

(4) 對於每個階段中如何達到標準，佐證資料包括有製造過程中的紀錄檔、檢查或測試的方法和各相關責任人員見證或簽署等。

8.3.4 不合格報告 (Non-conformance report)

不合格報告 (Non-conformance report, NCR) 是與施工相關的文件，它用於解決作業中的人員、機械或設備、物料、使用的方法和作業中的環境，與規範產生偏差或不符合品質標準的工作。該報告不只用於品質管制過程還用組織內的品質保證管理，其中詳細說明瞭不合格問題是如何發生的，而為消除現有的不合格或其他不良情況的原因而要採取的措施，以防止再次發生。

一般不合格報告包含以下項目：

－不合格報告的主要原因以及出了什麼問題。

－為什麼作業不符合規範。

－所對應的規範、標準或要求。

－不合格報告中的關鍵人員。

－對已採取或需要採取的糾正措施的說明。

－可以做些什麼來防止問題再次發生。

離岸結構工程專案執行不合格控制程序建議如下：

(1) 鑑別與分離不合格的產品或作業

發現不合格品的產品或作業時，必須由現場品質工程師鑑別後才能對不合格品進行標識「待處理 (Hold)」，並將不合格品使其分開於產線或作業。

(2) 準備不合格報告

品質工程師將「待處理標籤」貼在不合格品後，通知品質主管和相關施工主管。品質主管在與相關施工主管討論後批准執行 NCR。品質工程師應監控 NCR 發生的數量以及處理的現狀。

(3) NCR 的處置

現場監造或施工主管應準備 NCR 的處置方法。在 NCR 中說明不合格品的處置

方式如拒絕、維修、重製或依現狀繼續使用。品質主管批准處置方法後，施工主管對處置方法發出作業指令，施工監造則按處置辦法對工作進行指導和管理。

(4)NCR 處置驗證

　　品質工程師對 NCR 的驗證完成後，品質工程師和品質主管應在 NCR 上簽字作為最終批准。品質工程師在收到批准後從不合格品上移除「待處理標籤」。

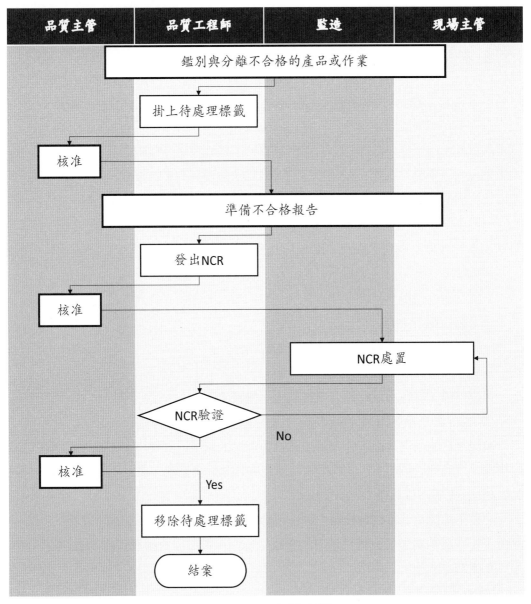

圖 8-7　NCR 處置流程圖

8.4. 維度控制 (Dimensional control)

　　維度控制 (Dimensional control, DC) 是用於辨識及量測某特定元素於該項作業或任務中和其他每個相關元素之間的關係位置。這類似於擁有一塊拼圖，並且知道此塊拼圖應該放在哪裡，在嘗試放置它之前也會需先知道它是否適配此形狀。而在工程建造上最一般的形式就是收集準確的 3 維數據並將數據建立模型，以便將竣工或正在製造中的模型與理論模型進行比較。

　　對於復雜且跨維度空間的鋼結構於施工過程中的尺寸監控是非常重要的。離岸結構是由許多零組件組裝而成，為了使這些鋼結構元件可以正確匹配和連接，因此要確保它們的尺寸、形狀和相互位置符合當初的結構設計。

　　維度控制所使用的測量技術和技術儀器應使用其量測解析的精度能夠高於指定公差精度來進行測量。為確保使用的測量方法及儀器設備可以來驗證測量的準確性，因此所有使用的儀器都應進行準確的校正，並應定期檢查，以具有效力的控制認證。

　　維度控制從材料的放樣切割、彎曲到最終組裝的每個製造階段都要進行監控。維度控制除了一般組裝相對位置量測外，也包括圓柱輪廓和坡口形狀的抽查驗證、管材的縱向偏差和管端邊緣公差等。

　　離岸結構在製造過程中須進行維度控制查核的項目基本如下：

－節點

－結構介面點

－柱腳

－斜撐管

　　上述這些查核項目所要檢驗的尺寸及相對位置，會於品質管制作業中檢驗和測試計畫 (Inspection and test plan) 進行查驗確認，以確保在銲接前保持公差及製造完成後的構件已符合尺寸規格。

　　離岸結構由於構件的精度要求高，因此進行維度控制時必須要有完備作業項目，這些作業項目從基本的場區調查開始，一般作業步驟如下：

　　(1) 對場區內進行調查，並建立參考點的目標網格。參考點的目的，是用於測量儀器設備移動後參考使用。

　　(2) 畫出各個結構件於場區內的布置圖，為每個結構定義出它的局部座標點位置，並將這些參考點的位置建立一座標表。

　　(3) 準備設置安裝測量儀器，觀察架設的位置是否可以最大化地量測結構件多項

特徵，避免特徵死角無法量測。

(4) 設置安裝測量儀器後收測參考點位置座標。

(5) 建立構件的原點座標。

(6) 開始進行量測，量測時須避免震動。

維度控制量測作業程序嚴謹，每一手法或位置不同皆會造成量測出來的結果會有差異，因此對於每一零組件或構件皆要訂定標準之量測方法及步驟。圖 8-8 為管架式結構維度控制量測布置參考圖。

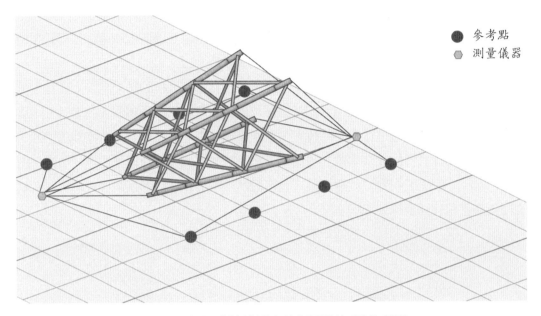

圖 8-8　管架式結構維度控制量測布置參考圖

8.5. 製造公差要求 (Fabrication tolerance requirements of offshore structure)

離岸結構涉及大型且複雜的鋼材料變形、銲接和組裝等過程來形成組件並將它們連接在一起，因此尺寸產生變化是不可避免的。然而這些尺寸會涉及到相互介面的連接和裝配，因此，必須對那些重要的尺寸施加管制以及如何管理尺寸的變化，以確保設計的尺寸在實際製作後能夠滿足其性能要求。

在作業執行中，實際製造出的產品是不會與設計圖紙內的模型一樣是一個真圓或

筆直的直線，所以這些組件需要有尺寸公差。

　　而這些尺寸公差的需求大多是源於以下製作時的變化：

－材料尺寸，即厚度、眞直度、平面度

－材料切削公差

－子組件的製造公差

－銲接時的熱膨脹

－安裝過程中的累積誤差

　　爲了使製造過中每一個相對應的組件，於組裝過程裡可以獲得最好的裝配尺寸，因此離岸結構常採用以下規範來管制及約束製造公差：

－DNV-OS-C401 Fabrication and testing of offshore structures
標準提供了一個在國際上包含離岸製造和測試的可接受標準，以確保符合最低的品質要求。

－ISO 19902 Fixed steel offshore structures
ISO 19902 包含離岸結構的製造要求和公差。所有材料、銲接、銲接準備和檢查均應符合 ISO 標準。銲接和裝配順序的設計應儘量減少變形。

－EN1090-2 Execution of steel structures and aluminum structures. Part 2. Technical requirements for steel structures
離岸結構製造的幾何公差，依據 EN 1090-2 鋼結構和鋁結構的施工技術要求分爲三個不同類別的公差：

• 基本公差 (Essential tolerances)
用於結構穩定性和機械阻力所允許的偏差限制。

• 功能公差 (Functional tolerances)
用於裝配和外觀上的允許偏差的限制。

• 特殊公差 (Special tolerances)
每一個別的專案有時會依其需求而指定特殊公差，來作爲基本公差或功能公差的修改。

－EN ISO 13920 General tolerances for welded constructions – Dimensions for lengths and angles – Shape and position
該標準用於規範銲接結構的一般尺寸公差和形位公差

A. 管狀件真圓度公差 (Roundness tolerance of tubular members)

　　管狀件眞圓度依 ISO 19902 規定要求如下：

－對於厚度小於或等於 50 mm 的管件，管件任一點的大外徑和小外徑之差（不

圓度）不應超過直徑的 1% 或 6 mm。

—厚度大於 50 mm 的管材，管件任一點的大、小外徑之差不應超過壁厚的 12.5%。

—當實際周長在標稱周長的 6 mm 以內，對於公稱外徑大於或等於 1200 mm 且壁厚小於或等於 100 mm 的管件，管件任意截面的實際大外與實際小外徑的最大差值可以為 13 mm。

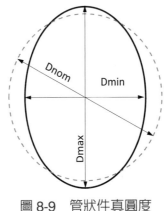

圖 8-9　管狀件真圓度

B. 管狀件圓周長公差 (Circumference tolerance of tubular members)

　　管狀件圓周長依 ISO 19902，管狀件任何一點處的實際外周長與標稱外周長之間的差異不得超過標稱周長的 1% 或 13 mm，以較小者為準。

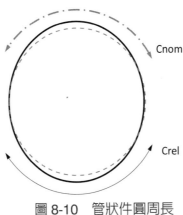

圖 8-10　管狀件圓周長

C. 管狀件接頭的錯配 (Joint mismatch for tubular members)

管狀構件環向銲道和縱向銲道的錯配公差如圖 8-11 所示，詳述如下：

－對於單面銲道，錯配公差不超過較厚構件厚度的10%或3 mm，以較小者爲準。

－對於雙面銲道，錯配公差不超過較厚構件厚度的10%或6 mm，以較小者爲準。

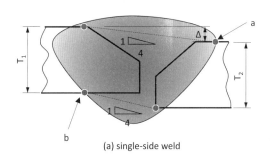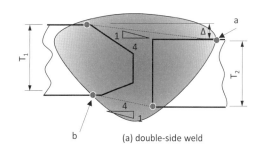

a、b 是由銲趾所建立的點，並可以投射通過一條理論線連接到另一個坡口的高點和低點

圖 8-11　接頭的錯配公差

D. 錯位公差 (Misalignment tolerances)

錯位最大不可超過 10% 板厚或 4 mm（取其小），應符合以下給出的公差：

$\Delta = \pm 0.1t,$ but $|\Delta| \leq 4$ mm

其中 t 是兩個相鄰構件厚度中較薄的一個。

E. 管狀件真直度公差 (Straightness tolerance of tubular members)

管件的直線度允許偏差如下圖 8-12 所示：

－等於或小於 12 m 的長度其直線度偏差應保持在 10 mm 以內。

－超過 12 m 的長度其直線度偏差要低於 13 mm 以內。

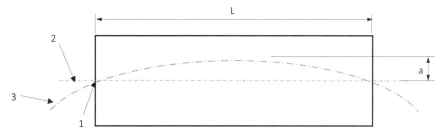

For L ≤ 12 m, a ≤ 10 mm
For L > 12 m, a ≤ 13 mm

1 基準：構件端中心線
2 理論中心線
3 實際中心線
L 製造期間管狀件的總長度(可能由一個或多個銲接在一起的管段組成)
a 在L長度內任一平面的理論中心線與最大實際中心線偏差值

圖 8-12　管狀件真直度

F. 線性尺寸的銲接公差 (Welding tolerance for linear dimensions)

　　為確保銲接後相關的尺寸位置，根據 EN 13920，板材在銲接條件下其線性尺寸的功能公差應符合表 8-5，其等級越高，所允許的公差越小。

表 8-5　線性尺寸的銲接公差

Class	Range of nominal sizes, l, in mm										
	2 to 30	Over 30 up to 120	Over 120 up to 400	Over 400 up to 1000	Over 1000 up to 2000	Over 2000 up to 4000	Over 4000 up to 8000	Over 8000 up to 12000	Over 12000 up to 16000	Over 16000 up to 20000	Over 20000
	Tolerances, t, in mm										
A	±1	±1	±1	±2	±3	±4	±5	±6	±7	±8	±9
B		±2	±2	±3	±4	±6	±8	±10	±12	±14	±16
C		±3	±4	±6	±8	±11	±14	±18	±21	±24	±27
D		±4	±7	±9	±12	±16	±21	±27	±32	±36	±40

G. 直線度、平面度和平行度尺寸的銲接公差 (Welding tolerance for straightness, flatness and parallelism dimensions)

　　表 8-6 中規定直線度、平面度和平行度適用於銲件、銲接結構和其他形式的公差。

表 8-6　直線度、平面度和平行度尺寸的銲接公差

Class	Range of nominal sizes, l, in mm（對應表面的較長邊）										
	2 to 30	Over 30 up to 120	Over 120 up to 400	Over 400 up to 1000	Over 1000 up to 2000	Over 2000 up to 4000	Over 4000 up to 8000	Over 8000 up to 12000	Over 12000 up to 16000	Over 16000 up to 20000	Over 20000
	Tolerances, t, in mm										
E	±0.5	±0.5	±0.5	±0.5	±0.5	±0.5	±0.5	±0.5	±0.5	±0.5	±0.5
F	±1	±1	±1	±1	±1	±1	±1	±1	±1	±1	±1
G	±1.5	±1.5	±1.5	±1.5	±1.5	±1.5	±1.5	±1.5	±1.5	±1.5	±1.5
H	±2.5	±2.5	±2.5	±2.5	±2.5	±2.5	±2.5	±2.5	±2.5	±2.5	±2.5

H. 角度尺寸的銲接公差 (Welding tolerance for angular dimensions)

角度未標註極限偏差按本表 8-7 角度偏差的公稱尺寸以短邊爲基準邊，其長度從圖樣標明的參考點算起，見下圖 8-13。如在圖樣上不標註角度，而只標註長度尺寸，則允許偏差應以 mm/m 計。

表 8-7　角度尺寸的銲接公差

公差等級	公稱尺寸範圍 , l, mm（工作長度或短邊長度）					
	0～400	> 400～1000	> 1000	0～400	> 400～1000	> 1000
	以角度表示的公差 $\Delta\alpha$/(°)			以長度表示的公差 t/(mm/m)		
A	±20'	±15'	±10'	±6	±4.5	±3
B	±15'	±30'	±20'	±13	±9	±6
C	±1°	±45'	±30'	±18	±13	±9
D	±1°30'	±1°15'	±1°	±26	±22	±18
t 為 $\Delta\alpha$ 的正切值，它可由短邊的長度計算得出，以 mm/m 計，即每米短邊長度內所允許的偏差值。						

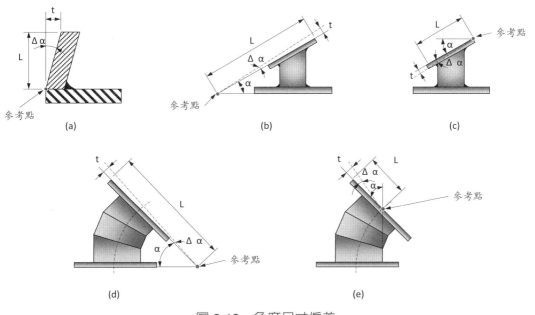

圖 8-13　角度尺寸偏差

8.6. 組件的製造 (Fabrication of the component)

在專案的時間、成本及品質的要求下，大部分的離岸結構主體會拆成許多組件，組件製造完成後再進行組裝及離岸結構建造。這些組件會由專業的機械工廠透過專門的機具，以自動或半自動在良好的作業環境中進行製造，以符合專案可允收之品質水準。

離岸結構依每個專案特性的不同，其所使用組件也會有所差異，本章節中則將建造過程內大部分會使用的組件以及需技術性的工法來進行說明。

8.6.1 管狀件的製造 (Fabrication of the tubular members)

離岸結構其主結構大都由管狀件所組成，參見圖 8-14，而結構的設計取決於環境條件，例如波浪、海流、衝擊以及地震等施加的載荷力。柱腳管件被設計成能夠承受縱向及橫向的載荷，斜撐則透過壓縮屈曲和拉伸屈服來耗散對結構的衝擊能量，這些管狀件支撐起了整個離岸結構。

為考慮於海洋中營運年限並強化結構之強度，因此這些管狀件會採用大型厚板件製作。儘管如此，由於這些厚壁鋼管所製成的結構在海上會受到許多載荷，對設計或製造不當的結構，這些循環載荷可能會導致接頭出現疲勞問題，並導致強度逐漸降低，而可能在構件屈曲之前會遇到銲道接頭突然斷裂，因此不會發生能量耗散。

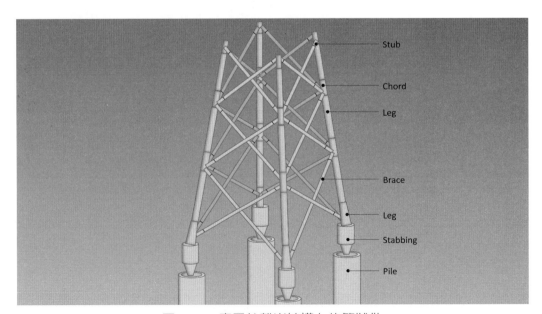

圖 8-14　應用於離岸結構上的管狀件

　　離岸結構中之柱腳、插樁、套筒或斜撐等管狀件可由滾軋成型或 JCO 壓製成型而成，其中大直徑且板厚較厚之管狀件須採用捲板成型。離岸結構使用之管狀件，由於採用大型厚板材且有製造公差之限制，因此在製造及尺寸精度控制上，不同以往工程專案上之要求，必須依離岸規範來執行，以獲得品質良好之管狀件。

　　這些結構用管狀件的功能運作是否可符合預期的設計，則是取決於它們的製作尺寸公差精度及銲接接頭的品質，如管道過度橢圓化可能引發結構失去穩態，造成災難性後果。另外，結構上的銲道要避免任何脆性斷裂和不可預測的失效機制，對於這種不穩定模式的失效機制在很大的程度上是由於管狀件製造過程中所引入的缺陷和殘餘應力。

　　離岸結構的管狀件，大部分都是在機械加工廠內製造，由於在機械加工廠內製造參數易於控制，銲接可以採用雙面或自動銲接，因此可以最有效率的銲接，並且確保了較佳的製造品質。一般捲板成型的管件製作流程圖，如圖 8-15。而採用 JCO 壓製成型的管件製作流程圖，如圖 8-16 所示。

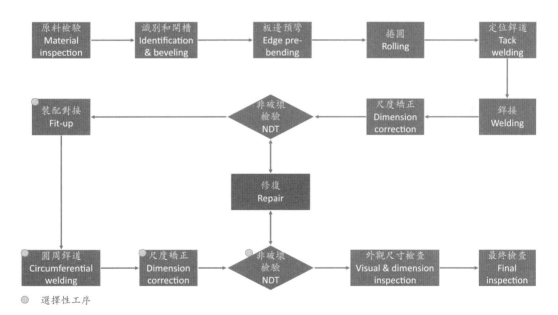

圖 8-15　管狀件採用捲板成型流程圖

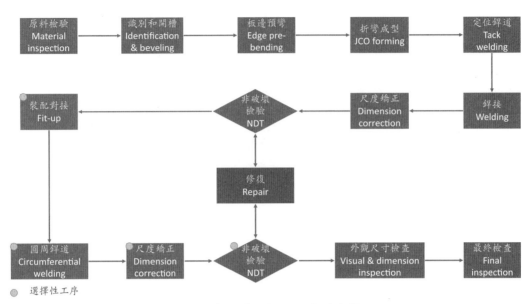

圖 8-16　管狀件採 JCO 成型流程圖

　　從圖 8-15 和圖 8-16 兩張流程圖可以發現，管狀件製造流程相似，首先進行原料檢驗，基本上這是所有工程上的第一道步驟。兩個製程其差異主要在成圓之方式。在實際成型過程中，板材受多種因素的影響，其中材質特性及厚度是影響彎曲的重要因素，對其成型效果影響很大，不同規格的板材會有不同的軋製過程及技術，以下將分別介紹捲板成型及 JCO 成型之步驟。

　　捲板成型採用如圖 8-17 所示的三輥多道次軋製程序，其具體步驟如下：

－準備階段 (Preparation stage)，如圖 8-17(a) 所示，將板材夾在上輥和下輥之間，
送料輥送料到合適的位置使之對齊。

－左側預彎 (Left-side pre-bending)，圖 8-17(b) 左下輥向右移動並向上移動以使
預彎板料左側。左側預彎後，將板材送料準備進行右側預彎。

－右側預彎 (Right-side pre-bending)，右下輥向左移並向上移動，對板材右側進
行預彎，如圖 8-17(c)。

－第一道輥彎 (First pass roll bending)，板材如圖 8-17(d) 所示進行第一道次滾壓
成型，上輥按需要成型的半徑壓到一定位置，然後兩個下輥開始向正方向旋
轉。由於輥與板材的摩擦，帶動板材向前滾動。

－第二道輥彎 (Second pass roll bending)，在第二次滾彎過程中，上輥繼續壓緊，
下輥反轉。

－第 n 道次輥彎 (*n*th pass roll bending)，然後，如圖 8-17(f) 所示，重複圖 8-17(d)

和 (e) 進行第三道次滾壓彎曲。至此，滾完成壓成型的筒體。

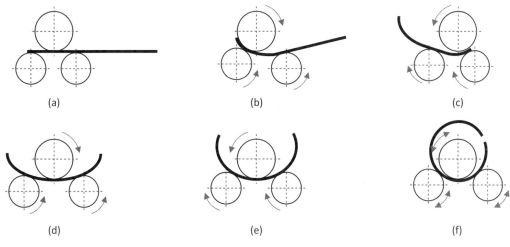

(a)　　　　　　　　　　(b)　　　　　　　　　　(c)

(d)　　　　　　　　　　(e)　　　　　　　　　　(f)

圖 8-17　多道次滾輥成型步驟

JCO 成圓技術為多道漸進式壓力成型，它由四個連續的機械步驟組成，一般多用於板厚度較薄且管長較長之鋼管，是大批量產鋼管的常用方法，如圖 8-18 所示。

　　－預彎預彎 (Pre-bending)，如圖 8-18(a)，板材進料後，將板邊緣先預彎成型。

　　－J 階段 (J-shape)，預彎後的板材，經模具下壓後將板成型為 J 形狀，圖 8-18(b) 所示。

　　－C 階段 (C-shape)，圖 8-18(c) 模具重複多次下壓將變形板壓成近似圓形。

　　－O 階段 (O-shape)，將近似圓形的管件，使用圖 8-18(d) 之模具反覆下壓使近似圓形管件壓成圓形。

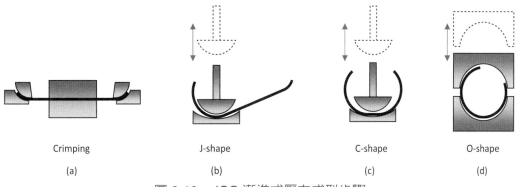

Crimping　　　　　　J-shape　　　　　　C-shape　　　　　　O-shape

(a)　　　　　　　　(b)　　　　　　　　(c)　　　　　　　　(d)

圖 8-18　JCO 漸進式壓力成型步驟

管狀件製造時的應注意事項如下：

－輥輪及壓製模具上不得有會損壞鋼材表面的缺陷。

－鋼板在執行圓成型前須表面檢查以避免異物附著，異物附著恐將造成圓成型後鋼板及機台卷軸或模具損傷。

－機台卷軸或模具於作業進行前會實施表面檢查清潔，以免異物進入。

－兩個厚度不一致之零組件接合時，須將較厚的構件通過研磨或機械加工切錐度 (Taper)，將厚度過渡平滑到 1:4 或更平的斜度，如圖 8-19(a)。

－圓周銲道應間隔一個管徑或至少 300 mm，以較大者為準，如圖 8-19(b)。

－管狀件接頭中相鄰管的縱向接縫之間的偏移應最大化，考慮到每個構件每端的連接，偏移角度均不得小於 90°，如圖 8-19(c)。

－定位銲道 (Tack welds) 的長度通常應為 100 mm 或更長。對於小於或等於 25 mm 的材料厚度，定位銲道長度可以是 4 倍板材厚度或更大。

－由於主結構用之鋼板擁有較高之厚度，因此銲前預熱須完備，使其鋼板厚度向之溫度均勻。道間溫度控制，亦須依 WPS 內規定要求執行。關於預熱及道間溫度相關控制條件，請參閱本書離岸結構的銲接章節。

－管狀件多以潛弧銲為主，其銲藥易吸溼，因此需管控保存溼度與使用期限，可減少殘留水避免烘烤溫度與時間不足。

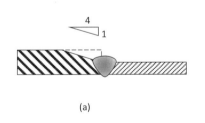

(a)

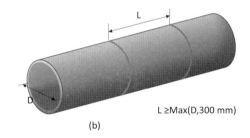

L ≥Max(D,300 mm)

(b)

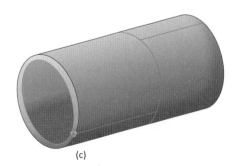

(c)

圖 8-19 管狀件銲接連結規劃

─如果發現有缺陷的銲道，應根據實際狀況通過研磨、機械加工或銲接來修復缺陷。當去除缺陷厚，應通過非破壞檢驗或其他合適的方法檢查，以驗證是否完全去除。

─補銲應使用超低氫銲條和適當的預熱溫度，預熱溫度通常比生產時銲接所用的水平還要高，至少 100℃。

─銲接完成後施以保溫毯或電熱器以減緩銲後冷卻速度，同時必須將銲接當天的溫度列入鋼板銲道與環境之間溫度梯度的考量。

8.6.2 節點製造 (Node fabrication)

離岸結構除了結構和設備的重量外，於海上還要承受循環風、波浪載荷、地震、颱風、振動設備、極寒等造成的運行和極端載荷條件下，因此容易出現不同的失效機制的風險，特別是在桁架之間的節點 (Node) 特別受重視。

由於節點承受了高載荷，而這些不同的失效機制可能爲銲接接頭的幾何形狀所導致銲道內應力的升高、節點斜撐交叉處引起過大的剪切力而導致的衝剪破壞、銲接熱影響區的增加所導致的接頭破裂或疲勞載荷下導致形成裂紋的缺陷。

對於管架式和浮動式的離岸結構其大型管狀的 T-Y-K 節點接頭爲其特徵，如圖 8-20，這種接頭製造是離岸製造工程中最複雜的銲接之一。從銲接和尺寸控制的角度來看，節點的幾何形狀是非常複雜，因此，它們在的製造上必須詳細地規劃。製作商及相關作業人員在施工的每個階段必須遵守作業程序控制，以使製造出之節點符合規範品質及公差尺寸要求。

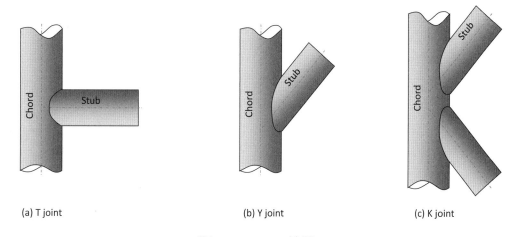

(a) T joint   (b) Y joint   (c) K joint

圖 8-20　T-Y-K 接頭

節點的製造可能是由一個弦桿 (Chord) 和短節管 (Stub) 所組成，而當兩個短節管相互非常靠近時其銲道亦會接近。銲道附近是一個高應力區域，因此節點中的銲道必須遠離高應力集中區域。

節點的製造規劃依 ISO 19902 固定式海上鋼結構 (Fixed steel offshore structures) 和 DNV-OS-C401 離岸結構的製造和測試 (Fabrication and testing of offshore structures) 參考以下建議：

－相鄰短節管之間允許的最小間隙 (Gap) 距離為 50 mm，因為兩個銲道之間的間隙是一個高應力區域，為了避免應力交互作用而此限制最小間隙距離，如圖 8-21(a)。

－弦桿圓周銲道應大於短節管和弦桿連接最近點 300 mm 或弦桿直徑的四分之一處，取距離較大者為準，如圖 8-21(b)。

－斜撐 (Brace) 圓周銲道應大於短節管和弦桿連接最近點 600 mm 或支撐直徑，取距離較大者為準，如圖 8-21(c)。

－圓周銲道應間隔一個管徑或至少 300 mm，以較大者為準，縱向銲道應錯開 50 mm，如圖 8-21(d)。

－兩個厚度不一致之零組件接合時，須將較厚的零組件切錐度 (Taper)，將厚度過渡平滑到 1:4 或不大於 1:4 的斜率，如圖 8-21(e)。

－管狀接頭的弦中的縱向銲接應盡可能遠離短節管。

－除非在設計圖說指定，否則在節點內的組件和錐體不允許使用圓周銲道連接成型，如圖 8-21(f)。

節點製造的流程及注意事項如下：

－物流和品質部門接收並檢查了節點製造所需的材料，包含弦桿 (Chord) 和短節管 (Stub)。

－短節管進行輪廓 (Profile) 切割並開槽。由於短節管可能受管件製作過程的殘留應力，切割完成後因應力釋放造成輪廓變形，因此短節管製作後須檢查真圓度。

－圖 8-22 在弦桿表面上與短節管結合的表面以及短節管表面及內側距離根部 50 mm 範圍以內進行研磨和清潔，銲接處至少須研磨使銲道兩處之鋼板呈現金屬原色。依照圖面在弦桿表面上描繪短節管放樣配置輪廓線和工作點，弦桿及短節管標示 0 度／90 度／180 度／270 度角度方位以提供組裝定位用，亦用於發生缺陷時準確記錄定位缺陷位置。

必要時可於弦桿表面上銲接作業區，進行超音波檢查鋼板內是否有壓層 (Lami-

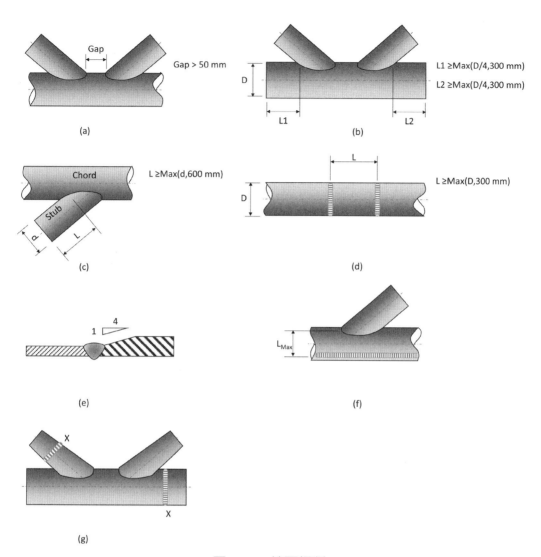

圖 8-21 接頭規劃

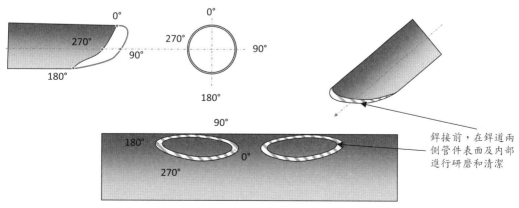

圖 8-22 節點的弦桿和短節管銲接前的研磨及定位標示

nations)。因為銲接時,沿厚度方向的收縮應變可能導致高度受限的接頭發生層狀撕裂。所以用於節點製作的鋼板,會要求須使用提高垂直於表面強度的結構鋼 (+Z)。

─圖 8-23 使用治具將短節管組裝在弦桿的平面上,安裝後檢驗開槽根部所需要的控制尺寸,實務上建議間隙控制於 5～7 mm,並將其點銲定位 (Tack welding),定位銲長度至少需達 50 mm。另外,節點組銲前,亦於距離開槽根部 200 mm 上標示一圈非破壞檢驗用參考線以供檢測人員判斷是否為根部缺陷,如圖 8-24。

短節管組立點銲後,若發現根部間隙不足 4 mm,須利用研磨砂輪片磨削開槽處表面,讓根部間隙在 5～7 mm 之間。

需確認銲槍出線套筒可深入根部,使銲接中有遮護性氣體,方能銲接施工出好的品質。

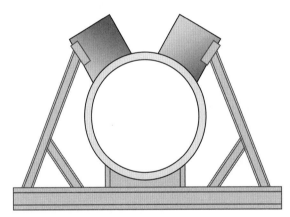

圖 8-23　Node 銲接用治具

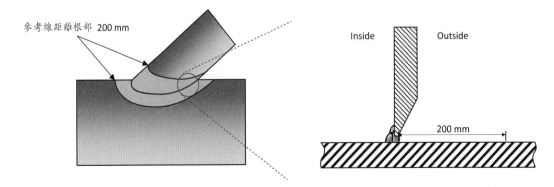

圖 8-24　標示非破壞檢驗用參考線

－定義節點上的工作點，圖 8-25 是以零組件 Y node 進行維度控制量測布置參考圖。

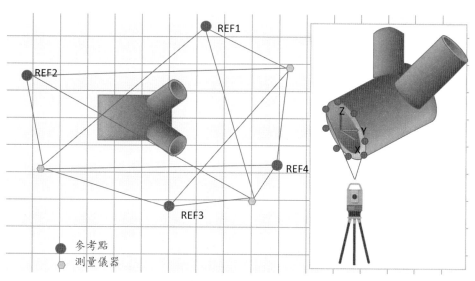

圖 8-25 維度控制量測布置參考圖

－由於弦桿和短節管的銲接在不同位置時會有不同的銲接姿勢，而爲使銲接技術人員能以最佳之位置與空間進行銲接，因此建議銲接前配合銲接順序將工件調整至最佳銲接位置，一般可使用銲接滾輪組 (Welding roller) 來協助，如圖 8-26。在這裡要特別注意的是，當調整工件時，不可造成原先已定位完成的組件位置及角度偏移。

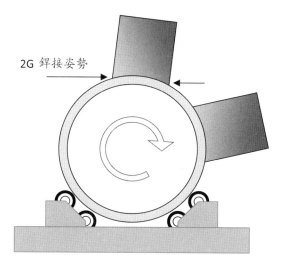

圖 8-26 節點使用銲接滾輪組調整銲接位置

—依所規劃的銲接程序規範書執行銲接，一般採用的銲接製程為活性氣體遮護藥芯電極銲接、活性氣體遮護金屬芯電極銲接和鎢極惰性氣體銲接，相關操作事項請參見第 6.2. 章節。

—節點製造公差要求非常嚴格，製作時優先的尺寸控制順序為角度，再來是座標，最後則長度，而為了要限制銲接時的變形，因此須制定銲接順序。銲接順序根據節點的類型而有所不同，下圖 8-27 及圖 8-28 分別提供一位銲接技術人員及兩位銲接技術人員執行節點銲接的順序，範例中說明節點的銲接採用對稱作業，以盡可能地減少變形。

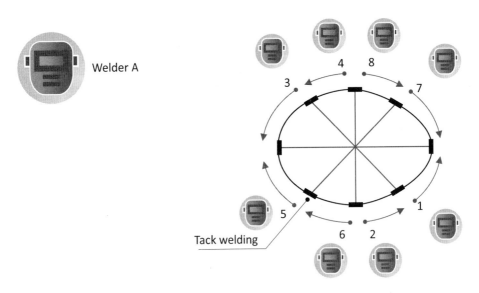

圖 8-27 一位銲接技術人員節點銲接順序參考

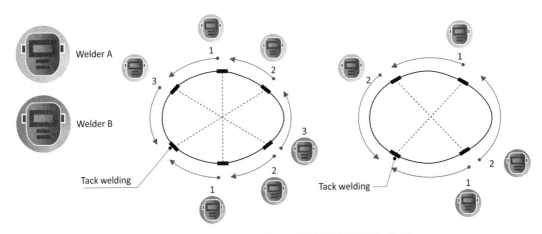

圖 8-28 兩位銲接技術人員節點銲接順序參考

－由於節點銲接處多為 3 維輪廓，以致銲槍角度受限、開槽內之空間不足，因此會採用多道次銲接，以避免熔合不良與夾渣產生，一般銲接堆疊順序如下圖 8-29 所示。

- 在這裡必須注意的事項，銲接技術人員於每道次銲接過程中，須詳細檢查及清潔銲道，降低銲道內部之缺陷。

- 如果是雙面銲道，則在第 3 或 4 道次銲接後，從另一面研磨並清理銲道根部。研磨後的銲道根部，先進行磁粉檢測 (Magnetic particle testing)，俟無缺陷後再執行後續融填作業。

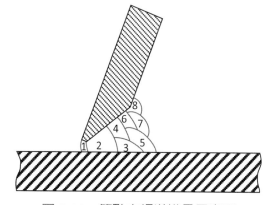

圖 8-29　節點內銲道堆疊示意圖

－銲道覆面時，為使銲道表面外觀平順搭接，建議銲接擺弧可控制於 6 ～10 mm 內。

－銲道外觀基本依據 ISO 5817 最高等級與銲趾研磨或 R 角要求，倘若銲道有須塗裝則依圖說及塗裝前準備規範執行。

－若須塗裝之銲道為了確保執行塗裝前提供最佳的表面準備，至少應依據 ISO 8501-3 進行銲道和邊緣的處理。

－銲道冷卻，目視檢查完成的銲道，於 24 小時之後對銲道進行非破壞檢驗。

8.6.3 登船設施製作 (Boatlanding fabrication)

登船設施是用於當船隻到海上結構時讓船隻停靠使用，通常由無縫鋼管製作並放置適當距離銲接於離岸結構上。登船設施通常會安裝緩衝橡膠，以防止來自停泊在離岸結構附近的供應船、工作船或材料駁船的碰撞。

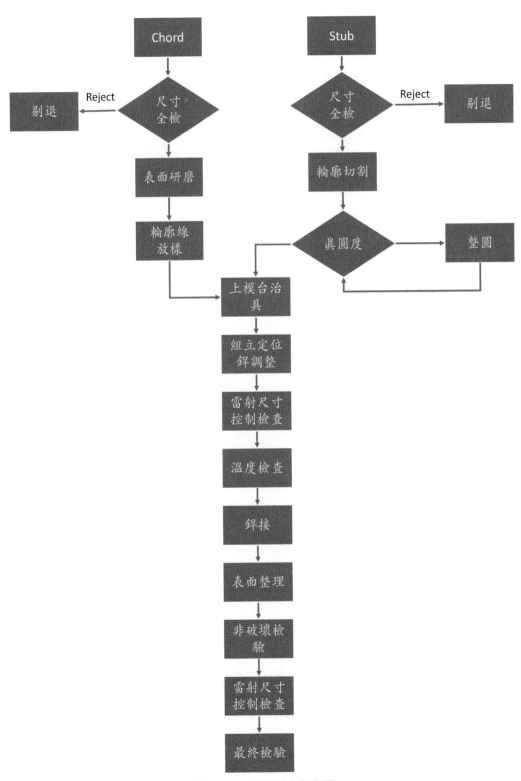

圖 8-30　節點製造流程

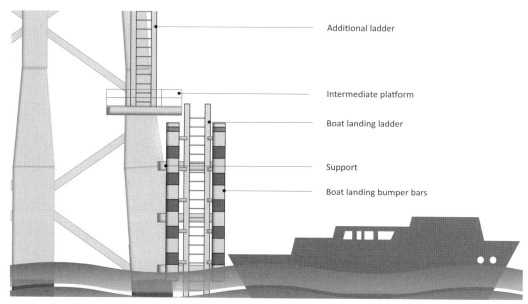

Additional ladder

Intermediate platform

Boat landing ladder

Support

Boat landing bumper bars

圖 8-31　登船設施

　　登船設施屬於次構件，但由於其構件組成複雜，因此製造時易產生高度局部拘束 (High localized constraints)，而這種高拘束力，除容易造成銲道內缺陷外亦會使尺寸變形失真。製造商及工程師要盡可能地避免結構上出現高度局部拘束，因此製造前對構件自由度和裝配拘束關係進行分析，並規劃完善的銲接及組裝程序。透過分散成許多次組件的組裝，最終再將這些次組件藉由治具裝配總成為登船設施，將可以大幅地降低結構於組裝上的拘束力道。

　　圖 8-32 提供登船設施銲接組裝的建議流程參考，圖中將登船設施分為登船保險桿、爬梯、登船設施支撐座及平臺等 4 個部位分開製作，透過局部製作降低整體銲接的應力。

　　在登船設施的構件中，膝關節 (Knee joint) 是重要的構件之一，由於該構件承受應力的影響相當複雜並且因構件夾角以致製造難度高，因此須特別對膝關節製造進行說明。圖 8-33 為具有分隔板 (Division plate) 的膝關節構件受力的狀態，這種之膝關節的設計主要用於將力透過接頭傳遞到分隔板然後轉移至其他構件上。膝關節上的分隔板，由於會承受不同之作用力，因此須確保分隔板中是否有壓層 (Laminations)，否則將來結構有可能從此處發生破壞。

　　登船設施依使用需求而擁有許多不同的結構外型，本節則針對登船設施銲接及組裝程序注意事項建議如下：

　　－由於登船設施構件多且複雜，製造圖及作業順序應在製造區旁邊張貼及告示，

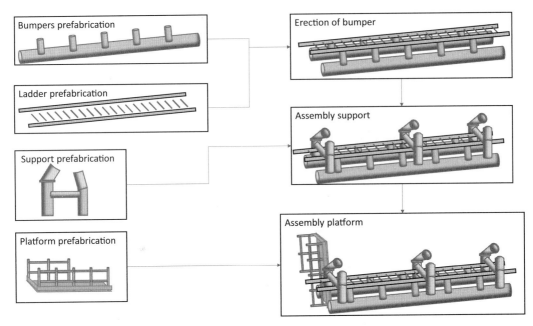

圖 8-32　登船設施組裝流程示意圖

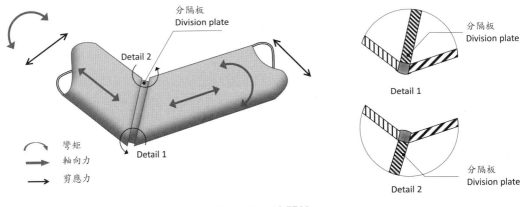

圖 8-33　膝關節

　　並應以作爲參考，以確保滿足所有必要的準備、預防措施及設備等，以避免相
　　關作業人員未依流程執行而造成製造的重工。

－作業順序應包括每個組裝階段的構件和銲接技術人員作業位置、工程圖和其他
　　必要資訊。

－在裝配和銲接過程中使用治具、夾具和固定裝置，以確保尺寸公差可以受到控
　　制。然而，在這裡須特別注意的是，當使用堅固的夾治具可能會產生拘束度，

受限的接頭則會產生更高的殘餘應力。

－構件上的銲接順序應先執行從彼此之間有相對固定到位的點,然後到執行具有可一定程度相對運動自由度的點。

－構件對接組裝前需先檢查開槽加工面輪廓包括真圓度、加工端面高低差,組裝時需確認間隙。

－為了降低銲接所產生的橫向應力及保持接頭間隙尺寸,應規劃設置定位銲道的數量、長度和它們之間的距離。太少時,隨著銲接的進行,接頭可能有逐漸閉合的風險。

－膝關節由於夾角以致銲接不易,因此常會開大開槽角度俾利銲槍深入,但是當根部間隙越大及開槽角度越大,銲接融填金屬的體積越大,因此金屬收縮越大,變形的可能性就越大。然而,開槽角度若太小則銲槍不易深入至根部,恐造成根部缺陷。

－圓周銲時採用對稱或分布式銲接順序,這樣可以將熱量均勻的分布在圓周周圍上,並將尺寸失真控制在最低的限度範圍內。

－規劃銲接順序時以較難施銲位置先執行。

－登船設施上的爬梯的梯級 (Roung),銲接組裝順序建議由中間向兩側方向執行,若由兩側往中間銲接,會造成樓梯扭轉或變形。

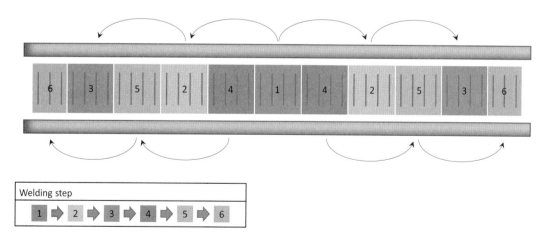

圖 8-34　爬梯梯級銲接組裝順序

－銲接後須確保安裝分隔板的斜邊銲道有完全滲透,特別是在內部的連接處,這些連接處容易在接頭的凹角處產生應力集中,另外,熔合線上不能有缺陷。

8.6.4 剪力榫 (Shear key)

固定式離岸結構安裝時會插入或套入在海床上的水下基樁 (Pinpile)，爲當離岸結構插椿 (Stabbing pin) 外徑小於水下基樁內徑則爲插入方式；套入方式則是使用離岸結構套筒 (Sleeve) 其內徑大於水下基樁外徑。然後將灌漿材料注入基樁和離岸結構之間的空間，如圖 8-35 所示，在插樁、套筒和水下基樁都設計了剪力榫 (Shear key)，這些剪力榫可確保離岸結構的載荷可以適當的傳遞到水下基樁。

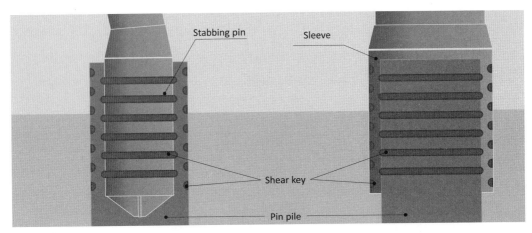

圖 8-35 插椿和套筒之剪力榫

根據離岸結構的載荷需求，其剪力榫製造應按照以下要求詳細說明：
－剪力榫可以是單一間距的圓環或具有相同節距的連續螺旋，如圖 8-36。

單一間距圓環的剪力榫　　　　　　　相同節距連續螺旋的剪力榫

圖 8-36 單一間距圓環及相同節距連續螺旋的剪力榫

－應保證打入後與灌漿接觸的水下基樁上有足夠長度所需數量的剪力榫。

－每個剪力榫的斷面和銲道都必須設計能夠可以傳遞離岸結構載荷條件的能力。

－一般常用的剪力榫形式如圖 8-37 所示。儘管採用實心鋼材做為剪力榫其外型
公差容易控制，然而由於實心鋼材需要定位銲及雙面銲接，並且在銲道根部可
能會出現缺陷以致產生疲勞特性，因此離岸結構實務上大都不採用實心鋼材做
為剪力榫。

圖 8-37　常見剪力榫形式

剪力榫須傳遞離岸結構的載荷，因此採用 Weld bead 形式的剪力榫於其斷面尺寸
公差的要求非常嚴格，參閱圖 8-38，這在製造上需要發展更好技術來達成。

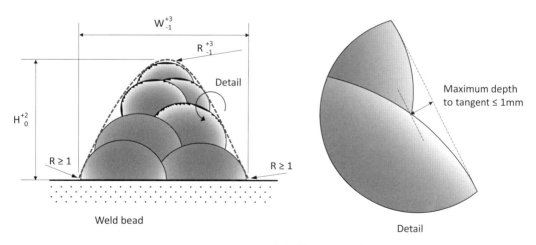

圖 8-38　Weld bead 剪力榫尺寸公差要求

Weld bead 剪力榫一般常用的製造方式是採用複次堆疊 (Multi-bead overlapping)
的銲接。複次堆疊的剪力榫的製造中，從上述可知其融填層的表面平整度對尺寸精度

和穩定製造過程具有重要意義，而為求表面平整度可以藉由控制銲接參數及每個銲接道次重疊的距離來獲得其幾何形狀。

複次堆疊來建立剪力榫，其過程涉及三個主要步驟：

(1) 根據剪力榫的輪廓規劃所需的熔融層幾何形狀。

(2) 依所需熔融層幾何形狀建立銲接參數及銲接位置及路徑順序。

(3) 沿銲接路徑輸送和熔融材料並逐層建構。

熔融層幾何形狀的建立是一個非常重要的步驟，當假設每一個銲珠的高度 (Bead height) 為 h，寬度 (Bead width) 為 w，熔深 (Penetration) 為 p，相鄰的銲珠的中心距 (Center distance) 為 d，如圖 8-39。

每一個銲珠的熔深、高度、寬度及中心距離，在銲道表面光滑平順上起著重要作用。當中心距 d 大於單個銲珠寬度 w 時，相鄰的兩個銲珠之間沒有重疊會造成凹谷區。隨著中心距的減小，圖 8-39 中凹谷的深度降低。

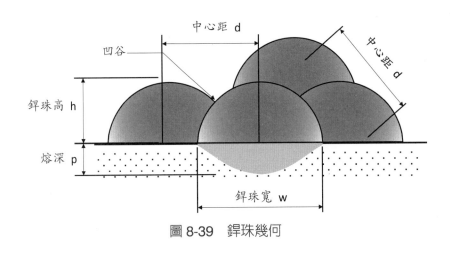

圖 8-39　銲珠幾何

而要達到剪力榫精度水準的需求，則需要控制電銲時的熔深、高度和寬度及中心距，並調整銲接設備或模式，以建立各種銲珠幾何形狀。

採用電弧複次堆疊技術，各種電流模式會產生不同的銲珠幾何，堆疊後會呈現不同的外觀形狀。圖 8-40(a)，呈現了具有高熔深的一般銲道幾何形狀的橫截面，在堆疊時高滲透深度會液化先前的銲道，並且由於透過加寬了熔池因此其壁高則會降低。圖 8-40(b)，則為降低滲透深度和增加銲珠高，形成較扁平的銲珠。當額外的增加銲珠高度而使其超過滲透深度，則會呈現圖 8-40(c) 顛簸 (Bumpy) 的幾何形狀。最後，透過銲珠高度的同時減小銲珠寬度，則會形成較圓的球形銲珠圖 8-40(d)。

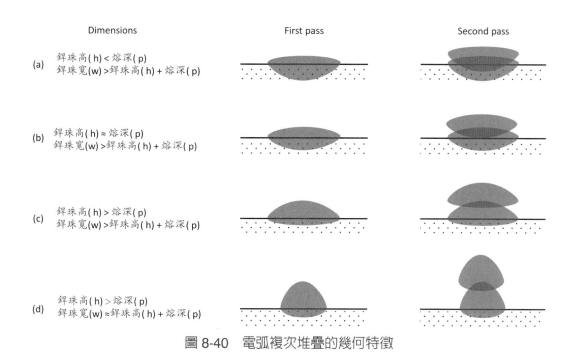

圖 8-40 電弧複次堆疊的幾何特徵

　　由幾何形狀及生產效率來評估，當銲珠形狀呈現較大之近似球型，相鄰銲珠中心距較近，其剪力樺的外型曲線可以獲得最佳之尺寸且銲接道次將能減少。建立可以符合精度公差之剪力樺其建議參數如下：

－提高電弧電壓，電弧功率會加大，熱輸入亦有所增加，於此同時弧長會拉長，分布半徑增大，因而銲珠寬度增寬。

－採用高銲接電流，因此其熱輸入均增大，銲材的融化量成比例地增加，由於熔寬近於不變，所以銲珠高度增加。

－降低銲行速度，銲珠寬度增加其銲珠高也增加。

－調整銲接角度，讓電弧和熱量集中在熔池上，使其銲道上接受更多的熱量，更多的熔化，銲道輪廓將會更高堆積更多。

依上述所建議，規劃最佳化銲接參數推疊及完成的剪力樺，如下圖所示。

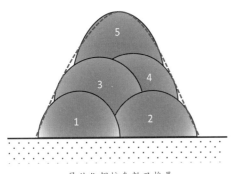

最佳化銲接參數及推疊

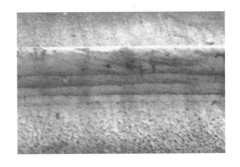

剪力榫實體

圖 8-41 依規劃所建立的剪力榫實體

8.7. 離岸結構建造 (Offore structure erection methodology)

在離岸結構安裝過程中，它涉及大型組件的定位、對齊並將它們固定在準備好的治具上以形成完整的結構。所有的組件和結構都需要不同類型的建造過程，因此每個建造都必須經過專門規劃和設計，然後才能將它們組裝在一起。

建造過程中，會使用多台起重機進行吊掛，然而協調這樣的索具和起重操作需要徹底開發出完善的三維布置、堅固而水平的起重機基礎以及經驗豐富、訓練有素的操作員。

一般離岸結構的建造順序基本如下：

－預準備組裝治具。

－在地面上的治具上以2D方式組裝、調整及定位所有柱腳、斜撐面並安裝節點。

－組裝中，節點的定位座標極為重要，因此須將節點透過儀器定位準確後，才能安裝連接管段。

－預組裝主體結構的尺寸控制。

－銲接前檢查，須使用經批准的銲接程序進行，並於 24 小時之後進行非破壞檢查。

－透過起重機將 2D 平面的構件提升起來至 3D 組裝治具上。

－3D 主體結構的尺寸控制

－3D 主體結構依批准的銲接程序進行，並於 24 小時之後進行非破壞檢查。

－整體非破壞檢測，尺寸控制。

－噴砂及塗裝。

－最終檢查。

大型的管架結構通常是採用水平式安裝，而對於深度沒有較高的管架結構，安裝通常是採用垂直進行的，即與最終安裝的姿態相同。本章節則採用垂直式安裝法說明。

作業內容及注意事項如下：

－建造前須全面確認基礎之承載力。

－在惡劣天氣環境條件下進行銲接時，應採取適當的保護措施。

－當表面潮溼，不應進行銲接。

－封閉空間的加熱可用於將溫度升高到露點以上。

－銲接時坡口應乾燥，並通過預熱去除水分。

－銲接前應檢查裝配尺寸公差。平行構件之間的錯位不應超過厚度的 10% 或 3 mm。如果對接構件的厚度相差超過 3 mm，則應透過研磨或機加工將較厚的構件過渡平滑到，使其斜率為 1:4 或更平。

－每道銲道和最終銲道均應除渣並徹底清潔。

－所有於結構上之臨時板或配件的銲接，其使用銲接製程和試驗要求應與它們所固定的構件材料相同。

－製造商對於臨時銲接於結構上之吊板或吊環等，應詳細說明所有承受動態應力。

－對疲勞耐久性至關重要的銲道可能需要研磨成光滑的曲線，因為這可降低脆性斷裂的發生。

－銲道有缺陷時，應按要求透過研磨、機加工或銲接等方法進行矯正。強度、延展性或缺口韌性不足的銲道應在修補前徹底清除。

－如果使用電弧氣刨 (Gouging) 去除有缺陷的銲道，則應隨後進行研磨。而當去除其不連續性時，應透過磁粉檢試或其他合適的方法檢查區域，以驗證缺陷完全去除。

－隨著製造和施工的進行，所有銲道都應按照規範的要求進行目視和非破壞檢測。所有銲接及檢測都應正確記錄和識別，以便在製造和施工期間以及完成結構安裝後可以輕鬆回溯區域。

8.7.1 下管架結構的製造程序 (Fabrication sequence of lower jacket)

－如圖 8-42 及圖 8-43 將斜撐面和柱腳構件安裝到治具支架上。

－量測確認節點座標後，安裝銲接。

－安裝陽極。

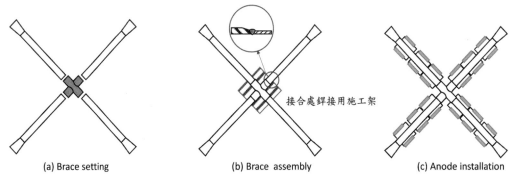

圖 8-42　下管架 X 斜撐面組裝上視圖

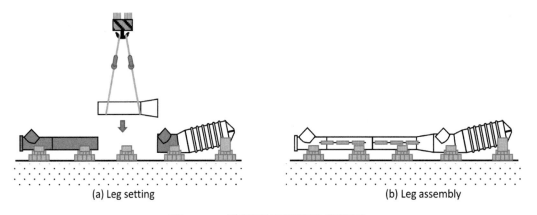

圖 8-43　下管架柱腳組裝側視圖

－如圖 8-44 製作 X 型桁架並將其安裝到位。

－量測 X 型桁架相對位置確認後進行銲接。

－如圖 8-45 安裝支撐治具以便將進行 3D 安裝。

－舉升起完成的 X 型桁架，安裝到 3D 支撐治具上。

－舉升起柱腳安裝到臨時支撐上。

－3D 組裝將 X 型桁架與柱腳之間安裝到位。

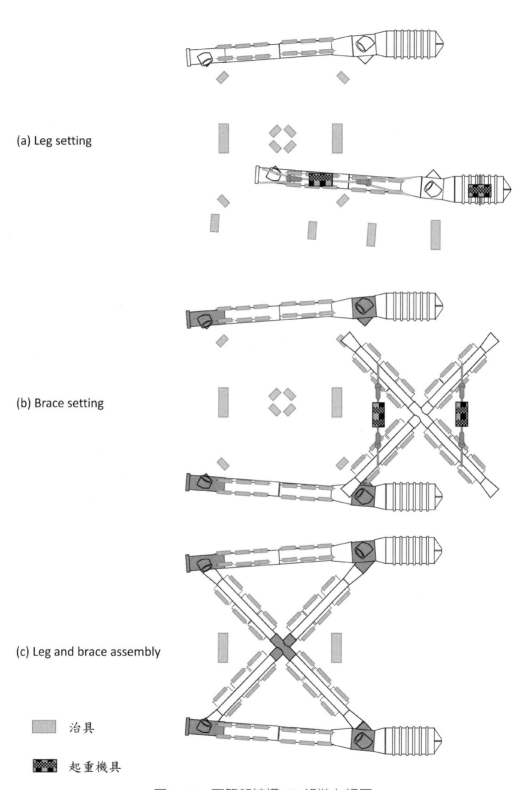

(a) Leg setting

(b) Brace setting

(c) Leg and brace assembly

治具

起重機具

圖 8-44　下管架結構 2D 組裝上視圖

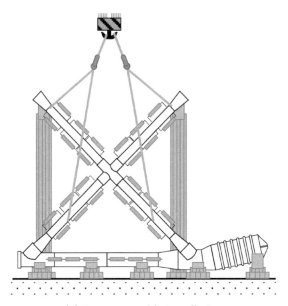

(a) Brace assembly installation

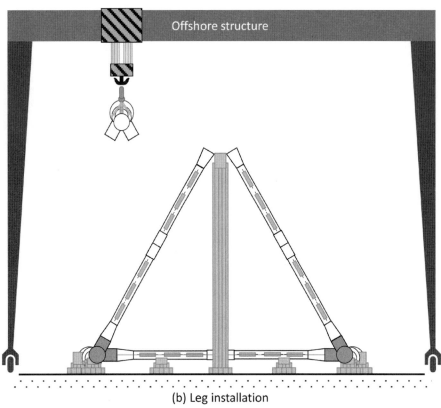

(b) Leg installation

圖 8-45 下管架結構 3D 組裝

－量測確認座標後，安裝銲接。

－完成銲接並進行尺寸測量。

－圖 8-46 移除臨時支撐，舉升下管架結構。

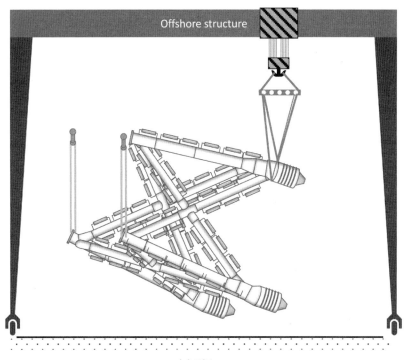

(a) Lifting

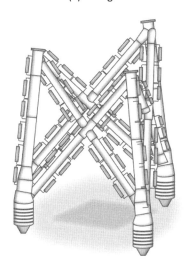

(b) Upright

圖 8-46　下管架結構翻正

－緩慢翻正下管架結構。

－將下管架結構置於定位位置。

－完成下管架結構。

8.7.2 上管架結構的製造程序 (Fabrication sequence of upper jacket)

－如圖 8-47 及圖 8-48 將斜撐面和柱腳構件安裝到治具支架上。

－量測確認節點座標後，安裝銲接。

－安裝陽極。

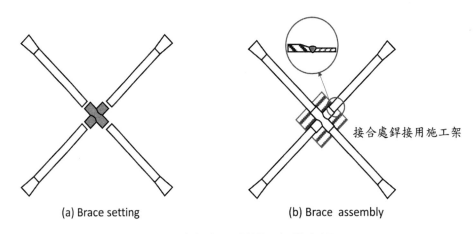

(a) Brace setting   (b) Brace assembly

接合處銲接用施工架

圖 8-47　上管架 X 斜撐面組裝上視圖

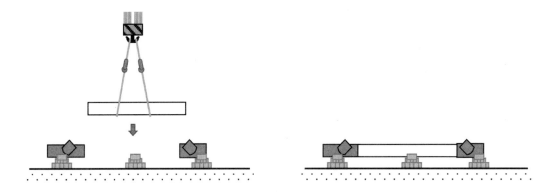

圖 8-48　上管架柱腳組裝側視圖

－如圖 8-49 製作 X 型桁架並將其安裝到位。

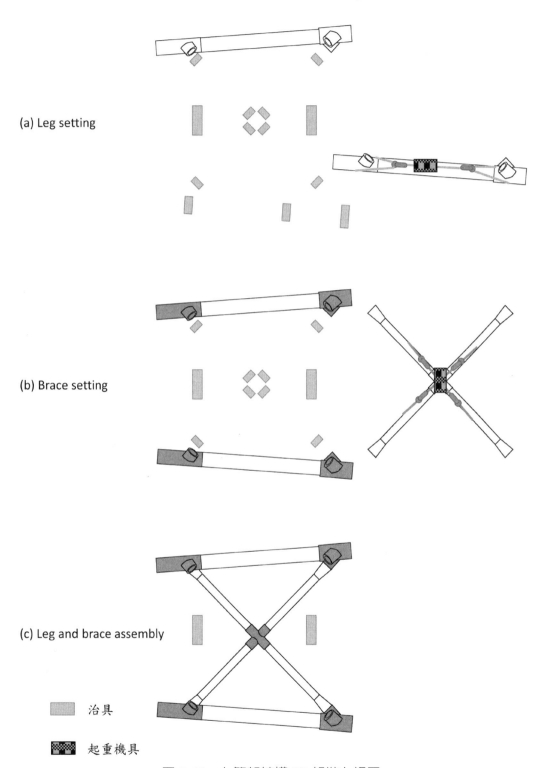

(a) Leg setting

(b) Brace setting

(c) Leg and brace assembly

治具

起重機具

圖 8-49　上管架結構 2D 組裝上視圖

－量測 X 型桁架相對位置確認後進行銲接。

－如圖 8-50 安裝支撐治具以便將進行 3D 安裝。

－舉升起完成的 X 型桁架，安裝到 3D 支撐治具上。

－舉升起柱腳安裝到臨時支撐上。

－3D 組裝將 X 型桁架與柱腳之間安裝到位。

－量測確認座標後，安裝銲接。

－完成銲接並進行尺寸測量。

－圖 8-51 移除臨時支撐，舉升下管架結構。

－緩慢翻正上管架結構。

－將上管架結構置於定位位置。

－完成上管架結構。

8.7.3 管架結構集成 (Integration of lower jacket & upper jacket)

－圖 8-52 完成的上管架結構將舉升至下管架結構上，並開始進行集成過程。

－集成過程時必須評估高風速對起重機操作。

－將上管架結構安裝置下管架結構上。

－對位量測後進行銲接。

－完成管架結構。

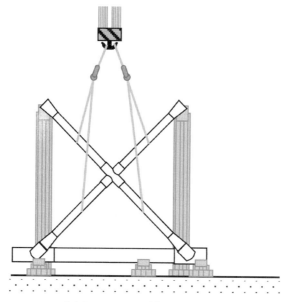

(a) Brace assembly installation

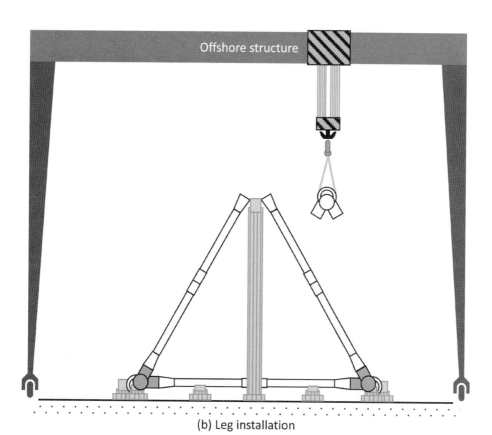

(b) Leg installation

圖 8-50 上管架結構 3D 組裝

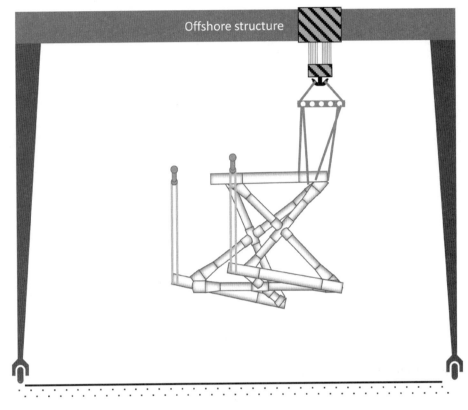

(a) Lifting

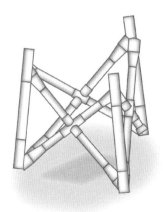

(b) Upright

圖 8-51　上管架結構翻正

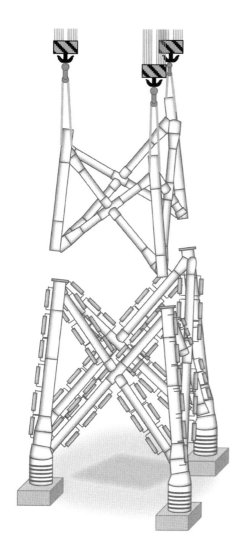

(a) Upper jacket lifting

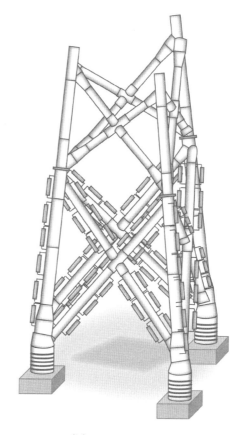

(b) Erection

圖 8-52　管架結構集成

8.8. 物料、採購和儲放 (Material, procurement, logistics and storage)

　　海洋工程專案中的對物料管理、採購和儲放要做好妥善規劃和執行，可以避免現場物料短缺或物料庫存過多的負面影響，另外亦能顯著提高生產力和專案的盈利能力。離岸結構製造時所需的採購物料，依製造商的最適化生產規劃，這些物料包含素材、市購品以及由供應鏈製造之半成品或零組件。

　　基本上所有採購及物流計畫的目的都是希望降低成本和避免製造生產中斷。一般而言物料供應和流動的不足，將會造成製造生產力下降和獲利損失。對採購而言，頻繁地訂購少量材料是可以降低物料庫存中的成本；然而，這樣的方案亦會增加了物料短缺和專案延誤的可能性。另外，有時因成本考量而選擇最有競爭優勢的供應商，然依交期不符製造期程，從而衍生額外運輸成本。因此，採購人員須對專案需求物料從預測、規劃物料採購期程、現場庫存、全球供應商採購和運輸，依專案成本及時程的權衡並考慮其利害，規劃及執行最佳採購方案。

　　專案採購的一般規劃及管理事項如下：
　　－完成專案所需的物料和資源
　　－關鍵專案里程碑及其截止日期
　　－原物料供應商管理
　　－製造物料需求預測
　　－依生產計畫制訂物料採購期程
　　－交貨期要求
　　－規劃最有利成本的採購及運輸
　　－物料標識、標記和追溯性的建立
　　－庫存控制
　　－出貨、收貨、倉儲和盤點

　　離岸結構使用的物料都須要有完整性的追溯性，以確保若有出現品質異常時，可讓品質調查人員依追溯性文件資料，透過人、機、料、法及環找出異常的根因。可追溯性的採取措施參考建議如下：
　　－採購流程中須能識別出每一個物料對應的採購訂單號和位置，其追溯性表單可
　　　參考表 8-8。
　　－零組件和散裝材料於進來後應立即進行識別、檢查、儲存、隔離並追溯，使每

個物料對應其採購訂單號和組合件的位置，若有發現採購物品不符採購規範，則安排進行退換貨。

－收貨的每個物料都應被適當地識別，需標註的基本資訊如下：

- 訂單編號
- 施工編號
- 品質證書
- 尺寸規格
- 認證協會印章
- 車牌號碼

－當物料須裁切送至機械工廠，內部物料管理部門將在之後標記採購訂單號和裁切區塊追蹤性標識。

－裁切前根據切割規劃資料核對所對應的採購訂單編號和追溯性標識。

－裁切後來自物料的每一件除了在追溯性文件登錄，另外還必須在切分的物料上進行追摔性標識，以利人員識別。

－所有詳細填寫的追溯性文件由品質部門進行檢查、登記和歸檔。

－品質部門將可追溯性資料建檔入數據庫，該數據庫將用作提供竣工文件中可追溯性的資料。

表 8-8　物料追溯性參考表單

Purchase order number	Heat number	Application	Steel Grad	Dimensional		
				Thickness	Width	Length
DA4389C001	C147594-01	Node	S355ML+Z	85	2,300	7,200
DA4265A001	C148528-01	Node	S355ML+Z	60	1,900	10,600
DA4323E001	C147592-01	Sleeve	S355ML	40	3,600	10,600
DA4276B001	AC9776701	Leg	S355ML+Z	80	2,050	4,800
DA4375D001	AC4005501	Platform	S355J2	35	2,000	8,000

原物料進貨後的識別於海洋工程的儲放管理過程中非常重要，以避免物料被錯誤的使用，因此需要在原物料上建立幾個不同識別等級的標識要求，另外也要根據物料的類型分成幾個不同的區域來儲放。儲放、物流和物料管理可參考如下建議：

－原物料之間要相互區隔，以避免取料刮傷。

─原物料鋼板和鋼管上面使用顏色來分類等級。

─識別標註位置可建議在靠近角落和兩側的邊緣來標記。

─標註內容說明零組件名稱、採購訂單編號、爐板號和尺寸。

─物料的存放方式應使底面高於地面,使底面的任何部分都不得與土壤或礫石接觸。

─管件的兩端盡可能的應均進行覆蓋。

─太陽輻射、溫度、大氣中的氧氣和水分會對材料產生氧化或老化效應進而影響組件的性能。因此,原物料或零組件應避免儲放於潮溼或直接日曬處。

─物料若儲放於露天,將會遭受銹蝕,造成後續產品良率不佳之問題,亦會影響未來的塗裝良率。

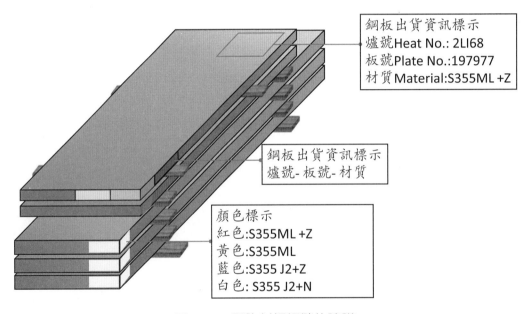

圖 8-53　原物料鋼板儲放建議

圖 8-54　管件儲放建議

Chapter 9. 管理及規劃

9.1. 專案管理基礎 (Fundamentals of project management)

每一項原預期能夠帶來效益的企劃，在執行後的最終結果有成功的也會有失敗的。專案管理就是預先規劃好如何成功的方案以及當發生失敗時的回應策略，用以提高成功機率，並避免當失敗後降低對組織之衝擊。

專案它具有別於常態工作或業務營運的獨特屬性，其本質上是臨時的，它有明確的開始和結束，而此特徵非常重要，因為專案工作中有很大的一部分在致力於確保專案在指定時間內完成。而當專案的目標已經實現，或者專案因為其目標不能實現而終止，就達到了終點。

如果當專案完成後的可交付成果或服務最終是沒有為組織帶來利益，那麼，這個專案不能算是成功的專案，反而是一個浪費資源的過程。

專案管理的理論架構由多個專業知識所組成，不過在這些知識之中，主要由三個獨立的知識領域所構成，這些知識領域分別為：

－專案範疇管理 (Project scope management)

－專案時程管理 (Project time management)

－專案成本管理 (Project cost management)

以上稱為專案的三重約束 (Triple constraint)，而品質則在約束中心，如圖 9-1。專案的變更都至少會影響到這三個元素的其中一個，專案要取得成功則需要平衡這些元素，在這約束內成本是範疇和時間的函數。所以，如果想縮短時程，就必須增加成

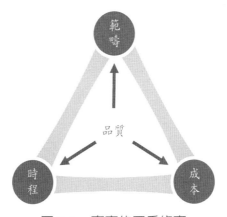

圖 9-1 專案的三重約束

本；想擴大範疇，就必須增加成本或進度。因此，當一個發生變化，則需要相應地調整其他兩個，否則品質會受到影響。因此這三個核心元素可以說是專案成敗的要素。

9.1.1 專案管理 (Project management)

按照計畫如期、如質且不超過預算完成專案是傳統專案管理的三大原則。然而，隨著時代每日瞬息萬變，一般的專案管理模式則較難以因應專案期間內的變動，因為發生變動時，專案如果沒辦法完全依照規劃走，就可能會出現超支、超時而失敗。因此，現今的許多專案管理必須要能回應變化，不是一成不變的遵循計畫來做，而是透過將專案流程分解成更小的周期及里程碑。團隊則致力於單個周期及里程碑，並在進入下一個里程碑之前進行迭代。迭代的好處是可以在專案進行過程中進行調整，而不是遵循傳統線性路徑，可以從對每次迭代的評論中觀察獲得確定專案的下一步應該是什麼。

A. 專案範疇管理 (Project scope management)

每個專案都有不同的專案範疇，專案人員則要在時間和可用資源下將專案範疇內所有目標和要求以高效率的方式來完成。專案實務執行中，範疇是會變動的，然而有許多的專案失敗是由於專案需求範疇變動所造成的。專案範疇的變更，要被視為影響專案可交付成果的變更，因此專案人員必須進行專案範疇管理計畫以實現目標。

專案範疇管理流程的建議可採取如下：

－收集並規劃範疇。

－與利害關係人溝通及確認所有任務要求。

－定義範疇。

－利用工作分解結構 (Work breakdown structure, WBS) 將任務目標分解為多個任務，以最佳化專案範疇。

－記錄所有完整任務目標的過程內容。

－驗證範疇。

－控制範疇。

B. 專案時程管理 (Project time management)

由於專案受到時程的限制，因此專案執行中要進行適當的任務安排。為此，專案人員需要為每個專案任務規劃一個可行的時程表。每項任務都有特定的目標，如果專案遭受延誤，就不可能實現既定目標。因此，設定截止日期可協助及時提交任務以獲得預期的結果。此外，預排專案時程規劃可以為專案提供完成任務的方向，因為當如

果有多個任務在執行，在這些時程表可以幫助專案確定任務的優先等級。

有效的時程管理對於專案開發過程極為重要，以下是一些建立時程管理的步驟：

－建立整體專案的概覽。

建立主進度表 (Master schedule)，它是一個匯總的專案進度表，包括專案內主要的可交付成果、關鍵項目里程碑和 ITP 主要活動。它是雇主要求中規定的工程和所有相關活動的計畫。

－列出所有涉及的不同活動。

建立詳細時程計畫，它是詳細的專案作業進度表，包括活動、順序、日期、持續時間、工作分解結構組件和相關鏈接，它必須遵守主進度表的要求。

－定義所有活動以及優先等級。

－估算活動所需資源。

－估算每項活動所需的時間。

－根據專案及其進度制定詳細的時間表。

－控制時間表。

進度管控是專案管理的核心，當將進度百分比的預計值和實際進度繪製在同一張圖表上時，則可以知道專案隨時間進展的情況如何，而 S 進度曲線 (S-curve) 以視覺化的線型圖示呈現進度，可供管理者快速地檢視專案的執行狀況，是進度管控常用的工具之一，參考圖 9-2。

－根據需求進行管理和更新進度，使專案能夠流暢。

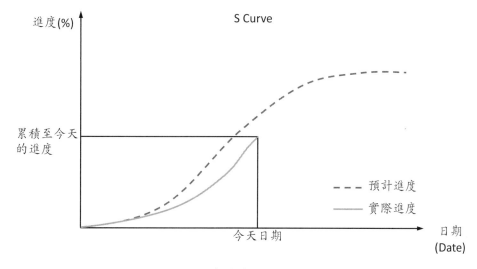

圖 9-2　專案進度 S 進度曲線

C. 專案成本管理 (Project cost management)

專案人員需要管理專案成本和預算估算，以確保任務正常進行。專案預算包括估計完成任務所需的時間、資源、設備、人工、材料和其他支援細節等的成本。因此，專案人員需要確定專案的總體成本要求，對成本進行管理和追蹤，以將專案保持在該成本預算範疇內。

在涉及成本時，應要儘早並經常進行溝通，大多數的利害關係人對於成本的變更或調整會相當敏感。以下是一些是有效計算專案成本的方法：

－使用過去類似項目的數據來估算成本。

－確定資源成本。

－使用多個參數並通過測量以前和正在進行的專案中可用的新舊數據來進行分析。

－通過跟蹤以前專案中花費的最低到最高預算來倒推並估算成本。

－與供應商交談並計算他們的成本。

－分析品質成本。

－預留利潤空間 (Profit space)。

此外，專案人員需要根據現狀需求進行調整最佳化合理預算。例如，當專案沒有在給定的時程表內完成，那麼專案成本也會發生重大變化。因此，專案需要製定一個靈活且機動的成本結構來充分完成專案。

D. 專案品質 (Quality)

專案的品質要求可以分二部分，一是針對專案管理本身，一是針對專案所產生的產品、服務或可交付之成果。專案品質不同於一般的產品品質。專案品質包括確定品質政策、目標和活動過程中的責任，使專案活動在符合品質管制下執行。然而，產品品質則是每一專案內其獨特性的要求都需要達成。

9.1.2 專案管理的五階段 (Five phases of project management)

管理專案絕非易事，無論專案規模和範圍如何，從細節的規劃到處理不斷變化的需求，最終到按時交付可交付成果，很多地方都可能出錯。因此將專案劃分爲幾個可管理的階段，每個階段都有自己的目標和可交付成果時，將可以更有效率地控制專案和品質。

專案在成案前會先分析及評估該案對組織的問題或機會，接著由專案審查委員會來稽核，以決定是否需要成立正式的專案。當專案正式成立後，專案管理的生命週期

由 5 個不同的階段組成其基本架構如圖 9-3，主要包括如下：

　　一起始 (Initiation)

　　一計畫 (Planning)

　　一執行 (Execution)

　　一監控 (Monitoring-controlling)

　　一結案 (Closure)

圖 9-3　專案五階段流程的基本架構

A. 起始階段 (Initiation)

　　專案起始階段是將初始的專案目的轉化為有意義目標，主要活動包含：

(1) 建立專案章程

　　專案章程 (Project charter) 是完整描述專案的正式文件。它旨在展現專案的重要性、陳述了專案目標、如何實現這些目標、它將帶來的成果以及將由哪些人員來執行，基本包含下列元素：

　　一目的：專案的目標、里程碑及達成共識之可交付成果。

　　一內容：專案範疇，包括專案預算的概要說明。

　　一人員：利害關係人 (Stakeholders)、專案贊助者 (Sponsor)、專案團隊 (Project team)。專案贊助者為專案發起者，通常是高階管理者，對專案成敗負起完全的政策責任。

(2)識別利害關係人

利害關係人是指涉及專案決策過程的人員，他們可能是核准專案交付項目的重要專案關係人，也可能是執行工作以便完成任務的團隊成員。在所有工作開始行動之前，首先要讓所有利害關係人(Stakeholder)參與及理解專案。因為即便擁有專業的團隊及設備，若無了解專案並透過管理方法，來掌握整個組織使其各司其職並相互配合，將無法達成專案目標。

有一個必須注意的重點是，並非被專案影響的每個人都有權利決定專案的走向，因此可以透過表 9-1 對利害關係人去進行管理及溝通。關鍵專案利害關係人是對於專案結果有決策權力的人，知道哪些人是關鍵人，將有助改善與專案關係人的關係，並且獲得支持。

表 9-1　利害關係人管理矩陣

影響力 / 興趣	興趣低	興趣高
影響力大	保持滿意 (Keep Satisfied)	密切管理 (Manage Closely)
影響力小	監視 (Monitor)	持續通知 (Keep Informed)

(3)建立專案管理團隊

專案團隊是按照專案經理的指示，負責執行專案計畫和進度中所有的任務，並完成可交付成果的人員。專案團隊成員由許多不同的角色組成，可能不會參與整個專案的生命週期，並且也不一定是全職參與專案。

專案團隊負責督促專案活動的規劃和執行分配的任務，為總體專案目標完成可交付成果做出貢獻，以確保專案成功。專案團隊將：

－在專案規劃期間向專案經理提供資訊、估算和反饋。

－提供業務或技術專業知識來執行專案任務。

－與利害關係人溝通以確保專案滿足業務需求。

－分析和記錄當前和未來的流程和技術。

－識別、定義、反應和記錄需求。

－與其他團隊成員協同工作以實現共同的專案目標。

B. 計畫階段 (Planning)

在此階段，主要任務是確定技術要求、制定詳細的專案進度表、制定溝通計畫以及可交付成果。為了達成專案目標，因此，需要對整個專案時間提供一定的排程，以

利利害關係人一目了然。就所提出的時間架構達成共識，有助在策略規劃會議上更能妥善地安排資源的優先順序。

在計畫中，可以將專案工作分解成各個子任務，稱爲工作分解結構 (Work breakdown structure, WBS)，該結構在不同的部分清晰地可視化了整個專案，以便團隊管理。

C. 執行階段 (Execution)

專案執行是專案生命週期的第三階段，在此階段，將構建可交付成果並將其呈現給客戶和主要利害關係人，這通常是專案生命週期中最長的階段。在執行階段一般可依工作分解結構，將專案所分解出更小的里程碑，分配給團隊，執行及協同工作並實現專案的最終目標。儘管專案過程中其他階段也很重要，但執行階段是完成實際工作的階段，它攸關是否完成可交付成果。因此，它對整個專案至關重要。專案執行階段可以透過以下基本步驟流程來建立，執行達成可交付成果。

(1) 創建任務

－定義每個任務，將整個專案分解爲許多更小的可操作任務。

－每一個任務要有明確的可交付成果。

(2) 設置時程表

－無論任務大小，都要爲每項任務設置切合實際的時程表用以實現既定目標或里程碑。

－在時程表內建立相依的任務。某一些任務和子任務會依賴於其他任務和子任務，在這些前任務未完成之前，則後續任務無法執行。

－設定優先等級。鑑於執行的動態特性，會出現某些任務需要優先於其他任務的情況，因此要動態調整任務的優先等級。

－創造里程碑，里程碑是多個任務和子任務的終點，標誌著的重要成就。這些重要成就對專案成敗有一定之影響。

(3) 分配任務

－按計畫分配任務。當設置了所有任務、子任務和時程表後，依每個任務的特性，根據團隊組織內的角色來分配任務。

－提供必要的資源。每一個任務執行時都有所需的特定資源，包括人力資源、財務資源、技術資源和物料資源等。

(4) 追蹤進度

－每天盤點任務，檢查這些任務是否及時執行，並確實按時登錄進度狀況。

－建立每週報告，可以讓管理階層和客戶了全面了解每項任務和整個專案的進展情況。

(5)定期討論溝通

－定期召開會議用以衡量各項任務的進展情況和整個專案的狀態。

－團隊遇到問題，可以透過對話和協同作業來解決問題。

執行階段會使用最多的專案資源，因此，該階段的成本通常最高。專案在這個階段也會遇到最大的進度衝突。透過監控專案執行時，則會發現完成預定工作所花費的實際時間比計畫的時間長。因此，當絕對必須按時完成任務並且進度落後時，可以透過關鍵路徑在任務上添加更多的資源來找到更快地完成活動的方法。

D. 監控階段 (Monitoring-controlling)

監控其主要目的在確保專案的所有進度狀況及問題被有效地追蹤記錄、分析評估、檢討及處置。它有助於根據專案目標調整活動，因此一旦專案起始階段開始，專案監控也隨之開始。圖 9-3，專案監控平行於每個階段，以使專案保持在正軌上並與其最初的目標一致，讓專案團隊在必要時糾正專案路線。這表示專案進行過程中，專案組織要積極審查專案狀態、評估潛在障礙並實施必要的更改。

在監控階段，專案組織之職責基本包括如下：

－避免範疇擴張

－管控現況和解決問題使其符合專案時程

－保持在預算之內

－管理風險

－管理溝通與文件

E. 結案階段 (Closure)

這是專案管理過程中最後的階段，此階段是驗證客戶或利害關係人接受專案可交付成果的時候。在關閉專案之前還必須審查整個專案，評估績效並將其與基線進行比較，並完成涵蓋各個方面的詳細報告。

大多數團隊在專案完成後舉行回顧會議 (Retrospective meeting)，以反饋他們在專案期間的成功和失敗，這些意見和反饋將收集在經驗傳承 (Lessons learned) 文件中。這是確保公司內部持續改進，以提高團隊未來整體生產力的有效方法。

9.1.3 工作分解結構 (Work breakdown structure)

工作分解結構 (Work breakdown structure, WBS) 是將復雜的任務分解爲可以易於

安排、估計、監視和控制的小任務，依可視化階層式結構組織的精簡專案計畫。它描述了專案要交付的產品或服務，以及它們是如何分解與其相互關聯。圖 9-4 以建造作業為例的工作分解結構，圖中將工作分解成 5 個層級。而透過工作分解結構所分解出來的小任務，通常能比上一層級更容易估計出這些小任務需要多長時間以及執行成本是多少。圖 9-5 則以專案任務為架構之工作分解結構，透過專案任務的 WBS，亦可清楚明瞭各階段有哪些重要之任務並且去規劃執行它。

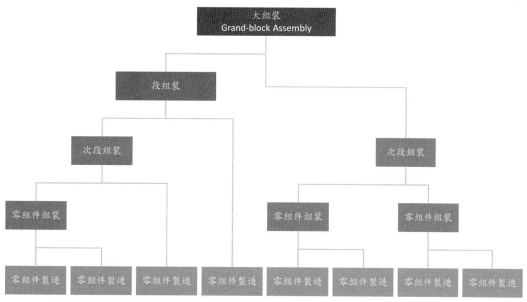

圖 9-4　建造工程的工作分解結構

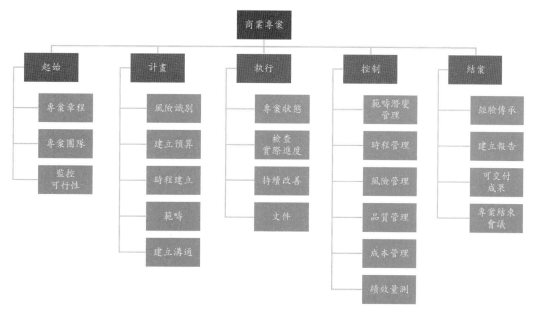

圖 9-5　專案任務工作分解結構

WBS 它有助於組織和定義專案的總工作範疇，每一任務基本包含以下內容：

－任務名稱及描述

－交付項目

－任務所有者

－里程碑

－任務預算

－任務狀態

9.1.4 專案風險管理 (Project risk management)

當專案開始計畫時，首先需要考慮的事情之一，是在執行過程中可能會出現什麼問題。專案執行中不可能完美不會出錯，問題不可避免地會出現，因此需要適當的緩解計畫 (Mitigation plan) 來因應，並於專案規劃時如何管理風險。

風險本身是無法管理，風險具有不確定性、概率或不可預測性，因此風險管理一詞往往具有誤導性。因為，如果未來會發生的事件是確定的，那麼它們不會對管理造成問題，由於它們無法避免，因此，它們只是被視為所有商業活動中的基本成本。另一方面，如果未來事件是不確定的，那麼企業的成本只有在事件發生之後才能知道；儘管如此，仍必須根據這些不確定的事件先預期做出投資和許多其他決定。

風險管理應被視為提前為可能發生的事件做準備，而不是在事件發生時做出回應。在現今的經營環境中，企業有必要去承擔風險以實現其目標，下面列出企業最常遇到的專案風險，透過了解這些風險是什麼，將可以更好地避免它們，並使企業取得成功、成長和持續經營。

A. 成本風險 (Cost risk)

成本風險是最常見的專案風險，這是由於計畫不當、成本估算不準確和範疇發散所造成的。當這種情況發生時，最終會使專案花費比實際應支出更多的錢，這可能會造成其他業務執行上推動的損害。如果無法補充資金和資源，成本風險會導致其他專案風險，例如進度風險和履約風險，則可能使專案無法完成。

B. 進度風險 (Schedule risk)

進度風險是作業活動的時間超過預期的風險，通常是計畫不周所造成的結果。進度風險它與成本風險密切相關，因為專案延誤越長會使成本增加，並且還會使專案延遲。專案延遲還可能導致履約風險，錯過執行其預期任務的時程表，並使企業喪失競爭優勢。

C. 履約風險 (Performance risk)

　　履約風險是指專案能交付符合與專案規範要求一致的風險。這是一種常見的風險，並且很難歸咎於任何一方。當專案團隊為達履約導致專案成本和時間增加亦或是團隊在預算和時程內交付專案，但仍然無法實現預期的結果和收益，則履約風險會導致成本和進度風險。最後，組織在一個沒有成功的專案上浪費了金錢和時間。

　　根據專案管理協會，專案風險為某些事件對專案目標產生不利影響的可能性、負面事件的暴露程度及其可能的後果。由於專案執行中有許多潛在的不確定性，專案風險管理則是評估及分析風險發生的機率及衝擊並排定風險優先順序，以降低專案的不確定性，提供後續行動基礎的流程。

　　由上述，專案風險可由三個風險因素定義：

　　－風險事件或識別（可能發生的危害專案的事）

　　－風險概率（事件發生的機率）

　　－所涉金額（可能損失的金額）

　　因此，在整個專案過程中識別、分析和應對風險因素，並為專案目標使其產生最大利益，被定義為專案風險管理。

　　執行風險管理，首先要準確地定義專案要交付的任務，這是非常重要的。因此，在專案章程中要清楚的詳細的說明專案目標、範圍和可交付成果，這樣便可以在專案的每個階段識別風險。然而，由於風險分析並不是非常精確的，風險也會不斷之變異，因此在整個專案生命週期中要持續追蹤風險並不斷更新。以下將介紹專案風險管理計畫內包含哪些內容及其管理流程步驟，如圖 9-6 所示：

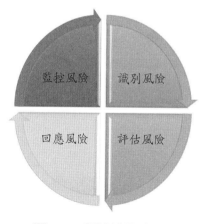

圖 9-6　風險管理流程

(1) 識別風險 (Identify the risk)

風險識別的目的是揭示什麼事件、什麼時間、什麼地點、爲什麼以及評估對專案及其組織的影響程度。識別風險可以透過風險分解結構 (Risk breakdown structure) 協助評估、理解和組織專案的總體風險敞口 (Exposure)。透過風險敞口識別專案的金融活動所存在風險的部分以及受風險影響的程度。

使用風險分解結構列出專案中的潛在風險並逐層地詳細的標識它們，這種可視化風險管理可協助團隊在爲專案規劃時預測風險可能出現的位置。圖 9-7 爲一專案風險分解結構簡單示例，在風險中的第一層可拆分爲財務風險、執行風險及環境可能造成的風險，之後針對上述風險再逐步分解爲較詳細之風險，通過仔細觀察每個風險，還將發現專案中的任何常見問題，用以找出會影響專案之最根本之風險，並進一步完善未來專案的風險管理流程。

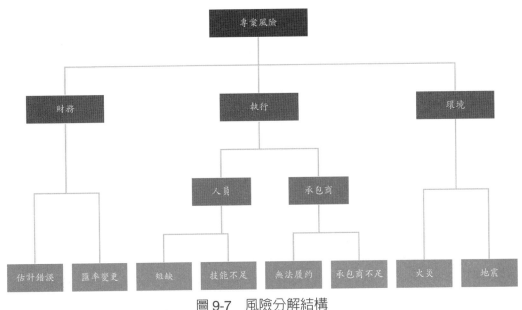

圖 9-7　風險分解結構

(2) 風險評估 (Risk assessment)

一旦專案團隊識別出並匯總了可能存在影響專案的風險之後，後續則建立專案風險登錄表 (Project risk register) 開始分析及評估它們，以便可以清晰、簡潔地追蹤、管理及監控整個專案中的風險。

評估風險是估計專案中每個風險出現的機率和嚴重性，以決定首先要關注的領域。然後，將爲每個風險確定一個應變計畫。它研究潛在風險的不確定性，以及如果

表 9-2 風險登錄表

序號	風險 Risk	風險描述 Description	影響 Impact	風險評估 Risk assessment			緩解計畫 Mitigation plan	負責人 Owner
				機率 Probability 1（低）到 5（高）	衝擊 Impact 1（低） 到5（高）	優先等級 Priority Level （機率 × 衝擊）		
1	專案投標時低估製造的預算	專案投標成本數據不準確、不準確的估計造成資金短缺。	成本增加、預算可能不足以執行任務，將導致專案停工	2	4	8	降低製造成本、控制在一定範圍。	
2	匯率變更	物料採購，因匯率變更使成本上升。	採購成本增加。	3	1	3	購買遠期外匯，以避免貨款支付期間的匯率風險。	
3	技術人員短缺	沒有足夠有經驗的技術人員來因應專案執行。	交期延宕	1	4	4	外聘專業技術人員並同時培訓人員。	
4	技能成熟度不足	技能無法滿足規範所須品質要求。	品質不良，造成交期延宕	4	5	20	安排沉沒成本（Sunk cost）之試製、建立製作計畫，使了解規範要求。	

序號	風險 Risk	風險描述 Description	影響 Impact	風險評估 Risk assessment			緩解計畫 Mitigation plan	負責人 Owner
				機率 Probability 1（低）到5（高）	衝擊 Impact 1（低）到5（高）	優先等級 Priority Level（機率×衝擊）		
5	承包商無法履約	承包商缺乏能力，未能按約定的品質標準時提供可交付成果。	無法提供可交付成果，專案時程延宕。	2	4	8	承包商資格預審／動員前啟始／定期承包商稽查和檢查／與承包商定期舉行會議，討論進展、績效和任何問題或疑慮。	
6	合格承包商不足	符合專案要求的當地合格承包商不足，除工作無法展開並且會提高報價。	任務推動緩慢，造成時程延宕和成本上升。	4	4	16	洽詢拓展國際相關承包商／針對當地及國際的承包商依專業進行分類並採規模經濟分包，使承包商、承做擅長之業務。	
7	火災	臨時不受控制的火災	設備及產品損壞，嚴重時會造成人員傷亡，並導致專案無法執行。	5	5	25	獲得動火作業許可證／根據現場規劃滅火器／建立緊急應變小組和應變指揮中心	

這些風險實際上出現，它們將如何影響專案的進度、品質和成本。

專案風險登錄表一般包含以下項目，如下表 9-2 所示：

－標識碼：可快速參照或識別每個風險。

－風險名稱或簡要的說明。

－風險類別：內部風險、外部風險、物料相關或與勞動力相關等。

－概率：風險發生的可能性有多大。

－衝擊影響：如果發生風險，它對專案的影響有多嚴重。

－風險排序：存在的風險可能非常多，但專案的時間和預算卻不是。根據風險管控分析其優先等級，一般使用表 9-3 風險矩陣表來量化分析。針對機率高、嚴重程度也較高的風險必須加以監控和應對。

－應對：採取監控風險、嘗試減輕風險或避免風險等。

－負責監督或減輕風險的人員。

表 9-3　風險矩陣

Risk/Hazard Probability(P)						
極有可能 Very likely	5	5	10	15	20	25
很有可能 Likely	4	4	8	12	16	20
可能 Possible	3	3	6	9	12	15
較不可能 Unlikely	2	2	4	6	8	10
基本不可能發生 Very unlikely	1	1	2	3	4	5
		1	2	3	4	5
		影響很小 Minimal	影響一般 Minor	影響較大 Major	影響重大 Serious	影響特別重大 Catastrophe

衝擊
Impact

(3) 應對風險 (Respond to the risk)

應對風險的方式有很多種,依 ISO 31000 風險管理原理及指導綱要 (Risk management-principles and guidelines) 中提到了六種處理風險的方法。然而有時,這些風險處理之間其差異非常細微,以至於可能會被忽視,但是每個風險處理選項對成本和流程都有不同的影響。以下將簡扼說明:

─風險規避 (Risk avoidance)

通過完全消除過程或活動來避免風險,是處理風險中最積極的方法。在這種情況下,由於要處理其他風險的成本太高,亦或是處理風險的成本超過了業務收益,因此完全取消了流程或活動。但是,在選擇此選項之前,需要考慮對業務目標收益的影響,例如利潤率降低、運營成本增加、工人生產力降低等。

─風險移除 (Risk removing)

透過消除風險的來源以移除該風險。在這種情況下,首先藉由完全消除會造成該風險的危險,以成功地減輕了該風險。然而與風險規避的不同處,過程或活動不會被取消。相反,與流程相關的不利事件之風險是透過消除危險或危險狀況來移除的。

─風險變更 (Risk changing)

它是透過引入控制措施來降低不利事件或不良後果發生的可能性,來緩解風險的衝擊程度。此外,再評估控制措施之後其剩餘風險是否可以接受以及是否需要額外的控制措施。選擇此風險處理選項時,必須權衡當實施控制措施的成本與不降低風險的成本或其他處理風險選項的成本。

─風險分擔 (Risk sharing)

藉由保險或外包分擔風險,將風險轉移給第三方,即保險公司或承包商。分擔風險並不意味著分擔責任,企業仍對風險所導致的任何事件負責。

─風險保留 (Risk retaining)

接受風險,它意味著不採取任何措施來應對風險並與它共存。雖然風險保留是可以接受的,但必須要記錄其決策以向利害關係人表示組織明瞭風險保留仍然很重要。在這種情況下,由於以下原因之一,風險是可以接受的:

• 風險被視爲開展業務中正常的部分。

• 後果並不那麼嚴重且影響有限。

• 風險程度不符合要求降低風險的標準。

• 無法實施控制措施或爲風險投保。

• 另有其他優先級更高的風險。

一風險增加 (Risk increase)

這種風險處理有別於上述之處理選項。在某些情況下，暴露於某種類型的風險是追求新業務機會或流程改進機會的結果。這是假設新業務機會的潛在收益會超過風險的成本，則可以決定增加風險從而獲得競爭優勢。

(4) 監控風險 (Monitor the risk)

一旦識別、評估風險並決定了應對措施，組織將需要監控風險以使當風險的性質、潛在影響或可能性超出原先可接受水準時，可以迅速採取行動。

風險監控依賴於審查和評估，因此要將其納入定期審查和評估以確保遵守。通過定期執行風險審計並查閱更新風險登錄表，將能降低風險發生的可能性並迅速處理事件以盡可能減少衝擊。

9.1.5 變更控制流程 (Change control process)

專案管理強調完整的事前計畫、有紀律地貫徹執行，還要全程不斷的監控，監控專案是否依規劃執行，然而實際專案執行中並無法完全依規劃內容實施。專案規劃失準的原因非常多，如估算不準確、需求不清楚、範疇蔓延、不當的變更管理等，都可能會導致專案在執行過程中才發現與原先的預估落差較大。因此當專案執行中有發生任何偏離原計畫時，則可以透過變更控制流程 (Change control process) 做必要之修正。專案計畫是活的，它是可以被變更的。

在執行專案工作發現問題時，可能會提出變更請求，而這也許會修改專案規劃、專案範疇、專案成本、專案進度或專案品質。然而，如果不謹慎、持續地去更新專案管理計畫，專案就會變得沒有計畫，最初的基礎計畫也將不再有效，並且在處理目前專案情境時也將失去其效力。

變更控制並不容易，它涉及了評估判斷、變數、通過的閾值門檻和簽核。多數的情況下，任何與專案的關係人都能提出變更請求。請求可以大到需要新增其他可交付成果，也可能小至變更專案排程，重點是並非所有請求都能獲得核准。

如同專案管理的五個階段，建立變更管控流程也有五個關鍵步驟，分別為請求、評估、分析、實施和結案，如圖 9-8 所示。從一開始啟動到最後的實施，變更控制流程將有助專案有效率地向前推動、避免不必要的變更，並提供專案的穩定性。

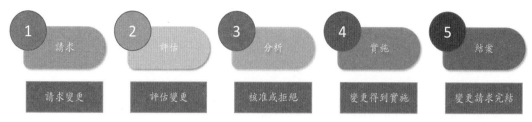

圖 9-8　變更控制流程

　　變更控制流程可讓專案以有組織的方式進行變更。專案的任何變更都必須記錄在案，以便可以弄清楚需要做什麼、何時以及由誰來完成。一旦變更請求被記錄下來，它就會被提交給變更控制委員會 (Charge control board, CCB)。變更控制委員會是由一群評估並審查變更的人員，然而並非每個變更控制系統都有委員會，變更請求也可以提交管理階層進行審查和批准。如果變更獲得批准，則將它們發送給專案團隊以將其落實到位。

　　執行變更控制流程相關事項如下：

－變更申請須以書面形式記錄，並納入變更管理系統。

－評估變更後對專案時程、成本及品質的影響。

－變更控制委員會負責審查、評估、核准、延緩或否決變更，並記錄和溝通其決定。

－變更申請須由專人，如專案經理負責核准或否決。

－某些特定的變更申請，在變更控制委員會核准之後，還需經過客戶或贊助人的核准。

－變更申請核准後，可能需要修訂專案時程、成本、活動排序及風險回應方案分析。

　　表 9-4 是一份專案變更請求表單，包括專案名稱、修訂編號和修訂日期。變更文件中包含陳述相關變更的目的、影響、風險或衝擊等，以使利害關係人可以了解專案因最近的調整而改變，持續執行專案，並依變更請求進行適當的更改。

表 9-4 專案變更控制表

變更請求

Change Request

專案名稱		變更編號	
變更請求人		日期	
變更類別	□時程 □成本 □範疇 □可交付成果□品質 □檢驗 □資源 □其他		
會造成的改變	□矯正措施 □預防措施 □缺陷修復 □升級 □其他		
變更以致衝擊	□時程 □成本 □範疇 □資源 □其他		
變更的描述			
變更的原因			
其他的備選方案			
描述此變更要考慮的風險			
估計所需的成本和資源			
對品質的影響			
處置	□核准 □拒絕 □擱置		
核准／拒絕理由			

變更管理委員會		
姓名	簽名	日期：

專案經理：		

9.1.6 主文件登記冊 (Master document register)

當在執行一個專案時，關鍵是要讓所有的參與者都在同一套系統或控管中作業。如果這些成員不在同一個系統或控管中作業，專案執行將可能會失控。文件管理的目標是將所有資訊、文件、溝通往來都集中到一個系統中，並透過適用於專案的特定工作流程和數據類型來執行它。而這將使文件檔案以最佳化、最連貫的方式完成最有效的管理。

主文件登記冊 (Master document register, MDR) 是一份完整的文件檔案列表，它包含於專案各階段中所須要交付的文件。在專案管理中它是一個追蹤和監控所有專案可交付成果和進度的工具，並儘早發現任何問題。

MDR 通常由文件管理員來進行維護及管理，它是專案進度會議期間使用的文件，用於追蹤文件並確保其進度。MDR 中的數據可用於識別承包商的文件、業主的評論和潛在的交付延遲，從而評估對專案進度的影響。以銲接製造為例，當承包商的某一項銲接程序評定紀錄 (Welding procedure qualification record) 及銲接程序規範書 (WPS) 皆未完成，承包商將無法去執行該程序中的銲接作業，而這可導致專案時程延宕。

主文件登記冊內基本包含的元素如下：
－文件類型
－文件名稱
－文件編號
－發行日期
－版次
－描述說明
－審查者
－審查日期

離岸結構製造專案於MDR中須提供之計畫書、程序書及相關表單等如下表9-5。

表 9-5　離岸結構專案 MDR 清單

文件	中文名稱
Project Management Plan(PMP)	專案管理計畫
Project Quality Plan(PQP)	專案品質計畫

文件	中文名稱
HSE Management Plan	環安衛管理計畫
Project risk register	專案風險登錄表
Quality system certification	品質系統認證
Weld quality management system	銲接品質管理系統認證
HSE system certification	環安衛系統認證
Organizational chart	組織架構
Manpower statement	人力說明書
Contractor's quality activity planning	承包商品質活動計畫
Flow chart	製造流程圖
Inspection and Test Plan(ITP)	檢驗和測試計畫
Material traceability procedure	物料可追溯性程序
Procedure for traceability of products	產品可追溯性程序
Storage and logistics plan	儲放及物流計畫
Material handling procedure	物料處理程序
Cutting plan	切割計畫
Methods statements	施工說明書
Welding plan	銲接計畫
Welder, grinder and operator list	銲接技術人員、研磨工及作業人員清冊
WPS and WPQR list	銲接程序規範和銲接程序檢定紀錄清單
Welding map	銲道圖
Welding repair procedure	銲補程序
Flame straightening procedure	火焰矯正程序
Grinding plan	研磨計畫
NDT Execution plan & Reporting	非破壞檢驗執行計畫和報告
NDT personnal list	非破壞檢驗人員
VT procedure	目視檢驗程序
MT procedure	磁粉檢驗程序
UT procedure	超音波檢驗程序
PT procedure	滲透檢驗程序

文件	中文名稱
RT procedure	放射線檢驗程序
Coating quality plan	塗裝品質計畫
Coating application procedures	塗裝執行程序
Coating repair procedures	塗裝修復程序
Coating inspection procedure	塗裝檢查程序
Fabrication measurements procedure	製造測量程序
Register for monitoring and measurement equipment	監控和測量設備的程序和登錄表
Incoming goods inspection procedure	進貨檢驗程序
Lifting and transportation plan	吊裝和運輸計畫
Progress report	進度報告
Non-conformance report	不符合報告
Reporting for as-built documentation	竣工文件報告
First article inspection documentation(FAI)	首件檢驗文件
Factory acceptance test documentation(FAT)	工廠驗收測試文件
Site acceptance test documentation(SAT)	現場驗收測試文件
Test on completion inspection documentation(TOC)	完工測試檢查文件

9.2. 製造商資格認證 (Manufacturer's qualification certification)

　　離岸結構製造商為證明有能力生產製造高品質的產品和設備，應根據下述章節標準進行認證，從而提高企業組織之競爭優勢。

9.2.1 品質系統認證 (Quality system certification)

　　品質系統強調品質管理、組織持續改善計畫以及符合客戶規範要求的密切監控，因此，製造商應建立品質保證 (Quality assurance) 和品質管制 (Quality control) 系統，

內容其中包括：

　　－品質方針

　　－品質手冊

　　－品質計畫

　　－品質程序

　　－檢驗和測試計畫

　　企業組織通過品質管理系統認證，將證明該組織已遵品質管理系統之標準門檻，對於離岸結構製造商的品質管理系統基本認證有：

　　－ISO 9001(Quality management systems)

　　－EN 1090(Execution of steel structures and aluminum structures)

　　ISO 9001 品質管理系統，由國際標準組織 (International Organization for Standardization) 所制定。該標準基於許多品質管理原則，包括客戶需求關注，高階管理階層的治理目標，過程方法和持續改進，使用 ISO 9001 將有助於確保所有客戶獲得一致的優質產品和服務，從而帶來許多營業利益。

　　離岸設施的鋼結構建造規範大多引用 EN 1090(Execution of steel structures and aluminum structures)。EN 1090 則是針對建造中鋼或鋁結構的品質標準，可通過 EN 1090 標準來確保鋼或鋁結構在製造過程中，具有充分的機械性能、穩定性與持久性，並保證產品結構的品質。歐盟規定，將 EN 1090 列為強制性認證資格，所有進入歐盟市場的鋼結構的產品，必須通過 EN 1090 標準的認證。

9.2.2 銲接品質管理系統 (Weld quality management system)

　　銲接技術用於許多生產製造中，大多數銲接製程是生產過程中非常重要的一部分，因此需要對其製程進行管制。根據品質管理系統，在製造階段必須需要充分保證銲接的品質管制。

　　為了使銲接金屬結構、壓力設備、管道、銲接機動車輛和零件等應用的製造商能夠在歐盟市場自由貿易，其中銲接施工品質管理係根據 ISO 3834(Quality requirements for fusion welding of metallic materials) 標準，並有認證要求。品質要求內容大綱如下

　　－目的

　　－作業範圍

　　－需求審查和技術審查

　　－分包管理

　－銲接技術人員、銲接操作人員和銲接協調人員的要求

　－檢驗測試人員

　－生產和測試設備

　－生產計畫

　－銲接製程規範

　－銲接製程評估

　－程序控制和文件編制

　－銲材批量測試

　－銲材儲存和管理

　－母材的儲放要求

　－銲後熱處理

　－銲接前、中和後之檢查和測試

　－不符合事項與矯正措施

　－量測檢驗及測試設備的校正驗證

　－標識和可追溯性

　－品質紀錄

9.2.3 環安衛系統認證 (HSE system certification)

　　製造商應致力於堅持和遵守健康、安全和環境的要求和標準，並制定並實施了有效的 HSE 管理系統。製造商透過 HSE 系統領導並承諾致力於：

　－擁有安全的工作環境和場所

　－減少工作場所的風險

　－控制安全風險

　－提高安全性能

　－推展衛生管理

　－保護環境

　　製造商於 HSE 管理系統基本認證有：

　－ISO 45001(Occupational health and safety)

　－ISO 14001(Environmental management systems)

　　ISO 45001 是一個定義職業衛生安全管理系統要求的國際標準，致力於使組織實現預防傷害和疾病、提升職業衛生安全績效。

制定和實施職業衛生安全政策和目標如下：

－通過了解組織所處的環境、需要應對的風險和機會，來建立系統的管理過程。

－進行危害鑑別、風險評估，並確定必要的控制措施。

－提升人員的職業衛生安全意識和能力。

－評估職業衛生安全績效，尋找改善的機會並加以實施。

－確保勞工在職業衛生安全事務中發揮積極作用。

ISO 14001 是一項國際認可的管理標準，概述如何執行有效的環境管理系統。它用於確定從原材料到客戶的過程中的環境因素，它關注的是如何生產並通過必要的預防措施控制這些因素，並最大限度地減少對環境的危害。

ISO 14001 環境管理系統基於以下五個基本原則：

－環境政策

　最高管理者必須正式並宣布環境政策。環境政策主要解釋企業在環境績效方面的意圖和目標。環境政策必須符合現行法律法規，並將其公開給所有員工和大眾。

－規劃

　組織應定義在其活動過程中對環境的影響。在這種情況下，應考慮生產製造過程中於空氣、水和土壤中留下的各種廢物和自然資源消耗。

－執行程序和活動

　應分配必要的資源，以建立、實施、改善環境管理系統，並制定緊急應變計畫。

－控制

　組織必須定期監視和衡量可能對環境造成重大影響的活動的主要特徵。應確定測量方法，並確保其連續性。

－管理評審

　組織必須持續追蹤，系統是否按照預定環保政策、目標和標準有效地實施及遵循。

9.3. 專案管理計畫書 (Project management plan)

離岸結構製造業是一個按訂單設計去執行製造的行業，是根據客戶要求定制的可交付成果，需要高成本和長生產時間。交貨日期是在合約階段所確定的，如果不能

按時交貨，將被處以巨額罰款。因此，製造商有必要全面性且完整的規畫預測所有計畫，從而迫使確定完成交付期。

專案管理計畫書 (Project management plan, PMP)，它概述了專案執行的方式、執行步驟、資源、溝通工具、協議、風險、相關者以及專案完成所涉及的可交付成果。

專案管理計畫書可作為專案最終成功的藍圖或導引，它確保了每個人都知道他們的職責、涉及的任務以及完成時間，透過計畫內所規劃的專業人才、資源、支援、風險管理和溝通來達成專案。

專案管理計畫書其文件內容包括：

－執行摘要

－團隊組織架構

－進度表

－風險評估

－溝通

－資源管理

9.3.1 專案組織架構和權責 (Project organization and responsibility)

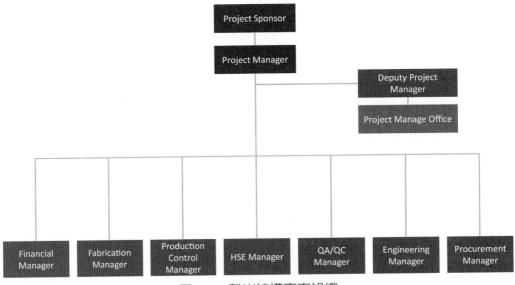

圖 9-9　離岸結構專案組織

A. 專案經理 (Project Manager)

專案經理對整個專案負責，他是在預算和進度等限制範圍內，組織、計畫和執行專案的專業人員。專案經理領導整個團隊，定義專案目標，與利害關係人溝通，並監督專案直至結束。

專案經理在整個專案生命週期中的職責：

－定義和解釋專案範疇和目標。

－管理專案資源，為團隊獲得必要的資源及服務。

－控制專案進度。

－規劃專案成本並遵守預算。

－確保專案要求，並落實實施和記錄。

－與利害關係人溝通。

－風險評估。

－對發現的問題，採取有效的改正措施。

－品質保證。

－分析數據並彙整每月進度報告。

專案經理負責組織和領導團隊來實現既定目標、技術、品質、成本和進度。專案經理會將一些特定任務委派給專案團隊的其他成員。這些專案團隊成員可能歸屬在其他各部門經理之下，但在專案職位功能上是受專案經理的指導及監督，其涵蓋的職位包含如下：

－副專案經理 (Deputy Project Manager)

－財務經理 (Financial Manager)

－製造工程經理 (Fabrication Manager)

－生產管制經理 (Production Control Manager)

－品質保證經理 (Quality Assurance Manager)

－品質管制經理 (Quality Control Manager)

－HSE 經理 (Health Safety and Environment Manager)

－工程經理 (Engineering Manager)

－採購經理 (Procurement Manager)

B. 副專案經理 (Deputy Project Manager)

副專案經理負責以下活動：

－合同管理。

－變更控制。

－控制和更新合同預算。

－文件管制。

－與部門預算負責人合作管理分配給各部門的預算。

－分包。

－溝通。

－進度控制和報告。

－專案採購的協調、追蹤和一般管理。

C. 財務經理 (Financial Manager)

商務經理負責以下活動

－監督現金流量、財務報告以及收入和支出相關的項目。

－建立和管理專案的預測和預算。

－建立、收集和分析專案過程中財務數據，以保持專案按預算和依時程進行。

－協助專案於業務需求的收集、過程文件資料的建立和解決方案的執行。

D. 製造經理 (Fabrication Manager)

製造經理

－負責整個製造過程中的執行、測試和檢驗。

－協調及整合所有與生產活動相關的技術。

－確保專案在預算範圍內按時完成。

－同時滿足品質規範和要求。

－提供安全的工作環境。

E. 生產管制經理 (Production Control Manager)

生產管制經理負責以下：

－使用生產計畫和調度來確保提供必要的生產資源。

－根據產線需求妥善製定分包計畫。

－提供供應商生產能力及成本的統計分析、檢討及改善。

－估算分包商的成本。

－監督供應商生產方式並協助改進。

－控制專案的分包進度表。

－對於生產中的任何瓶頸或延誤，提供支援及協助，以緩解生產瓶頸和延誤。

－保持適當的生產率以減少交貨延遲。

F. 品質保證經理 (Quality Assurance Manager)

品質經理負責專案內的品質系統,是確保設計和施工按照品質管理系統進行,包括定期審核及稽核。

－對組織內部進行品質審核計畫和稽核作業,並藉以管控和驗證品質管理系統的有效性。

－專案品質系統開發、控制、實施和監測。

－在品質系統下爲專案提供實施及控制。

－評估和監控供料商和分包商的 QA/QC 管理,確保符合專案要求。

－審查檢驗、測試計畫和程序。

－監控不符合程序和改正措施。

G. 品質管制經理 (Quality Control Manager)

品質管制經理協調專案品質部門並準備品質計畫,其基本職責如下:

－了解客戶和利害關係人的需求以開發有效的品質管制流程。

－制定產品製造流程的規範。

－爲供應商或分包商設定物料或組件的規範要求並監督其合規性。

－確保製造過程符合客戶或行業生產標準。

－紀錄和控制不符合專案的缺陷,包括制定改正措施。

－對生產流程進行評估並製定內部品質管制措施。

－根據檢驗和測試計畫,執行檢驗要求。

－審查檢驗和測試報告的正確性、完整性和適用性,以納入專案生命週期紀錄。

H. HSE 經理 (HSE Manager)

HSE 經理負責在專案中遵守 HSE 政策,其職責如下:

－制定安全政策。

－爲員工規劃有效的培訓。

－調查工作場所事件。

－分析工作場所安全程序的有效性,確保設計和施工按照 HSE 管理系統。

－使工作場所規程符合健康和安全法規。

－確保設施中工作人員的健康和安全。

－保護環境免受與施工活動相關的環境影響。

I. 工程經理 (Engineering Manager)

工程經理的主要職責是:

　　－建造工程的設計。

　　－製造圖。

　　－材料清單。

　　－工程技術支援。

J. 採購經理 (Procurment Manager)

　　－採購經理根據客戶製定的技術規範要求負責所有採購任務。

　　－確保分包合約和採購項目進行適當的庫存管理。

　　－物料管理。

9.3.2 現場組織 (Field organisation)

　　離岸結構是一個廣闊的專業製造領域，製造過程中要融合了許多專業技術職位，而每一項任務都需要多組專業團隊的規劃、整合、執行和控制，使其共同合作下，發揮組織最高生產力。這些技術團隊，於製造中以多種方式展開各種活動，而所需的現場組織大小有很大的程度上是取決於專案的規模。對於一個離岸結構製造專案，它的組織基本可以分為以下幾個功能：

　　－行政 (Administration)

　　－調度和計畫 (Scheduling and planning)

　　－HSE(Health safety and environment)

　　－工務及後勤 (Plant engineering and logistics)

　　－實施和生產 (Implementation and production)

　　－品質管制 (Quality control)

　　圖 9-10 提供了一個離岸結構製造的組織圖示例，在圖中分配了生產部門於製造時的各種活動及施工職位層次。這些職位包含如下：

　　行政、調度和計畫

　　－現場經理 (Field Manager)

　　－排程及計畫工程師 (Scheduling & planning engineer)

　　－建造協調員 (Erection coordinator)

　　－文件管制員 (Document controller)

　　－成本管制員 (Cost controller)

　　－採購工程師 (Procurement engineer)

HSE

－環安衛工程師 (HSE engineer)

－環安衛監督 (HSE supervisor)

－醫療急救員 (Medic first aider)

工務及後勤

－運輸物流工程師 (Logistics engineer)

－運輸物流監督 (Logistics supervisor)

－運輸物流技術人員 (Logistician)

－堆高機操作技術人員 (Forklift operator)

－起重工程師 (Heavy lifting engineer)

－起重監督 (Heavy lifting supervisor)

－起重機操作技術人員 (Crane operator)

－索具裝配技術人員 (Rigger)

－倉儲工程師 (Warehouse engineer)

－倉儲管理員 (Warehouse assistant)

－設備及維護工程師 (Facility & maintenance engineer)

－機械工廠監督 (Workshop supervisor)

－電腦數值控制加工機操作技術人員 (CNC operator)

－彎板操作技術人員 (Bending operator)

－機械技術人員 (Mechanic)

－電氣技術人員 (Electrician)

－機械工廠作業員 (Workshop assistant)

－施工架工程師 (Scaffolding engineer)

－施工架檢查員 (Scaffolding inspector)

－施工架技術人員 (Scaffolders)

實施和生產

－銲接協調員 (Responsible welding coordinator)

－銲接工程師 (Welding engineer)

－銲接監督 (Welding supervisor)

－銲接領班 (Welding foreman)

－銲接技術人員 (Welder)

－研磨技術人員 (Grinder)

－塗裝工程師 (Coating engineer)

－塗裝監督 (Coating supervisor)

－塗裝領班 (Coating foreman)

－噴砂技術人員 (Blaster)

－塗裝技術人員 (Painter)

－建造及組裝工程師 (Erection & assembly engineer)

－建造及組裝監督 (Erection & assembly supervisor)

－冷作技術人員 (Steel worker)

品質管制

－銲接品管工程師 (Welding QC engineer)

－銲接品管檢驗員 (Welding QC inspector)

－結構品管工程師 (Structure QC engineer)

－結構品管檢驗員 (Structure QC inspector)

－塗裝品管工程師 (Coating QC engineer)

－塗裝品管檢驗員 (Coating QC inspector)

9.3.3 離岸結構專案進度表 (Schedule for offshore structure project)

離岸結構專案進度表內呈現了專案執行活動的計畫日期和要達到里程碑的計畫日期。專案內的工程設計規劃、採購和製造執行部分在專案進度表中有詳細說明，此專案進度表應定期更新，以監控專案的績效。

離岸結構專案進度表的功能及效益如下：

－向團隊成員傳達規劃時程期望

讓所有團隊成員和承包商都知道，誰需要在什麼時間執行哪些任務。可以讓每個人都按計畫進行，避免混亂，並防止因工作不正確而造成的延誤。

－建立行動計畫

進度表可以爲作業項目、階段和任務的層次級別而去安排工作，它可以確定何時需要哪些工作人員、在正確的時間去執行相關作業並將這些傳達給團隊。專案內合作的承包商與次承包商也可以將其用作指南。

－建立工作層次結構

可以透過建立專案階段、任務和子任務的層次結構來建立出更精確的計畫。一

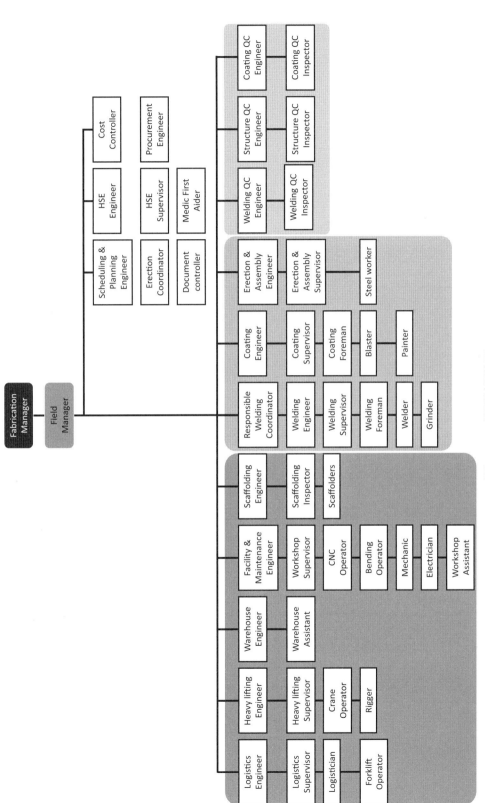

圖 9-10 現場組織圖

般常用將甘特圖顯示任務關係和依賴關係，並可以衡量任何因變更或延遲所造成的影響。

一促進與承包商的溝通

無論當初計畫得如何完美，專案過程中仍可能需要面臨更改。專案進度表可以幫助衡量這些變化對其他任務、階段和承包商工作的影響。它還協助與承包商共同合作調整進度和預算，以最大幅度地減少因變更所造成的負面衝擊。

一幫助控制成本

專案進度表可以最有效的方式安排工作，因此作業團隊有足夠的時間完成工作，以便下一個作業團隊開始。例如安排材料交付或零組件非破壞檢驗時間，這樣相關作業團隊就不會等待。

下圖 9-11 提供一個大型製造廠專案的進度計畫時間表，它提供了任務名稱、可交付成果、工作分解結構、任務起始及任務相關聯性。

ALL	TASK NAME	WBS	START	END	DURATION	PROGRESS	2023
1	**Contracts**	**1**			**32 days**	**100%**	
2	Proposals	1.1			10 days	100%	
3	Documents Review	1.2			20 days	100%	
4	Bid Date	1.3			1 day	100%	
5	Award Date	1.4			1 day	100%	
6	**Design**	**2**			**125 days**	**95%**	
7	Feasibility Study	2.1			40 days	100%	
8	Apply for Permits	2.2			5 days	100%	
9	Shop Drawing	2.4			80 days	85%	
10	**Procurment**	**3**			**20 days**	**75%**	
11	Order Equipment	3.1			10 days	70%	
12	Order Materials	3.2			10 days	80%	
13	**Delivery**	**4**			**60 days**	**50%**	
14	Steel plate	4.1			60 days	50%	
15	**Steel process**	**5**			**155 days**	**20%**	
16	Cutting	5.1			35 days	35%	
17	Bending	5.1			120 days	5%	
18	**Fabrication**	**6**			**220 days**	**0%**	
19	Leg & Brace	6.1			90 days	0%	
20	Paneal Brace	6.2			15 days	0%	
21	Assembly UB	6.3			45 days	0%	
22	Assembly LB	6.4			45 days	0%	
23	Coating	6.5			25 days	0%	
24	**Erection**	**7**			**100 days**	**0%**	
25	Block Assembly	7.1			35 days	0%	
26	Grand-block	7.2			35 days	0%	
27	Final Touch-up Paint	7.3			15 days	0%	
28	TOC	7.4			15 days	0%	

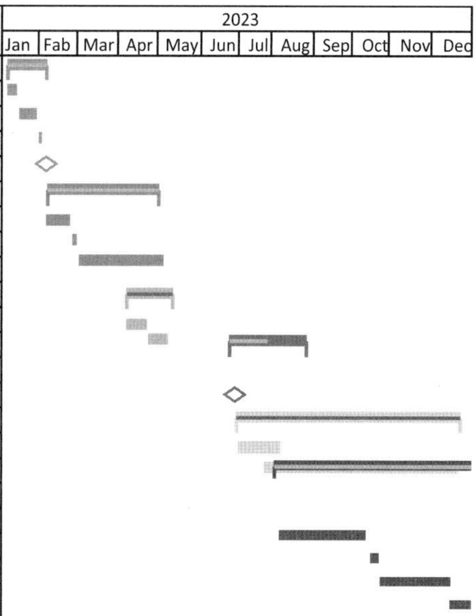

圖 9-11　製造廠專案進度表示例

9.4. 生產規劃和管制 (Production planning and control of the offshore structure)

離岸結構製造業是一個需要長時間完成交付的行業，這些專案執行時需要幾個月到幾年的時間。此外，建立詳細生產活動計畫的生產規劃的時間相當長。計畫實施後亦需要大量的時間來驗證執行結果。

離岸結構生產過程由切割、製造、銲接及裝配等多個工序組成，它非常複雜且難以管理。因此，製造商使用分級管理結構來管理生產計畫。製造商傳統上使用如圖 9-12 所示的分層生產計畫管理系統，第一層為主生產排程 (Master production schedule, MPS)，它是透過主進度表 (Master schedule) 的活動產生，它是主進度表與實際生產活動管制間的主要環節。它是物料需求規劃的重要依據、決定所需投入產能的基礎，最終產品係由零組件 (Component) 與次組件 (Subcomponent) 等所組裝成，使得後續活動作業的依序可行。

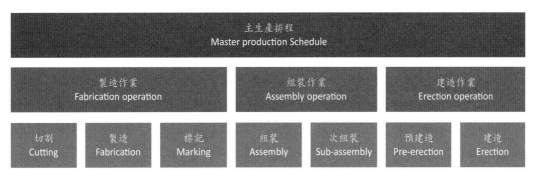

圖 9-12　離岸結構的生產排程結構

儘管製造的專業及工業化技術是在這個競爭激烈的環境中，達成更佳品質和生產力的途徑之一。然而，離岸結構業的自動化水平低於大規模生產製造的行業，勞動力對生產的影響很大，要提高效率，僅透過專業及工業化技術是不夠的。因此，它還需要藉由規劃 (Planning) 和管制 (Control)。

規劃是預先決定將來要做什麼，管制也是預先確定的，以便所有活動都能正常進行。

生產管理是企業的中樞，其生產規劃 (Production planning) 是生產廠的頭腦，生產管制 (Product control) 則是生產廠的神經系統，若沒有生產規劃與生產管制，就沒有生產管理，若沒有生產管理，則就無法建立一個有效率的生產廠及有利潤的企業。

生產規劃和管制 (Production planning and control) 它由是兩個部分所組成，如圖9-13，它是一個包括人力資源、原物料、機器等資源在投入時的預先決定之程序。它有助於在正確的時間和正確的地點做出正確的決定，以實現最高效率。

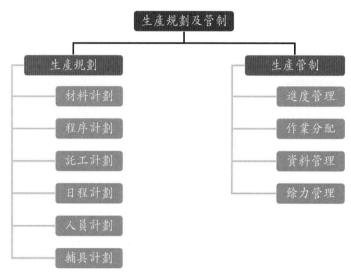

圖 9-13   生產規劃和管制

生產規劃和管制在生產作業上一般是基於某些假設，如果假設被證明是正確的，那麼其規劃和管制就會順利進行，否則可能不會。這些假設通常是關於工廠產能、訂單、原物料、電力和相關資源的可用性等。如果這些假設出錯，那麼規劃和管制過程就會變得薄弱。

典型生產規劃和管制的目標如下：

－有效利用資源。

－穩定的生產流程。

－估算資源。

－確保最佳庫存。

－協調各部門的活動。

－減少浪費。

－提高勞動生產率。

－降低生產成本。

－根據預測的需求準備生產計畫。

－最佳化資源應用，以最大幅度地降低生產成本。

－透過經濟生產 (Economic production) 來降低生產成本。

－在各部門之間建立更佳的協調。

－確保原物料供應，避免作業的等待時間。

－定期檢查進行中的工作以確保產品品質。

9.4.1 生產規劃 (Production planning)

生產規劃是生產程序中重要的一環，更是製造策略的要素之一。生產規劃的良窳會直接或間接地影響生產效能、效率、製造成本，它對於是否可以達到生產目標具有舉足輕重之地位。

生產規劃是基於訂單數量的生產計畫，它考慮了每個作業過程和工廠的工作能量，並考慮到工廠內所有實際限制和問題。因此，生產規劃大致確定了整體生產計畫，隨後它並用來作為實施詳細作業計畫的參考。

生產規劃可用於預測生產過程內每一步的技術，透過活動資源的配置，讓這些資源可以在正確的時間，以正確的方法來應用，並試圖達到最大效率來完成作業。生產規劃是生產的核心，整個生產規劃是企業經營的靈魂，因此在生產規劃時，可應用5W1H 來進行生產規劃，表 9-6 所示。

表 9-6 生產規劃 5W1H

5W1H	項目	計畫名稱	內容
Why	為何生產	目標計畫	生產目的、生產目標、收益平衡等
What	生產何物	材料計畫	產品種類、產品品質、產品成本、生產數量、原物料供應等
Where	何處生產	配置計畫	本廠生產、託外生產、那裡生產等
When	何時生產	日程計畫	何時購料、何時進料、何時生產、何時完成等
Who	哪個單位生產	乘載計畫	何組生產、如何分配生產等
How	如何生產	途程計畫	作業途程擬訂、工作指派、進度跟催等

生產規劃的內容應包括有物料規格分析、產品分析、自製或外購分析、製程系統的選擇、設備選擇、設備布置規劃、成本因素分析等。生產規劃內容包含如下：

A. 程序計畫 (Planning)

決定最高效率的加工次序、作業方法及使用機器設備等的程序計畫，是製造單

（製造指令）指示必要成零件的根據，程序計畫包括下列內容：

　　－將組件分解爲諸多零組件或次組件，並予以編號，然後決定自製的組件或採購
　　　外包加工製造。

　　－依組件的製作順序予以工程的分析並作成工程表。

　　－決定各工程所所需的設備、工具及作業方法，進而計算分工計畫與加工時間。

B. 作業途程 (Routing)

　　作業途程規劃的主要目標是最佳化及最低成本的操作順序，並確保在生產單位遵
循該順序。它是讓生產過程中的原物料或半成品在製造過程中採用的確切的工作路徑
和作業順序的過程，而其整個作業途程都需要經過縝密的規劃和設計。

C. 排程 (Scheduling)

　　生產排程用於確定完成指定的任務、活動或步驟所需的流程、機器、資源和時
間，然後合併這些單獨的步驟並確定作業途程的總時間。生產任務的優先次序是在進
行排程時一個重要的規劃，而這可協助提高生產效能。圖 9-14 為一批次管狀件之生
產排程之示例，圖 9-15 為噴塗排程示例，在其生產圖表中包括有作業流程、預估作
業時間、使用機具及人力，透過這樣詳細的作業分解可以有效運用及分配資源。

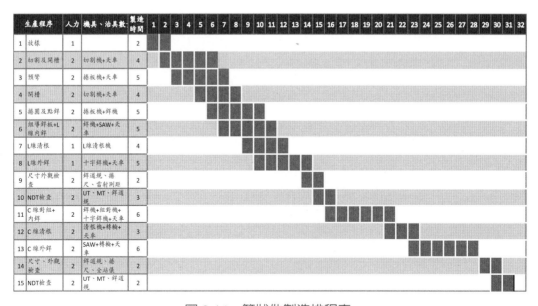

圖 9-14　管狀件製造排程表

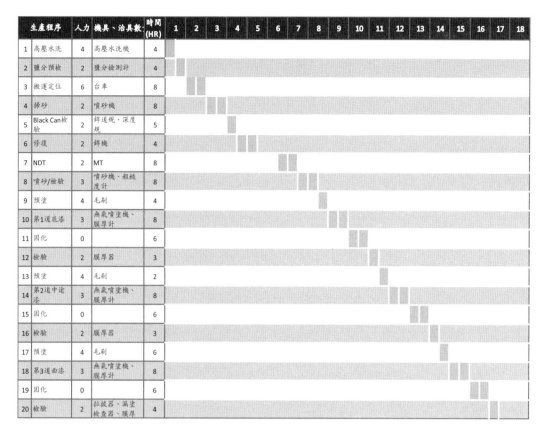

	生產程序	人力	機具、治具數	時間(HR)	1	2	3	4	5	6	7	8	9	10	11	12	13	14	15	16	17	18
1	高壓水洗	4	高壓水洗機	4																		
2	鹽分預檢	2	鹽分檢測計	4																		
3	搬運定位	6	台車	8																		
4	掃砂	2	噴砂機	8																		
5	Black Can檢驗	2	鈐道規、深度規	5																		
6	修復	2	鈐機	4																		
7	NDT	2	MT	8																		
8	噴砂/檢驗	3	噴砂機、粗糙度計	8																		
9	預塗	4	毛刷	4																		
10	第1道底漆	3	無氣噴塗機、膜厚計	8																		
11	固化	0		6																		
12	檢驗	2	膜厚器	3																		
13	預塗	4	毛刷	2																		
14	第2道中途漆	3	無氣噴塗機、膜厚計	8																		
15	固化	0		6																		
16	檢驗	2	膜厚器	3																		
17	預塗	4	毛刷	6																		
18	第3道面漆	3	無氣噴塗機、膜厚計	8																		
19	固化	0		6																		
20	檢驗	2	拉拔器、漏塗檢查器、膜厚	4																		

圖 9-15　噴塗排程表

D. 承載 (Loading)

此階段是將任務分配給作業單位，並根據所規劃的作業途程去執行排程計畫。期間，檢查每個作業途程點的承載及作業活動開始和結束的時間與狀態，以用以評估在這階段的過程效率。

9.4.2 生產管制 (Production control)

生產控制是監視和控制任何特定生產或操作的活動，它是藉由不同類型的控制方法來密切關注生產流程、資源規模以及在規劃中任何的偏差過程，以確保整體生產規劃目標得以最佳性能實現。它還包括在出現任何偏差時及時補救或調整的安排，以便生產可以按照原來或修改後的計畫進行。

生產管制的功能：

－如期完成交貨。

－各項資材、人才、機器、設備及資源的充分有效利用。

－避免停工待料或原物料堆積現象的發生。

－降低成本，提高效率，塑造競爭優勢。

A. 派工 (Dispatching)

派工是根據作業途程和時程表，進行行動或實施的階段，這個過程包括發送訂單、指令和其他各種用於生產目的事物，例如原物料、工具和設備、作業人員和執行時間等。

生產過程中派工的基本功能包括：

－發布工作命令，讓生產作業根據預先安排的日期和時間展開活動。

－監督來料的可用性並確保物料在各生產過程間的周轉。

－確保所有生產支持設備和監督的可用性。

－確保適合的人、機、料、場地及工作方法

－在工時報表上記錄工作任務的開始和結束時間，找出作業間隔時間，以作為經驗參數。

－每項活動任務完成後發出檢驗單，以了解有關產品製造後的品質結果。

－確保每個要繼續的工作任務都能繼續到下一個部門。

B. 追蹤 (Follow-up)

追蹤它匯整了生產活動中的所有數據，從而顯示進度並促進生產製造。追蹤是查看生產是否按計畫進行，並反饋生產數據。它有助於揭示作業途程和派工中的缺陷、對訂單和指令的誤解、工作承載能力不足或超載等，從而消除工作流程中的瓶頸並確保生產操作按照計畫進行。

追蹤其功能一般如下：

－在適當的時間發布生產訂單並提供必要的資訊。

－記錄材料和工具的流動情況，並在需要時進行調整。

－記錄生產活動的進度並進行必要的調整。

－將實際產量與計畫產量進行比較。

－測量生產變異性。

－記錄有缺陷和退件的工件數量，並發出生產替代品的命令。

－記錄生產活動的失效、停滯或停止的情況，並調查原因。

－向生產計畫部門報告差異以採取糾正措施。

C. 檢查 (Inspection)

檢查主要是為了保證產品的品質，它需要進行定期或隨機稽核，以確保生產製造過程始終遵守客戶品質要求和行業基本標準。

D. 校正行動 (Corrective)

如果從生產過程中收集的數據分析表示，計畫與實際生產存在重大偏差並且計畫無法更改，則必須採取一些措施來恢復計畫。在這裡需要強調的是，不是改變計畫，而是要遵循計畫。但是，如果在糾正偏差後發現，是不可能按計畫執行的，還可能發現在原始製定計畫時出現了錯誤，有必要重新校正整個計畫。在所有這些情況下，重新規劃都是必要的。校正行動可能會涉及到調整作業途程、重新安排工作、改變工作量、控制庫存等任何活動。

9.5. 供應鏈管理基礎 (Fundamentals of Supply chain management)

企業經營是以獲取最大利益為最重要的目標，然而隨著全球貿易的自由化，企業則面臨著強大的成本及價格的競爭壓力。價格是企業主要的競爭武器，為使企業能有更佳的產業競爭能力，因此在經營上須更加注重資源的整合並透過規模經濟 (Economies of scale) 生產來降低單位成本。

供應鏈是企業間合作關係中最具效率的模式，是企業降低成本、增加產量以獲得競爭優勢的最佳利器。當一製造廠其最大產能受限於場地及設施規模，若能將許多組件和工作，分工交由其他專業廠商進行製造，則能將這些廠商的產能共同合併起來，創造出一個更具規模之製造能量。在本文中會將合格且共同參與的供應鏈廠商，稱之為供應鏈夥伴。夥伴因其具有目標一致、為共同利益奮鬥、共同合作以達技術互補、且深知彼此間擁有高度相依性並可量產使其經濟規模化。

供應鏈是由許多獨立的參與成員所組成，對企業而言為達成企業利益 (Enterprise interest)，因此將相當一部分的業務外包 (Outsourcing) 給獨立的外部供應商，以實現供應鏈增值最大化和總成本最小化。從定義上有兩點需要澄清。首先，外包不僅僅是製造或購買的決定，而是一個過程，包括識別潛在供應商、合同談判、定期評估和審查外包業務。其次，並非所有由外部供應商所進行的業務都適合歸類為外包，只有具戰略意義的業務才能歸類為外包。例如，對於離岸結更製造的供應鏈而言，將一些關鍵零組件的製造業務外包則具有戰略意義。

除了上述最大化增值和最小化總成本外，外包還有許多其他潛在的好處，這些好處將能構成決策者的動機：

—專注發展核心競爭能力。

—促進差異化的競爭優勢。

—提高業務靈活性。

—提升對供應鏈的影響能力。

—通過集中投資以提高進入門檻。

—通過縮減固定資產規模以提高投資報酬率 (Return on investments, ROI) 或淨資產收益率 (Return on equity, ROE)。

然而，像許多其他管理活動一樣，外包並非沒有任何風險，它所擔憂的風險可能如下：

—失去對關鍵製程或設計的能力、子系統或組件的控制，從而對企業的競爭力造成負面影響。

—知識產權的風險。

—由於可能單一來源供應商的供應失敗而導致嚴重業務中斷的風險。

—外包的策略可能會造成企業持續改進和長期投資。

—涉及海外供應商的匯率風險。

—對從業人員的負面影響。

因此，必須針對這些風險去定期審查和評估外包決策及其執行狀況。審查在供應鏈管理中是必不可少的，因為不斷變化的商業環境是很容易使原本正確的決策變得不再合理。另外，當企業的資本或財務狀況發生變化，如經濟不景氣時，外包決策可能不得不相應修改。在最簡單的供應鏈結構形式中如圖 9-16，大多數的組織會從許多不同的供應商處獲取服務或產品，然後，隨著這些服務或產品通過不同層級的供應商流入和輸出，供應鏈會收斂。可依供應商分包的層級，將供應商分為一級供應商 (Tier 1)、二級供應商 (Tier 2) 或三級供應商 (Tier 3) 等。

供應鏈管理是一套用於有效整合供應商、承包商和製造商的方法，以便在正確的時間來提供正確數量的可交付成果，以最大幅度地提高生產系統產能、降低成本，同時滿足服務的要求。整個供應鏈的管理是一項艱鉅的任務，而它主要可以為五項核心部分所組成：

—規劃 (Planning)

—選商 (Sourcing)

—產出 (Making)

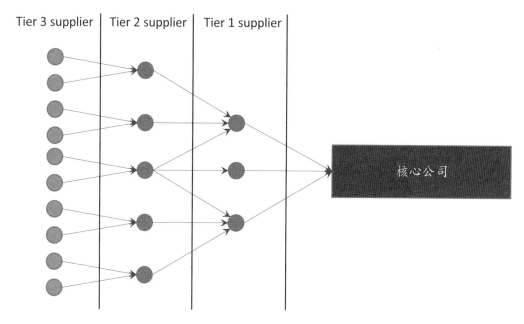

圖 9-16 供應鏈結構

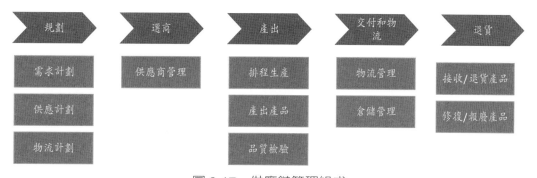

圖 9-17 供應鏈管理組成

－交付和物流 (Delivery and logistics)

－退貨 (Returning)

供應鏈管理涵蓋了上述五項核心涉及的所有活動規劃和管理，重要的是，它還包括與供應鏈夥伴的協調和協作。從本質上講，供應鏈管理整合了公司內部和公司之間的供需管理。

9.5.1 規劃 (Planning)

規劃是供應鏈管理中的基本要素，團隊須要規劃出哪些是要外包或採購的物件產品。如果沒有適當的制定和執行，整個作業流程將可能會中斷。

外包規劃當作為概念時是覺得容易的，但在實施中卻很難執行。外包決策的討論非常冗長且複雜，其決策通常涉及來自各相關單位的許多因素，並且這些錯綜複雜的因素相互關聯。因此，建議規劃管理團隊應建立並遵循適當的流程來製定外包策略和執行決策。以下提供實務外包流程步驟及規劃時要考慮之建議：

－了解競爭環境。

－確定內部資源和能力。

－選擇供應商。

－明確策略目標和流程

　• 如何採購產品。

　• 何時採購產品。

　• 哪種製造策略最適合將材料轉化為所要的產品。

　• 在不影響品質的情況下如何降低成本。

　• 產品在物流時的運輸方式。

　• 最佳化物流運輸網絡，降低物流成本。

－外包或採購決策。

－確定供應鏈夥伴

　• 如何管理供應鏈風險，降低供應鏈中出現意外事件或變化所帶來的系統風險。

　• 建立資訊系統，規劃建立可以公布之透明資訊，俾利上下游廠商的資訊共享，從而促進各廠商能更彈性規劃運用自身產能。

－績效評估和審查。

當供應鏈夥伴越多，其協調和管理的工作就越複雜，因此須建立標準化流程，當整個供應鏈中的流程標準化可降低複雜性時，流程才能最佳地實現。供應鏈管理中常需要標準化的流程是計畫流程和製程流程，它們有助於供應鏈上游和下游對所涉及的過程有透徹的了解。圖 9-18 節點供應商交貨計畫示意流程圖，透過交貨計畫流程圖，材料供應商及製造商可明確知道上下游之關係，以隨時掌握物料的去向。

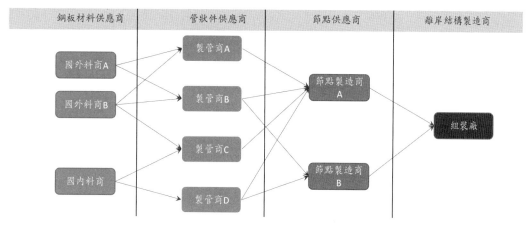

圖 9-18　離岸組件節點供應商交貨計畫流程

9.5.2 選商 (Sourcing)

供應商在供應鏈管理系統中扮演著非常重要的角色，選商階段是整個供應鏈中最關鍵的步驟之一，此過程中團隊要尋找潛在供應商、評估、實施嚴格的審查程序和聘請供應商為企業提供產品和服務，在此階段可以實現最大化的成本管制。

當選擇可以提供理想價格並有能力及時交付的合適供應商，企業將能依原規劃時獲得最佳效益；然而，若選擇一個不適當的供應商無法在規劃內按時供貨，將影響整個供應鏈的運作，企業勢必會蒙受損失並獲得負面的聲響。由於供應商會對企業聲譽產生正面積極或負面的影響，因此選擇供應商成為夥伴前應了解並注意以下之廠商特質：

－供應商從事相關業務的時間和他們的過往經驗。

－供應商的產品或可服務的範圍。

－供應商可交貨時間。

－供應商議價的能力。

－先前客戶對供應商的評論。

－穩定的財務金融。

為選擇能符合企業或專案所需之供應商，因此應訂定供應商審查及評鑑程序，以確保選擇之供應商的工程或產品品質符合規格與品質要求。

供應商依其廠商特性進行審查，審查項目包含如下：

－品質管理系統 (Quality management system)

－環安衛管理 (Health, safety and environment management system)

－生產管理 (Production equipment management)

－產能評估 (Capacity assessment)

供應商資格預審評估調查表需依實際需求而進行調整，以下提供基本供應商資格預審評估調查表範例，透過填寫該基本範例表可以初步了解供應商在品質、環安衛及生產上之狀況。

表 9-7 承包商資格預審評估表

承包商資格預審評估表

Contractor Prequalification Assessment Questionnaire

Section 1：公司概況

1	公司名稱				
2	公司所在地				
3	電話				
4	統一編號				
5	資本總額（元）				
6	上年度營業額				
7	登記工廠	廠址 1:			
		廠址 2:			
8	產業類別	21 橡膠製品製造業 22 塑膠製品製造業 23 非金屬礦物製品製造業 24 基本金屬製造業 25 金屬製品製造業 26 電子零組件製造業 27 電腦、電子產品及光學製品製造業 28 電力設備及配備製造業 29 機械設備製造業 31 其他運輸工具及其零件製造業 34 產業用機械設備維修及安裝業 49 陸上運輸業 50 水上運輸業			
9	品質系統認證	☐ ISO9001 ☐ EN1090 ☐ ISO3834 ☐ ASME(U/U2/PP/R) ☐ API			
10	環安衛系統認證	☐ ISO14001 ☐ ISO45001			
11	從業人員數量	總人數	直接僱員	約聘人數	現場作業的總數
12	行政人員 / 經理人數				

完成者：	職稱：	日期：

Section 2：品質管理

		分數 (1-5)	評論／意見
1	文件管制 品質管理系統所要求的文件是否受控？		
2	是否擁有足夠的品質團隊以滿足其活動的需求。提供組織結構圖		
3	管理層責任 最高管理層是否透過以下方式，提供了對品質管理系統的開發和實施以及持續改太其有效性的證據：		
3.1	a) 向組織傳達滿足客戶以及法規要求的重要性？		
3.2	b) 建立品質方針		
3.3	c) 確保建立品質目標		
3.4	d) 進行管理評審		
4	品質目標 品質目標是否可測量並與品質方針一致		
5	管理代表 最高管理層是否任命了一名管理人員，其職責和權限包括：		
5.1	a) 建立、實施和保持品質管理系統所需的過程？		
5.2	b) 向最高管理者報告品質管理系統的績效和任何改進的需求？		
5.3	c) 確保整個組織內了解客戶的要求		
5.4	d) 解決與品質有關的問題		
6	組織是否按計畫的時間間隔，進行內部審核以確定品質管理體係是否：（上一年的狀況和當年的進展）		
6.1	a) 符合策劃的安排、本標準的要求和組織建立的品質管理體係要求？		
6.2	b) 是否得到有效實施和維護？		
7	能力、意識和培訓		

		分數 (1-5)	評論／意見
7.1	a) 組織是否確保從事影響產品品質工作的人員的必要能力？（查看培訓記錄和計畫，當年和前一年的狀態）		
7.2	b) 提供培訓或採取其他行動來滿足這些需求？		
7.3	c) 如何評估所採取措施的有效性？		
7.4	d) 確保相關人員意識到他們活動的相關性、重要性以及他們如何為實現品質目標做出貢獻？		
7.5	e) 教育、培訓、技能和經驗記錄		
8	監控、測量、分析和改進		
8.1	a) 組織是否計畫和實施所需的監視、測量、分析和改進過程（提供數據示例）		
8.2	b) 是否有確定產品關鍵特性後，並對其進行監控？		
8.3	c) 在過程不符合的情況下，組織是否有指導說明（提供不合格示例）		
8.4	d) 不符合的情況下，組織是否有適當措施糾正不合格過程？		
8.5	e) 被審核區域的管理層是否立即採取措施，消除發現的不合格及其原因？		
8.6	f) 組織是否有確保測量系統能力（例如，區間分析、分辨率分析、量具可重複性和再現性等）。		
9	檢驗文件是否包括：		
9.1	a) 接受或拒絕的標準？		
9.2	b) 在序列中的何處進行測量和測試操作？		
9.3	c) 測量結果的記錄？		
9.4	d) 測量儀器的類型及其使用相關說明？		
10	首件檢驗 是否提供了從新零件的第一次生產運行或在使先前的首件檢查、驗證和記錄代表性項目的過程？		
11	不合格品控制		

		分數 (1-5)	評論／意見
11.1	a) 組織是否確保不符合要求的產品得到識別和控制，以防止其非預期使用或交付？		
11.2	b) 當交付或開始使用後發現不合格產品時，是否採取了相適應的措施？		
11.3	c) 不合格品是否在明顯且永久標記或積極控制的情況下處理？		
11.4	d) 除了任何合約或監管機構的報告要求外，組織的系統內是否規定及時報告可能影響可靠性或安全性的不合格產品？		
12	是否透以下一種或多種方式處理不合格產品：		
12.1	a) 採取措施消除檢測到的不合格？		
12.2	b) 由有關單位授權其使用、發布或接受；客戶授權使用、發布或接受？		
12.3	c) 採取措施阻止其最初的預期用途或應用？		

Section 3：環安衛管理

		分數 (1-5)	評論／意見
1	管理層致力於 HSE		
1.1	a) 管理層成員如何親自參與 HSE 事務？提供詳細資訊。		
1.2	b) 組織如何推廣安全文化？提供詳情。		
1.3	c) 安全承諾的級別是否在您組織的所有級別都顯而易見？		
1.4	d) 是否有高級管理層承諾的書面 HSE 政策？		
1.5	e) 誰負責確保在工作場所和員工工作的地點有遵守 HSE 政策		
1.6	f) 如何向員工傳達 HSE 政策和政策變更？		
2	管理和溝通 HSE		

		分數 (1-5)	評論／意見
2.1	a) 如何組織以實現有效的 HSE 管理和溝通？提供組織結構圖。		
2.2	b) 在 HSE 問題上與客戶溝通和管理接口的流程是什麼？		
3	培訓和一般 HSE 知識		
3.1	a) 如何確保分析員工培訓需求並製定並有效實施培訓計畫？		
3.2	b) 如何確保所有新員工和調動員工了解公司的 HSE 政策、規則和程序，包括緊急應變？		
3.3	c) 依執行頻率實施緊急應變訓練		
4	HSE 能力		
4.1	a) 是否有管理系統來確保人員了解與其工作任務相關的特定危險，並接受必要的特殊技能培訓並保持最新狀態？		
4.2	b) 對參與計畫、監督、檢查或執行工作的主管進行了哪些 HSE 培訓安排，使他們了解自己的 HSE 職責並及時履行職責？		
5	是否有承包商管理流程？ 該過程包括管理承包商 - 分包商接口和評估 HSE 能力並監控 HSE 績效？ 如果是，請提供流程概要。		
6	風險評估和控制		
6.1	a) 是否識別 HSE 危害、評估風險並建立適當的控制措施？附上對與您的服務範圍相關的危害的評估。		
6.2	b) 有哪些系統來實施和監控這些控制措施的有效性？		
7	個人防護裝備 在個人防護設備的提供、使用和保養方面有哪些安排，包括培訓？		

		分數 (1-5)	評論／意見
8	工安管理程序		
8.1	a) 對於涉及高風險工作的活動，是否有專門的書面程序和工作說明？（示例：進入局限空間、動火工程、起重工程、導電設備上工作等。）		
8.2	b) 是否有緊急應變與事故調查程序書		
8.3	是否有適當的系統來確保 HSE 規則和工作程序在工作場所得到正確實施和遵守？		
9	事故報告和調查		
9.1	a) 使用什麼程序來報告和調查 HSE 事故以及誰進行調查？		
9.2	b) 是否將調查結果傳達給員工並確保吸取教訓以應用在未來的工作中？		
10	環境管理		
10.1	a) 是否有實施環境面考量與有記錄		
10.2	b) 廢棄物是否有識別、隔離和處理所產生廢物的適當系統？		

Section 4：生產管理

		分數 (1-5)	評論／意見
1	產品的相關要求，組織是否確定以下項目：		
1.1	a) 是否確定客戶規定的要求，包括交付和交付後活動的要求？		
1.2	b) 客戶未說明但已知的指定用途或預期用途所必需的要求？		
1.3	c) 是否確定與產品相關的法律法規要求？		
2	生產文件／資料是否包含必要的：		
2.1	a) 圖紙、零件清單、製程流程圖，包括檢查操作、生產文件（例如，製造計畫、運輸、生產途程、工令單）；和檢驗文件		

		分數 (1-5)	評論／意見
2.2	b) 所需的機具、特定機具或數控工具機器列表以及與其使用相關的任何特定說明？		
3	組織是否在受控條件下計畫和執行生產。這些受控條件是否包括以下（列出用於此審查的零件號）		
3.1	a) 描述產品特性的可用性資訊？		
3.2	b) 工作說明		
3.3	c) 使用合適的設備		
3.4	d) 監視和測量設備		
3.5	e) 監視和測量的實施		
3.6	f) 放行、交付和交付後活動的實施？		
3.7	g) 證明所有製造和檢驗操作已按計畫完成，或以其他方式記錄和授權的證據？		
3.8	h) 防止、檢測和清除異物的規定？		
3.9	i) 監測和控制水、壓縮空氣、電力和化學產品等公用設施和供應品對產品品質的影響程度？		
3.10	j) 應以最清晰實用的方式規定生產所需標準（例如，書面標準、代表性樣品或插圖）？		
4	生產過程的驗證 組織是否驗證了任何生產過程，當其中所產生的輸出無法通過後續監控或測量來進行驗證（包括產品交付後的缺陷），組織是否為這些特殊過程製定了規劃，包括：		
4.1	a) 評審和批准過程的定義準則？		
4.2	b) 特殊製程執行前的鑑定和批准？		
4.3	c) 設備和人員資格的批准？		
4.4	d) 記錄要求		
5	變更生產過程的控制		
5.1	a) 是否確定了有權批准變更生產過程的人員？（明確定義的人員名單或程序中建立的授權。）		

		分數 (1-5)	評論／意見
5.2	b) 對於影響流程、生產設備、工具和程序的變更是否記錄在案？		
5.3	c) 是否對變更生產過程的結果進行了評估，以確認已達到預期效果而不會對產品品質產生不利影響？		
6	產品的保存 根據產品規格或法規，產品保存是否還包括以下規定：		
6.1	a) 清潔？		
6.2	b) 防止、檢測和清除異物？		
6.3	c) 敏感產品的特殊處理？		
6.4	d) 標記和標籤包括安全警告？		
6.5	e) 保存期控制和庫存周轉？		
6.6	f) 危險材料的特殊處理？		
7	標識和可追溯性		
7.1	a) 根據合同、法規或其他既定要求的可追溯性級別，組織的系統是否提供：（舉例說明應用的可追溯性級別由上向下）		
7.2	b) 在整個產品生命週期內保持標識？		
7.3	c) 可以追溯由同一批原材料或同一個製造批次生產的產品，以及同一批次所有產品的去向。		
7.4	d) 在任何組件中，其組件的標識以及要追蹤於下一個更高層級的組件的標識？		
7.5	e) 在任何給定的產品中，要檢索其生產（製造、組裝、檢查）的順序記錄？		
7.6	f) 組織是否維護產品配置的標識，以識別產線中標識與其他約定配置標識之間的任何差異？		
8	組織是否確保合約訂單要求的產品，其隨附文件在交付時存在，並防止遺失和變質？		

9.5.3 產出和試製 (Making and mockup)

供應鏈管理的下一個階段是產出階段，供應鏈管理需要協調產品生產所涉及的所有相關活動，而這些活動是供應鏈管理流程的一部分。這些活動包含審查、原物料接收、製造、測試最終可交付成果的品質、拒絕接受和退回不符合品質標準的東西及安排最終的交付。這個階段是供應鏈管理中最需要去密集關注的部分，在這個階段藉由統計衡量品質水準、產量和工人生產力。

高效率的供應鏈流程需要可靠的供應鏈夥伴，這表示所產出的可交付成果或服務要符合規格並按時交付，而其控制原則與標準化密切相關。標準化可使連續性的流程貫穿於企業和供應鏈之間，其流程是指可交付成果或服務不間斷地通過系統流向下個階段。

由於每一個專案的品質及規範要求不盡相同，為確保供應鏈夥伴不會暴露於已識別的風險並遵守合同要求，在正式生產執行前可安排供應鏈夥伴進行模擬試製 (Mockup)。透過實際的製作過程，來對供應鏈夥伴的製程能力、品質能力、人員資格和設備進行評估，並找出製作過程中之瓶頸，透過生產、品質、量測及驗證機構等各單位的參與，共同建構出完整的生產製造方法及品管檢驗技術能力。

對於離岸結構規劃 Mockup 一般可分為三個階段，如圖 9-19。

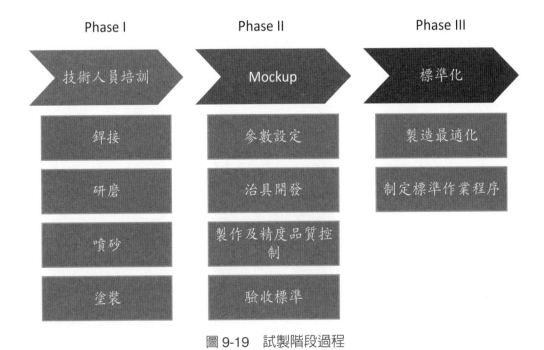

圖 9-19　試製階段過程

一第一階段 (Phase I)

對於從事會直接影響可交付果成果或服務品質的技術人員，進行培訓並審核及認證。

一第二階段 (Phase II)

建置製造技術，透過品質保證以製作出符合規範要求之可交付成果或服務，預期建構能力項目包含：

- 材質規範的判定及選用。
- 離岸結構製作規範條件。
- 製程參數設定。
- 可追溯性。
- 離岸結構精度及品質要求。
- 量測及檢驗方法。
- 治具開發。

一第三階段 (Phase III)

在 Mockup 過程中，以效果性、經濟合理性及實現性等評估，建構最適化的生產製造模式，並訂定標準作業程序，使生產製作都能依既定標準且相同的工序來製造完成，進而提升生產效率及產品品質。

而對於任何以品質為中心的組織都應該派 QA/QC 人員定期地拜訪其供應商夥伴抽驗檢查品質、生產狀態和產出，使供應鏈夥伴產出符合品質標準之可交付成果。如果製造商不這樣做，那麼當產品因品質差而出現異常失效時，將會遇到高昂代價的大問題。這可能包括失去客戶信心並最終失去市場競爭能力。

另外，為使製造過程中，能持續依循專案所須之品質要求，因此應制定承包商品質活動計畫 (Contractor's quality activity planning, CQAP) 以確保供應鏈夥伴在受控的過程中作業，並可作為承包商的指南。

9.5.4 承包商品質活動計畫 (Contractor's quality activity planning)

為確保所有供應鏈夥伴都能符合專案的品質管理系統要求，須制定承包商品質活動計畫，以其展開品質活動，包括稽核、檢查和監控，可用於驗證承包商的合約績效和專案所要求承包商的品質文件和品質管理系統。

該品質活動對供應商的品質保證 (QA) 及品質管制 (QC) 進行稽核，因此需要規

劃稽核項目，以確保該供應商持續生產滿足專案和客戶品質要求的可交付成果。稽核的主要項次應包括但不限如下：

　　－承包商的品質管理系統 (QMS) 和專案品質計畫 (PQP)，包括用於專案程序和品質文件的清單，亦包含來自其承包商的供應商文件。

　　－次承包商實施品質管理系統和專案品質計畫的狀態。

　　－專案特定文件管理的程序。

　　－文件管制和發布程序。

　　－過程中所進行的全面品質活動。

　　－檢查和測試計畫 (ITP)。

　　－品質記錄的處理。

　　－進料檢驗程序。

　　－物料追溯程序。

　　－生產管制。

　　－生產設備管理。

　　－不合格品 (NC) 的處理程序。

　　－不合格報告 (NCR) 的狀態，其中包括但不限於與生產或服務相關的 NCR。

　　－可交付成果放行的程序。

　　－現場管理環安衛管理。

　　－包商管理的流程或程序。

　　表 9-8 為一標準承包商品質稽核計畫，在稽核計畫中稽核團隊首先透過介紹明確的稽核目標、範圍及依據之後，再依進程逐項展開細部稽核。

表 9-8　承包商品質稽核計畫表

承包商品質稽核計畫 Contractor Quality Audit Plan

1. Audit detail

稽核編號 Audit No:		Rev.	
稽核時間 Audit Time	yyyy-MM-dd HH.mm		
承包商 Contractor			
稽核地點 Audit location			

	Name	Function
稽核 Audit team		主任稽核員 Lead auditor 稽核員 Auditor 專案經理 Project Manager 合約經理 Contract Manager 品質經理 Quality Manager 製造經理 Fabrication Manager
受稽核 Auditees		專案經理 Project Manager 副專案經理 Deputy Project Manager 生產總監 Production Controller 文件管制員 Document Controller 專案管理辦公室 PMO 品管經理 QC Manager 品保經理 QA Manager 品質部門 Quality Sec. 製造經理 Fabrication Manager 製造部門 Fabrication Sec. 生管經理 Production Control Manager

2. 稽核目標、範圍及依據 Audit objective, Scope and Basis

稽核目標 Audit Objective	確定製造商可以符合專案可交付成果和相關品質要求的能力，以及評估製造商自己本身的 QMS 實施情況。
稽核範圍 Audit Scope	1. 品質管理系統 (QMS) 2. 專案品質計畫書 (PQP) 3. 專案管理計畫書 (PMP) 4. 其他相關程序
稽核依據 Audit Basis	1. QMS:ISO 9001 品質管理系統要求 2. 承包商業務管理系統及相關系統文件 　- PQP 　- ITP 　- PMP 3. 技術規範和標準 4. 業主合約文件中對品質管理的要求

3. 稽核進程 Audit Schedule

議題 Topic	審核主題 / 活動 Audit Subject/ Activity
	開幕會議 －團隊介紹 －稽核協調和稽核目標
Topic 1	品質管理系統 承包商實施 QMS/PMP/PQP 的現狀和概況。
Topic 2	組織 －組織架構圖 －角色和職責 －承包商現場稽核員、檢查員和主管的能力和經驗 －針對專案和可交付成果所需要求的培訓

Topic 3	品質管制（包括次承包商）
	－風險管理／評估與實施
	－ITP
	－品質管制記錄
	－可追溯性
	  • 進料進貨
	  • 製程中
	  • 最終檢驗
	  • 裝載
	－校正和維護
	  • 機器和量測設備的校正紀錄
	  • 機器維護紀錄

Topic 4	稽核和 NCR －對次承包商的 CQAP 的稽核報告 －內部和外部 NCR 狀態
Topic 5	供應商管理與控制 －如何向供應商提供專案品質要求 －監控供應商績效 －溝通過程 －文件發布程序 －變更管理
	結束會議／審查當前狀態 －稽核調查結果 －總結和未來行動

9.5.5 物流 (Logistics)

供應鏈的物流是一個複雜交付過程的網路，因此需要規劃他們的運輸方式、時間和路線，使其更有效率的來執行。一般物流的方式是根據交付的時間需求來選擇所需，並遵循特定的安全和效率標準。交付過程包括運輸於不同供應鏈之間的產品存儲和移動，然而由於供應鏈擁有眾多不同業務和其結構規模，可能會影響到交付和物流。因此，須對物流實施規劃以確保能夠適應供應鏈的彈性，使提前協調設施、人員、設備和其他資源，以確保產品按預期移動。

對於規劃供應鏈物流的目標，一般基本如下：

－降低運輸風險，提高道路使用者的安全。

－對整體環境的衝擊降至最低。

－透過減少交付並提高效率來降低成本。

針對上述之目標，供應鏈物流的規劃是以可靠、有效和最經濟的方法，將供應鏈完成的可交付果移動到下一個目的地。物流規劃時無論是當地運輸或是國際運輸，都需要考慮許多因素以達成最佳之成果，而這要倚賴許多有價值的資訊，以便更好地規劃。物流規劃應該考慮一些影響的共同因素。它們包括：

－負載、尺寸和重量限制

　　分析了解運輸貨物的性質包含負載尺寸、重量和重心和規定要求的交貨時間。

－最佳運輸方法

　　獲取貨物的相關資訊後，可以為貨物規劃最佳運輸方式，包含裝載和分配重量以及定位固定點，以保證安全性和準確性。

－路線調查

　　進行廣泛的路線調查、確定有哪些潛在的障礙和可能造成運輸中斷的因素，然後設計規避它們的方法，並且安排運輸途中所有經過路線的必要準備。

9.5.6 退貨 (Returning)

退貨，也稱為逆向物流 (Reverse logistics)，在此步驟中執行監督退回組織不需要或有缺陷的產品貨物。在處理退貨時，品質管制是關鍵因素，因為應要確定項目中的品質缺陷，以便能夠對生產流程、原材料或供應商進行調整。

退回有異常的產品會增加製造生產成本，亦會影響生產時程及供應鏈，不僅會佔用空間，其成本也可能會隨著時間而增加。因此，需要實施有效的退貨管理程序來解決這些問題。為考慮到生產排程、生產效率和成本的綜合效益，因此需規劃制定最佳

化之退貨項目，正確實施這些項目降低企業之衝擊，這些項目如下：

　　－建立明確的退貨條文

　　　　應明確於合約條款中，說明可量化之品質退貨標準，以確保它們對供應鏈夥伴
　　　　既有效又公平。

　　－建立退貨區域並記錄追蹤

　　　　建立集中的退貨區域，使更有效地對退貨的產品進行分類並確定它們的下一
　　　　步。確保從退回產品到達其最終目的地的每個步驟都受到密切追蹤和監控。

　　－回報分析退貨發生的原因

　　　　分析並確定產品退回的根本原因，隨著資料的累積，其退貨原因的數據可以提
　　　　供有價值的見解，進而調整生產製造規劃，這些調整將有助於降低品質不良而
　　　　退貨的發生。

9.6. 技術人員訓練及認證 (Training and certification)

　　離岸結構製造過程中須要透過專業技術職位的人員來完成任務，所以對於從事
會影響產品品質的人員，如銲接技術人員、塗裝人員、品質檢驗人員、特種機械操作
工、特種技術人員等，必須在職位資格技能表中明確要求的技能，並定期對職位資格
技能表進行審核，以符合實際需要。因此，須制定和維護教育和培訓系統，識別出所
有會影響安全、健康、品質和產能的員工。根據專案基本要求的資格，對於他們的作
業所需的技能，評估並提供培訓以滿足專案所需的人力資源。

　　製造離岸結構的各專業領域其門檻甚高，因此具有專業技術的人員不多，而能
跨各專業領域的又更即為甚少。專業技術的養成極為不易，組織必須關注這些人員的
職業發展機會。如果忽視這些專業技術人員，可能會造成人才流失並且營運成本會更
高，最終恐導致企業尚失競爭能力和衰退。

9.6.1 人員資格 (Personal qualification)

　　為滿足專案所需的人力資源，應評估調查現有人員之資格及人數是否符合專案要
求。在專案風險管理中，當評估現有人力無法符合專案要求時，組織應立即規劃聘用
或培訓人員，使專案於執行前能獲得足夠之資源，俾利專案推動。

　　離岸結構製造中有許多專業技術職位，以下列出對製造品質影響較大之技術人員
來說明其資格和其技能。

A. 銲接協調員

　　每個主要的製造場所應指定一名銲接協調員 (Responsible welding coordinator, RWC) 作爲專案銲接技術的重點，對製造組織有全面的了解。該職位的要求是：

－須符合 ISO 14731 認證國際銲接工程師 (International welding engineer, IWE)、日本溶接協會 (Japan Welding Engineering Society, JWES) 認可的銲接工程師 (Welding engineer, WE) 或美國銲接協會 (American Welding Society, AWS) 認可的銲接檢驗師 (Certified welding inspector, CWI)。

－負責建立工程製作範圍內採用的銲接、連接技術。

－審核及批准 WPQR 及 WPS。

－確保銲接和連接符合設計文件和雇主要求。

－對銲接製程、銲工資格、材料認定、銲道檢驗的應用範圍等均應有充分的了解。

－能識圖、記錄、撰寫報告，以及對檢驗結果做合理的判斷。

－至少 7 年類似職位的銲接製造計畫、執行、監督、測試和培訓評估等類似工作範圍的經驗。

B. 銲接檢驗員

　　銲接檢驗員 (Welding inspector) 是確保現場所有銲接和相關的操作均按照規範來執行並完成對銲接項目的檢查。

－進行目視檢查的銲接檢驗員必須至少符合 DNV-CG-0051(Non-destructive testing) 第 7 節的資格。

－銲接檢驗員與銲接技術人員建議比例人數爲 1:10，使能有效檢查及監控現場生產。

－在銲接過程中對銲道接頭、銲接裝配尺寸、銲接參數、耗材控制、銲工資格等進行管理及檢驗。

－製程進度掌握。

－追溯性文件填寫。

C. 品質檢驗人員

　　品質檢驗人員 (Quality inspector) 負責組織從收到物料到和可交付成果或服務的品質。

－應具備公認的國際資格 ISO 9712(Non-destructive testing - Qualification and certification of NDT personnel)、AWS CWI 或美國非破壞性檢測協會 (American Society for Nondestructive Testing, ASNT) 認可 Level II 或 Level III 之人員。

－品質檢驗人員的數量應符合專案品質計畫中之人數。

－查看計畫、規格和規範以了解可交付成果或服務的要求。

－追溯性文件製作，其中包括詳細的報告和性能記錄。

－現場定期稽核、進行檢測和監控生產階段。

－分析測量結果和品質統計報表提供。

－能對生產過程提出改進措施，以確保達到品質控制標準。

－NCR 處置，指導生產團隊解決與品質相關的問題，以提高產品品質。

D. 非破壞檢測人員

非破壞檢測人員 (NDT inspectors) 除外觀檢測，其餘檢測應由外部第三方檢驗單位執行。該職位的要求是：

－須符合 ISO 9712 且能力水平應達 Level II 以上、AWS CWI 或 ASNT 的認證。

E. 銲接技術人員

銲接技術人員 (Welder) 的技能直接決定了銲接的品質，更直接涉及到產品使用人員的人身安全。擁有合格資質的銲接技術人員才能確保銲接工作的專業度及卓越品質。

－須符合 ISO 9606(Qualification testing of welders - fusion welding) 和 ISO 14732(Welding personnel qualification) 的合格認證檢定。

－為確保銲接技術人員技能的有效性，每 6 個月都要確認施銲。

F. 研磨技術人員

研磨技術人員 (Grinder) 對零組件進行研磨，過程中須依規範執行，避免研磨過度造成零組件厚度不足或凹陷。

－只有經特別訓練的研磨技術人員才能進行研磨。

－研磨訓練需紀錄及名冊。

G. 塗裝主管和塗裝品質檢驗人員

離岸結構塗裝的檢驗人員 (Coating quality inspector) 負責檢查在製造過程中應用於金屬或塑料部件的油漆、塑料或其他物質。

－應具備表面處理檢查員培訓和認證專業委員會 (Faglig Råd for Opplæring og Sertifisering av Inspektører innen Overflatebehandling, FROSIO) 級或美國防蝕學會 (National Association and Corrosion Engineer, NACE) 塗層檢驗員 Level II 以上資格。

—準備和塗裝執行之前，與油漆商一起審查作業範圍內的所有區域，保證環境符合作業所須。

—監控生產設備以確保其正常運行，並根據需要進行調整。

—確保塗裝製程能正確執行。

—測試材料上的塗層膜厚並報告塗層品質或膜厚的任何缺陷。

—檢查產品是否有缺陷並記錄在生產或運輸過程中可能發生的任何損壞。

—對油漆、聚合物和其他塗料進行測試，確保可承受環境暴露的能力。

—記錄測試、取樣和期間的檢查結果。

—審查檢驗的記錄以確定重複出現的問題並予以排除。

—至少 3 年類似職位的塗裝計畫、執行、監督、測試和培訓評估等類似工作範圍的經驗。

H. 噴砂技術人員

噴砂技術人員 (Blaster) 透過專門的設備清除待處理物表面上的銹蝕、油漆或其他汙染物，建立適合塗漆應用的清潔度和表面粗糙度輪廓。

—透過塗裝程序測試 (Coating procedure test, CPT) 驗證來取得資格。

I. 塗裝技術人員

塗裝技術人員 (Painter) 使用塗裝機具和設備，在物件上進行噴漆塗裝。

—塗料、油漆的混合和稀釋、油漆適用期、表面要求、品質管制等相關應用。

—必須透過塗裝程序測試 CPT 驗證來取得資格。

9.6.2 培訓 (Training)

技術人員是企業組織架構的最基本構成元素，而隨著市場競爭 (Market competition) 越趨白熱化和全球化，組織對於熟練技能的人員有更大的需求，而具有特定技能的人員也變得越來越重要。為使企業組織更具市場競爭能力，應對員工安排訓練使其技術 (Skills)、能力 (Abilities) 和專長 (Competencies) 可以在快速變遷的工作環境中處理各項事務。

圖 9-20 為技能矩陣示例，它以視覺化顯示當前組織內部可用技能和技能差距的表示，它的功能在於客觀地顯示組織對目標要求的能力。通過技能矩陣，組織可以清楚地了解他們需要學習的具體技能，還可以協助評估針對每個職位的空缺，安排適當員工去培訓以滿足目標要求。

這裡要特別提出的，培訓是一個持續性的過程，不應在任何階段停止。組織應確

保培訓計畫與企業組織的戰略保持一致，以持續推動企業組織成長。另一方面，培訓會爲人員的知識、技能和工作態度帶來積極的變化。

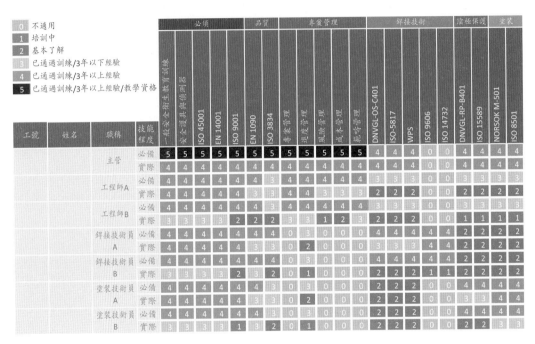

圖 9-20　技能矩陣

　　要建造一座在險惡海洋環境中至少屹立不搖 25 年的離岸結構，其各製造程序的品質管制必須相當周詳。其中，由於離岸結構是透過大量的銲接來進行接合與組裝，銲道品質是理論設計與實際製造的再現，直接攸關生命與財產安全，故其銲接品質要求是重要的關鍵之一。因此，對於結構上每一條的銲道會依規範標準謹慎的進行檢驗。另外，防蝕塗裝嚴謹的施工過程，在離岸結構的使用年限中，將能避免結構因腐蝕而減少其有效營運時間。

　　上文所提銲接及塗裝是直接影響到離岸結構品質的作業，爲確保參與的作業人員能夠符合離岸結構品質的要求，因此以下將扼要的介紹，如何培訓規劃這兩類的技術人員。

　　培訓規劃，它涉及向人員傳授規範、技術和技能的程序，使人員明瞭組織目標及可交付成果或服務的必要要求。培訓規劃基本步驟如下：

第 1 步──確定目標：

明確訂定目標並向受培訓的人員傳達須要達成什麼、做得更好或禁止什麼。

第 2 步──實施培訓計畫：

建立特定專業領域的實施方法計畫，並透過可量化方式呈現培訓績效。使受培訓的人員可清楚明瞭可交付成果或服務的要求程度。

第 3 步——評估培訓計畫：

培訓後要衡量其有效性，用以評估受訓人員的成效。評估時，應客觀的採用定性定量相結合的評估，以可量化指標淡化評估的主觀性。

9.6.3 銲接訓練 (Welding training)

為強化銲接技術人員於離岸結構構件製作能力並明瞭專案可交付成果或服務的必要要求，因此在正式執行專案任務前，對銲接技術人員進行培訓並評測。

A. 培訓銲接技術人員目的

— 了解專案可交付成果或服務之要求。

— 依照 WPS 上之銲接參數設定，對銲接接頭進行銲接。

— 開發銲接窒礙位置之技巧。

B. 實施銲接技術人員培訓

— 培訓用銲接試件

培訓用銲接試件採用一垂直立板和斜插 45 度角之圓管，銲工於 45 度角之圓管上進行管對管銲接。透過此銲接試件，可以訓練銲接技術人員於弧形接頭上以不同的銲接姿勢執行作業，參閱圖 9-21。

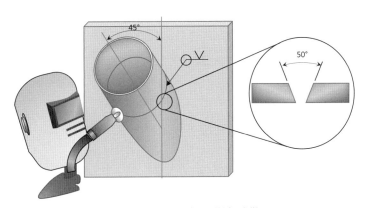

圖 9-21 　培訓用銲接試件

— 建立銲接作業流程

為使人員了解銲接作業流程並依規定執行，因此建立每一作業階段所使用程序書及產出之文件和資料，如圖 9-22。

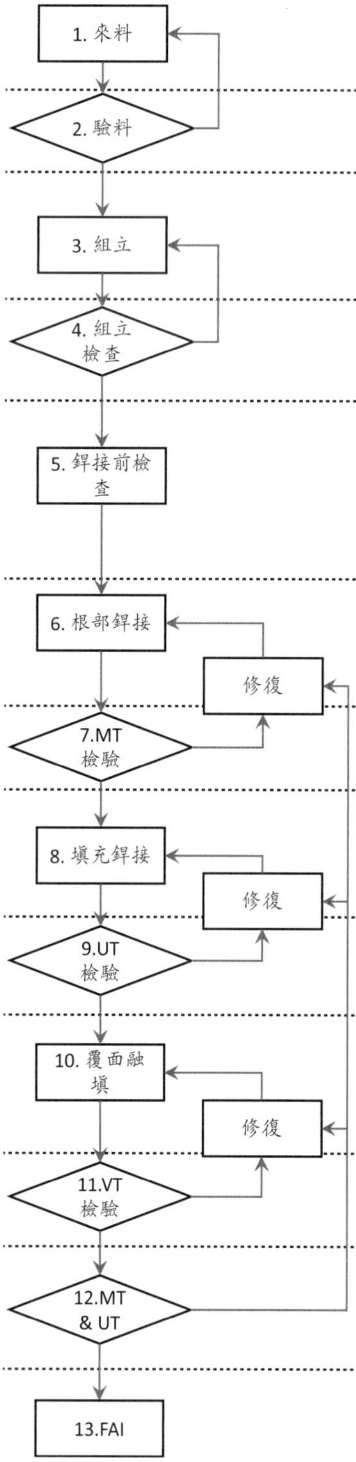

	作業	程序書	產出文件／資料
1. 來料	**1. 物料驗收**	物料處理程序 進貨檢驗程序 ITP	交貨單 出廠證明 材質證明
2. 驗料	**2. 材質證明核對** 尺寸檢查 爐號／板號核對	物料可追溯性程序 ITP	收料檢查紀錄
3. 組立	**3. 組立銲**	銲接計劃 銲道圖 銲接程序規範 產品可追溯性程序 ITP	銲接紀錄表 追溯性表單 Welding log
4. 組立檢查	**4. 組立檢查** 間細檢查 錯位差檢查 開槽角度檢查	銲接計劃 銲道圖 銲接程序規範 ITP	組立檢查紀錄
5. 銲接前檢查	**5. 銲接前檢查–參數設定** 材料檢查 銲材檢查 銲接參數檢查 預熱檢查 氣體流量檢查 試銲	銲接計劃 銲道圖 銲接程序規範 產品可追溯性程序 ITP	
6. 根部銲接	**6. 根部銲接**	銲接計劃 銲道圖 銲接程序規範 產品可追溯性程序 ITP	銲接紀錄表 追溯性表單 Welding log
修復			
7. MT 檢驗	**7. MT 檢查**	NDT Plan NDT Map ITP	MT 報告
8. 填充銲接	**8. 填充銲**	銲接計劃 銲道圖 銲接程序規範 產品可追溯性程序 ITP	銲接紀錄表 追溯性表單 Welding log
修復			
9. UT 檢驗	**9. UT 檢查**	NDT Plan NDT Map ITP	UT 報告
10. 覆面融填	**10. 覆面融填**	銲接計劃 銲道圖 銲接程序規範 產品可追溯性程序 ITP	銲接紀錄表 追溯性表單 Welding log
修復			
11. VT 檢驗	**11. VT 檢查**	NDT Plan NDT Map ITP	VT 報告
12. MT & UT	**12. MT&UT 檢查**	NDT Plan NDT Map ITP	MT 報告 UT 報告
13. FAI	**13. FAI**	ITP	FAI 文件紀錄

圖 9-22　銲接技術人員銲接作業流程

C. 銲接技術人員培訓評估

　　培訓效果評估是培訓工作的最後階段，對於銲接培訓的評估，應設計評估指標、權重以及具體的定性定量分析，儘量避免評估人的主觀因素對評估結果的影響。表9-9 為銲接技術人員培訓後的評估檢定示例，透過該表可以對培訓人員從銲接知識、銲接前準備、銲接執行到銲接檢驗進行培訓後評估，並可以藉此分類銲工等級。

表 9-9　銲接技術人員培訓檢定表

Part 1：識圖與銲接知識

項目： Item:		比重 % Weight	扣分 Minus
1	能閱讀銲接施工圖。	15	
2	能了解銲接符號之畫法及規定。	15	
3	能了解銲接時各種銲接姿置之區分。	15	
4	了解鋼結構圖之畫法及銲接方法、接頭型式、銲接順序及銲接要求之規定。	15	
5	能了解 WPS。	40	
備註			
檢定日期：	檢定人員簽署：	評分	

Part 2：作業前準備

項目： Item:		比重 % Weight	扣分 Minus
1	能依施工圖準備所需母材。	10	
2	了解碳鋼之化學成分及其銲接特性	20	
3	了解電銲條之分類。	15	
4	能依施工圖／WPS 準備所需銲條。	15	
5	了解銲接設備之名稱、用途及使用方法。	10	
6	作業場地之通風要求。	10	
7	作業場地之照明要求。	10	
8	作業場地之安全要求。	10	
備註			
檢定日期：	檢定人員簽署：	評分	

Part 3：試材加工及組合

項目： Item:		比重 % Weight	扣分 Minus
1	能使用適當之材料及工具來清潔銲接接頭之汙染物或銹皮。	10	
2	了解銲口精度不良時，能使用研輪機以適當之方研磨試件銲口。	10	
3	了解不同厚度對接時開槽之方法。	15	
4	了解銲口開槽之形狀及其應用之理由。	20	
5	能按照圖示尺寸，以正確之方法組合試件。	15	
6	了解定位銲之目的及要求。	20	
7	了解不良定位銲可能產生的影響。	10	
備註			
檢定日期：	檢定人員簽署：	評分	

Part 4：銲接施工

項目： Item:		比重 % Weight	扣分 Minus
1	了解決定銲接電流的因素。	10	
2	了解電流與銲道寬度的關係。	5	
3	了解電流與銲道高度的關係。	5	
4	了解電流與滲透深度的關係。	5	
5	能調節銲接氣體流量。	5	
6	了解起銲位置、銲接順序及其理由。	10	
7	了解銲接時銲條角度、銲接速度和電弧長度與銲接結果的關係。	10	
8	了解銲接時銲道道間溫度之要求及輸入熱量之控制。	20	
9	了解銲接層數與銲接速度。	10	
10	了解每層銲道接續之要求。	10	
11	了解銲道表面之外觀要求。	10	
備註			
檢定日期：	檢定人員簽署：	評分	

Part 5：缺陷防止與改進

項目： Item:		比重 % Weight	扣分 Minus
1	了解銲道清渣之重要性。	5	
2	了解銲道清渣所使用之工具及方法。	5	
3	了解銲道表面缺陷之種類。	15	
4	了解銲道內部缺陷之種類。	15	
5	了解銲接缺陷與瑕疵發生之原因、改進及預防之方法。	30	
6	了解銲接之預熱、道間溫度及後熱處理之應用及理由。	20	
7	了解空氣碳弧挖除法之使用要領。	10	
備註			
檢定日期：	檢定人員簽署：	評分	

Part 6：銲道檢測

項目： Item:		比重 % Weight	扣分 Minus
1	填寫銲接紀錄。	10	
2	能自行目視檢查。	30	
3	能操作銲道檢驗規。	10	
4	通過第三方 VT 檢驗。	30	
5	通過第三方 MT 檢驗。	10	
6	通過第三方 UT 檢驗。	10	
備註			
檢定日期：	檢定人員簽署：	評分	

9.6.4 塗裝程序測試 (Coating procedure test, CPT)

為驗證塗裝作業相關人員、塗裝作業環境及所選用塗層是否符合塗裝系統的要求，在正式塗裝工作開始之前，必須執行塗裝程序測試 (Coating procedure test, CPT)，所有選定的塗裝系統都必須在代表的測試板上，由塗裝人員用未來執行期間

相同的設備、相同的作業方式及環境進行塗裝，每片測試板僅供同一名噴砂及同一名塗裝作業人員進行塗裝程序測試並記錄。

A. 培訓塗裝相關技術人員目的

－了解專案可交付成果或服務之要求。

－遵循塗料產品數據表 (Product data sheet) 之參數，執行塗裝作業。

－熟悉塗裝窒礙位置之技巧。

B. 實施塗裝技術人員培訓

－培訓用塗裝試件

執行 CPT 用測試面板尺寸至少 1 m × 1 m，在該面板上包含 2 個管道、1 個圓柱、1 個角鋼和 1 個扁鋼，構件尺寸不限。這些構件可以訓練技術人員應對構件上不同方向或易疏忽位置的噴塗執行作業，參閱圖 9-23。

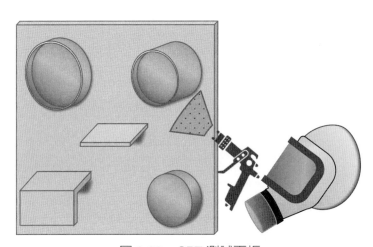

圖 9-23　CPT 測試面板

－建立 CPT 作業流程

為使人員了解 CPT 作業流程並依規定執行，因此建立每一作業階段所使用程序書及產出之文件和資料，如圖 9-24。

C. 塗裝相關技術人員培訓評估

當塗裝系統完全固化後，應進行標準塗裝檢查包含目視檢查、漏塗檢查及附著力測試等，以確認塗裝系統的性能符合要求規定及作業人員符合相關資格。

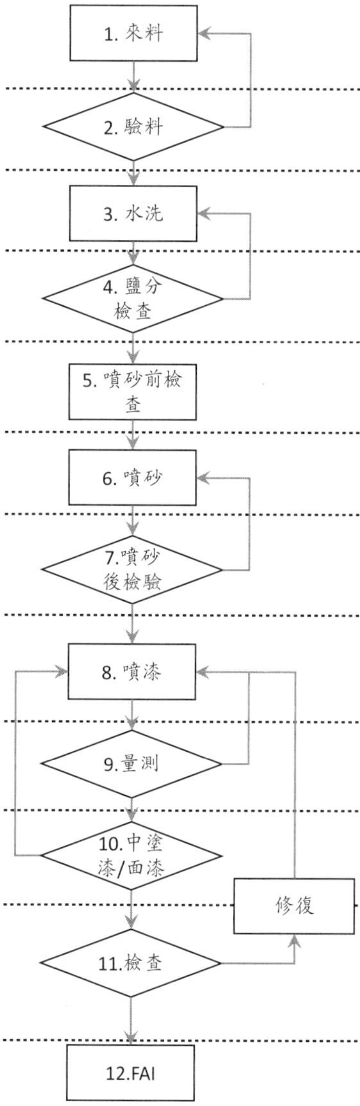

	作業	程序書	產出文件／資料
1. 來料	**1.** 物料驗收	物料處理程序 進貨檢驗程序 ITP	交貨單 出廠證明 材質證明
2. 驗料	**2.** 材質證明核對 尺寸檢查 爐號／板號核對	物料可追溯性程序 ITP	收料檢查紀錄 追溯性表單
3. 水洗	**3.** 水洗	塗裝品質計劃 塗裝執行程序 ITP	塗裝紀錄表
4. 鹽分檢查	**4.** 鹽分檢查 表面清潔度檢查	塗裝品質計劃 塗裝檢查程序 ITP	塗裝紀錄表
5. 噴砂前檢查	**5.** 噴砂前檢查 環境測定 壓縮空氣清潔檢查	塗裝品質計劃 塗裝檢查程序 ITP	塗裝紀錄表
6. 噴砂	**6.** 噴砂 磨料檢驗 壓縮空氣壓力	塗裝品質計劃 塗裝執行程序 ITP	塗裝紀錄表
7. 噴砂後檢驗	**7.** 檢查 粗糙度檢驗 清潔度檢驗 粉塵測試	塗裝品質計劃 塗裝檢查程序 ITP	塗裝紀錄表
8. 噴漆	**8.** 噴漆 調漆 接縫塗漆 濕膜厚量測	塗裝品質計劃 塗裝執行程序 ITP	塗裝紀錄表
9. 量測	**9.** 量測 表面檢查 乾膜厚量測	塗裝品質計劃 塗裝檢查程序 ITP	塗裝紀錄表
10. 中塗漆／面漆	**10.** 中塗漆／面漆	塗裝品質計劃 塗裝檢查程序 ITP	塗裝紀錄表
修復			
11. 檢查	**11.** 檢查 表面檢查 乾膜厚量測 漏塗檢查 附著力測試	塗裝品質計劃 塗裝檢查程序 ITP	塗裝紀錄表
12. FAI	**12.** FAI	ITP	FAI 文件紀錄

圖 9-24 塗裝相關技術人員 CPT 作業流程

表 9-10 塗裝技術人員培訓檢定表

Part 1：塗裝基本認知

項目： Item:		比重 % Weight	扣分 Minus
1	能了解底漆塗料之基本知識。	10	
2	能了解中塗漆之基本知識。	10	
3	能了解面漆塗料之基本知識。	10	
4	了解塗料產品數據表 (Product data sheet) 之參數。	20	
5	了解基材表面的狀況對於塗層的附著能力性能有顯著之影響。	20	
6	了解塗裝作業環境溫度及溼度條件對於塗裝系統的生命週期之影響。	30	
備註			
檢定日期：	檢定人員簽署：	評分	

Part 2：基材表面處理

項目： Item:		比重 % Weight	扣分 Minus
1	能依 ISO 8501-1 判斷銹等級分類。	20	
2	能依 ISO 8501-3 判斷結構塗裝前基材表面準備等級。	20	
3	能依 ISO 8502-3 判斷表面粉塵等級。	20	
4	能依 ISO 8503-2 判斷表面粗糙度等級。	20	
5	基材表面不良時，能使用適當之材料及工具來清潔汙染物或銹皮。	10	
6	依規範指定規格磨順尖銳邊緣及銲道，並完全清除銲珠等其他雜物。	10	
備註			
檢定日期：	檢定人員簽署：	評分	

Part 3：作業前準備

項目： Item:		比重 % Weight	扣分 Minus
1	能準備所需之塗料。	10	
2	能依比例混合塗料。	20	
3	能正確使用塗裝設備及保養（噴槍、漆刷、研磨工具、供氣調壓設備或其他相關設備。）	20	
4	能判讀膜厚規及使用。	10	
5	作業場地之溫度要求。	10	
6	作業場地之溼度要求。	10	
7	作業場地之照明要求。	10	
8	作業場地之安全要求。	10	
備註			
檢定日期：	檢定人員簽署：	評分	

Part 4：塗裝作業

項目： Item:		比重 % Weight	扣分 Minus
1	是否在硬化板上進行試噴塗。須有具有均勻噴灑的油漆分布。	20	
2	能正確在孔、鋒利的邊緣或難以進入的區域實施預塗作業。	20	
3	能正確實施底漆作業。	20	
4	能正確實施中塗漆作業。	20	
5	能正確實施面漆作業。	20	
備註			
檢定日期：	檢定人員簽署：	評分	

Part 5：缺陷防止與改進

項目： Item:		比重 % Weight	扣分 Minus
1	了解塗裝缺陷與瑕疵發生之原因、改進及預防之方法。	100	
備註			
檢定日期：	檢定人員簽署：	評分	

Part 6：塗裝檢測

項目： Item:		比重 % Weight	扣分 Minus
1	填寫塗裝紀錄。	20	
2	能自行目視檢查。	20	
3	能操作膜厚規。	20	
4	通過塗層厚度檢驗。	20	
5	通過漏塗檢驗。	10	
6	通過附著力測試。	10	
備註			
檢定日期：	檢定人員簽署：	評分	

9.7. 廠址及工廠布置規劃 (Site plot and plant layout plan)

　　離岸結構製造業是一個具高精度及品質的行業，包括從各種零組件的設計、製造、組裝到建造，而廠址及工廠的布置對最終成本影響很大。

　　製造商要保持競爭力，在最初廠址及工廠布置上的決策將造成營運成本與利潤之影響。廠址選擇之恰當與否會直接影響到生產製造成本也會間接影響到整個後勤或供應鏈之布置。一旦廠址決定後，緊接著則是規劃廠址內各種設施之布置及規模，這些布置及規模與所要製造的產品有關，並且也與工廠內的物流及調度有密切之關係。

　　離岸結構製造業的規模、投資均較大，為永續經營，故應考慮產能擴大、產品升級等方面發展的可能。然而，可能由於受限於投資規模、政治、環境或其他建置條件

等因素。因此，通常無法達到理想化之實現，亦不可能全部採用最先進或所有的生產製造技術及設備，在其工廠的生命週期中，升級改造不可避免，因此當前的規劃應留有餘地且良好之介面。

9.7.1 廠址規劃 (Site plan)

離岸結構製造商廠址規劃、選擇及考慮因素參考如下：

－規劃時應綜合考慮工廠性質、規模、業主需求及未來營運發展趨勢等因素，並留有一定的發展餘地。

－廠址應選擇在碼頭邊或靠近碼頭且有足夠運輸大型結構之路線。

－廠址碼頭所在地的天然水域應適當，不宜在地形、地質變化大和水文條件複雜的地段建造，也不宜在水深太淺而使疏浚和須要維護挖泥量多的場所。碼頭水深建議至少達 10 m，如圖 9-25。

－碼頭水域宜選在有天然掩護，浪流作用小，泥沙運力較弱的地區。

－碼頭前沿水域應有足夠的面積，俾利船舶進出或迴旋。

－統計並確定不同季節的潮水位。

－碼頭位置應符合地方的有關規定，如商港、航道規劃線、岸線規劃線以及防汛要求等。

－廠址宜選地質條件佳或施工建設難度低之位置。

－應對地震活動情況進行調查研究。

－鐵路、公路、水運等交通運輸條件。

－要有充足可靠之電源及水源等公用設施條件。

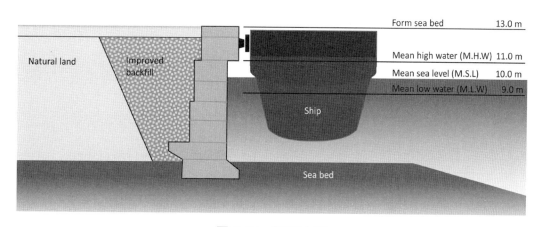

圖 9-25　碼頭水深

　　―廠址面積、陸域縱深及岸線長度，應滿足生產製造流程所需的構築物、生產設施、倉儲設施、公用設施、生產場地以及行政管理設施等的布置需求。

　　―由於生產製造需要較多的協力或供應鏈，廠址所在地周圍可配合協助的能力及協助的便利性是選址需要考慮的條件。

9.7.2 工廠布置 (Plant layout)

　　―功能區主要區分為：生產設施、倉儲設施、公用設施以及行政管理設施等。

　　―將基地劃分明顯，分塊完整，各區域繼續往下平直布置。

　　―廠內道路布置宜採用環狀道路網布置，避免迂回或交叉運輸。

　　―生產廠主流程基本包含以下生產工序

- 原物料堆場
- 加工
- 分段製造及組裝
- 分段塗裝
- 儀電及設施內裝
- 總組

　　―生產區域布置建議應符合以下原則：

- 原物料堆場宜就近布置在材料運入區域，應避免鋼板的堆放後再進行二次搬運轉向。
- 原物料堆場、加工廠和零組件製造場宜成組布置，保證最短物流運輸的線路。
- 分段組裝區布置宜靠近總段總組區，並規劃分段組件儲放區。
- 分段塗裝間布置宜靠近分段組裝區或分段儲放區，減少對其他區域的影響。

　　―生產路線

　　生產主流程基本上包含了上文中的生產工序，按照生產流程將各生產工序連接起來，一般常見以下幾種的組合形式：

- I 型布置，建造流程呈直線方式，運輸線路最短，是較理想的布置方式，但這種布置要求廠址要有較長的縱深，且不利於其他生產設施的布置，影響廠區面積的有效利用。
- L 型布置，由於廠區地形等條件的限制，可將建造的有關設施布置成直角或一定角度，這種布置佔用較小的廠區面積。

• U 型布置，當廠區縱深較小，則可採用 U 型布置。從原物料場到組裝區，建造流程呈多次折角，這種布置使用的廠區面積最小，並且有利於組裝、塗裝與建造的密切結合。

A. 工廠和機械工廠設置之一般規劃

－機械工廠內部空間應滿足生產製程要求，應做到流程順暢、操作方便、有利設備安裝和生產物流布置。

－機械工廠廠房大門應根據製造要求、當地風壓情況選擇外門類型，可採用平開大門、推拉大門或抗風捲簾門。

－機械工廠照度至少 200 流明 (lm)。

－加工設施通常需配置起重設備，根據生產需要可配置橋式起重機 (Overhead crane)、門式起重機 (Gantry crane)、懸臂式起重機 (Jib crane) 或巨無霸起重機 (Goliath crane) 等，起重能力按不同場所需要設定，如鋼料堆場、理料間、鋼材切割加工工廠起重機起重能力應滿足單張鋼板最大重量的吊運需求等；而組件分段組裝起重能力應滿足最大分段重量的吊運需求。

－有銲接煙塵之廠房或區域的外牆上應設置通風窗或通風百葉窗或通風口，設置位置及高度應有利於銲接煙塵排放。設置通風口的部位應有防雨措施。

－製程用工業氣體鋼瓶儲放區和油漆庫房的玻璃窗應有防光線直射措施。

－廠內管線很多，各種管線的性質、用途和技術要求各不相同，因此須在管線上進行顏色及文字標示區分。

－廠區工業氣體管道宜採用枝狀、輻射狀布置方式，可以埋地或地溝鋪設。

－生產設施和室外場地管道各進口管上應裝設關斷閥、壓力錶，宜裝設流量計。

－廠內各生產設施大都需要各類由公用設施內管道所供應的工業氣體或水，若供應管道過長，會造成供應壓力不足、輸送過程中會有損耗等問題，因此若大廠區建議公用設施分區設置。

－廠內在規劃時應考慮超長、超高、超寬的特種車輛之動線及車輛維修及整補站。

－生產區、倉儲區等功能區的道路走向宜與區內主要建築物、構築物軸線平行或垂直，或呈環行布置。

－廠區內交叉口宜採用平面正交，必須斜交時期交叉角度不宜小於 45°。

B. 噴砂及塗裝間設置之一般規劃

－噴砂及塗裝間應採用防爆型電器。

—噴砂及塗裝間尺寸需充分考慮分段組件尺寸及安全作業距離。分段組件與坐業間內牆壁之間距建議不宜小於 2 m，分段組件與分段組件之間距建議不宜小於 1.5 m。噴砂及塗裝間高度規劃由最高分段組件、座墩高度及操作空間來決定，基本上分段組件越高其塗裝間高度則越高。

—噴砂及塗裝間內部應為單純之表面空間，不宜有凹凸之結構、設施、易累積落塵之角落或囤積處，避免作業後遭受落塵汙染。

—噴砂及塗裝間的布置分為並列和串聯。

- 並列布置是指噴砂間和塗裝間呈橫向並列布置，噴砂間到塗裝間的運輸路線為 U 型。U 型路線會使噴砂後的組件離開受溫溼度控制的區域，此時環境條件將可能會影響到組件表面品質。

- 串聯布置是指噴砂間和塗裝間呈縱向前後布置，噴砂間到塗裝間的運輸路線為 I 型。當噴砂間和塗裝間是連結並採直線型路線，組件會在受溫溼度控制的區域移動。唯噴砂間和塗裝間連結，須注意氣密隔離，避免噴砂作業時之粉塵影響到隔壁塗裝間，而造成汙染。

—當噴砂間和塗裝間設置連結在同一建築物時，應規劃分隔為獨立的防火區，並分別進行防火設計。

—為確保表面粗糙度及清潔度之水準要求，噴嘴出口壓力須 8 bar 以上。

—由於噴砂間內進行噴砂作業，要求牆面、頂棚均為鋼板面，鋼板厚度宜採用 3 mm。

—噴砂間換氣次數一般不宜低於 8 次／小時，塗裝間換氣次數一般不宜低於 6 次／小時。作業間應保持微負壓狀態，防止粉塵或漆霧外溢。

—為達到塗裝作業所需之環境，噴砂及塗裝間宜採取適合的溫度及溼度控制措施。噴砂及塗裝間空間越大，則所需溫度及溼度控制性能則會越高。

—噴砂及塗裝間大門尺寸較大，一般寬 30 米左右，高 15 米左右，根據作業特點及要求，通常採用柔性折疊大門或鋼推拉大門。

—噴砂使用磨料應採用可迴圈使用之磨料，磨料回收可採用氣動回收或機械回收方式。

—磨料回收過程中需採取措施去除磨料中攜帶的雜質，減少二次汙染。

—與機房連通、人員進出的小門應採用鋼板門或鋼制水密門，為了防止鋼砂外洩，應設門檻，高度宜 100 mm。

—塗裝間根據生產需要宜配置每日用儲漆間。

—塗裝間內會產生漆霧和揮發性有機廢氣等汙染物，塗裝間間內需採取相應環保

治理措施，汙染物排放應符合大氣汙染物綜合排放標準。

－噴砂及塗裝間照度至少 300 流明 (lm)。

圖 9-26 為於碼頭邊之一貫化製造廠布置建議圖，主要生產廠之規模及設施參考表 9-11。圖中製造廠特色及功能說明如下：

－碼頭水深 11 m，可讓駁船或船隻進行裝載貨。

－工廠布置採用 U 形生產路線。

－廠區布置為符合防火安全要求，主要生產區、倉庫區、動力區的道路為環形布置。

－物料從左下大門進來經地磅秤重後，送左上方鋼材儲區 (Steel storage) 或倉庫 (Warehouse)。因應目前國際鋼廠能提供之鋼板重量已可達 25 噸／片，故鋼材儲區和切割廠房起重機起重能力至少需達 30 噸。

－鋼材由鋼材儲區送往切割廠房 (Cutting shop)，經切割機進行下料處理。

－下料完成後之鋼材依其製作流程，分送至加工廠 (Mechanical shop)、機械工廠 (Workshop bay) 或現場製造區 (Fabrication site) 進行製作。

－加工廠主要設備有：

- 捲板機 (Bending rolls)
- 清根銑邊機 (Seam milling machine)
- 錐度開槽機 (Taper milling machine)

－機械工廠依生產流程規劃來製造或組裝零組件，由於在廠房內施作故可施工環境佳。

－由於半成品或施作區域大小，有些工作無法在機械工廠內進行，現場製造區則可用於次段組裝 (Block assembly) 或大組裝 (Grand-block assembly)。由於戶外易受天候環境影響，地面施工作業時可使用移動遮護棚 (Movable shelter)；區塊或高處作業時可使用臨時帆布遮護棚 (Canvas shelters)，以提供防風雨保護，而以上所提之臨時帆布必須是使用特殊的防火材質的帆布。

－噴砂間 (Blasting shop) 門前設置高壓水清洗區，組件經鹽分檢測合格後送入噴砂間進行噴砂作業。

－離岸結構其噴砂塗裝作業需控制於相對溼度低於 60%，為此噴砂間及塗裝間採串聯式，以避免組件受環境影響到其品質。另由於塗裝含固化的製程時間較長，為提高產率，因此塗裝間數量多於噴砂間。

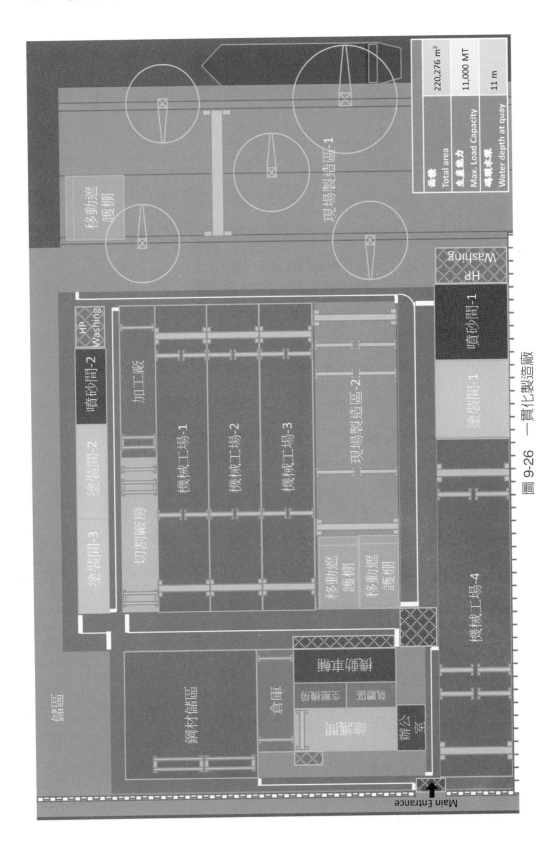

圖 9-26　一貫化製造廠

面積 Total area	220,276 m²
生產能力 Max. Load Capacity	11,000 MT
碼頭水深 Water depth at quay	11 m

表 9-11 模擬一貫化製造廠房尺寸及設施

場區名稱	尺寸	設備	
機械工廠 -1 Workshop Bay-1	250L×45W×40H	Over head crane Over head crane	200 Ton×2 50 Ton×4
機械工廠 -2 Workshop Bay-2	250L×45W×40H	Over head crane Over head crane	200 Ton×2 50 Ton×4
機械工廠 -3 Workshop Bay-3	250L×45W×40H	Over head crane Over head crane	200 Ton×2 50 Ton×4
機械工廠 -4 Workshop Bay-4	265L×60W×25H	Over head crane Over head crane	200 Ton×2 50 Ton×6
現場製造區 1 Fabrication Site Lot 1	395L×45W×75H	Goliath crane Jib crane Jib crane Movable Shelter	800 Ton×1 80 Ton×1 50 Ton×4 ×3
現場製造區 2 Fabrication Site Lot 2	250L×68W×30H	Over head crane Over head crane Movable Shelter	200 Ton×2 50 Ton×6 ×4
噴砂間 -1 Blasting shop-1	60L×60W×30H	溫溼度控制，相對溼度控制低於 60%	
噴砂間 -2 Blasting shop-2	60L×25W×20H	Recovery Unit×8 Blasting machine×20	
塗裝間 -1 Painting shop-1	60L×60W×30H	溫溼度控制，相對溼度控制低於 60% Airless spray×30	
塗裝間 -2 Painting shop-2	75L×30W×20H		
塗裝間 -3 Painting shop-3	75L×30W×20H		
切割廠房 Cutting Shop	125L×30W×25H	Over head crane(15+15) Over head crane Plasma cutting×2 CNC flame Cutting×2	Ton×2 10 Ton×1
加工廠 Mechanical Shop	125L×30W×25H	Over head crane(15+15) Over head crane Bending rolls×2 Circulair seam milling machine×1 Long seam milling machine×1 Taper milling machine×1	Ton×1 10 Ton×1

附錄 1 DNV Maritime 規範

附錄 1-1 DNV Maritime-Rules for classification: General(RU-GEN)

Code	英文描述
DNV-RU-GEN-0587	General regulations

附錄 1-2 DNV Maritime-Rules for classification: Ships(RU-SHIP)

章節	Code		英文描述
Part 1 General regulations	DNV-RU-SHIP-Pt1Ch1	Ch.1	General regulations
	DNV-RU-SHIP-Pt1Ch2	Ch.2	Class notations
	DNV-RU-SHIP-Pt1Ch3	Ch.3	Documentation and certification requirements, general
Part 2 Materials and welding	DNV-RU-SHIP-Pt2Ch1	Ch.1	General requirements for materials and fabrication
	DNV-RU-SHIP-Pt2Ch2	Ch.2	Metallic materials
	DNV-RU-SHIP-Pt2Ch3	Ch.3	Non-metallic materials
	DNV-RU-SHIP-Pt2Ch4	Ch.4	Fabrication and testing
Part 3 Hull	DNV-RU-SHIP-Pt3Ch1	Ch.1	General principles
	DNV-RU-SHIP-Pt3Ch2	Ch.2	General arrangement design
	DNV-RU-SHIP-Pt3Ch3	Ch.3	Structural design principles
	DNV-RU-SHIP-Pt3Ch4	Ch.4	Loads
	DNV-RU-SHIP-Pt3Ch5	Ch.5	Hull girder strength
	DNV-RU-SHIP-Pt3Ch6	Ch.6	Hull local scantling
	DNV-RU-SHIP-Pt3Ch7	Ch.7	Finite element analysis
	DNV-RU-SHIP-Pt3Ch8	Ch.8	Buckling
	DNV-RU-SHIP-Pt3Ch9	Ch.9	Fatigue
	DNV-RU-SHIP-Pt3Ch10	Ch.10	Special requirements
	DNV-RU-SHIP-Pt3Ch11	Ch.11	Hull equipment, supporting structure and appendages
	DNV-RU-SHIP-Pt3Ch12	Ch.12	Openings and closing appliances

章節	Code		英文描述
	DNV-RU-SHIP-Pt3Ch13	Ch.13	Welding
	DNV-RU-SHIP-Pt3Ch14	Ch.14	Rudders and steering
	DNV-RU-SHIP-Pt3Ch15	Ch.15	Stability
Part 4 Systems and components	DNV-RU-SHIP-Pt4Ch1	Ch.1	Machinery systems, general
	DNV-RU-SHIP-Pt4Ch2	Ch.2	Rotating machinery, general
	DNV-RU-SHIP-Pt4Ch3	Ch.3	Rotating machinery - drivers
	DNV-RU-SHIP-Pt4Ch4	Ch.4	Rotating machinery –power transmission
	DNV-RU-SHIP-Pt4Ch5	Ch.5	Rotating machinery - driven units
	DNV-RU-SHIP-Pt4Ch6	Ch.6	Piping systems
	DNV-RU-SHIP-Pt4Ch7	Ch.7	Pressure equipment
	DNV-RU-SHIP-Pt4Ch8	Ch.8	Electrical installations
	DNV-RU-SHIP-Pt4Ch9	Ch.9	Control and monitoring systems
	DNV-RU-SHIP-Pt4Ch10	Ch.10	Steering gear
	DNV-RU-SHIP-Pt4Ch11	Ch.11	Fire safety
Part 5 Ship types	DNV-RU-SHIP-Pt5Ch1	Ch.1	Bulk carriers and dry cargo ships
	DNV-RU-SHIP-Pt5Ch2	Ch.2	Container ships
	DNV-RU-SHIP-Pt5Ch3	Ch.3	RO/RO ships
	DNV-RU-SHIP-Pt5Ch4	Ch.4	Passenger ships
	DNV-RU-SHIP-Pt5Ch5	Ch.5	Oil tankers
	DNV-RU-SHIP-Pt5Ch6	Ch.6	Chemical tankers
	DNV-RU-SHIP-Pt5Ch7	Ch.7	Liquefied gas tankers
	DNV-RU-SHIP-Pt5Ch8	Ch.8	Compressed natural gas tankers
	DNV-RU-SHIP-Pt5Ch9	Ch.9	Offshore service vessels
	DNV-RU-SHIP-Pt5Ch10	Ch.10	Vessels for special operations
	DNV-RU-SHIP-Pt5Ch11	Ch.11	Non self-propelled units
	DNV-RU-SHIP-Pt5Ch12	Ch.12	Fishing vessels
	DNV-RU-SHIP-Pt5Ch13	Ch.13	Naval and naval support vessels

章節	Code		英文描述
Part 6 **Additional** **class** **notations**	DNV-RU-SHIP-Pt6Ch1	Ch.1	Structural strength and integrity
	DNV-RU-SHIP-Pt6Ch2	Ch.2	Propulsion, power generation and auxiliary systems
	DNV-RU-SHIP-Pt6Ch3	Ch.3	Navigation, maneuvering and position keeping
	DNV-RU-SHIP-Pt6Ch4	Ch.4	Cargo operations
	DNV-RU-SHIP-Pt6Ch5	Ch.5	Equipment and design features
	DNV-RU-SHIP-Pt6Ch6	Ch.6	Cold climate
	DNV-RU-SHIP-Pt6Ch7	Ch.7	Environmental protection and pollution control
	DNV-RU-SHIP-Pt6Ch8	Ch.8	Living and working conditions
	DNV-RU-SHIP-Pt6Ch9	Ch.9	Survey arrangements
	DNV-RU-SHIP-Pt6Ch10	Ch.10	Naval
	DNV-RU-SHIP-Pt6Ch11	Ch.11	Digital features
Part 7 Fleet **in service**	DNV-RU-SHIP-Pt7Ch1	Ch.1	Survey requirements for fleet in service
	DNV-RU-SHIP-Pt7Ch2	Ch.2	Retroactive requirements

附錄 1-3　DNV Maritime-Rules for classification: High speed and light craft(RU-HLSC)

章節	Code		英文描述
Part 1 **General** **regulations**	DNV-RU-HSLC-Pt1Ch1	Ch.1	General regulations
	DNV-RU-HSLC-Pt1Ch2	Ch.2	Class notations
	DNV-RU-HSLC-Pt1Ch3	Ch.3	Documentation and certification requirements, general
Part 2 **Materials** **and welding**	DNV-RU-HSLC-Pt2Ch1	Ch.1	General requirements for materials and fabrication
	DNV-RU-HSLC-Pt2Ch2	Ch.2	Metallic materials
	DNV-RU-HSLC-Pt2Ch3	Ch.3	Non-metallic materials
	DNV-RU-HSLC-Pt2Ch4	Ch.4	Fabrication and testing

章節	Code		英文描述
Part 3 **Structures** **equipment**	DNV-RU-HSLC-Pt3Ch1	Ch.1	Design principles, design loads
	DNV-RU-HSLC-Pt3Ch2	Ch.2	Hull structural design, steel
	DNV-RU-HSLC-Pt3Ch3	Ch.3	Hull structural design, aluminium
	DNV-RU-HSLC-Pt3Ch4	Ch.4	Hull structural design, fibre composite and sandwich constructions
	DNV-RU-HSLC-Pt3Ch5	Ch.5	Equipment, steering and appendages
	DNV-RU-HSLC-Pt3Ch6	Ch.6	Stability, watertight integrity, and closing appliances
	DNV-RU-HSLC-Pt3Ch7	Ch.7	Accommodation and escape measures
	DNV-RU-HSLC-Pt4Ch1	Ch.8	Life-saving appliances and arrangements
	DNV-RU-HSLC-Pt4Ch2	Ch.9	Direct calculation methods
Part 4 **Systems and** **components**	DNV-RU-HSLC-Pt4Ch3	Ch.1	Machinery systems, general
	DNV-RU-HSLC-Pt4Ch4	Ch.2	Rotating machinery, general
	DNV-RU-HSLC-Pt4Ch5	Ch.3	Rotating machinery - drivers
	DNV-RU-HSLC-Pt4Ch6	Ch.4	Rotating machinery - power transmission
	DNV-RU-HSLC-Pt4Ch7	Ch.5	Rotating machinery - driven units
	DNV-RU-HSLC-Pt4Ch8	Ch.6	Piping systems
	DNV-RU-HSLC-Pt4Ch9	Ch.7	Pressure equipment
	DNV-RU-HSLC-Pt4Ch10	Ch.8	Electrical installations
	DNV-RU-HSLC-Pt4Ch11	Ch.9	Control and monitoring systems
	DNV-RU-HSLC-Pt5Ch1	Ch.10	Steering gear
	DNV-RU-HSLC-Pt5Ch2	Ch.11	Fire safety
	DNV-RU-HSLC-Pt5Ch3	Ch.12	Control and monitoring of propulsion, directional control, stabilisation and auxiliary systems

章節	Code		英文描述
Part 5 Ship types	DNV-RU-HSLC-Pt5Ch4	Ch.1	Passenger craft
	DNV-RU-HSLC-Pt5Ch5	Ch.2	Car ferry
	DNV-RU-HSLC-Pt5Ch6	Ch.3	Cargo craft
	DNV-RU-HSLC-Pt5Ch7	Ch.4	Crew boats
	DNV-RU-HSLC-Pt5Ch8	Ch.5	Patrol boats
	DNV-RU-HSLC-Pt6Ch1	Ch.6	Small service craft
	DNV-RU-HSLC-Pt6Ch2	Ch.7	Naval and naval support vessels
	DNV-RU-HSLC-Pt6Ch3	Ch.8	Naval landing craft
Part 6 Additional class notations	DNV-RU-HSLC-Pt6Ch4	Ch.1	Structural strength and integrity
	DNV-RU-HSLC-Pt6Ch5	Ch.2	Propulsion, power generation and auxiliary systems
	DNV-RU-HSLC-Pt6Ch6	Ch.3	Navigation and manoeuvring
	DNV-RU-HSLC-Pt6Ch7	Ch.4	Equipment and design features
	DNV-RU-HSLC-Pt6Ch8	Ch.5	Environmental protection and pollution control
	DNV-RU-HSLC-Pt7Ch1	Ch.6	Living and working conditions
	DNV-RU-HSLC-Pt7Ch2	Ch.7	Survey arrangements
	DNV-RU-HSLC-Pt1Ch1	Ch.8	Naval
Part 7 Fleet in service	DNV-RU-HSLC-Pt1Ch2	Ch.1	Survey requirements for fleet in service
	DNV-RU-HSLC-Pt1Ch3	Ch.2	Retroactive requirements

附錄 1-4　DNV Maritime-Rules for classification: Inland navigation vessels(RU-INV)

章節	Code		英文描述
Part 1 General regulations	DNV-RU-INV-Pt1Ch1	Ch.1	General regulations
	DNV-RU-INV-Pt1Ch2	Ch.2	Class notations
	DNV-RU-INV-Pt1Ch3	Ch.3	Documentation and certification requirements, general

章節	Code		英文描述
Part 2 Materials and welding	DNV-RU-INV-Pt2Ch1	Ch.1	General requirements for materials and fabrication
	DNV-RU-INV-Pt2Ch2	Ch.2	Metallic materials
	DNV-RU-INV-Pt2Ch3	Ch.3	Non-metallic materials
	DNV-RU-INV-Pt2Ch4	Ch.4	Fabrication and testing
Part 3 Structures equipment	DNV-RU-INV-Pt2Ch5	Ch.5	Materials for INV
	DNV-RU-INV-Pt3Ch1	Ch.1	Hull design and construction, general
	DNV-RU-INV-Pt3Ch2	Ch.2	Design load principles
	DNV-RU-INV-Pt3Ch3	Ch.3	Hull girder strength
	DNV-RU-INV-Pt3Ch4	Ch.4	Hull scantlings
	DNV-RU-INV-Pt3Ch5	Ch.5	Other structures
	DNV-RU-INV-Pt3Ch6	Ch.6	Hull outfitting
Part 4 Systems and components	DNV-RU-INV-Pt4Ch1	Ch.1	Machinery and systems
	DNV-RU-INV-Pt4Ch2	Ch.2	Pipes, valves, fittings and pumps
	DNV-RU-INV-Pt4Ch3	Ch.3	Pressure vessels
	DNV-RU-INV-Pt4Ch4	Ch.4	Electrical installations
	DNV-RU-INV-Pt4Ch5	Ch.5	Control and Monitoring Systems
	DNV-RU-INV-Pt4Ch6	Ch.6	Steering gear
	DNV-RU-INV-Pt4Ch7	Ch.7	Fire safety
Part 5 Ship types	DNV-RU-INV-Pt5Ch1	Ch.1	Cargo vessels
	DNV-RU-INV-Pt5Ch2	Ch.2	Tankers
	DNV-RU-INV-Pt5Ch3	Ch.3	Container vessels
	DNV-RU-INV-Pt5Ch4	Ch.4	RoRo vessels
	DNV-RU-INV-Pt5Ch5	Ch.5	Passenger vessels
	DNV-RU-INV-Pt5Ch6	Ch.6	Tugs and pushers
	DNV-RU-INV-Pt5Ch7	Ch.7	Pontoons
	DNV-RU-INV-Pt5Ch8	Ch.8	Dredgers and hopper barges
	DNV-RU-INV-Pt5Ch9	Ch.9	Launches

章節	Code		英文描述
Part 6 **Additional** **class** **notations**	DNV-RU-INV-Pt6Ch1	Ch.1	Transport of dangerous goods
	DNV-RU-INV-Pt6Ch2	Ch.2	Ship strength
	DNV-RU-INV-Pt6Ch3	Ch.3	Cargo operations
	DNV-RU-INV-Pt6Ch4	Ch.4	Ferry
	DNV-RU-INV-Pt6Ch5	Ch.5	Stability
	DNV-RU-INV-Pt6Ch6	Ch.6	Additional fire protection for passenger vessels
Part 7 Fleet **in service**	DNV-RU-INV-Pt7Ch1	Ch.1	Survey requirements
	DNV-RU-INV-Pt7Ch2	Ch.2	Inclining test and light weight check

附錄 1-5　DNV Maritime-Rules for classification: Yachts(RU-YACHT)

章節	Code		英文描述
Part 1 **General** **regulations**	DNV-RU-YACHT-Pt1Ch1	Ch.1	General regulations
	DNV-RU-YACHT-Pt1Ch2	Ch.2	Class notations
	DNV-RU-YACHT-Pt1Ch3	Ch.3	Documentation and certification requirements, general
Part 2 **Materials** **and welding**	DNV-RU-YACHT-Pt2Ch1	Ch.1	General requirements for materials and fabrication
	DNV-RU-YACHT-Pt2Ch2	Ch.2	Metallic materials
	DNV-RU-YACHT-Pt2Ch3	Ch.3	Non-metallic materials
	DNV-RU-YACHT-Pt2Ch4	Ch.4	Fabrication and testing
Part 3 Hull	DNV-RU-YACHT-Pt3Ch1	Ch.1	General principles
	DNV-RU-YACHT-Pt3Ch2	Ch.2	General arrangement design
	DNV-RU-YACHT-Pt3Ch3	Ch.3	Hull design loads
	DNV-RU-YACHT-Pt3Ch4	Ch.4	Metallic hull girder strength and local scantlings
	DNV-RU-YACHT-Pt3Ch5	Ch.5	Composite scantlings
	DNV-RU-YACHT-Pt3Ch6	Ch.6	Finite element analysis
	DNV-RU-YACHT-Pt3Ch7	Ch.7	Rudder, foundations and appendages

章節	Code		英文描述
	DNV-RU-YACHT-Pt3Ch8	Ch.8	Hull equipment
	DNV-RU-YACHT-Pt3Ch9	Ch.9	Opening and closing appliances
	DNV-RU-YACHT-Pt3Ch10	Ch.10	Stability
Part 4 Systems and components	DNV-RU-YACHT-Pt4Ch1	Ch.1	Machinery and systems, general
	DNV-RU-YACHT-Pt4Ch2	Ch.2	Rotating machinery - general
	DNV-RU-YACHT-Pt4Ch3	Ch.3	Rotating machinery - drivers
	DNV-RU-YACHT-Pt4Ch4	Ch.4	Rotating machinery - power transmission
	DNV-RU-YACHT-Pt4Ch5	Ch.5	Rotating machinery - driven units
	DNV-RU-YACHT-Pt4Ch6	Ch.6	Piping systems
	DNV-RU-YACHT-Pt4Ch7	Ch.7	Pressure equipment
	DNV-RU-YACHT-Pt4Ch8	Ch.8	Electrical installations
	DNV-RU-YACHT-Pt4Ch9	Ch.9	Control and monitoring systems
	DNV-RU-YACHT-Pt4Ch10	Ch.10	Steering gear
	DNV-RU-YACHT-Pt4Ch11	Ch.11	Fire safety
Part 5 Ship types	DNV-RU-YACHT-Pt5Ch1	Ch.1	Sailing yachts
	DNV-RU-YACHT-Pt5Ch2	Ch.2	Motor yachts
	DNV-RU-YACHT-Pt5Ch3	Ch.3	Passenger yachts
Part 6 Additional class notations	DNV-RU-YACHT-Pt6Ch1	Ch.1	Sailing rigs
	DNV-RU-YACHT-Pt6Ch2	Ch.2	Machinery
Part 7 Fleet in service	DNV-RU-YACHT-Pt7Ch1	Ch.1	Survey requirements
	DNV-RU-YACHT-Pt7Ch2	Ch.2	Retroactive requirements

附錄 1-6　DNV Maritime-Rules for classification: Underwater technology(RU-UWT)

章節	Code		英文描述
Part 1 General regulations	DNV-RU-UWT-Pt1Ch1	Ch.1	General regulations
	DNV-RU-UWT-Pt1Ch2	Ch.2	Class notations
	DNV-RU-UWT-Pt1Ch3	Ch.3	Documentation and certification requirements, general
	DNV-RU-UWT-Pt1Ch4	Ch.4	Definitions
Part 2 Materials and welding	DNV-RU-UWT-Pt2Ch1	Ch.1	General requirements for materials and fabrication
	DNV-RU-UWT-Pt2Ch2	Ch.2	Metallic materials
	DNV-RU-UWT-Pt2Ch3	Ch.3	Non-metallic materials
	DNV-RU-UWT-Pt2Ch4	Ch.4	Fabrication and testing
	DNV-RU-UWT-Pt2Ch5	Ch.5	Materials and welding for UWT systems
Part 3 Pressure hull and structures	DNV-RU-UWT-Pt3Ch1	Ch.1	General
	DNV-RU-UWT-Pt3Ch2	Ch.2	Design loads
	DNV-RU-UWT-Pt3Ch3	Ch.3	Pressure hull
	DNV-RU-UWT-Pt3Ch4	Ch.4	Supporting structure, exostructure and equipment
	DNV-RU-UWT-Pt3Ch5	Ch.5	Openings and closings
	DNV-RU-UWT-Pt3Ch6	Ch.6	Rudders and fins
	DNV-RU-UWT-Pt3Ch7	Ch.7	Stability and buoyancy
Part 4 Machinery and systems	DNV-RU-UWT-Pt4Ch1	Ch.1	General
	DNV-RU-UWT-Pt4Ch2	Ch.2	Propulsion and manoeuvring equipment
	DNV-RU-UWT-Pt4Ch3	Ch.3	Ballasting, compensating and trimming systems
	DNV-RU-UWT-Pt4Ch4	Ch.4	Life support systems
	DNV-RU-UWT-Pt4Ch5	Ch.5	Umbilicals
	DNV-RU-UWT-Pt4Ch6	Ch.6	Piping systems, pumps and compressors
	DNV-RU-UWT-Pt4Ch7	Ch.7	Pressure vessels
	DNV-RU-UWT-Pt4Ch8	Ch.8	Electrical installations

章節	Code		英文描述
	DNV-RU-UWT-Pt4Ch9	Ch.9	Control and monitoring systems
	DNV-RU-UWT-Pt4Ch10	Ch.10	Fire safety
Part 5 Types of UWT systems	DNV-RU-UWT-Pt5Ch1	Ch.1	Manned hyperbaric systems
	DNV-RU-UWT-Pt5Ch2	Ch.2	Saturation diving systems
	DNV-RU-UWT-Pt5Ch3	Ch.3	Surface oriented diving systems
	DNV-RU-UWT-Pt5Ch4	Ch.4	Diving simulators
	DNV-RU-UWT-Pt5Ch5	Ch.5	Self-contained diver pressure chamber systems
	DNV-RU-UWT-Pt5Ch6	Ch.6	Manned submersibles
	DNV-RU-UWT-Pt5Ch7	Ch.7	Remotely operated vehicles
	DNV-RU-UWT-Pt5Ch8	Ch.8	Autonomous underwater vehicles
	DNV-RU-UWT-Pt5Ch9	Ch.9	Underwater working machines and systems
Part 6 Additional features	DNV-RU-UWT-Pt6Ch1	Ch.1	General
Part 7 Fleet in service	DNV-RU-UWT-Pt7Ch1	Ch.1	Survey requirements for fleet in service
	DNV-RU-UWT-Pt7Ch2	Ch.2	Survey requirements

附錄 1-7　DNV Maritime-Rules for classification: Naval vessels(RU-NAV)

章節	Code		英文描述
Part 1 General regulations	DNV-RU-NAV-Pt1Ch1	Ch.1	General regulations
	DNV-RU-NAV-Pt1Ch2	Ch.2	Class notations
Part 2 Materials and welding	DNV-RU-NAV-Pt2Ch1	Ch.1	General requirements for materials and fabrication
	DNV-RU-NAV-Pt2Ch2	Ch.2	Metallic materials
	DNV-RU-NAV-Pt2Ch3	Ch.3	Non-metallic materials
	DNV-RU-NAV-Pt2Ch4	Ch.4	Fabrication and testing
	DNV-RU-NAV-Pt2Ch5	Ch.5	Special materials for naval ships
Part 7 Fleet in service	DNV-RU-NAV-Pt7Ch1	Ch.1	Survey requirements for fleet in service

附錄 1-8　DNV Maritime-Rules for classification: Naval vessels(RU-NAVAL)

章節	Code		英文描述
Part 1 Classification and surveys	DNV-RU-NAVAL-Pt1Ch1	Ch.1	Reasons for naval classification
	DNV-RU-NAVAL-Pt1Ch2	Ch.2	Scope, application
	DNV-RU-NAVAL-Pt1Ch3	Ch.3	Class notations
	DNV-RU-NAVAL-Pt1Ch4	Ch.4	Surveys for surface ships
	DNV-RU-NAVAL-Pt1Ch5	Ch.5	Surveys for submarines
	DNV-RU-NAVAL-Pt1Ch6	Ch.6	General information and documentation requirements for surface ships
	DNV-RU-NAVAL-Pt1Ch7	Ch.7	General information and documentation requirements for submarines
Part 2 Materials and welding	DNV-RU-NAVAL-Pt2Ch1	Ch.1	General requirements for materials and fabrication
	DNV-RU-NAVAL-Pt2Ch2	Ch.2	Metallic materials
	DNV-RU-NAVAL-Pt2Ch3	Ch.3	Non-metallic materials
	DNV-RU-NAVAL-Pt2Ch4	Ch.4	Fabrication and testing
	DNV-RU-NAVAL-Pt2Ch5	Ch.5	Special materials for naval ships
Part 3 Surface ships	DNV-RU-NAVAL-Pt3Ch1	Ch.1	Hull structures and ship equipment
	DNV-RU-NAVAL-Pt3Ch2	Ch.2	Propulsion plants
	DNV-RU-NAVAL-Pt3Ch3	Ch.3	Electrical installations
	DNV-RU-NAVAL-Pt3Ch4	Ch.4	Automation
	DNV-RU-NAVAL-Pt3Ch5	Ch.5	Ship operation installations and auxilliary systems
	DNV-RU-NAVAL-Pt3Ch6	Ch.6	Patrol ships
Part 4 Sub-surface ships	DNV-RU-NAVAL-Pt4Ch1	Ch.1	Submarines
	DNV-RU-NAVAL-Pt4Ch2	Ch.2	Remotely operated underwater vehicles
	DNV-RU-NAVAL-Pt4Ch3	Ch.3	Requirements for air independent power systems for underwater use

附錄 1-9　DNV Maritime-Rules for classification: Floating docks(RU-FD)

Code	英文描述
DNV-RU-FD	Floating docks

附錄 1-10　DNV Maritime-Rules for classification: Offshore units(RU-OU)

Code	英文描述
DNV-RU-OU-0101	Offshore drilling and support units
DNV-RU-OU-0102	Floating production, storage and loading units
DNV-RU-OU-0103	Floating LNG/LPG production, storage and loading units
DNV-RU-OU-0104	Self-elevating units, including wind turbine installation units and liftboats
DNV-RU-OU-0294	Modular systems for drilling and well
DNV-RU-OU-0300	Fleet in service
DNV-RU-OU-0375	Diving systems
DNV-RU-OU-0503	Offshore fish farming units and installations
DNV-RU-OU-0512	Floating offshore wind turbine installations
DNV-RU-OU-0571	Floating infrastructure installations

附錄 1-11　DNV Maritime- Offshore standards(OS)

Code	英文描述
DNV-OS-A101	Safety principles and arrangements
DNV-OS-A201	Winterization for cold climate operations
DNV-OS-A301	Human comfort
DNV-OS-B101	Metallic materials
DNV-OS-C101	Design of offshore steel structures, general - LRFD method
DNV-OS-C102	Structural design of offshore ship-shaped and cylindrical units
DNV-OS-C103	Structural design of column stabilised units - LRFD method
DNV-OS-C104	Structural design of self-elevating units - LRFD method
DNV-OS-C105	Structural design of TLPs - LRFD method
DNV-OS-C106	Structural design of deep draught floating units - LRFD method
DNV-OS-C201	Structural design of offshore units - WSD method

Code	英文描述
DNV-OS-C301	Stability and watertight integrity
DNV-OS-C401	Fabrication and testing of offshore structures
DNV-OS-D101	Marine and machinery systems and equipment
DNV-OS-D201	Electrical installations
DNV-OS-D202	Automation, safety and telecommunication systems
DNV-OS-D203	Integrated software dependent systems(ISDS)
DNV-OS-D301	Fire protection
DNV-OS-E101	Drilling facilities
DNV-OS-E201	Oil and gas processing systems
DNV-OS-E301	Position mooring
DNV-OS-E302	Offshore mooring chain
DNV-OS-E303	Offshore fibre ropes
DNV-OS-E304	Offshore mooring steel wire ropes
DNV-OS-E401	Helicopter decks
DNV-OS-E402	Diving systems
DNV-OS-E403	Offshore loading units

附錄 1-12　DNV Maritime- Class guidelines(CG)

Code	英文描述
DNV-CG-0197	Additive manufacturing - qualification and certification process for materials and components
DNV-CG-0182	Allowable thickness diminution for hull structure
DNV-CG-0053	Approval and certification of the software of loading computer systems
DNV-CG-0264	Autonomous and remotely operated ships
DNV-CG-0128	Buckling
DNV-CG-0283	Calculation methods for shaft alignment
DNV-CG-0037	Calculation of crankshafts for reciprocating internal combustion engines

Code	英文描述
DNV-CG-0036	Calculation of gear rating for marine transmissions
DNV-CG-0039	Calculation of marine propellers
DNV-CG-0038	Calculation of shafts in marine applications
DNV-CG-0042	Cargo vapour recovery systems
DNV-CG-0556	Composite tween deck
DNV-CG-0060	Container securing
DNV-CG-0588	Containerised generator sets
DNV-CG-0156	Conversion of ships
DNV-CG-0288	Corrosion protection of ships
DNV-CG-0493	Criteria for handling of excessive noise and vibration levels
DNV-CG-0325	Cyber secure
DNV-CG-0564	Data collection infrastructure
DNV-CG-0557	Data-driven verification
DNV-CG-0240	Development of procedures for small scale testing of brittle crack arrest steels
DNV-CG-0138	Direct strength analysis of hull structures in passenger ships
DNV-CG-0565	Engine driven generator sets - voluntary verification scheme
DNV-CG-0339	Environmental test specification for electrical, electronic and programmable equipment and systems
DNV-CG-0153	Fatigue and ultimate strength assessment of container ships including whipping and springing
DNV-CG-0129	Fatigue assessment of ship structures
DNV-CG-0127	Finite element analysis
DNV-CG-0372	Foundation and mounting of machinery
DNV-CG-0155	Full scale testing of escort vessels
DNV-CG-0554	Gas fuelled container ship with independent prismatic tanks type-A and type-B
DNV-CG-0287	Hybrid laser-arc welding
DNV-CG-0194	Hydraulic cylinders

Code	英文描述
DNV-CG-0041	Ice strengthening of propulsion machinery and hull appendages
DNV-CG-0308	IMO Polar Code operational requirements
DNV-CG-0447	Lashing bridge vibration
DNV-CG-0290	Lay-up of vessels
DNV-CG-0135	Liquefied gas carriers with independent cylindrical tanks of type C
DNV-CG-0133	Liquefied gas carriers with independent prismatic tanks of type A and B
DNV-CG-0136	Liquefied gas carriers with membrane tanks
DNV-CG-0134	Liquefied gas carriers with spherical tanks of type B
DNV-CG-0058	Maintenance of safety equipment
DNV-CG-0214	Marine equipment directive
DNV-CG-0550	Maritime services – terms and systematics
DNV-CG-0313	Measurement procedures for noise emission
DNV-CG-0044	Metal coating and clad welding
DNV-CG-0051	Non-destructive testing
DNV-CG-0121	Offshore classification based on performance criteria determined from risk assessment methodology
DNV-CG-0170	Offshore classification projects - testing and commissioning
DNV-CG-0152	Plus - extended fatigue analysis of ship details
DNV-CG-0169	Quality survey plan for offshore class newbuilding surveys
DNV-CG-0456	Repair guidance for vessels in operation
DNV-CG-0162	Robotic welding
DNV-CG-0004	Safe return to port
DNV-CG-0040	Schematic principles for steering gear hydraulics
DNV-CG-0063	Shock testing of equipment and systems - Naval applications
DNV-CG-0158	Sloshing analysis of LNG membrane tanks
DNV-CG-0508	Smart vessel
DNV-CG-0157	Stability documentation for approval
DNV-CG-0154	Steel sandwich panel construction

Code	英文描述
DNV-CG-0151	Strength analysis of general dry cargo and multi-purpose dry cargo ships
DNV-CG-0131	Strength analysis of hull structure in container ships
DNV-CG-0137	Strength analysis of hull structure in RO/RO vessels
DNV-CG-0052	Survey arrangement for machinery condition monitoring
DNV-CG-0172	Thickness diminution for mobile offshore units
DNV-CG-0285	Ultrasonic thickness measurements of ships
DNV-CG-0130	Wave loads

附錄 1-13　DNV Maritime- Class programmes(CP)

Code	英文描述
DNV-CP-0068	Certification of container securing devices
DNV-CP-0337	General description of services for certification of materials and components
DNV-CP-0483	Mass and serial produced engines - Alternative product certification scheme
DNV-CP-0485	5 ppm bilge alarms
DNV-CP-0208	5 ppm bilge water separators
DNV-CP-0293	Abrasion resistant coatings
DNV-CP-0291	Additive manufacturing feedstock
DNV-CP-0086	Adhesive systems
DNV-CP-0187	Air vent heads
DNV-CP-0110	Anti-fouling systems
DNV-CP-0092	Aramid fibre reinforcements - Non-metallic materials
DNV-CP-0209	Ballast water management systems
DNV-CP-0501	Booster units
DNV-CP-0392	Busbar trunking systems
DNV-CP-0165	Cable and pipe penetrations
DNV-CP-0408	Cable glands

Code	英文描述
DNV-CP-0407	Cable ties
DNV-CP-0413	Carbon and PBO cable rigging for sailing yachts
DNV-CP-0096	Carbon fibre tows
DNV-CP-0149	Clutches used for torque transmission in propulsion or auxiliary plants
DNV-CP-0428	Coating systems for protection of propeller shafts
DNV-CP-0424	Coatings for protection of FRP structures with heavy rain erosion loads
DNV-CP-0093	Composite drive shafts and flexible couplings
DNV-CP-0553	Containerized systems
DNV-CP-0212	Continuous drip fuel sampler
DNV-CP-0097	Core materials for use in sandwich plate system(SPS) or similar
DNV-CP-0148	Couplings used for torque transmission in propulsion or auxiliary plants
DNV-CP-0231	Cyber security capabilities of systems and components
DNV-CP-0403	Data communication cables - category cables
DNV-CP-0147	Elastic(torsional) couplings for torque transmission in propulsion or auxiliary plants
DNV-CP-0399	Electric cables
DNV-CP-0401	Electric high voltage cables
DNV-CP-0418	Electrical energy storage
DNV-CP-0203	Electronic and programmable equipment and systems
DNV-CP-0569	Electronic record book - MARPOL
DNV-CP-0089	Epoxy resin systems
DNV-CP-0106	Fastening devices for sacrificial anodes - Metallic materials
DNV-CP-0070	Fibre reinforced thermosetting plastic piping systems - Non-metallic materials
DNV-CP-0405	Fire protective systems for cables
DNV-CP-0213	Fire safety equipment

Code	英文描述
DNV-CP-0417	Flexible electric cables
DNV-CP-0184	Flexible hoses with permanently fitted couplings - metallic materials
DNV-CP-0144	Flexible mounts used for propulsion or auxiliary machinery
DNV-CP-0183	Flexible non-metallic hoses
DNV-CP-0210	Fuel oil separators
DNV-CP-0082	Glass fibre rovings
DNV-CP-0099	Hardwood for tank supports - Non-metallic materials
DNV-CP-0406	Heat shrinkable tubing
DNV-CP-0397	Instruments for switchboard
DNV-CP-0572	Lighting controller
DNV-CP-0400	Lightweight electric cables
DNV-CP-0396	Low-voltage switchgear and controlgear - rated voltage does not exceed 1000V AC or 1500V DC
DNV-CP-0398	Luminaires
DNV-CP-0206	Machinery planned maintenance system(MPMS)
DNV-CP-0404	Maritime LAN - Horizontal cabling - Copper permanent link
DNV-CP-0185	Mechanical joints
DNV-CP-0502	Oil spray protection systems
DNV-CP-0402	Optical fibre cables
DNV-CP-0140	Passenger and crew seats
DNV-CP-0098	Plywood
DNV-CP-0083	Polyester resin, vinylester resin, gelcoat and topcoat
DNV-CP-0095	Pourable compound for rope socketing
DNV-CP-0432	Pourable compounds for foundation chocking
DNV-CP-0431	Prepreg materials - Non-metallic materials
DNV-CP-0139	Protective coating systems for cargo oil tanks - Non-metallic materials
DNV-CP-0108	Protective coating systems for seawater ballast tanks and double-side skin spaces

Code	英文描述
DNV-CP-0505	Pumping units for liquids
DNV-CP-0509	Rigid couplings with special friction treatment
DNV-CP-0393	Rotating electrical machines
DNV-CP-0107	Sacrificial anode materials - Metallic materials
DNV-CP-0085	Sandwich adhesives - Non-metallic materials
DNV-CP-0084	Sandwich core materials
DNV-CP-0353	Selective catalytic reduction system
DNV-CP-0109	Shop primers for corrosion protection of steel plates and sections
DNV-CP-0094	Side scuttles and windows
DNV-CP-0282	Spark arrestors
DNV-CP-0201	Steering gear control system
DNV-CP-0031	Stern tube sealing arrangement
DNV-CP-0081	Synthetic bearing bushing materials
DNV-CP-0100	Synthetic fibre ropes for towing, mooring and anchoring
DNV-CP-0211	Tank washing machines
DNV-CP-0409	Terminal lugs for LV power cables with aluminum conductors
DNV-CP-0072	Thermoplastic piping systems
DNV-CP-0394	Transformers - power and measurement
DNV-CP-0338	Type approval scheme
DNV-CP-0434	Uni- and multi-axial multi-ply fabrics made of carbon fibres
DNV-CP-0467	Uni- and multi-axial multi-ply fabrics made of glass fibres
DNV-CP-0186	Valves
DNV-CP-0069	Welding consumables
DNV-CP-0484	Approval of service supplier scheme
DNV-CP-0267	Additive manufacturing
DNV-CP-0250	Aluminium alloy castings
DNV-CP-0254	Anchor chain cables and accessories
DNV-CP-0296	Castings for plastic wire rope sheaves
DNV-CP-0245	Clad steel and steel-aluminium transition joints

Code	英文描述
DNV-CP-0251	Copper alloy castings
DNV-CP-0426	Core materials
DNV-CP-0429	Corrosion resistant steels for cargo oil tanks
DNV-CP-0349	Decoiled products
DNV-CP-0346	DNV approval of manufacturer scheme
DNV-CP-0421	Fibre reinforced plastics
DNV-CP-0427	Fibre reinforcements
DNV-CP-0258	Filament wound fibre reinforced thermosetting resin tubes for machine components and special pressure system components
DNV-CP-0249	Iron castings
DNV-CP-0425	Laminating resins, adhesives and coatings
DNV-CP-0351	Manufacture of heat treated products - heat treatment workshop
DNV-CP-0352	Manufacture of welded products - welding workshop
DNV-CP-0253	Non-ferrous tubes
DNV-CP-0173	Offshore fibre ropes
DNV-CP-0237	Offshore mooring chain and accessories
DNV-CP-0256	Offshore mooring steel wire ropes and sockets
DNV-CP-0350	Pressed parts and seamless gas cylinders
DNV-CP-0261	Pressure equipment
DNV-CP-0243	Rolled steel products - non-stainless steel
DNV-CP-0244	Rolled steel products - stainless steel
DNV-CP-0348	Rolled steel products specially designed for container ships properties
DNV-CP-0242	Semi-finished steel products
DNV-CP-0246	Steel castings
DNV-CP-0247	Steel forgings
DNV-CP-0347	Steel hollow sections
DNV-CP-0252	Steel pipes and steel pipe fittings
DNV-CP-0174	Synthetic fibres for designated service in ropes

Code	英文描述
DNV-CP-0507	System and software engineering
DNV-CP-0255	Wire ropes
DNV-CP-0248	Wrought aluminium alloys
DNV-CP-EU-RO-MR	EU RO mutual recognition - technical requirements

附錄 1-14　DNV Maritime- Statutory interpretations(SI)

Code	英文描述
DNV-SI-0552	IMO Polar Code
DNV-SI-0551	Interpretations of the ballast water management convention
DNV-SI-0289	Inventory of hazardous materials(IHM)
DNV-SI-0364	SOLAS interpretations
DNV-SI-0166	Verification for compliance with Norwegian shelf regulations
DNV-SI-0167	Verification for compliance with United Kingdom shelf regulations
DNV-SI-0003	Verification for compliance with United States regulations on the outer continental shelf

附錄 1-15　DNV Maritime-Specification(SE)

Code	英文描述
DNV-SE-0056	Certification of rope based deployment and recovery systems for designated service
DNV-SE-0555	Naval technical assurance
DNV-SE-0003	Verification for compliance with United States regulations on the outer continental shelf

附錄 1-16　DNV Maritime- Standards(ST)

Code	英文描述
DNV-ST-0111	Assessment of station keeping capability of dynamic positioning vessels
DNV-ST-0032	Certification bodies and examination centres of persons

Code	英文描述
DNV-ST-0068	Certification of container securing devices
DNV-ST-0123	Competence in dynamic positioning for key technical personnel
DNV-ST-0049	Competence management systems
DNV-ST-0021	Competence of dynamic positioning operators
DNV-ST-0022	Competence of lifeboat coxswains
DNV-ST-0025	Competence of maritime simulator instructors
DNV-ST-0024	Competence of maritime teaching professionals
DNV-ST-0017	Competence of officers for navigation in ice
DNV-ST-0324	Competence of remote control centre operators
DNV-ST-0010	Competence of shipboard cargo operators for liquefied natural gas tankers
DNV-ST-0020	Competence of shipboard cargo operators on chemical tankers
DNV-ST-0018	Competence of shipboard cargo operators on crude oil tankers
DNV-ST-0019	Competence of shipboard cargo operators on product tankers
DNV-ST-0014	Competence of ships' officers for hull inspections
DNV-ST-0009	Competence of ships' superintendents
DNV-ST-0012	Competence of ships' electrical officers and engineers
DNV-ST-0013	Competence of shore-side personnel handling dangerous goods
DNV-ST-0016	Competence of tender operators
DNV-ST-0026	Competence related to the on board use of LNG as fuel
DNV-ST-0028	Competence related to the use of remotely sensed earth observation data on board vessels
DNV-ST-0027	Competence requirements related to anchor handling operations
DNV-ST-0342	Craft
DNV-ST-0030	Crew manning offices, private recruitment and placement services
DNV-ST-0412	Design and construction of large modern yacht rigs
DNV-ST-0119	Floating wind turbine structures
DNV-ST-0373	Hardware in the loop testing(HIL)
DNV-ST-0194	Hydraulic cylinders

Code	英文描述
DNV-ST-0498	Launching appliances for work boats and tender boats
DNV-ST-0008	Learning programmes
DNV-ST-0033	Maritime simulator systems
DNV-ST-0029	Maritime training providers
DNV-ST-0378	Offshore and platform lifting appliances
DNV-ST-0358	Offshore gangways
DNV-ST-0377	Shipboard lifting appliances
DNV-ST-0015	Ship-handling competence requirements for berthing and un-berthing large vessels
DNV-ST-0411	Tall ship rigs
DNV-ST-0490	TP52 racing yachts
DNV-ST-0309	Vessel motion stabiliser systems
DNV-ST-0511	Wind assisted propulsion systems

附錄 1-17　DNV Maritime-Recommended practices(RP)

Code	英文描述
DNV-RP-0317	Assurance of sensor systems
DNV-RP-0513	Assurance of simulation models
DNV-RP-0007	Certification scheme for dynamic positioning operators
DNV-RP-0323	Certification scheme for remote control centre operators
DNV-RP-0582	Checkpoint verification of computer-based systems
DNV-RP-C103	Column-stabilised units
DNV-RP-B101	Corrosion protection of floating production and storage units
DNV-RP-0575	Cyber security for power grid protection devices
DNV-RP-G108	Cyber security in the oil and gas industry based on IEC 62443
DNV-RP-0496	Cyber security resilience management for ships and mobile offshore units in operation
DNV-RP-0497	Data quality assessment framework
DNV-RP-C301	Design, fabrication, operation and qualification of bonded repair of steel structures

Code	英文描述
DNV-RP-0006	Development and operation of liquefied natural gas bunkering facilities
DNV-RP-G105	Development and operation of liquefied natural gas bunkering facilities
DNV-RP-E307	Dynamic positioning systems - operation guidance
DNV-RP-E306	Dynamic positioning vessel design philosophy guidelines
DNV-RP-G107	Efficient updating of risk assessments
DNV-RP-C206	Fatigue methodology of offshore ships
DNV-RP-0510	Framework for assurance of data-driven algorithms and models
DNV-RP-0075	Inspection and maintenance of jacking systems
DNV-RP-D201	Integrated software dependent systems
DNV-RP-0290	Lay-up and re-commissioning of ships and mobile offshore units
DNV-RP-0232	Pipeline and cable laying equipment
DNV-RP-C302	Risk based corrosion management
DNV-RP-C104	Self-elevating units
DNV-RP-D101	Structural analysis of piping systems
DNV-RP-0506	Witnessing of low sulphur fuel changeover and operations

附錄2 DNV Oil and Gas 規範

附錄 2-1 DNV Oil and Gas- Service specifications(SE)

Code	英文描述
DNV-SE-0499	Certification of pipeline components
DNV-SE-0056	Certification of rope based deployment and recovery systems for designated service
DNV-SE-0473	Certification of sites and projects for geological storage of carbon dioxide
DNV-SE-0045	Certification of subsea equipment and components
DNV-SE-0141	Functional safety certification
DNV-SE-0466	In-service verification of oil and gas assets
DNV-SE-0122	Noble Denton marine services - certification for towing vessel approvability
DNV-SE-0080	Noble Denton marine services – marine warranty survey
DNV-SE-0476	Offshore riser systems
DNV-SE-0481	Pipe mill and coating yard - qualification
DNV-SE-0568	Qualification of additive manufacturing service providers, manufacturers and parts
DNV-SE-0079	Qualification of manufacturers of special materials
DNV-SE-0241	Qualification of steel forgings for subsea applications
DNV-SE-0474	Risk based verification
DNV-SE-0477	Risk based verification of offshore structures
DNV-SE-0160	Technology qualification management and verification
DNV-SE-0284	Type approval scheme, oil and gas
DNV-SE-0295	Verification and certification of offshore concrete and grout structures
DNV-SE-0475	Verification and certification of submarine pipelines
DNV-SE-0059	Verification of free-fall lifeboats
DNV-SE-0469	Verification of hydrocarbon refining and petrochemical facilities
DNV-SE-0480	Verification of lifting appliances for the oil and gas industry

Code	英文描述
DNV-SE-0470	Verification of onshore LNG and gas facilities
DNV-SE-0471	Verification of onshore pipelines
DNV-SE-0479	Verification of process facilities
DNV-SE-0478	Verification of subsea facilities

附錄 2-2　DNV Oil and Gas- Standard(ST)

Code	英文描述
DNV-ST-E271	2.7-1 Offshore containers
DNV-ST-E272	2.7-2 Offshore service modules
DNV-ST-E273	2.7-3 Portable offshore units
DNV-ST-B203	Additive manufacturing of metallic parts
DNV-ST-C501	Composite components
DNV-ST-E406	Design of free-fall lifeboats
DNV-ST-0119	Floating wind turbine structures
DNV-ST-N001	Marine operations and marine warranty
DNV-ST-C502	Offshore concrete structures
DNV-ST-F121	Pipeline installation by horizontal directional drilling
DNV-ST-F201	Riser systems
DNV-ST-E407	Rope based deployment and recovery systems for designated service
DNV-ST-N002	Site specific assessment of mobile offshore units for marine warranty
DNV-ST-F101	Submarine pipeline systems
DNV-ST-F301	Subsea equipment and components
DNV-ST-0126	Support structures for wind turbines
DNV-ST-F119	Thermoplastic composite pipes

附錄 2-3　DNV Oil and Gas - Recommended practice(RP)

Code	英文描述
DNV-RP-F108	Assessment of flaws in pipeline and riser girth welds
DNV-RP-0317	Assurance of sensor systems
DNV-RP-C202	Buckling strength of shells
DNV-RP-B401	Cathodic protection design
DNV-RP-F103	Cathodic protection of submarine pipelines
DNV-RP-F101	Corroded pipelines
DNV-RP-0575	Cyber security for power grid protection devices
DNV-RP-G108	Cyber security in the oil and gas industry based on IEC 62443
DNV-RP-E304	Damage assessment of fibre ropes for offshore mooring
DNV-RP-0497	Data quality assessment framework
DNV-RP-E301	Design and installation of fluke anchors
DNV-RP-E302	Design and installation of plate anchors in clay
DNV-RP-F104	Design and operation of carbon dioxide pipelines
DNV-RP-E305	Design, testing and analysis of offshore fibre ropes
DNV-RP-C208	Determination of structural capacity by non-linear finite element analysis methods
DNV-RP-G105	Development and operation of liquefied natural gas bunkering facilities
DNV-RP-F112	Duplex stainless steel - design against hydrogen induced stress cracking
DNV-RP-G107	Efficient updating of risk assessments
DNV-RP-F401	Electrical power cables in subsea applications
DNV-RP-C205	Environmental conditions and environmental loads
DNV-RP-F106	Factory applied external pipeline coatings for corrosion control
DNV-RP-C203	Fatigue design of offshore steel structures
DNV-RP-0510	Framework for assurance of data-driven algorithms and models
DNV-RP-J203	Geological storage of carbon dioxide
DNV-RP-E303	Geotechnical design and installation of suction anchors in clay

Code	英文描述
DNV-RP-F110	Global buckling of submarine pipelines
DNV-RP-F205	Global performance analysis of deepwater floating structures
DNV-RP-G104	Identification and management of environmental barriers
DNV-RP-B301	Inspection and evaluation of non-metallic seals
DNV-RP-D201	Integrated software dependent systems
DNV-RP-F116	Integrity management of submarine pipeline systems
DNV-RP-0002	Integrity management of subsea production systems
DNV-RP-F111	Interference between trawl gear and pipelines
DNV-RP-N201	Lifting appliances used in subsea operations
DNV-RP-O601	Managing environmental aspects and impacts of seabed mining
DNV-RP-O501	Managing sand production and erosion
DNV-RP-N102	Marine operations during removal of offshore installations
DNV-RP-N103	Modelling and analysis of marine operations
DNV-RP-E308	Mooring integrity management
DNV-RP-F302	Offshore leak detection
DNV-RP-C212	Offshore soil mechanics and geotechnical engineering
DNV-RP-F109	On-bottom stability design of submarine pipelines, cables and umbilicals
DNV-RP-F118	Pipe girth weld automated ultrasonic testing system qualification and project specific procedure validation
DNV-RP-F102	Pipeline field joint coating and field repair of linepipe coating
DNV-RP-F113	Pipeline subsea repair
DNV-RP-F114	Pipe-soil interaction for submarine pipelines
DNV-RP-F115	Pre-commissioning of submarine pipelines
DNV-RP-C210	Probabilistic methods for planning of inspection for fatigue cracks in offshore structures
DNV-RP-A204	Qualification and assurance of digital twins
DNV-RP-J201	Qualification procedures for carbon dioxide capture technology
DNV-RP-E101	Recertification of well control equipment

Code	英文描述
DNV-RP-F204	Riser fatigue
DNV-RP-F206	Riser integrity management
DNV-RP-F203	Riser interference
DNV-RP-F107	Risk assessment of pipeline protection
DNV-RP-E103	Risk based abandonment of wells
DNV-RP-G109	Risk based management of corrosion under insulation
DNV-RP-N101	Risk management in marine and subsea operations
DNV-RP-G101	Risk-based inspection of offshore topsides static mechanical equipment
DNV-RP-B202	Steel forgings for subsea applications - quality management requirements
DNV-RP-0034	Steel forgings for subsea applications - technical requirements
DNV-RP-F303	Subsea pumping systems(tentative recommended practice)
DNV-RP-O101	Technical documentation for subsea projects
DNV-RP-A203	Technology qualification
DNV-RP-B204	Welding of subsea production system equipment
DNV-RP-E104	Wellhead fatigue analysis

附錄 3　DNV Energy 規範

附錄 3-1　DNV　Energy- Service specifications(SE)

Code	英文描述
DNV-SE-0439	Certification of condition monitoring
DNV-SE-0077	Certification of fire protection systems for wind turbines
DNV-SE-0422	Certification of floating wind turbines
DNV-SE-0124	Certification of grid code compliance
DNV-SE-0263	Certification of lifetime extension of wind turbines
DNV-SE-0420	Certification of meteorological masts
DNV-SE-0176	Certification of navigation and aviation aids of offshore wind farms
DNV-SE-0448	Certification of service and maintenance activities in the wind energy industry
DNV-SE-0163	Certification of tidal turbines and arrays
DNV-SE-0078	Project certification of photovoltaic power plants
DNV-SE-0073	Project certification of wind farms according to IEC 61400-22
DNV-SE-0190	Project certification of wind power plants
DNV-SE-0436	Shop approval in renewable energy
DNV-SE-0441	Type and component certification of wind turbines
DNV-SE-0074	Type and component certification of wind turbines according to IEC 61400-22

附錄 4　NORSOK 規範索引

附錄 4-1　NORSOK 代碼 C- Architect 規範

Code	英文描述	中文
C-001	Living quarters area	生活區
C-002	Architectual components and equipment	建築構件和設備
C-004	Helicopter decks on offshore installations	海上設施的直升機甲板

附錄 4-2　NORSOK 代碼 D- Drilling 規範

Code	英文描述	中文
D-001	Drilling facilities	鑽井設施
D-002	Well intervention equipment	修井設備
D-007	Well testing, clean-up and flowback systems	試井、清理和回流系統
D-010	Well integrity in drilling and well operations	良好完整鑽井作業與操作

附錄 4-3　NORSOK 代碼 E- Electrical 規範

Code	英文描述	中文
E-001	Electrical systems	電氣系統

附錄 4-4　NORSOK 代碼 H- HVAC 規範

Code	英文描述	中文
H-003	Heating, ventilation and air conditioning(HVAC) and sanitary systems	供暖、通風和空調 (HVAC) 和衛生系統

附錄 4-5　NORSOK 代碼 I- Instrumentation 規範

Code	英文描述	中文
I-001	Field instrumentation	現場儀錶

附錄 4-6　NORSOK 代碼 I- Metering 規範

Code	英文描述	中文
I-106	Metering	碳氫化合物液體和氣體的計量系統

附錄 4-7　NORSOK 代碼 I- IACS 規範

Code	英文描述	中文
I-002	Industrial automation and control systems	工業自動化和控制系統

附錄 4-8　NORSOK 代碼 L- Piping / Layout 規範

Code	英文描述	中文
L-001	Piping and valves	管道和閥門
L-002	Piping system layout, design and structural analysis	管道系統布置、設計和結構分析
L-003	Piping details	管道細節
L-004	Piping fabrication, installation, flushing and testing	管道製造、安裝、吹清和測試
L-005	Compact flanged connections	緊湊型法蘭的連接

附錄 4-9　NORSOK 代碼 M- Material 規範

Code	英文描述	中文
M-001	Materials selection	材料選擇
M-004	Piping and equipment insulation	管道和設備絕緣
M-101	Structural steel fabrication	鋼結構製造
M-102	Structural aluminium fabrication	鋁結構製造
M-120	Material data sheets for structural steel	鋼結構材料數據表
M-121	Aluminium structural material	鋁結構材料
M-122	Cast structural steel	鑄造結構鋼
M-123	Forged structural steel	鍛造結構鋼
M-501	Surface preparation and protective coating	表面處理和保護塗層
M-503	Cathodic protection	陰極保護

Code	英文描述	中文
M-506	CO_2 corrosion rate calculation model	二氧化碳腐蝕速率計算模型
M-601	Welding and Inspection of piping	管道的銲接和檢查
M-630	Material data sheets and element data sheets for piping	管道的材料數據表和組件數據表
M-650	Qualification of manufacturers of special materials	特種材料生產企業資質
M-710	Qualification of non-metallic materials and manufacturers – Polymers	非金屬材料和製造商的資格 - 聚合物

附錄 4-10　NORSOK 代碼 N- Offshore Structural 規範

Code	英文描述	中文
N-001	Integrity of offshore structures	海上結構的完整性
N-003	Actions and action effects	措施和效果
N-004	Design of steel structures	鋼結構設計
N-005	In-service integrity management of structures and maritime systems	結構和海事系統的在役完整性管理
N-006	Assessment of structural integrity for existing offshore load-bearing structures	現有海上承重結構的結構完整性評估

附錄 4-11　NORSOK 代碼 P- Process 規範

Code	英文描述	中文
P-002	Process system design	製程系統設計

附錄 4-12　NORSOK 代碼 R- Lifting equipment 規範

Code	英文描述	中文
R-002	Lifting Equipment	起重設備
R-003	Safe use of lifting equipment	起重設備的安全使用
R-005	Safe use of lifting and transport equipment in onshore petroleum plants	陸上石油廠起重運輸設備的安全使用

附錄 4-13　NORSOK 代碼 R- Mechanical 規範

Code	英文描述	中文
R-001	Mechanical equipment	機械設備

附錄 4-14　NORSOK 代碼 S- Safety 規範

Code	英文描述	中文
S-001	Technical safety	技術安全
S-002	Working environment	工作環境
S-003	Environmental care	環保
WA-S-006	HSEQ evaluation of suppliers and HSEQ requirements in contract	供應商的 HSEQ 評估和在合約中的 HSEQ 要求

附錄 4-15　NORSOK 代碼 T- Telecommunication 規範

Code	英文描述	中文
T-003	Telecom systems for mobile offshore units	海上移動裝置的電信系統
T-101	Telecom systems	電信系統

附錄 4-16　NORSOK 代碼 U- Subsea 規範

Code	英文描述	中文
U-001	Subsea production systems	海底生產系統
U-009	Life extension for subsea systems	海底系統的壽命延長

附錄 4-17　NORSOK 代碼 U- Underwater Operation 規範

Code	英文描述	中文
U-100	Manned underwater operations	載人水下作業
U-101	Diving respiratory equipment	潛水呼吸設備
U-103	Petroleum related manned underwater operations inshore	近海與石油相關的載人水下作業
U-102	Remotely operated vehicle(ROV) services	遙控車輛 (ROV) 服務

附錄 4-18　NORSOK 代碼 Y- Pipelines 規範

Code	英文描述	中文
Y-002	Life extension for transportation systems	運輸系統的壽命延長

附錄 4-19　NORSOK 代碼 Z- MC and Preservation 規範

Code	英文描述	中文
Z-006	Preservation	保存
Z-007	Mechanical Completion and Commissioning	機械完成和調試

附錄 4-20　NORSOK 代碼 Z- Reliability engineering and technology 規範

Code	英文描述	中文
Z-008	Risk based maintenance and consequence classification	風險於維護和後果分類

附錄 4-21　NORSOK 代碼 Z- Risk analyses 規範

Code	英文描述	中文
Z-013	Risk and emergency preparedness assessment	風險和緊急預備評估

附錄 4-22　NORSOK 代碼 Z- Technical Information 規範

Code	英文描述	中文
Z-001	Documentation for operation DFO	DFO 操作文檔
Z-CR-002	Component identification system	組件識別系統
Z-DP-002	Coding system	編碼系統
Z-003	Technical Information Flow Requirements	技術資訊流通要求
Z-004	CAD symbol libraries	CAD 符號庫
Z-005	2D-CAD drawing standard	2D-CAD 繪圖標準
Z-018	Supplier's documentation of equipment	供應商的設備文件

附錄 4-23　NORSOK 代碼 Z- Temporary Equipment 規範

Code	英文描述	中文
Z-015	Temporary Equipment	臨時設備

國家圖書館出版品預行編目資料

離岸水下基礎製造及防蝕工程／梁智富著.
－－初版.－－臺北市：五南圖書出版股份
有限公司, 2024.01
面； 公分
ISBN 978-626-366-868-3(平裝)

1.CST: 海下工程 2.CST: 結構工程 3.CST:
工程材料

443.3   112021039

5T59

離岸水下基礎製造及防蝕工程

作　　者 ― 梁智富（229.9）

發 行 人 ― 楊榮川

總 經 理 ― 楊士清

總 編 輯 ― 楊秀麗

副總編輯 ― 王正華

責任編輯 ― 金明芬

封面設計 ― 姚孝慈

出 版 者 ― 五南圖書出版股份有限公司

地　　址：106台北市大安區和平東路二段339號4樓

電　　話：(02)2705-5066　　傳　真：(02)2706-6100

網　　址：https://www.wunan.com.tw

電子郵件：wunan@wunan.com.tw

劃撥帳號：01068953

戶　　名：五南圖書出版股份有限公司

法律顧問　林勝安律師

出版日期　2024年1月初版一刷

定　　價　新臺幣750元

經典永恆・名著常在

五十週年的獻禮——經典名著文庫

五南，五十年了，半個世紀，人生旅程的一大半，走過來了。

思索著，邁向百年的未來歷程，能為知識界、文化學術界作些什麼？

在速食文化的生態下，有什麼值得讓人雋永品味的？

歷代經典・當今名著，經過時間的洗禮，千錘百鍊，流傳至今，光芒耀人；

不僅使我們能領悟前人的智慧，同時也增深加廣我們思考的深度與視野。

我們決心投入巨資，有計畫的系統梳選，成立「經典名著文庫」，

希望收入古今中外思想性的、充滿睿智與獨見的經典、名著。

這是一項理想性的、永續性的巨大出版工程。

不在意讀者的眾寡，只考慮它的學術價值，力求完整展現先哲思想的軌跡；

為知識界開啟一片智慧之窗，營造一座百花綻放的世界文明公園，

任君遨遊、取菁吸蜜、嘉惠學子！